U0171439

生命科学前沿及应用生物技术

Molecular Biomineralization: Aquatic Organisms Forming
Extraordinary Materials

分子生物矿化：
形成非凡材料的水生生物

〔美〕W.E.G. 米勒　主　编
刘传林　主　译
贺　君　曲江勇　王绪敏　副主译

科　学　出　版　社
北　京

图字: 01-2020-5748

内 容 简 介

本书是生物矿化研究领域难得一见的专著, 主要内容是从分子角度对发生在生物中的各种生物矿物的矿化机制进行阐明。全书分 4 部分, 共 13 章。从趋磁细菌磁铁矿、细菌沉积碳酸钙、海底生物成因金属结核和海山结壳到脊椎、无脊椎动物的硅化物和钙化物, 无不是生物控制矿化下的产物, 这些生物矿物有着独特的结构与性能, 并以此完美地实施其生物学上的功能。生物矿物形成机制的分子水平阐释为这些材料的未来仿生合成控制提供了良好的理论基础, 同时, 天然生物矿化材料的形貌与结构及超凡性能也为新兴材料的设计提供了绝佳模型。

本书适合从事生物学、化学、物理学、材料学、医药学、矿物学及相关领域工作的人员参考阅读。

图书在版编目 (CIP) 数据

分子生物矿化: 形成非凡材料的水生生物 / (美)W.E.G.米勒 (Werner E. G. Müller) 主编; 刘传林主译. —北京: 科学出版社, 2020.10
（生命科学前沿及应用生物技术）
书名原文: Molecular Biomineralization: Aquatic Organisms Forming Extraordinary Materials
ISBN 978-7-03-066325-2

Ⅰ. ①分⋯ Ⅱ. ①W⋯ ②刘⋯ Ⅲ. ①生物工程–生物材料–矿化作用 Ⅳ. ①Q81

中国版本图书馆 CIP 数据核字(2020)第 197470 号

责任编辑: 李 悦 刘 晶 / 责任校对: 严 娜
责任印制: 赵 博 / 封面设计: 刘新新

科学出版社 出版
北京东黄城根北街 16 号
邮政编码: 100717
http://www.sciencep.com

北京凌奇印刷有限责任公司印刷
科学出版社发行 各地新华书店经销

*

2020 年 10 月第 一 版 开本: B5 (720×1000)
2025 年 1 月第三次印刷 印张: 22
字数: 436 000
定价: **228.00 元**
(如有印装质量问题, 我社负责调换)

译 者 序

生物矿化是一种自然现象，在自然界中极为常见。它是一个由生物控制的矿物合成过程，矿物的形成在基因水平上控制，由生物大分子如蛋白质、多糖等具体实施，矿化的结果是形成各式各样、结构精美的生物矿物，这些矿物构成了人们常见的骨骼、牙齿、壳、外骨骼等。生物体内的矿化过程每时每刻都在进行，众多生物矿物的存在使生命多姿多彩。生物矿物无与伦比的分级式精美结构让世界上的能工巧匠们自叹不如。例如，硅藻壳的矿化结构、玻璃海绵的骨架、软体动物壳、人股骨的骨小梁以及牙釉质等矿化结构，即使在今天，人们采用现代 3D 打印技术也生产不出结构如此完美的产品。生物矿化研究是一个多学科交叉的领域，它涉及生物、化学、物理、材料、医学及工程等多个方面的知识。生物矿化研究起步于 20 世纪 60 年代，80 年代末开始引起人们广泛的关注，并逐步有许多研究人员加入进来。随着各种现代技术的不断拓展与应用，以及人们对自身了解的渴望程度加深，人们希望从机制上尤其是从分子机制上弄清楚矿化发生的原因。基因分析技术的迅猛发展，使人们有机会从基因、分子甚至原子水平上解开生物矿化之谜。通过对矿化分子机制的更深了解，人们从中也知道了很多有关人类疾病的分子发生机制，通过对这些机制的了解，人们可以从分子水平上控制或消除疾病的发生，并通过对自然的学习，将一些设计灵感运用到人工仿生材料的合成控制上。我们相信，未来的某一天，人们通过努力终会仿生合成出更多、更完美的、性能卓越的产品并应用到各个行业中去。

由于生物矿化研究是一个跨学科的领域，书中涉及多个学科方面的相关知识，对于从事单一学科研究的人们来说，翻译中的困难可想而知。为准确表达专业术语或原文的中文含义，有时几个人要讨论多次，一天下来只翻译了几行，但在同事们的大力合作下，历经 2 年时间，本书的翻译工作还是较为圆满地完成了。在整个翻译过程中，还得到了烟台大学生命科学学院的孙力教授、郇旭然教授大力帮助，在此表示衷心的感谢。同时，感谢学院、课题组（烟台大学拔尖人才项目、烟台大学"双百人才"项目）及友人给予图书出版上的资金资助。

译文中有不准确的地方，希望读者阅读发现后予以赐教并指正。

在本书的翻译过程中，译者对多学科交叉的重要性深有体会，随着科学的不断发展，跨学科交流越来越多，基于交叉学科的新领域、新技术不断涌现。通过此次翻译，我们真正体会到学无止境，要多学科了解，只有这样，一旦需要时才可以从容面对。

作 者
2020 年 6 月

前　　言

生物，尤其是水生生物，合成了大量的、各种各样的生物矿物，矿物种类从硅化物、碳酸钙、磷酸钙到金属化合物（如氧化铁）。有些生物矿物（如碳酸钙）可以多形式的相态存在。无论是在真核生物还是原核生物中，矿物的相态均由生物体内有机大分子调节。分子及细胞生物学的不断进展，使人们在分子矿化研究领域有了许多新的发现和发展，而这些发展则更充分地说明，发生于无机-有机界的这一生物矿化过程及其机制对于人们了解自然、应用自然是非常重要的。

本书内容分四大部分，分别是生物金属矿物、生物钙化物、生物氧化硅及其应用和珍珠层。第 1 部分主要讲述的是某些细菌（趋磁细菌）合成"磁小体"磁颗粒的惊人能力，这个氧化铁矿物的合成过程发生于铁蛋白纳米笼中。锰的细菌氧化反应，形成了生物成因的锰结核及海山结壳矿物。第 1 部分又分为 4 章，第 1 章讲的是细菌中的磁铁矿生物矿化，第 2 章讲的是铁蛋白，第 3 章讲的则是有关锰的细菌氧化，第 4 章讲述的是多金属结核及结壳的生物起源。第 2 部分主要阐明钙基生物矿物的分子形成机制，包括由细菌沉积的碳酸钙及各种水生生物（脊椎及无脊椎动物）中的碳酸钙和磷酸钙。需要强调的一点是，有机基质蛋白对于棘皮动物内骨骼方解石的生物矿化，以及骨骼发生基因对于海胆的生物钙化非常重要。第 2 部分又分为 4 章，第 5 章讲的是细菌性碳酸钙沉积的分子基础，第 6 章讲的是有关钙基矿物生物矿化的基本原理，第 7 章讲的是棘皮动物内骨骼生物矿化的分子基础，第 8 章讲的则是棘皮动物生物钙化中的骨骼基因与基质调控。第 3 部分重点讲述硅质海绵动物（寻常海绵纲及六放海绵纲）中生物氧化硅的生成，其生物合成之所以能进行，是因为生物中独一无二的硅化酶——硅蛋白（silicatein）的存在，此酶专一负责生物氧化硅质骨骼的形成。生物氧化硅，这一不同寻常的生物无机-有机纳米复合材料，不仅具有"生物烧结"能力，其生物活性尤其是促进骨羟基磷灰石形成的能力，以及调节某些细胞因子表达的能力（涉及骨质疏松症病变），正吸引着更多的人关注其未来在纳米技术与纳米生物医学上的应用。此部分又分为 2 章，第 9 章讲的是硅质海绵动物中生物氧化硅骨骼的酶合成，第 10 章讲的是骨质疏松及其他骨疾病的生物氧化硅基治疗策略。第 4 部分主要阐述软体动物壳珍珠层形成研究的最新进展、文石晶体的成核与生长控制机制，以及胞外基质大分子在生物矿化过程中的作用；同时，引导读者重点关注一下甲壳动物的外骨骼基质蛋白在角质层钙化及去钙化中的作用。这部分又分为 3 章，第 11 章讲的是甲壳动物生物矿物形成中的基质蛋白及多肽的结构与功能，第 12 章讲的是壳珍珠层生物矿化的分子基础,第 13 章则主要讲述地中海大贻贝 *Pinna nobilis* 壳中酸性蛋白质在矿化中的作用。

　　本书的写作目的是希望能对读者理解有机基质于动物壳形成中的作用及水中生物成因矿物沉积有所帮助，并为未来生物技术及生物医学应用中的仿生功能材料的设计提供灵感。

Werner E. G. Müller
Heinz C. Schröder
美因茨约翰内斯·古登堡大学
生理化学研究所

原书贡献者

P.A. Loka Bharathi National Institute of Oceanography (Council of Scientific and Industrial Research), Dona Paula, Goa, India

Jens Baumgartner Department of Biomaterials, Max Planck Institute of Colloids and Interfaces, Potsdam, Germany

Loes E. Bevers Council for BioIron, CHORI (Children's Hospital Oakland Research Institute), Oakland, CA, USA

Rosa Bonaventura Consiglio Nazionale delle Ricerche, Istituto di Biomedicina e Immunologia Molecolare "Alberto Monroy", Palermo, Italy

Ailin Chen Institute for Physiological Chemistry, University Medical Center of the Johannes Gutenberg University Mainz, Mainz, Germany; Yunnan Key Laboratory for Palaeobiology, Yunnan University, Kunming, China

Caterina Costa Consiglio Nazionale delle Ricerche, Istituto di Biomedicina e Immunologia Molecolare "Alberto Monroy", Palermo, Italy

Damien Faivre Department of Biomaterials, Max Planck Institute of Colloids and Interfaces, Potsdam, Germany

Qingling Feng Department of Materials Science and Engineering, Tsinghua University, Beijing, China

Lu Gan Yunnan Institute of Geological Sciences, Kunming, China

P.U.P.A. Gilbert Department of Physics, University of Wisconsin-Madison, Madison, WI, USA

Shixue Hu Yunnan Key Laboratory for Palaeobiology, Yunnan University, Kunming, China

Konstantinos Karakostis Consiglio Nazionale delle Ricerche, Istituto di Biomedicina e Immunologia Molecolare "Alberto Monroy", Palermo, Italy

Frédéric Marin UMR CNRS 5561 "Biogéosciences", Université de Bourgogne, Dijon, France

Giorgio Mastromei Department of Evolutionary Biology "Leo Pardi", University of Florence, Firenze, Italy

Valeria Matranga Consiglio Nazionale delle Ricerche, Istituto di Biomedicina e Immunologia Molecolare "Alberto Monroy", Palermo, Italy

Sébastien Motreuil UMR CNRS 5561 "Biogéosciences", Université de Bourgogne, Dijon, France

Werner E.G. Müller Institute for Physiological Chemistry, University Medical Center of the Johannes Gutenberg University Mainz, Mainz, Germany; Nanotec-MARIN GmbH, Mainz, Germany

Hiromichi Nagasawa Department of Applied Biological Chemistry, Graduate School of Agricultural and Life Sciences, The University of Tokyo, Bunkyo, Tokyo, Japan

Prabakaran Narayanappa UMR CNRS 5561 "Biogéosciences", Université de Bourgogne, Dijon, France

Brunella Perito Department of Evolutionary Biology "Leo Pardi", University of Florence, Firenze, Italy

Annalisa Pinsino Consiglio Nazionale delle Ricerche, Istituto di Biomedicina e Immunologia Molecolare "Alberto Monroy", Palermo, Italy

Roberta Russo Consiglio Nazionale delle Ricerche, Istituto di Biomedicina e Immunologia Molecolare "Alberto Monroy", Palermo, Italy

Ute Schloßmacher Institute for Physiological Chemistry, University Medical Center of the Johannes Gutenberg University Mainz, Mainz, Germany

Heinz C. Schröder Institute for Physiological Chemistry, University Medical Center of the Johannes Gutenberg University Mainz, Mainz, Germany; Nanotec-MARIN GmbH, Mainz, Germany

P.P. Sujith National Institute of Oceanography (Council of Scientific and Industrial Research), Dona Paula, Goa, India

Elizabeth C. Theil Council for BioIron, CHORI (Children's Hospital Oakland Research Institute), Oakland, CA, USA; Department of Nutritional Sciences and Molecular Toxicology, University of California-Berkeley, Berkeley, CA, USA

Xiaohong Wang Institute for Physiological Chemistry, University Medical Center of the Johannes Gutenberg University Mainz, Mainz, Germany; National Research Center for Geoanalysis, Beijing, China

Matthias Wiens Institute for Physiological Chemistry, University Medical Center of the Johannes Gutenberg University Mainz, Mainz, Germany; NanotecMARIN GmbH, Mainz, Germany

Fred H. Wilt Molecular and Cell Biology Department, University of California, Berkeley, CA, USA

Li-ping Xie Protein Science Laboratory of the Ministry of Education, Institute of Marine Biotechnology, School of Life Sciences, Tsinghua University, Beijing, P. R. China

Chao Yang Protein Science Laboratory of the Ministry of Education, Institute of Marine Biotechnology, School of Life Sciences, Tsinghua University, Beijing, P. R. China

Rong-qing Zhang Protein Science Laboratory of the Ministry of Education, Institute of Marine Biotechnology, School of Life Sciences, Tsinghua University, Beijing, P. R. China

Yu-juan Zhou Protein Science Laboratory of the Ministry of Education, Institute of Marine Biotechnology, School of Life Sciences, Tsinghua University, Beijing, P. R. China

Fang-jie Zhu Protein Science Laboratory of the Ministry of Education, Institute of Marine Biotechnology, School of Life Sciences, Tsinghua University, Beijing, P. R. China

Francesca Zito Consiglio Nazionale delle Ricerche, Istituto di Biomedicina e Immunologia Molecolare "Alberto Monroy", Palermo, Italy

目　录

第 2 部分　生物钙化物

第 3 部分　生物氧化硅及其应用

第 4 部分 珍珠层

第1部分　生物金属矿物

1　细菌中的磁铁矿生物矿化

1.1　引　　言

很多陆生和水生生物能形成铁矿物，这些铁矿物在生物体内有着各自不同的功能。其中最为人们所知的作用是磁感应，即感受磁场（Johnsen and Lohmann 2005）。以磁铁矿为基础的磁感应已在鸟类及鱼类中得以确认，其中最典型的例子为家鸽（Winklhofer et al. 2001），当然，生物磁铁矿还有其他方面作用，如增大组织强度（Frankel and Blakemore 1991）及提高牙齿硬度（Lowenstam 1967）。

一般说来，水生生物铁氧化物矿化及生物矿物形成中令人记忆尤深的是原核生物体内的磁性矿物合成。生物矿化分为两类：胞外生物诱导形成（Frankel and Bazylinski 2003）；胞内生物控制形成（Faivre and Schüler 2008），如细菌中的磁小体。

令人印象深刻的是，这样的一些简单生物能引导胞外矿物形成，且这一重复不断的活动在高度受控条件下完成，甚至可以说细胞活动竟是如此完美。磁小体的形成令人惊奇，这般原始的生物竟能将基因信息蓝图转换为细胞中复杂的无机矿物结构。因生物矿化的许多基本机制发现自细菌的磁小体形成过程中，因此，趋磁细菌（magnetotactic bacteria，MTB）可作为一类相对简单且易获取的模式生物，以用于人们从整体上研究与了解生物的矿化过程。

来自 MTB 的磁铁矿晶体形成于称为磁小体的结构中（Gorby et al. 1988），这是一个由细胞合成的特异性细胞器，用于细胞在水中的地磁导航（Bazylinski and Frankel 2004）。磁小体由膜包裹的、纳米大小具磁性的铁氧化物磁铁矿（Fe_3O_4）晶体（Frankel et al. 1979）或铁硫化物胶黄铁矿（Fe_3S_4）（Farina et al. 1990；Mann et al. 1990）组成。磁小体于胞内排成一条或多条链，链的排列方式由细胞控制（Komeili 2007），这样一来，细胞就可沿外部磁场方向排布与游动，此行为被称为"趋磁性"（Blakemore 1975）。

趋磁性使寻觅化学分层水中适宜生长的微生物变得更加容易（Frankel et al. 2007）。细菌磁小体合成涉及环境中的铁摄入（吸收）、经由存储及前体化合物的沉积转运，最终形成矿物于磁小体内，这一矿化过程中生成的磁颗粒的形状与大小均在细胞严控之下。此外，这一矿化过程还涉及磁小体分级结构链的组装，以便其更有效地起到磁场驱动器的作用。磁小体矿化的独一无二特点已引起多学科的研究人员的关注，并将其在各个领域进行开发利用，尤其是在生物及纳米技术方面（Lang et al. 2007；Matsunaga and Arakaki 2007）。

尽管 Salvatore Bellini 在早期报道中曾对细菌行为有过描述，阐述了细菌游动方向明显受磁场影响，但这一研究最近才翻译并出版（Bellini 2009a，b），因此说 Richard Blakemore 才是几十年来 MTB 研究的真正先行者（Blakemore 1975）。从那以后，磁小体矿化研究逐渐演变为一个交叉学科研究领域。本节的目的是，对当前有关细菌磁性材料形成方面的知识进行宽泛性的概括。为此，我们将重点说明为何此材料如此特殊，并针对其特性进行分子机制的阐明。最后，再对未来的一些研究前景及方向进行讨论。

1.2 趋 磁 细 菌

所有 MTB 均为水生可游动原核生物，此生物胞内矿化的磁铁矿或胶黄铁矿存在于称为磁小体的特殊细胞器中。磁小体由含蛋白质的脂双层膜包裹（Balkwill et al. 1980；Gorby et al. 1988），沿细胞长轴（纵轴）方向直线排列，尽管有时颗粒也聚集成簇，如图 1-1 所示（Sparks et al. 1986）。磁颗粒晶体的直线排列使细菌能沿磁力线方向定向排布，并由此利用地磁场在水中产生轴向性运动。这一被称为"趋磁性"的细菌细胞形态各不相同，且来自不同门类（Bazylinski and Frankel 2004）。

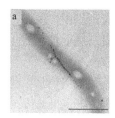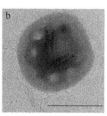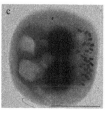

图 1-1 各种不同趋磁细菌的透射电镜图。（a）带有立方八面体磁小体单链的螺旋菌；（b）带有拉伸磁小体双链的球菌；（c）带有拉伸磁小体簇的球菌；（d）带有双链磁小体的弧菌；（e）带有子弹头状磁小体多链的杆菌。标尺=1 μm。

在接下来的部分中，将就这些趋磁细菌的习性、多样性，以及目前已知与生物矿化及趋磁有关的基因和细胞生物学方面知识进行简单的讨论。

1.2.1 生态学

MTB 广泛存在于水环境中，如淡水、海水中或淤泥上层。它们常因氧及硫酸盐还原菌产生的硫而化学分层,氧自气-水界面向下扩散,而硫的扩散则正相反(自无氧区向上扩散)。这样的层化作用使水中建立起一个氧、硫的相对双梯度浓度环境。MTB 更多地移至并生活于所谓的氧-无氧过渡区(oxic-anoxic transition zone,OATZ)的空间内,在这里,其找到了理想的生活条件且细胞浓度达每毫升 $10^5 \sim$ 10^6 个(Blakemore 1982)。一般认为,趋磁性有助于其将搜寻目标简化为一维并找到 OATZ,因地磁磁力线在南北半球有倾斜,因此,MTB 几乎均垂直于水柱面而直线排列。

迄今为止,所有已发现的 MTB 均为微氧和(或)无氧性,胞内的磁铁矿晶体生物矿化更多情况在低氧条件下完成(Heyen and Schüler 2003;Flies et al. 2005)。环境中的铁浓度一般为 $0.01 \sim 1$ mg·L^{-1} 或 $0.2 \sim 20$ μmol·L^{-1},实验条件下高浓度的铁并不能使细菌数量增加,反而对细胞有毒(Schüler and Baeuerlein 1996)。高碱及盐性环境下 MTB 也能生存,但此环境中铁的有效浓度极低(因高 pH 下铁的溶解度低)(Nash 2004),因此,细菌发展出各种各样的铁积累方法以对抗浓度梯度的差别。研究用菌株多分离自水环境中的淤泥,存于微器皿(microcosms)中,并随后培养于磁场下(Schleifer et al. 1991)。目前,只有少数几个菌株能纯培养,这或许归因于实验室很难为 MTB 提供类似于自然的复杂环境。

1.2.2 多样性

MTB 来源于多个门类,这意味着它们在 16S rRNA 分析上分属不同组。就一些已知菌株而言,其形态有杆状、球状、弧状、螺旋状及其他一些形式(如大型的棒球状和多细胞的细菌)(见图 1-1)。MTB 多为革兰氏阴性的α-、γ-及 δ-变形菌门(Proteobacteria)和硝化螺菌门(Nitrospira)(Amann et al. 2007)。其中,研究最深入的是趋磁菌属的几个物种,这些菌可实验室培养,名为 *Magnetospirillum magnetotacticum*(Blakemore et al. 1979)、*Magnetospirillum magneticum*(Matsunaga et al. 1991)、*Magnetospirillum gryphiswaldense*(Schleifer et al. 1991)。此外,来自α-变形菌门的弧形菌株 MV-1 及 δ-变形菌门的 *Desulfovibrio magneticus*(Sakaguchi et al. 2002)与球形 MC-1(Frankel et al. 1997)也能实验室纯培养,且研究得更加深入。所有形成胶黄铁矿的 MTB 或其他一些不常见种类,如组成多鞭毛细胞集合体的多细胞趋磁原核生物(multicellular magnetotactic prokaryote,MMP)或大型 *Magnetobacterium bavaricum* 均未能获得纯培养,也不曾有深入的研究(Vali et al. 1987;Farina et al. 1990;Rodgers et al. 1990),实验室可培养的一些不常见的趋磁细菌见表 1-1。

表 1-1 一些不寻常的有着不同细胞形态及磁小体特点的趋磁细菌

物种	细胞形态	磁小体大小	磁小体形貌	磁小体数量
Magnetospirillum magneticum	螺旋状	约 50 μm	立方八面体	>15
Magnetospirillum magnetotacticum	螺旋状	约 40 μm	立方八面体	约 40
Magnetospirillum gryphiswaddense	螺旋状	约 40 μm	立方八面体拉伸假六面体	约 60
Magnetococcus（marinus）MC-1	球状	80~120 μm	棱柱状拉伸假六面体	<15
Magnetovibrio MV-1	弧状	40~60 μm	棱柱状	约 10
Desulfovibrio magneticus	弧状	约 40 μm	子弹头状	10~15
Magnetobacterium bavaricum	杆状	110~150 μm	钩状	约 1000
球菌 MTB	球状	约 125 μm	拉伸	<10
多细胞趋磁原核生物（MMP）	卵圆形	约 90 μm	不规则	约 65

1.2.3 遗传学

为更好地区分趋磁细菌与非趋磁细菌，细菌分子生物学及遗传学在最近几年被广泛地用于研究中，这也为生物矿化提供了新的视野。遗传信息已从淡水种 *M. magneticum*（Matsunaga et al. 2005）、*M. gryphiswaldense*（Ullrich et al. 2005）、*M. magnetotacticum*（http://genome.jgipsf.org/magma/magma.home.html），以及海水种 *Magnetococcus* MC-1（Schubbe et al. 2009）、弧菌菌株 MV-1 和 δ-变形菌门 *Desulfovibrio magneticus*（Nakazawa et al. 2009）中获得。基因组比较分析后确认，MTB 菌基因组中存有一套特殊的基因,术语为"磁小体岛"（magnetosome island，MAI），这组基因可能具备磁铁矿生物矿化的功能，且同时具有潜在趋磁能力（Ullrich et al. 2005；Richter et al. 2007）。最新基因组分析数据显示，相较于其他趋磁细菌，*Desulfovibrio magneticus* RS-1 中的 MAI 数量最少。人们由此不得不思考这样的一个问题，即到底哪个基因为胞内磁铁矿生成所必需。磁铁矿合成基因组中的基因包括称为 *mam*（*magnetosome membrane*）的几个基因，如 *mamA*、*mamB*、*mamE*、*mamK*、*mamM*、*mamO*、*mamP*、*mamQ*、*mamT*。目前，*mamA* 被视为 *M. magneticum* 磁小体囊泡形成必需基因（Komeili et al. 2004），*mamB* 与 *mamM* 可能为铁运输基因（后面再展开讨论），*mamK* 因丝状肌动蛋白样蛋白表达而涉及磁小体链的形成（Komeili et al. 2006）。MAI 中其他基因的作用目前仍不明朗。*Magnetospirillum* spp. 基因组在以上基因的基础上又新增加了几个 *mam* 或 *mms*（*magnetosome membrane specific*）的基因，这些基因对 MTB 而言，独一无二且一定程度上证明其的确参与了磁铁矿的生物矿化，这将在后面进行讨论。虽然并非所有趋磁细菌间均有着密切的关联，但研究中发现，不同物种间的 MAI 基因确有转座发生。人们由此推测，这些物种之间或许存在着基因水平转移（Jogler et al.

2009）。有证据表明，趋磁细菌基因组中存在着大量类似趋化性（chemotaxis）基因的调节基因及信号基因，且研究证实，趋化性基因或许参与了细菌的趋磁行为。

1.2.4 细胞生物学

从结构上讲，MTB 有两个胞膜，即外膜和内膜，这两个膜层如同所有细菌一样将胞质与周质（periplasm）分隔开来。磁小体因细胞内膜侵入而形成，且可能完全隔离以成为一个独立细胞器（Komeili et al. 2006；Faivre et al. 2007）。生物化学分析（Gorby et al. 1988；Grünberg et al. 2004）、电镜切片（Balkwill et al. 1980；Komeili et al. 2004）、断层扫描（Komeili et al. 2006；Scheffel et al. 2006）及穆斯堡尔谱（Faivre et al. 2007）研究结果显示，磁小体膜为双层脂膜，其与质膜的化学组成完全一致（Gorby et al. 1988；Grünberg et al. 2004）。磁小体膜虽与质膜的化学组成相同，但蛋白质含量相差很大。蛋白质组分析显示，*M. magneticum* 及 *M. gryphiswaldense* 的大部分 MAI 基因编码蛋白被发现附着于磁小体膜上（Grünberg et al. 2004；Matsunaga et al. 2005），且有部分蛋白质序列与一些已知蛋白质同源。其中，有的蛋白质参与转运，例如，属通用转运体（generic transporter）和阳离子扩散促进因子（cation diffusion facilitator，CDF）的 MamB 及 MamM；有的蛋白质属于蛋白酶类（HtrA 样丝氨酸蛋白酶），如 MamE 及 MamO；有的蛋白质为肌动蛋白样丝状结构蛋白，如 MamK；有的蛋白质参与蛋白质间相互作用，属架构蛋白，这些蛋白质的结构中含 PDZ 和 TPR（tetracopeptide repeat，三十四肽重复区）结构域；有的蛋白质却与任何已知功能的蛋白质无任何相似性（Richter et al. 2007）。趋磁细菌体内的转运蛋白及 CDF 控制着多种代谢必需溶质的流入与流出，或许还与磁铁矿矿化的铁离子运送有关（Schüler 2008；Jogler and Schüler 2009）。HtrA 样蛋白酶常发现于周质中，在那里，一些错叠的蛋白质会被降解（Pallen and Wren 1997）。与磁小体相关联的蛋白质能裂解，它们或许是某些蛋白酶的潜在底物（Arakaki et al. 2003）。遗传体系的发展为一些 MTB 提供了分子基础，使其有选择性地决定体内哪些蛋白质发挥作用（Matsunaga et al. 1992；Schultheiss and Schüler 2003）。研究证实，MamG、MamF、MamD 及 MamC 蛋白可影响晶体的大小，或许还对晶体的形貌产生影响（Scheffel et al. 2008）。MamK 及 MamJ 负责磁小体链沿胞轴方向排列，此内容将于 3.2.4 节中论述（Komeili et al. 2006；Pradel et al. 2006；Scheffel et al. 2006）。报告基因荧光融合法（fusions with fluorescent reporter）能帮助人们确认出一些蛋白质，如 MamA 、MamC、MamJ 及 MamK 在胞内的位置（Komeili et al. 2004；Komeili et al. 2006；Scheffel et al. 2006；Lang and Schüler 2008）。另外，磁小体相关蛋白重组表达则揭示出这些蛋白质的可能功能（Arakaki et al. 2003；Pradel et al. 2006；Scheffel and Schüler 2007；Taoka et al.

2007），例如，Mms6 被认为是磁铁矿晶体的一种潜在成核剂或面选择性附着生长调节剂（Arakaki et al. 2003）。所有的这一切使人们第一次了解到磁铁矿生物矿化的分子基础，但更多细节还有待于人们的不断探索。

1.3 磁 小 体

迄今为止，只有磁铁矿形成细菌得到了纯培养。因此，有关趋磁细菌化学、分子生物学及遗传学方面的知识多来自这一类细菌菌株。胶黄铁矿形成细菌的未来研究有望为人们提供两类细菌的更多差异。在接下来的章节中，将重点介绍 MTB 菌体内磁铁矿如何矿化，以及生物和化学因子对磁小体颗粒特征的某些影响。

1.3.1 磁铁矿生物矿化途径

磁铁矿纳米晶颗粒的体内形成不仅需要生物从外围环境中积累一定数量的铁，同时，还需要精确协调的铁运送与沉积体系在适宜条件下将其合成为磁铁矿。这一化学合成机制由 MTB 严格控制，因为其他一些潜在铁氧化物矿物相不能为细菌的趋磁性提供磁学基础。

1.3.1.1 铁源

因二价及三价铁氧化物在近中性水中的溶解度很低，因此，pH 4～10 时无络合剂或还原剂情况下可溶性铁浓度在微摩尔级以下（Cornell and Schwertmann 2003）。多数细菌包括非趋磁细菌生长所需的铁浓度只是微摩尔级水平，然而，众多水环境中的铁含量却更低。由此，生物发展出一整套方法以便从周围环境中汲取必需量的铁（Sandy and Butler 2009）。天然 MTB 生活的淡水或海底淤泥中的可溶性铁浓度多在微摩尔级以上（Flies et al. 2005）。因磁铁矿的生物矿化，MTB 相较于非趋磁细菌需多出几个量级的铁，铁含量可达细胞干重的 4%（Schüler and Baeuerlein 1996）。MTB 菌株培养基中的铁供应量（柠檬酸铁或奎尼酸铁）与其自然环境中的相当。有证据显示，趋磁细菌可忍受的最高铁浓度为毫摩尔级。更高含量的铁对其生长不是有益而是有毒（Nakamura et al. 1993；Schüler and Baeuerlein 1996；1998；Faivre et al. 2007）。

1.3.1.2 铁的摄取与运输

人们认为 MTB 体内必拥有一套特殊的、与磁小体合成关联的铁吸收系统以便于其获得铁生物矿化所必需的铁量。铁必须由外围环境中汲取并通过外膜运至周质。或许存在两个铁再加工过程，但目前仍未弄清楚磁小体是否与周质有交流或完全无关联（Komeili et al. 2006；Faivre et al. 2007）。铁的运输或直接由周质进入磁小体囊泡，或穿过胞膜及磁小体膜后集中并最终形成磁铁矿（图 1-2）。两种可能途径将涉及不同的转运体，以及为运送提供能量的蛋白质、控制吸收与运送的调节剂。

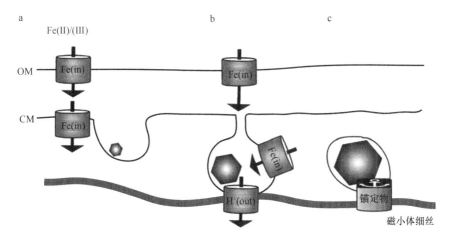

图 1-2　铁摄入及囊泡内磁小体形成。（a）Fe（II）和 Fe（III）通过各自转运蛋白被 MTB 吸收；（b）现在还不清楚铁是否是由胞外周质和（或）胞质运至磁小体囊泡中；（c）成熟磁小体可能由胞质膜上脱离，经磁小体细丝锚定而排成直线。OM，外膜；CM，胞质膜。

MTB 既可摄取二价铁，也能吸收三价铁（Schüler and Baeuerlein 1996；Faivre et al. 2007），某些情况下甚至可直接摄入铁载体（siderophore），这有点类似于非趋磁细菌。铁载体为低分子量铁络合剂，其功能是吸收三价铁（Sandy and Bulter 2009）。它们由细菌产生并释放至周围环境中以螯合一些有用的三价铁离子。铁-铁载体复合物随后由某些特异转运体内化，如 TonB-依赖性受体。胞内的铁释放则由二价铁还原引发，因此，这其中必然存在一个铁载体配位结合或解离变化过程。报告显示，*M. magnetotactic*（Paoletti and Blakemore 1986）、MV-1（Dubbels et al. 2004）及 *M. magneticum* 分泌的铁载体数量与培养基中的铁浓度和细胞需求有关。报告显示，*M. magneticum* 分泌氧肟酸盐（hydroxamate）和儿茶酚型铁载体——3,4-二羟基苯甲酸以络合三价铁离子（Calugay et al. 2003；2006）。报告还同时显示，*M. magnetotacticum* 拥有不同寻常的产生铁载体行为，其产生速率随三价铁浓度的提高而增大，而不是降低（Paoletti and Blakemore 1986）。人们推测，可溶性铁的极快速同化及触发铁载体产生的低浓度铁水平或许是这一效应的直接原因（Calugay et al. 2003；2004）。令人奇怪的是，尽管 *M. gryphiswaldense* 液体培养时三价铁摄取有增加，但人们未曾于培养菌中检测到铁载体。人们由此推测，菌体内或许还存在其他潜在络合剂参与了三价铁的吸收。二价铁获取看似是一个基于扩散且不伴有能量代谢的过程（Schüler and Baeuerlein 1996；1998）。总的说来，铁载体的作用与铁摄取有关，对于磁小体形成而言，其是否必需目前还无定论（存在争议），或许为物种依赖。

迄今，对于所有 MTB 铁矿化来说还不存在通用机制，但一些参与铁吸收的蛋白质已被确认。这些蛋白质是否为生物矿化途径中或仅为各代谢过程中必需铁供应上的部分蛋白质还不清楚。在 MV-1 中，主要含铜的周质蛋白（ChpA）已被确认且推测其可能是一个类似于 Ctr1 蛋白的铁吸收调节剂（Ctr1 存在于 *Saccharomyces cerevisiae* 的铁吸收系统中，此系统由三部分构成，在这一酵母中，其被认为提供铜离子给二价铁氧化酶，随之形成一个携有铁渗透酶的复合物并将其激活，以触发铁的摄取）（Dubbels et al. 2004）。基因测序显示，趋磁细菌中确有一些二价和三价铁转运体，它们与非趋磁细菌中的一些类似蛋白质非常相像（Jogler and Schüler 2007；2009；Richter et al. 2007）。*M. magneticum* 基因表达图谱显示，几个转运体的基因调控受制于培养基中的铁浓度（Suzuki et al. 2006）。在 *M. magneticum* 中，微氧、二价铁高浓度条件下，名为 *ftr1*、*tpd*、*feoAB* 的二价铁转运体基因上调，三价铁转运体基因下调。Feo 体系由三部分组成，分别为 FeoA、FeoB 及 FeoC。FeoA 可能是一个含 SH-3 结构域的胞质蛋白；FeoB 为一个 N 端拥有 G-蛋白结构域的内膜二价铁渗透酶；FeoC 只发现于 δ-变形菌门的菌体中，是一种[Fe-S]依赖性转录抑制因子（Cartron et al. 2006）。此外，生长于二价铁丰富培养基中的 *M. magnetotacticum* 的 FeoB1 表达有上调，此蛋白质位于胞膜上（Taoka et al. 2009）。而 *M. gryphiswaldense* 则不同，*feoAB1* 基因的转录在三价铁浓度高时下调（Rong et al. 2008）。因此，该菌的铁吸收明显不依赖铁载体，可能有其他一些转运体参与其中，这或许可解释为何其不同于其他细菌。然而试验证实，在 *M. gryphiswaldense* 中，Feo 体系在磁小体形成的铁吸收中至少起到了辅助作用，因为基因敲除突变体（Δ*feoB1*）中形成的磁铁矿颗粒小且数量有限（Rong et al. 2008）。*M. magneticum* 中已确认的胞质 ATP 酶研究显示，其很可能通过给予膜转运体，如 FeoB，以能量形式参与二价铁的摄取过程，然而其目标转运体仍未知（Suzuki et al. 2007）。*M. gryphiswaldense* 中 *fur* 样基因的破坏使其胞内的铁水平降低且磁小体形成受到抑制，这表明，此基因参与生物矿化中的铁吸收（Yi et al. 2007）。三价铁吸收调节因子（ferric uptake regulator，Fur）控制着细菌的铁动态平衡。研究显示，*Escherichia coli* 中的 Fur 可根据胞内铁浓度情况，通过调节基因表达而起作用（Escolar et al. 1999）。其能与二价铁结合，结合后的复合物以铁吸收基因转录抑制子形式发挥作用。一旦胞内的铁浓度过低，Fe^{2+}-Fur 复合物将解离，从而失去与 DNA 结合的能力，相关基因则转录并表达。

目前，人们还不清楚最后一个铁转运体是如何进入磁小体的。在 *M. magneticum*

中，一种质子/铁反向转运蛋白——MagA 可能参与了此过程。这个蛋白质在细胞及磁小体膜中均检出（Nakamura et al. 1995）。然而，无证据表明，其他一些 MTB 中也有 MagA，且在磁铁矿生物矿化过程中起重要的作用。蛋白质组学分析证实，有两个特定阳离子扩散促进因子位于磁小体膜上，分别为 MamB 和 MamM（Grünberg et al. 2004）。这两种蛋白质均为 CDF3 亚家族成员，铁转运体即由它们组成（Nies 2003）。这些蛋白质的基因敲除 M. gryphiswaldense 突变体则无趋磁性，这一结果有力地支持了这些基因参与磁铁矿生物矿化的设想（Schüler，个人通信）。这两个基因同样也存在于其他所有已测序的趋磁细菌中，这充分说明了其对于磁铁矿生物矿化的重要性。迄今，虽已有不同种类蛋白质被证实参与了铁吸收，但人们还不清楚哪一个蛋白质与生物矿化有关，且是否除代谢需要外还存有一个独立而专一的吸收机制。目前，只有 MagA、MamB 及 MamM 三个蛋白质看似对 MTB 来说是专一的，且还有待于今后的进一步研究，从而使人们弄清铁转运是如何与生物成因磁铁矿合成相关联的。

1.3.1.3 磁铁矿的形成

Magnetospirillum spp. 中的磁铁矿形成需在微氧或无氧条件下进行，高氧水平对其生物矿化有抑制（Heyen and Schüler 2003）。这点与无机合成情况一致，低氧或无氧可阻止二价铁氧化为三价铁并由此抑制铁氧化相，如磁赤铁矿、赤铁矿或针铁矿的生成。一般来讲，磁铁矿的形成需低还原势（$E_h \approx 0.2 \sim 0.4\,\text{V}$）和碱性环境（pH>8）（Winklhofer and Petersen 2007；Faivre and Schüler 2008）。因此，MTB 必须有专一的胞内隔室用于磁铁矿合成，因为正常生理条件下是不允许这样的铁氧化矿相生成的。磁小体囊泡内的 pH 水平虽不清楚，然而，方解石形成单胞生物——海洋有孔虫却能将胞内囊泡 pH 调至 9 以上（deNooijer et al. 2009）。这一发现使人们认识到，其他水生单细胞生物及 MTB 也均有可能将 pH 调至此范围。

自细菌磁铁矿生物矿化发现以来，人们推测可能存在两个磁小体生成途径。一条途径为磁小体囊泡在晶体成核及生长前自胞膜上内卷并分离；另一途径则涉及小晶核在胞膜上形成，囊泡同步或连续内卷（Komeili 2007）。人们推测，可能存在多种不同的磁铁矿沉积机制。磁铁矿发现后，人们最初设想这个生物矿化过程可能涉及非晶态或低结晶度矿物前体，如非晶态二价铁氧化物或水铁矿，前体随后经氧化或还原转化为磁铁矿（Frankel et al. 1983）。然而，最近的发现似乎完全否定了以上假设，因为培养的 MTB 中未曾检测出这些前体。一种无矿化前体的机制假说认为，在磁小体囊泡内碱性条件下，存在着一个二价及三价铁离子共沉淀过程（Faivre et al. 2007）。在这个过程中，两种铁离子可能按化学计量 $Fe^{3+}/Fe^{2+}=2$ 的比例供应。这种供应是通过精准调节进入磁小体囊泡的各转运体比例或控制泡内氧化还原反应情况来实现的。无论是何种情况，铁必须浓缩至过饱和以便于未来成熟晶体的晶核形成。正因为这样的一个共沉淀过程，可使生物由无机（非生命）方式化学合成一些生物成因矿物，这暗示磁铁矿的形成存在着一个铁浓度范围（30 mmol·L^{-1}）。更低浓度则更利于结晶度差的铁氧化物、水合铁氧化物及针铁矿的形成（Faivre et al. 2004）。过饱和情况可由两种方式产生：通过蛋白质，如 MamB、MamM，形成调节性铁转运体进入磁小体囊泡；通过铁结合实体，如脂膜或附着性蛋白，形成局部过饱和。

通过诱导实验，人们在一定程度上对 MTB 的生长动力学有了一些了解。一些 MTB 可生长于极低铁供应和（或）高浓度氧环境下，这样的条件使磁铁矿的生物矿化受到抑制。微氧条件下铁的添加会引发诱导性晶体形成，这使人们可从中了解磁小体的生长行为（Komeili et al. 2004；Faivre et al. 2007）。*M. magnetticum* 铁添加 2 h 内就可形成有序排列的磁铁矿晶体颗粒，颗粒大小及数量持续增加 21 h 以上，磁铁矿可于同链的几个囊泡中同时结晶（Komeili et al. 2004）。*M. gryphiswaldense* 铁饥饿诱导实验透射电镜结果显示，铁添加约 4 h 后有磁铁矿形成，颗粒大小及数量保持正常超过 6 h。穆斯堡尔谱检测显示，磁铁矿信号在诱导后 20 min 出现，这意味着晶体成核速度非常快。细胞成分分析表明，一些极小磁铁矿颗粒（<5 nm）形成于胞膜上，随后生长于分离的囊泡中（Faivre et al. 2007；2008）。

最近一篇报道中，Staniland 等推测，长有成熟晶体的磁小体全链可在铁诱导后 15 min 内快速形成，与以往 *M. magneticum* 及 *M. gryphiswaldense* 中观察到的慢速生长情况完全不同（Staniland et al. 2007）。X 射线磁性圆二色性分析说明，诱导后前 30 min 内有 α-Fe$_2$O$_3$ 前体形成。但遗憾的是，目前研究人员还不清楚哪个实验环节造成这些不同结果的产生。或许，实验中人们采用的培养基使用了不同的铁源，这可能会影响到铁的吸收率。此外，报道中细菌的细胞磁化值 C_{mag}（基于光散射法）也有着明显的差异。因为非磁性细胞的 C_{mag} 为零，诱导实验中，C_{mag} 开始时为零，随着磁小体不断形成，C_{mag} 值于一段时间内不断攀升。在后者的实验中，初始 C_{mag} 值（t=0）略微大于零，这意味诱导前细胞已有了轻微的磁化，这或许可以解释为何磁小体形成速率上存在着不同（Staniland et al. 2007）。

除某些情况下形成孪晶，磁小体中的晶体都是单晶，这表明矿化中只存在单成核（Devouard et al. 1998；Faivre and Schüler 2008）。这一发现说明，囊泡中存在由单个蛋白质或复合体提供的专一成核位点。几种蛋白质被推测在成核及后来的生长过程中起作用，但体内实验证据寥寥无几。曾有人描述，*M. magneticum* 中的 Mms6 蛋白紧紧结合于磁铁矿晶体上（Arakaki et al. 2003）。此蛋白质含一个富亮氨酸-甘氨酸（LG）的模体，而此模体在其他一些磁小体蛋白中也有，模体的作用可能是对分子聚集进行调节。分子的 C 端为酸性，如其体外实验显示的那样，可提供铁结合能力。然而，*mms6* 基因突变体的不足给人们留下了这样的一个问题，即 Mms6 蛋白在体内是否真的就是一种成核剂，或者有其他作用。*M. magneticum*

基因组中 *mms6* 的缺失使人们认为，此基因或许对 MTB 中磁铁矿的形成并非那么重要（Nakazawa et al. 2009）。

磁铁矿形成过程中，质子自磁小体囊泡中释放并被移出囊以维持 pH 的稳定，为磁铁矿的形成提供有利条件。有人推测，*Magnetospirillum* 菌体中的 MamN 蛋白的作用或许就是提供这种质子流，因为其与一些有关蛋白质非常类似（Jogler and Schüler 2007）。MamT 是细胞色素 c 血红素结合蛋白，其可能参与涉及磁铁矿形成的氧化还原反应（Jogler and Schüler 2007）。然而，目前还没有实验数据证实二者的作用。

1.3.2 磁小体——一种非凡的材料

MTB 演化出各种方式优化磁小体结构以起到其作为磁场执行者的作用。这种优化至少在三个分级层次上，长度从埃到亚微米，即从原子结构到细菌内细丝。在后面章节中，将从功能及如何获得方面，在三个水平上对结构优化进行描述。

1.3.2.1 磁小体结构

磁铁矿（$Fe^{3+}[Fe^{2+}Fe^{3+}]O_4$），即使在低温下也极易氧化为磁赤铁矿（$Fe^{3+}[Fe_{5/3}^{3+}[\ ]_{1/3}]O_4$），天然的磁铁矿也会在平衡状态下部分氧化。从化学计量上看，磁铁矿至磁赤铁矿的氧化导致饱和磁矩下降，这种变化对于趋磁所需磁性能而言是不利的。两种铁氧化相间的转化意味着晶格参数 a 由 8.397 埃逐步降至 8.347 埃。最新高分辨同步辐射 X 射线衍射数据显示，培养的 *M. gryphiswaldense* 及 *M. magneticum* 均能形成化学计量的磁铁矿，且磁小体颗粒似乎由细胞保护以免氧化（Fischer et al. 2010，投稿）。多数磁小体完美无瑕疵，除[111]方向上常出现孪晶外。然而，这种孪晶对磁小体晶体的磁化几乎无影响，因为其本身就沿磁铁矿易磁化轴方向（<111>）排列（Winklhofer 2007）。透射电镜观察显示，磁铁矿生长无位错线，或许这意味着，延伸生长方向上存在螺型位错机制（Devouard et al. 1998）。因此认为，MTB 中可能存在着一个理想的铁利用及晶体生长机制以利于磁小体形成，以及其原子结构水平的磁性能建立。此外，人们起初认为，磁小体晶体在化学上是纯粹的，无其他元素参与。然而实际情况并非如此，最新报道称，在有些情况下，当生长基中某些元素含量丰富时，这些元素或许嵌入其中，如镁（Keim et al. 2009）及钴（Staniland et al. 2008）。这大大提高了人们的兴趣，因为磁铁矿掺杂常被用来增加其矫顽力及磁硬度。掺杂了钴的磁小体的矫顽力提高 49%（Staniland et al. 2008）。但是，钴或其他金属是否真正嵌至磁晶体内，还是仅仅掺杂于晶体表面仍有待于研究。目前，有待于证实的还有钴的吸收是否为一主动过程或非特定性扩散。由此，未来一些实验将用于显示 MTB 是否能形成其他具有人们感兴趣的性能的铁氧化体，以及其他除铁之外的金属又是如何影响 MTB 的生物行为的。

1.3.2.2 磁小体的三维结构

成熟磁铁矿晶体多为单晶（SD），直径为 35～120 nm，颗粒大小呈非对称性窄分布，大颗粒数量急速减少（Devouard et al. 1998）。小尺寸颗粒环境温度下表现为超顺磁，这意味着热起伏可使其无剩磁，颗粒由此而无法为细胞提供一个偶磁极，以满足其地磁场中的有向排列。而大尺寸颗粒则导致磁矩彼此分离且反向平行多磁结构的形成。这一结果使单位体积的剩磁很少，从而造成铁利用上的低效（Dunlop and Özdemir 1997；Muxworthy and Williams 2006；2009；Winklhofer 2007）。人们由此认为，MTB 已演化出各种高物种特异性措施以便对磁小体晶体颗粒大小进行控制，从而实现其磁性能的调节。*Magnetospirilla* 菌体中的磁颗粒大小一般为 30～50 nm（Devouard et al. 1998）。*M. magneticum* 中的颗粒约为 40 nm（Pósfai et al. 2006），MV-1 及 MC-1 中的颗粒则长一些，分别为 40～60 nm 和 80～120 nm（Devouard et al. 1998）。据报道，非培养的趋磁球菌中分布有不同寻常的大颗粒（250 nm 左右）。这些颗粒虽然很大，却仍表现 SD 特性，尽管其大小已远超 SD 范围（Lins et al. 2005）。人们推测，磁小体晶粒的大小受限于囊泡自身大小。冷冻切片透射电镜显示，一些预形成的囊泡的大小与成熟晶体的大小相当（Komeili et al. 2004）。

此外，如 *M. gryphiswaldense* 中显示的那样，各种不同的膜蛋白似乎对颗粒大小及形貌均能产生影响。缺失了整个 *mamGFDC* 操纵子的敲除突变体形成的磁铁矿晶体大小只有野生的 75%（Scheffel et al. 2008），而且，晶体颗粒的形貌及链的排布也出现异常。遗憾的是，蛋白质的确切作用目前仍不清楚，例如，蛋白质的哪种效应可导致什么样的表型结果。互补实验显示，这些蛋白质间或许存在功能重叠，因为单基因的互补使颗粒重新恢复至野生大小。全操纵子的恢复重建甚至导致了颗粒超过其原有大小。4 种蛋白约占 *M. gryphiswaldense* 磁小体膜蛋白总量的 35%，且 4 种蛋白质的位置看似极其专一。*mamG* 目前只发现于螺菌中，但 *mamD*、*mamF* 及 *mamC* 则存在于所有已测序的 α-变形菌门趋磁细菌的基因组中，尽管其操纵子构成有所不同（Schüler et al. 2009）。然而，δ-变形菌门的 *M. magneticus* 中则无以上 4 种基因（Nakazawa et al. 2009）。MamC 及 MamF 是 4 种蛋白质中含量最丰富的两个，MamF 可形成高稳定性的寡聚体。*M. magneticus* 中发现的与 *M. magnetotacticum* 中 MamC 同源的寡聚体——Mam12 已确认为磁小体膜蛋白（Taoka et al. 2006）。MamD、MamG 与前面提到的 Mam6 有些相似，分子中均含亮氨酸-甘氨酸（LG）重复序列。推测认为，这些序列负责多聚体复合物的聚集。

有证据显示，*M. magneticum* 中的 Mms6 在某些情况下可对体外合成的磁铁矿晶体（以重组蛋白为添加剂）大小及形貌产生影响。在氢氧化钠为介质的二价、三价铁共沉淀合成磁铁矿过程中，相较于无添加剂对照，形成一些约 30 nm 大的颗粒（Arakaki et al. 2003）。另一实验中，在温度逐步升高情况下（90℃），一些磁铁矿纳米颗粒经由氧化途径形成（Amemiya et al. 2007）。在这样的条件下，Mms6 能对晶体大小进行限制，且看似更利于立方八面体而非八面体颗粒的形成，这意味着 Mms6 可能以晶面识别生长调节剂形式在起作用。然而，这些条件并非生理性的，且迄今为止仍无 *mms6* 突变体，因此，很难给出令人信服的结论。

据报道，生长于含大量痕量元素如锌、镍培养基中的 *M. magnetotacticum* 的磁小体大小及形貌均有变化，但可惜的是，报道中未对这些变化进行详细说明（Kundu et al. 2009）。推测认为，这些金属离子与铁离子吸收间可能存有竞争，限制了磁小体矿化上的铁供应。然而，这一观点未得到系统性的研究证明。

1.3.2.3 磁小体形貌

观察发现，磁小体中的晶体形貌多种多样，除常见的立方体、八面体及十二面体外，还有由以上三种扭曲和延伸晶面结合而成的形式（Devouard et al. 1998），见图 1-3。此外，非等轴形状如子弹头形或牙形晶体也有发现（Mann et al. 1978a, b; Spring et al. 1993; Taylor and Barry 2004; Isambert et al. 2007）。单磁畴颗粒的形状各向异性会影响颗粒的矫顽力，使其磁化自发逆转能力随易磁化轴方向的延伸而不断下降（Vereda et al. 2009）。因此，MTB 某些情况下会从利于其趋磁性上对体内的磁颗粒形貌进行优化。

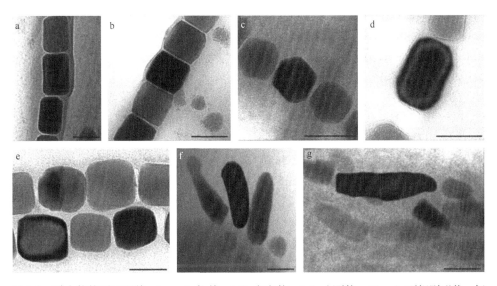

图 1-3　磁小体的不同形貌。（a～c）拉伸；（d）立方体；（e）八面体；（f～g）不规则形状。标尺=50 μm。

一般来讲，等轴立方八面体结构磁颗粒，如发现于趋磁螺菌中的磁颗粒，也可通过其他非生物方式获得，这说明在这些生命体中有无遗传编码的形貌控制并非想象的那么关键。相反，一些对称破缺（symmertry-breaking）的各向异性习性，如沿[111]晶面中一对等面延伸而成的晶体及子弹头形、牙形晶体的结构均不对称，其形成原因目前仍不清楚。原因可能有两种：①铁转运体可能位于或活跃于磁小体膜上的一些特异性位点，有利于晶体因铁流动及局部饱和而不断生长与延伸；②面选择性附着，这种附着由颗粒上的某些生物分子引导，阻止了晶体在一些闭锁位点上生长。当前，任何一个假说均无实验数据证明，且这一问题解决起来也较困难，因为一些潜在可应用的显微镜技术也存在分辨率上的问题。或许，人们能得到一些有关于趋磁细菌蛋白（如 Mms6）或多肽选择性识别晶体晶面并进而对生长中的晶体形貌产生影响的体外间接证据。一种随后可转化为磁铁矿的非晶态前体或许更可能允许一些非常态晶体形成，如子弹头形或牙形晶体，这一现象在一些其他生物矿化中常见，如高等生物体内的碳酸钙矿化（Politi et al. 2008）。迄今，有关磁小体内非等轴晶体的形成解释仍处于推测阶段，还有待于今后通过体内外实验证实。

1.3.2.4 磁小体链的装配与功能

磁小体链中的晶体有序排列使细胞的偶磁极增大，也使得其功能能够更好地发挥（Dunin-Borkowski et al. 1998）。经装配，磁小体单颗粒的偶磁极集合起来，从而为细胞提供磁场定向。所有趋磁螺菌中均有一条沿细胞长轴方向排列的磁小体单链，而一些非培养的趋磁细菌中则有多条链，甚至有时链的装配极为复杂（Schüler 2008）。胶体性磁颗粒趋向于聚集在一起或形成一些所谓的磁通闭合环，这在一些分离的磁小体中能够看到（Philipse and Maas 2002；Xiong et al. 2007）。*M. gryphiswaldense* 诱导实验显示，磁铁矿形成于不同的位点，并在随后生长中开始直线排列于细胞中线附近（Favire et al. 2007）。人们猜测，菌体内的一丝状物质通过与细胞结构连接可阻止磁小体链垮塌为一团或成环。目前这一推测已由 *M. gryphiswaldense*、*M. magneticum* 冷冻电子断层扫描（cryo-electron tomography）技术证实（Komeili et al. 2006；Scheffel et al. 2006）。研究显示，MamK 和 MamJ 两种蛋白质参与了链的装配。MamK 是细菌的一种肌动蛋白样蛋白，其沿磁小体链装配成为丝状结构，这一结构可采用绿色荧光蛋白（green fluorescence protein，GFP）融合显微技术直观显现。MamK 敲除 *M. magneticum* 突变型菌株的磁小体则散布于菌体内（Komeili et al. 2006）。MamK *E.coli* 重组表达在宿主内形成了可检测的丝样物，分离后的蛋白质在体外可聚合成长约 100 μm、宽约 100 nm 的束状丝，其单丝宽约 6 nm（Pradel et al. 2006；Taoka et al. 2007）。此聚合依赖 ATP，且有可能驱动磁小体以跑步机式机制（得知于肌动蛋白及其他丝状蛋白的聚合机制）排成一线。此外，酸性蛋白 MamJ，一种只发现于趋磁螺菌中的蛋白质，也参与了磁小体链的形成。*MamJ* 敲除 *M. gryphiswaldense* 突变体（*ΔMamJ*）的磁小体不再成链而是聚成一团，而在 *MamJ* 敲除突变体互补实验中，菌体内的磁小体链又得以恢复。*E. coli* 中的双杂交实验结果表明，两种蛋白质间有作用，且 MamJ 可能起着磁小体囊泡锚定器的作用，由此连于 MamK 细丝上（Scheffel et al. 2006；Scheffel and Schüler 2007）。然而，这一假设与 *ΔMamK* 及 *ΔMamJ* 不同表型突变体结果有部分冲突，因为，如果假设成立（即丝状结构锚定作用），二者的表型应非常类似。然而，目前人们还不清楚矛盾是否归于实验差异、种间差异，还是假设上过于简单（Schüler 2008）。另外，MamJ 迄今还只发现于趋磁螺菌中，这也使人们不得不思考这样的一个问题，即其他趋磁性生物又是如何成链的。

1.4 磁小体应用

合成磁性铁氧化物纳米颗粒目前还处于应用或研发阶段，希望将来能满足各领域的技术应用要求，尤其是生物技术和医药领域，例如，各种生物分子的磁分离、磁共振成像（MRI）、癌细胞热疗及其他一些可能性应用（Laurent et al. 2008）。正因为磁小体颗粒单磁畴范围上的单分散尺寸，使人们更感兴趣于其未来的一些潜在应用。

合成颗粒很容易大规模生产，但为了广泛应用，保证其在水中时始终呈稳定的胶体状态，颗粒表面必须有涂层，以便为进一步的功能添加提供锚定点。目前，人们已有多种方法解决此类问题，如采用带有电荷的脂肪分子或 SiO_2 来进行涂层。

磁小体本身就可以稳定胶体形式存在于水性溶液中，这是因为其表面拥有阻止晶体聚集的脂质膜和跨膜蛋白，这一膜层和跨膜蛋白均可作为化学或遗传修饰的靶点（Lang et al. 2007）。蛋白质化学共价修饰通常采用的是戊二醛交联或 *N*-羟基琥珀酰亚胺酯法（Matsunaga and Kamiya 1987），有时也采用生物素-链霉亲和素连接法（Amemiya et al. 2005；Ceyhan et al. 2006）。遗传性修饰则采用蛋白融合法（将一些感兴趣的蛋白质融合至磁小体的膜蛋白上）。

在一次实验中，人们首次尝试将 MagA 蛋白与肉豆蔻酰锚定的 Mms16 蛋白用于 *M. magneticum* 的研究中（Nakamura et al. 1995；Matsunaga et al. 2000；Yoshino et al. 2004）。经荧光素酶法检测确认，Mms13 是其磁小体中一种较好的锚定蛋白。推测认为，这个蛋白质可能通过晶体结合而起作用（Yoshino and Matsunaga 2006）。最近，为找到一种潜在的、可作为 *M. gryphiswaldense* 中蛋白锚点的最佳膜蛋白，几个备选蛋白被融合至增强绿色荧光蛋白（enhanced green fluorescence protein，EGFP）中，并通过流式细胞仪和荧光显微镜检测以对磁小体颗粒的荧光效果进行分析。因为磁铁矿生物矿化宜于无氧及微氧条件下进行，然而，由于绿色荧光蛋白（GFP）需要有氧条件下才能最终成熟，因此，生长参数优化必须同时满足二者要求。研究发现，磁小体中最丰富的蛋白质为 MamC，此蛋白质与 Mms13 同源，以其作为融合蛋白锚点是最佳的选择（Lang and Schüler 2008）。

基于磁小体是一种胶性磁载体的理论事实，人们已研发出多种相关的生物技术检测方法，如针对污染物、激素及毒性去污剂的免疫检测法，配体-受体结合检测法，以及靶细胞分离法（Tanaka and Matsunaga 2000；Matsunaga et al. 2003；Kuhara et al. 2004；Yoshino et al. 2004）。此外，修饰性磁小体已被用于 DNA 提取及单核苷酸多态性系统自动化区分（Tanaka et al. 2003；Yoza et al. 2003）。

最近，磁小体作为抗肿瘤治疗潜在药物载体（Sun et al. 2007；2008）及 MRI 对照剂（Lisy et al. 2007）已完成测试。尤其是 MRI 对照剂的应用，使得磁小体正变得愈来愈令人感兴趣，因为沿易磁化轴方向各向异性形状延展的单磁畴颗粒有着更长的弛豫时间，这使得成像对比度更高（Vereda et al. 2009）。

1.5 结论与展望

本章中，人们对趋磁细菌及其显著的磁铁矿纳米颗粒（磁小体）生物矿化能力进行了描述。这一磁性材料非同寻常，作为一磁场行为执行者，为应对定向功能，其在形成中进行了充分的优化。这些磁小体晶体颗粒由化学计量的磁铁矿组成，对于磁化及铁利用而言，磁铁矿是一种最高效的铁氧化物相。这些颗粒均为单磁畴尺寸，这一特点对其功能发挥尤为重要。颗粒有时沿易磁化轴方向延展，这大大提高了偶磁极对于热波动的稳定性。此外，磁小体链的形成则更增强了单颗粒的偶磁极效果，从而使细菌沿地磁场磁力线方向排列。

这一生物矿化过程目前仍有很多方面人们还不清楚。铁摄入尤其是胞内囊泡的铁转运过程仍有待于研究。另外，在一些相对温和的生理、化学条件下 MTB 如何形成适宜铁相也仍不明了。或许为使磁铁矿得以沉积，细菌细胞通过隔室化使其局部 pH 及氧化还原势得以控制。然而，磁小体内的情况到底如何人们迄今也不了解。参与磁铁矿形成及磁链排列各阶段的蛋白质虽某种程度上已得到确认，但其特异性的作用仍有很多不明。至于化学方面，人们更关注的是 MTB 如何形成一些非对称形貌磁铁矿颗粒。到目前为止，人们还无法于温和化学条件下合成这样的一些颗粒。通过借鉴 MTB，化学家及纳米工程技术人员或许未来能借由环境友好方法生产出任何形状和有着令人感兴趣的磁性能的晶体颗粒。

参 考 文 献

Amann R, Peplies J, Schüler D (2007) Diversity and taxonomy of magnetotactic bacteria. In: Schüler D (ed) Magnetoreception and magnetosomes in bacteria. Springer, Heidelberg

Amemiya Y, Tanaka T, Yoza B, Matsunaga T (2005) Novel detection system for biomolecules using nano-sized bacterial magnetic particles and magnetic force microscopy. J Biotechnol 120:308–314

Amemiya Y, Arakaki A, Staniland SS, Tanaka T, Matsunaga T (2007) Controlled formation of magnetite crystal by partial oxidation of ferrous hydroxide in the presence of recombinant magnetotactic bacterial protein Mms6. Biomater 28:5381–5389

Arakaki A, Webbs J, Matsunaga T (2003) A novel protein tightly bound to bacterial magnetite particles in *Magnetospirillum magnetotacticum* strain AMB-1. J Biol Chem 278:8745–8750

Balkwill D, Maratea D, Blakemore RP (1980) Ultrastructure of a magnetotactic spirillum. J Bacteriol 141:1399–1408

Bazylinski DA, Frankel RB (2004) Magnetosome formation in prokaryotes. Nat Rev Microbiol 2:217–230

Bellini S (2009a) Further studies on "magnetosensitive bacteria". Chi J Oceanogr Limnol 27:6–12

Bellini S (2009b) On a unique behavior of freshwater bacteria. Chi J Oceanogr Limnol 27:3–5

Blakemore RP (1975) Magnetotactic bacteria. Science 190:377–379

Blakemore RP (1982) Magnetotactic bacteria. Ann Rev Microbiol 36:217–238

Blakemore RP, Maratea D, Wolfe RS (1979) Isolation and pure culture of freshwater magnetic spirillum in chemically defined medium. J Bacteriol 140:720–729

Calugay RJ, Miyashita H, Okamura Y, Matsunaga T (2003) Siderophore production by the magnetic bacterium Magnetospirillum magneticum AMB-1. FEMS Microbiol Let 218:371–375

Calugay RJ, Okamura Y, Wahyudi AT, Takeyama H, Matsunaga T (2004) Siderophore production of a periplasmic transport binding protein kinase gene defective mutant of Magnetospirillum magneticum AMB-1. Biochem Biophys Res Comm 323:852–857

Calugay RJ, Takeyama H, Mukoyama D, Fukuda Y, Suzuki T, Kanoh K, Matsunaga T (2006) Catechol siderophore excretion by magnetotactic bacterium *Magnetospirillum magneticum* AMB-1. J Biosci Bioeng 101:445–447

Cartron ML, Maddocks S, Gillingham P, Craven CJ, Andrews SC (2006) Feo – transport of ferrous iron into bacteria. Biometals 19:143–157

Ceyhan B, Alhorn P, Lang C, Schüler D, Niemeyer CM (2006) Semisynthetic biogenic magnetosome nanoparticles for the detection of proteins and nucleic acids. Small 2:1251–1255

Cornell RM, Schwertmann U (2003) The Iron Oxides. Wiley-VCH Verlag GmBH & Co. KGaA, Weinheim

de Nooijer LJ, Toyofuku T, Kitazato H (2009) Foraminifera promote calcification by elevating their intracellular pH. Proc Natl Acad Sci U S A 106:15374–15378

Devouard B, Pósfai M, Hua X, Bazylinski DA, Frankel RB, Buseck PR (1998) Magnetite from magnetotactic bacteria: Size distributions and twinning. Am Miner 83:1387–1398

Dubbels BL, DiSpirito AA, Morton JD, Semrau JD, Neto JNE, Bazylinski DA (2004) Evidence for a copper-dependent iron transport system in the marine, magnetotactic bacterium strain MV-1. Microbiology 150:2931–2945

Dunin-Borkowski RE, McCartney MR, Frankel RB, Bazylinski DA, Pósfai M, Buseck PR (1998) Magnetic microstructure of magnetotactic bacteria by electron holography. Science 282:1868–1870

Dunlop DJ, Özdemir O (1997) Rock magnetism: fundamentals and frontiers. Cambridge University Press, Cambridge

Escolar L, Perez-Martin J, De Lorenzo V (1999) Opening the iron box: transcriptional metalloregulation by the fur protein. J Bacteriol 181:6223–6229

Faivre D, Schüler D (2008) Magnetotactic bacteria and magnetosomes. Chem Rev 108:4875–4898

Faivre D, Agrinier P, Menguy N, Zuddas P, Pachana K, Gloter A, Laval J-Y, Guyot F (2004) Mineralogical and isotopic properties of inorganic nanocrystalline magnetites. Geochim Cosmochim Acta 68:4395–4403

Faivre D, Böttger LH, Matzanke BF, Schüler D (2007) Intracellular magnetite biomineralization in bacteria proceeds by a distinct pathway involving membrane-bound ferritin and an iron(II) species. Angew Chem Int Ed 46:8495–8499

Faivre D, Menguy N, Pósfai M, Schüler D (2008) Effects of environmental parameters on the physical properties of fast-growing magnetosomes. Am Mineral 93:463–469

Farina M, Esquivel DMS, Lins de Barros H (1990) Magnetic iron-sulphur crystals from a magnetotactic microorganism. Nature 343:256–258

Fischer A, Schmitz M, Aichmayer B, Fratzl P, Faivre D (2011) Structural purity of magnetite nanoparticles in magnetotactic bacteria. J R Soc Interface 8:1011–1018

Flies CB, Jonkers HM, de Beer D, Bosselmann K, Böttcher ME, Schüler D (2005) Diversity and vertical distribution of magnetotactic bacteria along chemical gradients in freshwater microcosms. FEMS Microbiol Ecol 52:185–195

Frankel RB, Bazylinski DA (2003) Biologically induced mineralization by bacteria. Rev Mineral Geochem 54:95–114

Frankel RB, Blakemore RP (1991) Iron Biominerals. Plenum Press, New York and London

Frankel RB, Blakemore R, Wolfe RS (1979) Magnetite in freshwater magnetotactic bacteria. Science 203:1355–1356

Frankel RB, Papaefthymiou GC, Blakemore RP, O'Brien W (1983) Fe$_3$O$_4$ precipitation in magnetotactic bacteria. Biochim Biophys Acta 763:147–159

Frankel RB, Bazylinski DA, Johnson MS, Taylor BL (1997) Magneto-aerotaxis in marine coccoid bacteria. Biophy J 73:994–1000

Frankel RB, Williams TJ, Bazylinski DA (2007) Magneto-Aerotaxis. In: Schüler D (ed) Magnetoreception and magnetosomes in bacteria. Springer, Heidelberg

Gorby YA, Beveridge TJ, Blakemore R (1988) Characterization of the bacterial magnetosome membrane. J Bacteriol 170:834–841

Grünberg K, Müller EC, Otto A, Reszka R, Linder D, Kube M, Reinhardt R, Schüler D (2004) Biochemical and proteomic analysis of the magnetosome membrane in *Magnetospirillum gryphiswaldense*. Appl Eviron Microbiol 70:1040–1050

Heyen U, Schüler D (2003) Growth and magnetosome formation by microaerophilic Magnetospirillum strains in an oxygen-controlled fermentor. Appl Microbiol Biotechnol 61:536–544

Isambert A, Menguy N, Larquet E, Guyot F, Valet J-P (2007) Transmission electron microscopy study of magnetites in a freshwater population of magnetotactic bacteria. Am Mineral 92:621–630

Jogler C, Schüler D (2007) Genetic analysis of magnetosome biomineralization. In: Schüler D (ed) Magnetoreception and magnetosomes in bacteria. Springer, Heidelberg

Jogler C, Schüler D (2009) Genomics, genetics, and cell biology of magnetosome formation. Annu Rev Microbiol 63:501–521

Jogler C, Kube M, Schübbe S, Ullrich S, Teeling H, Bazylinski DA, Reinhardt R, Schüler D (2009) Comparative analysis of magnetosome gene clusters in magnetotactic bacteria provides further evidence for horizontal gene transfer. Environ Microbiol 11:1267–1277

Johnsen S, Lohmann KJ (2005) The physics and neurobiology of magnetoreception. Nat Rev Neurosci 6:703–712

Keim CN, Lins U, Farina M (2009) Manganese in biogenic magnetite crystals from magnetotactic bacteria. FEMS Microbiol Lett 292:250–253

Komeili A (2007) Molecular mechanisms of magnetosome formation. Ann Rev Biochem 76:351–366

Komeili A, Vali H, Beveridge TJ, Newman D (2004) Magnetosome vesicles are present prior to magnetite formation and MamA is required for their activation. Proc Natl Acad Sci USA 101:3839–3844

Komeili A, Li Z, Newman DK, Jensen GJ (2006) Magnetosomes are cell membrane invaginations organized by the actin-like protein mamK. Science 311:242–245

Kuhara M, Takeyama H, Tanaka T, Matsunaga T (2004) Magnetic cell separation using antibody binding with protein a expressed on bacterial magnetic particles. Anal Chem 76:6207–6213

Kundu S, Kale AA, Banpurkar AG, Kulkarni GR, Ogale SB (2009) On the change in bacterial size and magnetosome features for Magnetospirillum magnetotacticum (MS-1) under high concentrations of zinc and nickel. Biomater 30:4211–4218

Lang C, Schüler D (2008) Expression of green fluorescent protein fused to magnetosome proteins in microaerophilic magnetotactic bacteria. Appl Environ Microbiol 74:4944–4953

Lang C, Schüler D, Faivre D (2007) Synthesis of magnetite nanoparticles for bio- and nanotechnology: genetic engineering and biomimetics of bacterial magnetosomes. Macromol Biosci 7:144–151

Laurent S, Forge D, Port M, Roch A, Robic C, Vander Elst L, Muller RN (2008) Magnetic iron oxide nanoparticles: synthesis, stabilization, vectorization, physicochemical characterizations, and biological applications. Chem Rev 108:2064–2110

Lins U, McCartney MR, Farina M, Frankel RB, Buseck PR (2005) Habits of magnetosome crystals in coccoid magnetotactic bacteria. Appl Environ Microbiol 71:4902–4905

Lisy MR, Hartung A, Lang C, Schüler D, Richter W, Reichenbach JR, Kaiser WA, Hilger I (2007) Fluorescent bacterial magnetic nanoparticles as bimodal contrast agents. Invest Radiol 42:235–241

Lowenstam HA (1967) Lepidocrocite an apatite mineral and magnetite in teeth of chitons (Polyplacophora). Science 156:1373–1375

Mann S, Sparks N, Blakemore R (1987a) Structure, morphology and crystal growth of anisotropic magnetite crystals in magnetotactic bacteria. Proc R Soc Lond B 231:477–487

Mann S, Sparks N, Blakemore R (1987b) Ultrastructure and characterization of anisotropic magnetic inclusions in magnetotactic bacteria. Proc R Soc Lond B 231:469–476

Mann S, Sparks NHC, Frankel RB, Bazlinski DA, Jannasch HW (1990) Biomineralization of ferrimagnetic greigite (Fe_3S_4) and iron pyrite (FeS_2) in a magnetotactic bacterium. Nature 343:258–261

Matsunaga T, Arakaki A (2007) Molecular bioengineering of bacterial magnetic particles for biotechnological applications. In: Schüler D (ed) Magnetoreception and magnetosomes in bacteria. Springer, Heidelberg

Matsunaga T, Kamiya S (1987) Use of magnetic particles isolated from magnetotactic bacteria for enzyme immobilization. Appl Microbiol Biotechnol 26:328–332

Matsunaga T, Sakaguchi T, Tadokoro F (1991) Magnetite formation by a magnetic bacterium capable of growing aerobically. Appl Microbiol Biotechnol 35:651–655

Matsunaga T, Nakamura C, Burgess JG, Sode K (1992) Gene transfer in magnetic bacteria: transposon mutagenesis and cloning of genomic DNA fragments required for magnetosome synthesis. J Bacteriol 174:2748–2753

Matsunaga T, Togo H, Kikuchi T, Tanaka T (2000) Production of luciferase-magnetic particle complex by recombinant Magnetospirillum sp AMB-1. Biotechnol Bioeng 70:704–709

Matsunaga T, Ueki F, Obata K, Tajima H, Tanaka T, Takeyama H, Goda Y, Fujimoto S (2003) Fully automated immunoassay system of endocrine disrupting chemicals using monoclonal antibodies chemically conjugated to bacterial magnetic particles. Anal Chim Acta 475:75–83

Matsunaga T, Okamura Y, Fukuda Y, Wahyudi AT, Murase Y, Takeyama H (2005) Complete genome sequence of the facultative anaerobic magnetotactic bacterium Magnetospirillum sp strain AMB-1. DNA Res 12:157–166

Muxworthy AR, Williams W (2006) Critical single-domain/multidomain grain sizes in noninteracting and interacting elongated magnetite particles: Implications for magnetosomes. J Geophys Res 111:B12S12

Muxworthy AR, Williams W (2009) Critical superparamagnetic/single-domain grain sizes in interacting magnetite particles: implications for magnetosome crystals. J R Soc Interf 6:1207–1212

Nakamura C, Sakaguchi T, Kudo S, Burgess JG, Sode K, Matsunaga T (1993) Characterization of Iron Uptake in the Mangetic Bacterium Aquaspirillum sp. AMB-1. Appl Biochem Biotechnol 39(40):169–176

Nakamura C, Kikuchi T, Burgess JG, Matsunaga T (1995) Iron-regulated expression and membrane localization of the maga protein in magnetospirillum sp strain AMB-1. J Biochem 118:23–27

Nakazawa H, Arakaki A, Narita-Yamada S, Yashiro I, Jinno K, Aoki N, Tsuruyama A, Okamura Y, Tanikawa S, Fujita N, Takeyama H, Matsunaga T (2009) Whole genome sequence of Desulfovibrio magneticus strain RS-1 revealed common gene clusters in magnetotactic bacteria. Genome Res 19:1801–1808

Nash CZ (2004) Magnetic microbes in Mono Lake. Mono Lake Newsletter Fall 2004:14

Nies DH (2003) Efflux-mediated heavy metal resistance in prokaryotes. Fems Microbiol Rev 27:313–339

Pallen MJ, Wren BW (1997) The HtrA family of serine proteases. Mol Microbiol 26:209–221

Paoletti LC, Blakemore RP (1986) Hydroxamate production by Aquaspirillum magnetotacticum. J Bacteriol 167:73–76

Philipse AP, Maas D (2002) Magnetic Colloids from Magnetotactic Bacteria: Chain Formation and Colloidal Stability. Langmuir 18:9977–9984

Politi Y, Metzler RA, Abrecht M, Gilbert B, Wilt FH, Sagi I, Addadi L, Weiner S, Gilbert P (2008) Transformation mechanism of amorphous calcium carbonate into calcite in the sea urchin larval spicule. Proc Natl Acad Sci U S A 105:17362–17366

Pósfai M, Moskowitz BM, Arato B, Schüler D, Flies C, Bazylinski DA, Frankel RB (2006) Properties of intracellular magnetite crystals produced by Desulfovibrio magneticus strain RS-1. Earth Planet Sci Lett 249:444–455

Pradel N, Santini C-L, Bernadac A, Fukumori Y, Wu L-F (2006) Biogenesis of actin-like bacterial cytoskeletal filaments destined for positioning prokaryotic magnetic organelles. Proc Natl Acad Sci USA 103:17485–17489

Richter M, Kube M, Bazylinski DA, Lombardot T, Glockner FO, Reinhardt R, Schüler D (2007) Comparative genome analysis of four magnetotactic bacteria reveals a complex set of group-specific genes implicated in magnetosome biomineralization and function. J Bacteriol 189:4899–4910

Rodgers FG, Blakemore RP, Blakemore NA, Frankel RB, Bazylinski DA, Maratea D, Rodgers C (1990) Intercellular structure in a many-celled magnetotactic prokaryote. Arch Microbiol 154:18–22

Rong CB, Huang YJ, Zhang WJ, Jiang W, Li Y, Li JL (2008) Ferrous iron transport protein B gene (feoB1) plays an accessory role in magnetosome formation in Magnetospirillum gryphiswaldense strain MSR-1. Res Microbiol 159:530–536

Sakaguchi T, Arakaki A, Matsunaga T (2002) Desulfovibrio magneticus sp nov., a novel sulfate-reducing bacterium that produces intracellular single-domain-sized magnetite particles. IntJ Syst Evol Microbiol 52:215–221

Sandy M, Butler A (2009) Microbial iron acquisition: marine and terrestrial siderophores. Chem Rev 109:4580–4595

Scheffel A, Schüler D (2007) The acidic repetitive domain of the magnetospirillum gryphiswaldense mamj protein displays hypervariability but is not required for magnetosome chain assembly. J Bacteriol 189:6437–6446

Scheffel A, Gruska M, Faivre D, Linaroudis A, Plitzko JM, Schüler D (2006) An acidic protein aligns magnetosomes along a filamentous structure in magnetotactic bacteria. Nature 440:110–115

Scheffel A, Gärdes A, Grünberg K, Wanner G, Schüler D (2008) The major magnetosome proteins MamGFDC are not essential for magnetite biomineralization in Magnetospirillum gryphiswaldense, but regulate the size of magnetosome crystals. J Bacteriol 190:377–386

Schleifer K-H, Schüler D, Spring S, Weizenegger M, Amann R, Ludwig W, Köhler M (1991) The genus Magnetospirillum gen. nov., description of Magnetospirillum gryphiswaldense sp. nov. and transfer of Aquaspirillum magnetotacticum to Magnetospirillum magnetotacticum comb. nov. Syst Appl Microbiol 14:379–385

Schubbe S, Williams TJ, Xie G, Kiss HE, Brettin TS, Martinez D, Ross CA, Schuler D, Cox BL, Nealson KH, Bazylinski DA (2009) Complete genome sequence of the chemolithoautotrophic marine magnetotactic coccus strain MC-1. Appl Environ Microbiol 75:4835–4852

Schüler D (2008) Genetics and cell biology of magnetosome formation in magnetotactic bacteria. FEMS Microbiol Rev 32:654–672

Schüler D, Baeuerlein E (1996) Iron-limited growth and kinetics of iron uptake in Magnetospirilum gryphiswaldense. Arch Microbiol 166:301–307

Schüler D, Baeuerlein E (1998) Dynamics of iron uptake and Fe_3O_4 biomineralization during aerobic and microaerobic growth of *Magnetospirillum gryphiswaldense*. J Bacteriol 180:159–162

Schultheiss D, Schüler D (2003) Development of a genetic system for Magnetospirillum gryphiswaldense. Archives Microbiol 179:89–94

Sparks NHC, Courtaux L, Mann S, Board RG (1986) Magnetotactic bacteria are widely distributed in sediments in the U.K. FEMS Microbiol Let 37:305–308

Spring S, Amann R, Ludwig W, Schleifer K-H, van Gemerden H, Petersen N (1993) Dominating role of an unusual magnetotactic bacterium in the microaerobic zone of a freshwater sediment. Appl Environ Microbiol 50:2397–2403

Staniland S, Ward B, Harrison A, van der Laan G, Telling N (2007) Rapid magnetosome formation shown by real-time x-ray magnetic circular dichroism. Proc Natl Acad Sci USA 104:19524–19528

Staniland S, Williams W, Telling N, Van Der Laan G, Harrison A, Ward B (2008) Controlled cobalt doping of magnetosomes in vivo. Nat Nano 3:158–162

Sun J-B, Duan J-H, Dai S-L, Ren J, Zhang Y-D, Tian J-S, Li Y (2007) *In vitro* and in vivo antitumor effects of doxorubicin loaded with bacterial magnetosomes (DBMs) on H22 cells: The magnetic bio-nanoparticles as drug carriers. Cancer Lett 258:109–117

Sun JB, Duan JH, Dai SL, Ren J, Guo L, Jiang W, Li Y (2008) Preparation and anti-tumor efficiency evaluation of doxorubicin-loaded bacterial magnetosomes: magnetic nanoparticles as drug carriers isolated from magnetospirillum gryphiswaldense. Biotechnol Bioeng 101:1313–1320

Suzuki T, Okamura Y, Calugay RJ, Takeyama H, Matsunaga T (2006) Global gene expression analysis of iron-inducible genes in *Magnetospirillum magneticum* AMB-1. J Bacteriol 188:2275–2279

Suzuki T, Okamura Y, Arakaki A, Takeyama H, Matsunaga T (2007) Cytoplasmic ATPase involved in ferrous ion uptake from magnetotactic bacterium Magnetospirillum magneticum AMB-1. FEBS Let 581:3443–3448

Tanaka T, Matsunaga T (2000) Fully automated chemiluminescence immunoassay of insulin using antibody-protein A-bacterial magnetic particle complexes. Anal Chem 72:3518–3522

Tanaka T, Maruyama K, Yoda K, Nemoto E, Udagawa Y, Nakayama H, Takeyama H, Matsunaga T (2003) Development and evaluation of an automated workstation for single nucleotide polymorphism discrimination using bacterial magnetic particles. Biosens Bioelectron 19:325–330

Taoka A, Asada R, Sasaki H, Anzawa K, Wu L-F, Fukumori Y (2006) Spatial localizations of Mam22 and Mam12 in the magnetosomes of magnetospirillum magnetotacticum. J Bacteriol 188:3805–3812

Taoka A, Asada R, Wu LF, Fukumori Y (2007) Polymerization of the actin-like protein MamK, which is associated with magnetosomes. J Bacteriol 189:8737–8740

Taoka A, Umeyama C, Fukumori Y (2009) Identification of iron transporters expressed in the magnetotactic bacterium *Magnetospirillum magnetotacticum*. Curr Microbiol 58:177–181

Taylor AP, Barry JC (2004) Magnetosomal matrix: ultrafine structure may template biomineralization of magnetosomes. J Microsc 213:180–197

Ullrich S, Kube M, Schübbe S, Reinhardt R, Schüler D (2005) A hypervariable 130-kilobase genomic region of Magnetospirillum gryphiswaldense comprises a magnetosome island which undergoes frequent rearrangements during stationary growth. J Bacteriol 187:7176–7184

Vali H, Forster O, Amarantidid G, Petersen H (1987) Magnetotactic bacteria and their magnetofossils in sediments. Earth Planet Sci Lett 86:389–400

Vereda F, de Vicente J, Hidalgo-Alvarez R (2009) Physical properties of elongated magnetic particles: magnetization and friction coefficient anisotropies. ChemPhysChem 10:1165–1179

Winklhofer M (2007) Magnetite-based magnetoreception in higher organisms. In: Schüler D (ed) Magnetoreception and magnetosomes in bacteria. Springer, Heidelberg

Winklhofer M, Petersen N (2007) Paleomagnetism and magnetic bacteria. In: Schüler D (ed) Magnetoreception and magnetosomes in bacteria. Springer, Heidelberg

Winklhofer M, Holtkamp-Rötzler E, Hanzlik M, Fleissner G, Petersen N (2001) Clusters of superparamagnetic magnetite particles in the upper-beak skin of homing pigeons: evidence of a magnetoreceptor? Eur J Mineral 13:659–669

Xiong Y, Ye J, Gu XY, Chen QW (2007) Synthesis and assembly of magnetite nanocubes into flux-closure rings. J Phys Chem C 111:6998–7003

Yijun H, Weijia Z, Wei J, Chengbo R, Ying L (2007) Disruption of a fur-like gene inhibits magnetosome formation in *magnetospirillum gryphiswaldense* MSR-1. Biochem-Moscow 72:1247–1253

Yoshino T, Matsunaga T (2006) Efficient and Stable Display of Functional Proteins on Bacterial Magnetic Particles Using Mms13 as a Novel Anchor Molecule. Appl Environ Microbiol 72:465–471

Yoshino T, Takahashi M, Takeyama H, Okamura Y, Kato F, Matsunaga T (2004) Assembly of G protein-coupled receptors onto nanosized bacterial magnetic particles using Mms16 as an anchor molecule. Appl Environ Microbiol 70:2880–2885

Yoza B, Arakaki A, Matsunaga T (2003) DNA extraction using bacterial magnetic particles modified with hyperbranched polyamidoamine dendrimer. J Biotechnol 101:219–228

2 大型、迷你型铁蛋白：矿物及蛋白纳米笼

2.1 引　言

铁蛋白是一种合成三价铁氧化物（水合铁矿）的笼状蛋白，矿物位于直径 5～8 nm 的蛋白腔中央（Lewin et al. 2005；Liu and Theil 2005），见图 2-1。二价铁离子和氧气或氢过氧化物是蛋白亚基的催化位点底物，催化的同时也开启了笼中的生物矿物合成。铁蛋白中的铁矿物的两个主要功能是：①铁蛋白矿物为一种营养性铁精矿，其所含的铁可慢慢释放以用于蛋白催化剂中的新铁芯合成，如血红素、铁-硫簇或非血红素中结合于蛋白侧链上的铁。含铁蛋白对于呼吸（血红素蛋白）及光合（铁硫蛋白）过程中的电子传递链来说非常关键，且于羟基化（Stiles et al. 2009；Cojocaru et al. 2007）、氧传感（Semenza 2009）及还原的反应中起着重要作用，这体现在由核糖核苷酸合成脱氧核糖核苷酸及 DNA 合成与复制上。②铁蛋白是一种抗氧化剂，矿化过程中铁和氧被消耗。铁蛋白的这两种代谢作用重点表现在对氧化剂及铁的遗传性调节上（Pham et al. 2004；Hintze and Theil 2005；Hintze et al. 2007）。动物中，无论是 DNA 还是 mRNA 均受调控，且是氧或铁的选择性靶向物（Theil and Goss 2009）。铁、氧的消耗使铁蛋白矿物成为蛋白合成反馈回路的一部分，在这个回路中，过剩的铁、氧激发着铁蛋白 DNA 和 mRNA 加大铁蛋白的合成。但随着蛋白质不断积累，铁、氧消耗，合成信号逐步降低，甚至蛋白质合成彻底停止（Theil and Goss 2009）。

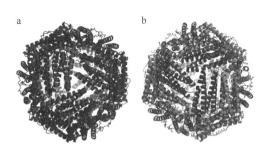

图 2-1　合成铁氧化物生物矿物的大型铁蛋白的三重轴视图。（a）*Escherichia coli* 细菌铁蛋白——BFR（内含低磷生物矿物）；（b）*Rana catesbeiana*（牛蛙）M 铁蛋白——MFR（内含低磷生物矿物）。红色的三亚基结构为 Fe（II）入口/出口处。（彩图请扫封底二维码）

目前，已知铁蛋白超家族纳米笼大小有两种。一种是 24 亚基铁蛋白纳米笼。

20 世纪中叶，人们在很多动植物组织电镜切片观察时发现细胞中存有一定密度矿物的 24 亚基铁蛋白。后来，通过生物物理及分子生物学方法人们确认细菌中也存有铁蛋白（Theil 1987）。从目前已知情况看，铁蛋白存在于所有组织中，各组织中的含量变化很大，含量随环境及发育情况而定。植物中，铁蛋白只存在于细胞器内；而动物中，铁蛋白存在于胞质、溶酶体及线粒体中；在细菌中，铁蛋白的积累对于环境中的铁、氧化剂浓度及培养期极为敏感。就对数培养期的 *Escherichia coli* 而言，其铁蛋白含量很低，除非存在胞外胁迫（Nandal et al. 2009）。另一种是小型或迷你型铁蛋白纳米笼。其被视为一种由胁迫诱导产生具有保护 DNA 免受二价铁离子及过氧化氢损害的蛋白，故最初被命名为 Dps（DNA protection during stress）蛋白（Chiancone 2010）。后来，当人们获得蛋白晶体的结构时，发现此蛋白质的结构为铁蛋白家族笼式结构（Grant et al. 1998）。这个蛋白纳米笼结构由 12 个亚基组成，每个亚基中有 4 个α螺旋捆，笼腔很小，只能容纳较小的矿物（<500 个铁原子）。为了与 24 个亚基组成的铁蛋白区分，由 12 个亚基组成的铁蛋白则被称为迷你型铁蛋白。迷你型铁蛋白只限于细菌及古细菌中，大型铁蛋白——24 亚基铁蛋白则发现于真核生物、细菌及古细菌。

2.2 陆生、海生生物中的铁蛋白

铁蛋白可由古细菌、细菌及真核生物基因组中原序列（primary sequence）确定，见图 2-2（a）。当前，来自生物各界的铁蛋白已被纯化或异源表达，这些蛋白质有着各自不同的特点。人们对整个蛋白质的铁吸收、二价铁至三价铁氧化、随后的还原与释放动力学及分子途径已研究多日，尤其是动物及细菌的铁蛋白（Theil et al. 2008；Chiancone and Ceci 2010；Le Brun et al. 2010）。有关多步铁蛋白矿化过程的内容将于 2.3 节中讨论。本节讨论的重点是各类铁蛋白的分布及其催化位点的保守性。尽管不同类型铁蛋白的二、四级结构及催化位点的序列保守性很明显（表 2-1），但从序列上看，它们之间还是存在着很大的差异。

2.2.1 原核生物中的铁蛋白

无论是大型还是迷你型铁蛋白，其原序列广布于原核生物的基因组中，即使一单个生物的基因组。*E. coli* 就是一例，其体内有多个铁蛋白拷贝，如迷你型铁蛋白 Dps、大型铁蛋白 FTNA 以及细菌铁蛋白 BFR。三种铁蛋白常被用于 BLAST 检索比对，以便于原核生物"可辨识"铁蛋白的分布研究（$P<5×10^{-5}$）和活性位点序列的保守性比较。"可辨识"是指基于序列同源的同源蛋白认定阈值。就铁蛋白而言，其三维结构尤其高度保守，且这种保守结构对蛋白质的功能发挥至关重

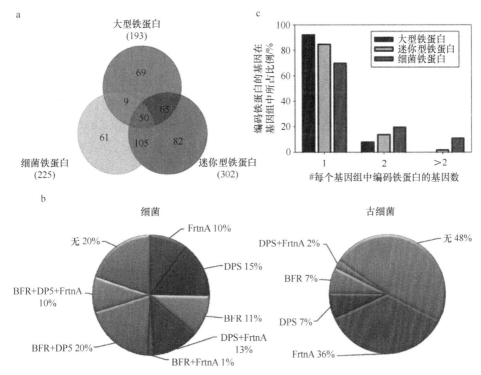

图 2-2　原核生物中大小铁蛋白（FTNA、BFR）和迷你型铁蛋白（Dps）基因分布情况。（a）Venn 图，示三个不同铁蛋白基因在 566 个测序细菌及古细菌基因组中的分布；（b）圆形图，示细菌（524）及古细菌（Dobson 2001）中三种铁蛋白的各自分布；（c）441 个基因组中编码大型铁蛋白（24 亚基——210）、迷你型铁蛋白（12 亚基——355）、细菌铁蛋白（24 亚基，12 血红素——321）的基因数量。（彩图请扫封底二维码）

表 2-1　具相似纳米笼结构相似的铁蛋白一级结构上的差异情况（序列一致性/序列相似性）

	E. coli FTNA	*E. coli* Dps	*E. coli* BFR	Human H	Human L
E. coli FTNA	—				
E. coli Dps	8%/34%	—			
E. coli BFR	12%/41%	9%/37%	—		
Human H	21%/47%	14%/39%	20%/38%	—	
Human L	20%/44%	12%/38%	17%/37%	53%/75%	—

要。然而，遗憾的是，目前还无任何方法筛选一些表达特殊且具四级结构的蛋白质的多个基因组。因测序间隙（sequencing gap）问题，序列同源的研究结果或许并非真正的铁蛋白家谱。例如，古细菌基因组测序量还不足细菌基因组测序量的 1/12（42 vs. 524）。由此，研究人员也只能宽泛地给出 Dps、FTNA 及 BFR 的大致分布及催化位点的保守状况。

微生物大型铁蛋白序列相似度为 24.2%～100%。在全部 566 个（细菌 524 个、古细菌 42 个）基因组中，321 个 BFR 同源，序列一致性（sequence identity）为 24.2%～100%，相似度 42.6%～100%（$P<3.8\times10^{-5}$）；355 个 Dps 同源，序列一致性为 20.9%～100%，相似度 41.3%～100%（$P<3.4\times10^{-5}$）；210 个 FTNA 同源，序列一致性为 20.8%～100%，相似度 40.9%～100%（$P<4.3\times10^{-6}$）。

有 27 个 FTNA 序列（包括 *E. coli* 的 FTNA 序列）被弃用，因其活性位点序列不可与上述 210 个同源序列比对。从三组情况上看，序列均存在着保守性，且细菌、古细菌中 FTNA、Dps 及真核生物中 FTNA 的量均很大。这说明，铁蛋白纳米笼结构中的 4 个 α 螺旋装配指令早已编码于蛋白质的二、三级结构组织密令中。

细菌基因组（524 个）中有 230 个（>43%）编码一种以上的可辨识铁蛋白，这表明铁蛋白对细菌有多么地重要。古细菌的这一比值则低了许多，只有 2% 的基因组编码一种以上的铁蛋白（BFR+FTNA），见图 2-2（b），同一类型的铁蛋白基因多拷贝现象少见，见表 2-2 和图 2-2。相反，很多细菌中有多个基因可编码功能性的铁蛋白。

表 2-2 细菌及古细菌中铁蛋白的分布情况。与 *E. coli* FTNA（ftnA/b-1905）、Dps（dps/b-0812）、BFR（bfr/b-3336）BLAST 查询比对，在 524 个细菌基因组和 41 个古细菌基因组中，大型铁蛋白、迷你型铁蛋白、细菌铁蛋白的基因数量及其所占百分比

	同源性基因数	基因组数	细菌基因组数（%）	古细菌基因组数（%）
大型铁蛋白	321	225	221（42）	4（10）
迷你型铁蛋白	355	302	299（57）	3（7）
细菌铁蛋白	210	193	178（34）	15（36）

注：采用 CMR 数据库（J.Craig Venter Institute）。

2.2.2 真核生物中的铁蛋白

真核生物中铁蛋白基因的分布情况则完全不同，Dps 及 BFR 迄今未曾发现于真核细胞中。相较于原核生物，要想通过 BLAST 比对了解真核生物基因组中铁蛋白基因的分布状况，其结果不会如所想的那么简单，理由有三：①内含子的存在；②大量截头（truncated）或假基因的存在；③存在多种基因注释。真核生物的 FTNA 是不同基因编码亚基的混合物。植物中，所有基因编码亚基均为有催化活性的 H 型亚基，亚基中的催化位点有多个名字，如氧化还原酶、铁（II）氧化酶、F_{ox} 及 FC。

而动物的铁蛋白纳米笼则由有活性的 H 型亚基（重链）或无活性的 L 型亚基（轻链）共同组装而成。从组织学上讲，H 代表着心脏、重或高，L 代表着肝脏、轻或低，也表示器官组织中铁蛋白内哪种亚基占主导，或 SDS-PAGE 中哪种亚基占比更大。例如，心脏中的铁蛋白主要由 H 链构成，然而，对铁蛋白而言，唯一具有一致性的参数是亚基的催化活性，因为 H 链和 L 链共结合现象发现于所有组织中，且 SDS-PAGE 迁移率常无关乎于其质量大小。多基因编码的 H 链常出现于鱼、青蛙、小鼠、人、玉米及大豆中，因此，H 链也被称为 H 和 M（青蛙、鱼）亚基（Corsi et al. 1987；Yamashita et al. 1996），或 H 和线粒体（人、小鼠）亚基（Corsi et al. 2002；Arosio et al. 2009），或 H-1-4/AFT1-4（植物铁蛋白）亚基（Dong et al. 2008；Briat et al. 2009）。现已确认一些铁蛋白来自无内含子基因，而这些基因有可能由感染过程中的病毒反转录酶复制稳定性高的动物铁蛋白 mRNA 而来。原核生物中，多个铁蛋白基因可表达于培养周期的不同时间，或由不同刺激引发表达，因此，细菌铁蛋白的纳米笼装配常常只有一种亚基。

为弄清自然界中真核生物铁蛋白序列分布情况，人的 H 型铁蛋白常被用于真核生物蛋白数据库 BLAST 检索（UniProtKB/Swiss-Prot database，Expasy），以获得其与其他动植物铁蛋白的比对结果，并以此了解铁蛋白活性位点的保守情况。检索后发现，有 55 个序列同源，序列一致性为 22%～99.45%，相似度 40%～100%（$P<67×10^{-11}$），活性保守位点及变化情况见表 2-3。然而，结构信息上的匮乏使人们在分析时面临许多束缚，这也使得很多铁蛋白被排除在外。这种检索限制可解释为何一些生物，如 *Saccharomyces cerevisiae* 中就无铁蛋白的存在。当前的铁蛋白同源目录也只代表原序列（primary sequence）的一些特征，这些序列有着高度的保守性，且还是细菌及动物铁蛋白的首次比较结果（Grossman et al. 1992）。

表 2-3　迷你型、大型铁蛋白中 Fe（II）催化配位体推定序列的结构模式。通过原核（J.Craig Venter Institute）及真核生物（Uniprot knowledgebase，Swiss-Prot）基因组比对确认铁蛋白的同源性。模板：原核的 *E. coli* FTNA、Dps 和 BFR，以及真核的人 H-FTNA

分布	样本	同源	Fe 1（位点 A）[a]	Fe 2（位点 B）[a]
大型铁蛋白				
原核 FTNA	*E. coli* FTNA	196（210[b]）	E, ExxH	E, E, QxxE
动物 H-铁蛋白	Human H	33（37[c]）	E, ExxH	E, QxxA/S
植物 H-铁蛋白	蚕豆 H	17（18[d]）	E, ExxH	E, QxxA/S
原核 BFR	*E. coli* BFR	239（321[e]）	E, ExxH	E, ExxH
迷你型铁蛋白				
原核 Dps	*E. coli* Dps	164（355[f]）	H, DxxxE	HxxxD

[a] 加氧酶和还原酶中的双铁位点为 Fe 1 和 Fe 2（34）；铁蛋白双铁位点为 Fe A 和 Fe B，此两位点在人们认识到与加氧酶类似之前就已被人们所知。[b] 原核 *FTNA* 的活性位点在 210 个同源中 14 个有变化，变化是 Fe 1：E,（E/K）xxH；Fe 2：E, E, Qxx（Q/K/D/A/A）。[c] 动物 *FTNA* 的活性位点在 37 个同源中 4 个有变化，变化是 Fe 1：E,（E/G/S）xx（H/R/D）；Fe 2：（E/V/K），（Q/V）xx（A/S/D/G/W）。[d] 植物 *FTNA* 的的活性位点在 18 个同源中 1 个有变化，变化是 Fe A：E, HxxH；Fe 2：E, QxxA。[e] 原核 *BFR* 的活性位点在 321 个同源中 82 个有变化，变化是 Fe 1：（E/L/H/Q/S/Y/W），（D/E/A/V/K/Q/D）xx（H/A/Y/Q/W/N/E/H/T）；Fe 2：（E/V/M/N/V/Q/G），（T/E/N/V/Q/G），（T/E/N/K/A/C/S/Q/V）xx（H/A/Q/Y/I）。[f] 原核 *Dps* 的活性位点在 355 个同源中 191 个有变化，变化是 Fe 1：100% 保守；Fe 2：Hxxx（E/M/Q/G）。

2.2.3　原核、真核生物铁蛋白活性位点保守性

因驱动铁蛋白生物矿物合成的催化行为发生于每一个亚基中，因此，铁蛋白催化位点必有多个，细菌和古细菌有 24 个或 12 个，植物有 24 个，而动物最多有 24 个，这要依赖于 L 型亚基所占比例。H 型亚基及 L 型亚基在蛋白笼中的排布变化会影响到铁蛋白矿物的有序程度/结晶性（St.Pierre et al. 1991）。在氧化还原酶位点，Fe（II）离子将电子传递给氧分子或氢过氧化物。当今生物（无论是需氧、兼氧还是厌氧）中的铁蛋白均拥有利用氧分子和 Fe（II）或氢过氧化物的能力。人们由此认为，铁蛋白矿物合成上的抗氧化特点或许有助于地球大气演化时生命由厌氧型过渡为其他类型（需氧、兼氧）。

人们观察发现，细菌 FTNA 中近 Fe（II）催化中心的一个金属结合位点可与不同金属离子结合，并将其命名为 C 点或 Fe3 点（Stillman et al. 2003；Crow et al. 2009）。可通过 Fe（II）无氧共结晶的铁浸入情况，将铁蛋白的 Fe1、Fe2、Fe3 点的三个位点区分开来（Crow et al. 2009）。与已知的动物铁蛋白 Fe（II）过氧化中间产物相比，迄今，在原核生物 FTNA 中还未曾发现过一种有特点的中间产物（Pereira et al. 1998；Moënne-Loccoz et al. 1999；Bou-Abdallah et al. 2002），尽管含血红素 BFR Fe（II）氧化过程中存在血红素吸收方面的变化（Le Brun et al. 1993）。或许，当 Fe（II）离子穿越蛋白笼至催化位点时，Fe3 位点是一个选择性结合部位，尤其是当配体变化导致氧化变慢时（Treffry et al. 1998）。高分辨铁蛋白结构中，人们看到有此构象的蛋白笼侧链，且构象的形成有赖于结晶中的金属离子结合（Trikha et al. 1995；Toussaint et al. 2007）。这表明，催化位点及其附近配体的柔性需要铁在蛋白笼上的不断移动来维持。

铁蛋白的催化位点为双铁位点，与双加氧酶中的双铁辅酶位点有关联，二者的 Fe2 位点的编码氨基酸序列差异只有 2 个（Liu and Theil 2005）。然而，真核生物铁蛋白中，蛋白质以 Fe（II）为底物而非如加氧酶那样以辅酶为底物。铁与氧分子偶联催化后以双 Fe（III）氧化产物形式离开活性位点（Liu and Theil 2005）。原核生物铁蛋白的一级结构变化非常大，超过 80%。人们曾对铁蛋白笼中每一亚基内或亚基间腔面上可以辅酶形式结合 2 个铁原子（单个或双铁底物位点）的催化位点序列进行研究（Chiancone and Ceci 2010；Le Brun et al. 2010）。因为无论是原核生物还是真核生物中，铁蛋白催化位点上的很多氨基酸高度保守（表 2-3），因此，催化位点及其附近氨基酸上的变化为物种及组织提供了相当多的选择（Tosha et al. 2008）。

就铁蛋白催化位点而言，无论是原核生物还是真核生物，Fe1（A）点上的配位残基高度保守（91.3%～100%），而 Fe2（B）点上的配位残基保守性则变化相

当大（46.2%～93.3%），见表 2-4。总的说来，Fe2（B）点处有 2 个氨基酸残基始终保持不变，剩下的几个残基时常有变，这些变化的氨基酸残基有着特殊的动力学效应，其基因性（遗传性）调节丰富多变（Tosha et al. 2008）。看似铁蛋白各亚基的催化位点间有着某种程度的协同，但因各亚基双铁位点上的 Fe（II）结合独立进行，且当氧分子底物不存在时，其协同性或许只存在于蛋白质与蛋白质之间（Schwartz et al. 2008）。

表 2-4 铁蛋白催化中心处的铁结合氨基酸的保守情况。基于表 2-3 中原核（J.Craig Venter Institute）及真核（Uniprot Knowledgebase，Swiss-Prot）基因组比对计算获得的迷你型、大型铁蛋白及细菌铁蛋白同源中活性位点 A、B 推定 Fe（II）配位体的保守率

蛋白质	Fe 1（位点 A）[a]	Fe 2（位点 B）[a]
大型铁蛋白（原核）	99.5	93.3
大型铁蛋白（真核）	92.7	90.9
迷你型铁蛋白（Dps）	100	46.2
细菌铁蛋白	91.3	76.3

[a] 加氧酶及还原酶中的双铁位点即 Fe 1、Fe 2 同源于铁蛋白的位点 A、B，A、B 位点的命名早于与加氧酶及 FTNA 相似性比较。

无论是原核生物还是真核生物，其大型铁蛋白（FTNA）的双铁位点——Fe1（A）和 Fe2（B）均高度保守（>90.9%）。除非将 Fe2 位点模体包括在一个一致序列内，否则，迷你型铁蛋白（Dps）Fe2 的保守性要低很多只有 46.2%。对 *E. coli* 的铁蛋白而言，因天冬氨酸的突变（变为谷氨酸），其保守性增加至 92.7%。类似地，细菌铁蛋白（BFR）Fe2 的保守性也从 76.3% 增加至 88.5%。然而，在有着多个 H 型亚基（有催化活性）基因的真核生物的铁蛋白中，其 Fe2 位点上的差异则很小，有变化的只是丙氨酸至丝氨酸的改变，在一些重组蛋白质中也是如此，但这种置换（丙氨酸/丝氨酸）对蛋白质的 K_{cat} 影响很大（Tosha et al. 2008）。因此，从迷你型铁蛋白及细菌铁蛋白 Fe2 位点的序列上看，两者中很少见到一些多数铁蛋白常有的模体，而这种变化或许对功能有着重大的影响。

2.3 铁蛋白中铁矿物的形成

铁蛋白中的铁生物矿化是一个多步反应过程，过程中一些定义上不连续的步骤，如 Fe（II）底物结合、氧化、产物（矿物前体）释放，以及活性位点何时置于蛋白笼中间、矿物何时成核等问题，最近已通过 ^{13}C—^{13}C 及磁感应 NMR 法得以解决（Turano et al. 2010）。铁氧化物各相间的变化可由其 310～420 nm 处的吸收曲线说明，实验中以双 Fe（III）过氧化物复合物 650 nm 处吸收情况作为对照（图 2-3）。

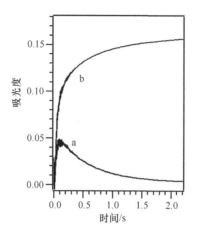

图 2-3　铁蛋白的氧化还原酶活性（大型铁蛋白——24 亚基）。（a）650 nm 处双 Fe（Ⅲ）过氧化物——DFP（diferric peroxo）催化中间产物的吸光度；（b）350 nm 处所有 Fe（Ⅲ）化物，包括 DFP、双 Fe（Ⅲ）氧化矿物前体、其他中间产物及矿物本身。

　　未来的研究目标是反卷积（deconvolution）计算，无论是从光谱学上还是从动力学上均需对铁蛋白笼内铁矿化的多个中间矿相进行验算。铁蛋白生物矿物合成步骤大致如下：

（1）铁（Ⅱ）进入蛋白笼并结合于催化位点上；

（2）氧或氢过氧化物经氧化还原反应结合至蛋白质上并形成一些中间产物；

（3）铁（Ⅲ）氧化物矿物前体释放；

（4）成核及矿化。

2.3.1　铁（Ⅱ）的进入与结合

　　Fe（Ⅱ）与活性位点结合情况可由真核生物大型铁蛋白的 MCD/CD 测试直接读出（Schwartz et al. 2008），也可通过脱铁蛋白晶体的 Fe（Ⅱ）浸入状况间接反映（Crow et al. 2009），或由色氨酸猝灭（tryptophan quenching）分析获得（Lawson et al. 2009；Bellapadrona et al. 2009）。大型铁蛋白中，2 个 Fe（Ⅱ）原子似乎各自独立结合至 Fe1、Fe2 位点，结合中有 5 个配体（包括水及一"空位"）参与到氧铁结合中。真核及原核生物铁蛋白中的 Fe（Ⅱ）结合力相比于 BFR 要弱一些（见表 2-3），这也从一个方面支持了 BFR 活性位点的铁辅酶观点（Le Brun et al. 2010）。除以氧分子为底物外，每个蛋白笼中有 24 个 Fe（Ⅱ）结合位点（Liu et al. 2006），在小型铁蛋白中，其 12 个活性位点被 12 个 Fe（Ⅱ）原子充满（Su et al. 2005），且 Fe1、Fe2 位点的亲和力是不同的，这种差异表现在蛋白晶体结构中位点金属占有差别上（Chiancone and Ceci 2010）。大型铁蛋白中，24 个活性位点由 48 个 Fe（Ⅱ）

原子占据，结合中形成了双铁过氧化物复合物（Liu 2005）。

2.3.2 氧分子或过氧化氢结合及过渡产物形成

铁蛋白催化反应过程迅速（毫秒级），为监测早期阶段反应情况，人们采用了停流测量方法。对大型铁蛋白而言，双铁过氧化物中间物的形成可用 UV-vis、穆斯堡尔谱、拉曼共振及 EXAFS 等方法定性分析（Pereira et al. 1998；Moënne-Loccoz et al. 1999；Bou-Abdallah et al. 2002），且也是一种光谱学上较容易检测的物质。然而，除 BFR 氧化过程中血红素有变化外，基于 Fe（III）氧化物为检测物的氧化测定非常困难，因为测定时人们不可能将催化活动与矿化各阶段完全割裂开来，这样一来也同时造成动力学分析上的困难。对于优先以过氧化氢为氧化剂（Chiancone and Ceci 2010；Su et al. 2005）的小型铁蛋白而言，其反应无需氧分子参与，反应中也形成一些目前未曾定性的类似于大型铁蛋白中的双铁过氧化物中间产物（Liu et al. 2006）。

2.3.3 二铁氧化物矿物前体活性位点的释放

铁蛋白催化反应中 Fe（III）氧化物释放因蛋白类型而异。在 BFR 及多数 Dps 中，Fe（III）氧化物直接释放至蛋白腔内，因其活性位点均邻近于腔表面。BFR 或许还有 *Pyrococcus furiosua* 的铁蛋白中，2 个铁原子起辅酶作用，活性位点主要承担氧分子还原作用，Fe（II）的氧化发生于腔内或矿物表面，释放的电子用于辅酶性 Fe（III）原子还原及催化中心再循环（Le Brun et al. 2010）。然而，各种不同 Fe（III）化物的性能仍不明朗。真核生物铁蛋白中，双 Fe（III）过氧化物中间产物来自氧分子与 Fe（II）的反应，反应物为一双 Fe（III）氧化物复合物及多聚 Fe（III）氧化物复合物（Jameson et al. 2002）。尽管真核生物的铁蛋白笼活性位点如同原核生物铁蛋白那样，也直接与蛋白笼内腔接触（Tosha et al. 2008），但最新 NMR 研究显示，真核生物的铁蛋白催化产物——双 Fe（III）氧化物仍留在笼内，并能沿笼中一条 20 埃的通道移至笼腔表面。在穿越蛋白的过程中，多个催化循环后的 Fe（III）氧化物间会发生一些反应（Turano et al. 2010），见图 2-4，并由此于笼内形成多核 Fe（III）氧化物复合物。这一特征是否代表真核生物铁蛋白的演化方向或原核及古细菌铁蛋白的一种属性目前还不得而知。

2.3.4 成核与矿化

原核生物的铁蛋白、BFR 及 Dps 内的矿物成核与矿化从根本上讲就是一个 Fe（III）氧化物复合物的无机水解反应，在那里，一些有效用的铁集合起来存于

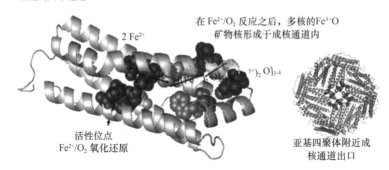

图 2-4　真核生物铁蛋白纳米笼中前体铁矿物的运动。数据来自两个 Fe（II）/Fox 位点添加后的 ^{13}C-^{13}C 溶液 NOESY NMR（彩图请扫封底二维码）

笼腔内。Fe（II）离子通过与高亲和结合位点（活性位点）上的带有负电荷的氨基酸残基结合，由笼外经孔道进入笼腔（Theil et al. 2008；Bellapadrona et al. 2009）。在一些只由 L 型亚基组成的无催化位点的动物重组铁蛋白中，氧化与矿化速度约是正常速度的千分之一以下。带有负电荷的孔道绕着迷你型及大型铁蛋白的三轴形成，一些高度保守的氨基酸残基控制着孔洞的开与关，孔洞的开与关对于铁矿物的溶解影响远高于其对矿物的合成。

　　真核生物铁蛋白笼相较于原核生物铁蛋白在矿化上似乎更为活跃，这或许意味着，两者的四级结构演化途径有所差别或原核生物铁蛋白的功能研究滞后（Le Brun et al. 2010）。最近，Fe（III）诱导宽谱 ^{13}C—^{13}C 液体 NMR 研究显示，笼表面铁氧化物矿物前体所在位置上首先出现两个以二聚体（有磁感应）形式存在的被氧化了的 Fe（II）离子（48Fe/笼），这个二聚体远离活性位点及腔表面（Turano et al. 2010）。随着 Fe（II）的不断饱和，氧化还原酶循环中释放出来的 Fe（III）氧化物经孔径 20 埃的通道沿亚基长轴方向移至蛋白笼内缘。由多个催化位点产生的 Fe（III）氧化物矿物前体以 4～8 个铁原子的聚体（矿核）形式出现于笼腔内。因各亚基通道彼此离得很近，因此，真核生物的铁蛋白笼更适宜于生物矿物的生长。

2.4　铁蛋白中的铁生物矿物

　　无论是动物、植物还是细菌及古细菌，其铁蛋白笼中央的铁生物矿物均为水合 Fe（III）氧化物。电镜、X 射线粉末衍射、穆斯堡尔谱显示，笼中矿物呈微晶结构（Rodriguez et al. 2005；Dobson 2001）。纳米笼中矿化的铁原子数从 500（迷你型铁蛋白）到 4000 以上（大型铁蛋白）。然而，天然组织中大型铁蛋白内的铁原子平均数则少了许多，只有 800～1500，大致是每笼 1000 至 3000～4000 个。一般来讲，室内重组铁蛋白的矿物颗粒大小更加均匀（Theil 1987）。对铁蛋白笼而言，矿物含量越高，危害越大，这或许缘于一些氧化还原酶重复催化的副反应效应，以及一种称为含铁血黄素（hemosiderin）的不溶性受损蛋白物质。在生命体系中，细胞的铁流入和铁蛋白笼的合成受多个机制调节，含铁血黄素仅形成于异常调节（疾病）时。实验室内，铁蛋白笼的铁含量可通过 Fe（II）的添加数量而控制，通常，迷你型铁蛋白加至 240 个，而大型铁蛋白加至 480～1000 个（Theil 1987；Arosio et al. 2009）。

所有铁蛋白矿物中均含磷酸盐，但含量不等，例如，动物中磷含量约为铁的 12%，植物及细菌中磷含量与铁几乎相当（Lewin et al. 2005）。矿物的磷含量越高，其有序性越低，非晶态性越强。溶液中空蛋白笼重构高磷铁矿物（P：Fe=4：1）与低磷矿物（P：Fe=0：1）的 EXAFS、TEM、电子衍射、穆斯堡尔谱比较研究发现，含磷矿物更无序，其无序性与蛋白笼类型无关，无论蛋白笼是来自细菌（*Azotobacter vinelandii* 或 *Pseudomonas aeruginosa*）还是动物（马脾）（Mann et al. 1987；Rohrer et al. 1990）。

原核细胞胞质中的磷酸盐含量远比真核细胞的胞质高，且更多变，这也解释了为何细菌铁蛋白矿物的磷含量高且矿物更加无序（Mann et al. 1987；Rohrer et al. 1990；Wade et al. 1993；Waldo et al. 1995）。因为植物中的质体从演化上讲与原核生物有关，因此，尽管铁蛋白编码于真核生物的核基因中，但其合成的却是质体的铁蛋白。如果植物铁蛋白矿物是由质体中而非胞质中的纳米笼合成（Waldo et al. 1995），那么植物铁蛋白矿物中高磷含量的原因则迎刃而解。至于铁蛋白矿物中磷含量是否仅是矿物形成环境情况的一个反映，还是包括磷储存功能，现在还不得而知。

铁蛋白矿物的有序性变化很大，从微晶态到非晶态。磷的一个最大效用是使人们能将动物铁蛋白矿物与细菌和植物的区分开来，因为后两者的铁蛋白矿物看似皆形成于原核生物派生的质体之中。最近才为人们所知与研究（Corsi et al. 2002）且仅处于蛋白质水平的动物线粒体铁蛋白矿物的性能仍未知。动物组织中铁蛋白矿物的结晶性随组织及疾病情况而变（St.Pierre et al. 1991）。这缘于动物特有的催化活性不活泼的 L 型亚基的存在。一般而言，相较于 L 型亚基低比例铁蛋白，L 型亚基高比例铁蛋白的矿物的无序性更高（St.Pierre et al. 1991），因为有催化活性的亚基在指导铁蛋白矿物成核及矿化方面发挥着关键性的作用（Turano et al. 2010），见图 2-4。铁蛋白矿物的生物合成机制其实就是 Fe（III）化物的水解反应。显然，蛋白笼在矿物矿化上的作用比人们以往想象的还要大，但蛋白笼无通道成核（without passage nucleation）矿物沉积机制仍不清楚。

2.5 铁蛋白铁生物矿物的溶解

对于血红素及铁-硫簇蛋白合成而言，获取铁蛋白矿核中的铁至关重要，因为在任何形式的生命中，这些蛋白质均非常重要。然而，相较于铁流入/氧化/矿化来说，铁蛋白中的铁移出研究则很少有人关注。铁的移出需一系列电子及质子参与传递，以便于矿物溶解。1978 年，Jones 等首次检测了铁蛋白的铁还原及其随后释放，并对来自动植物、细菌及蓝细菌的各种大型、迷你型铁蛋白进行了研究（Bellapadrona et al. 2009；Takagi et al. 1998；Richards et al. 1996；Castruita et al. 2007）。通常，NADH/FMN 或连二亚硫酸钠被作为电子源物质加至矿化的铁蛋白中性缓冲液中（Bellapadrona et al. 2009），采用联吡啶等螯合剂为受体，在 522 nm 下检测释放铁-螯合剂粉色复合物吸收情况，其他一些螯合剂，如去铁敏（desferrioxamine，DFO，亦称去铁胺）B 也常被采用。铁-螯合剂复合物形成曲线复杂而多相，这缘于过程中多个次序性反应几乎同时发生，这些反应包括矿物中的铁还原、Fe（III）氧桥水合、铁及还原剂在有 Fe（III）螯合剂存在情况下于蛋白笼中的转运，以及与螯合剂或催化活性位点的结合竞争（Liu et al. 2007）。

无论是大型还是迷你型铁蛋白，铁均经由蛋白笼上连接腔内外的孔道离开蛋白笼（Liu and Theil 2005；Bellapadrona et al. 2009）。铁蛋白纳米笼上漏斗形亲水孔道位于亚基间的对称三重轴上（Takagi et al. 1998），大型铁蛋白中有 8 个这样的孔道，迷你型铁蛋白则有 4 个。蛙的 H 型大型铁蛋白诱变实验显示，铁蛋白孔道附近的螺旋含量对温度、离子强度的变化及低浓度（1～10 mmol·L^{-1}）解离液（尿素、胍）的存在极为敏感（Liu et al. 2003）。观察部分打开的孔道结构发现，来自蛋白内核的铁还原及释放速度同时加快，这一结果表明，蛋白笼上的孔道在矿物/还原剂进入控制上有着重要的作用。类似效果在 *Listeria innocua* 迷你型变异铁蛋白上也有显现，当三重孔道中带有负电荷的保守残基由中性氨基酸取代时，来自铁核的铁释放初始速度发生改变。尽管迷你型和大型铁蛋白亚基在氨基酸序列上相差很大（达 80%），但其四级结构中三亚基匹配螺旋转角连接处均出现孔道，这些孔道控制着铁蛋白脱矿化过程中的还原剂/螯合剂的进入和 Fe（II）的流出。虽然铁蛋白矿物的体内周转速度仍未知，但天然大型铁蛋白矿物的体外研究则表明，这个周转速度会相当快（Castruita et al. 2007）。

铁蛋白矿物的溶解过程有一快速 pH 依赖初始期和一慢速 pH 非依赖期，每笼约有 100～200 个铁原子被移出。这些铁原子或锚于蛋白质中，或仍处于穿越蛋白的过程中（Turano et al. 2010）。铁蛋白矿物的磷含量也影响着矿物的溶解速度。蛋白质脱矿化早期，磷含量高的矿物溶解速度慢，而后期时，磷的含量对于溶解速度则变得无影响（Richards et al. 1996）。这一结果有力地支持了因分子中协同水的磷取代而阻碍了 Fe（III）氧桥水解与形成的观点，磷对矿物核的影响或许远超于其对大体积矿物的影响。

什么力量使得铁蛋白矿物能以很快的速度溶解？多数细胞的胞质被视为具有"还原性"，即充满了还原剂。当铁蛋白的三重孔道打开时，蛋白质中的铁矿物的溶解速度加快，正如在观察一个折叠正常的铁蛋白晶体结构时看到的那样（Takagi et al. 1998）。由此看出，折叠正常的铁蛋白笼孔道会使还原剂远离矿物。一项旨在利用蛙 H 型铁蛋白查找纳米笼中具孔道稳定作用的氨基酸序列的研究工作已开展。在这一研究中，人们第一次看到了蛋白笼的正常孔道及打开的孔道，见图 2-5（Takagi et al. 1998；Jin et al. 2001）。孔道附近的三个暂无明确功能但却高度保守的氨基酸残基被人们用各种氨基酸取代，取代后的蛋白笼的铁还原与释放速度相较于野生型均有所增加。这一结果使人们确认，有一系列的氨基酸残基控制着孔道的打开。即使对野生型铁蛋白而言，孔道也可通过低温加热及低浓度解离剂处理而被打开（处理均在正常生理条件下）。随后，蛋白孔道的功能经由组合噬菌体展示文库（combinatorial phage display library）结合多肽确认而得以进一步地探究（Liu et al. 2007）。5 个结合多肽中的一个能增加铁的释放，似乎其能使孔道打开。这样的结果使人们不禁联想到，细胞蛋白控制着铁蛋白孔道的开与关，且由此而控制着体内铁蛋白矿物/还原剂/螯合剂间的相互作用。

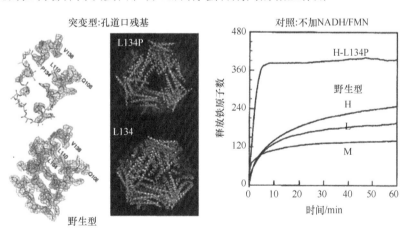

图 2-5　铁蛋白三重孔道对铁蛋白去矿化速度的影响。真核模型示孔道中心收缩，大型铁蛋白有 8 个孔道（图 2-1），迷你型铁蛋白有 4 个类似的功能性孔道（Tosha et al. 2008）。（彩图请扫封底二维码）

2.6　展　　望

合成水合铁氧化物生物矿物并使其免受细胞还原剂作用的铁蛋白纳米笼无处不在。古细菌、细菌、植物、动物（包括人）的铁蛋白中均发现了一些可辨识氨基酸序列。铁蛋白矿物中含有数千个铁原子及氧原子，这些原子在细胞中扮演着抗氧化剂角色以阻止释放自铁、氧分子或氢过氧化物的 ROS（reactive oxygen species，活性氧物质）侵蚀。铁蛋白在生物正常发育及疾病中发挥着重要的作用，例如，宿主以铁及炎性氧化剂与病原斗争。铁蛋白家族亚基自组装四级纳米笼及其镶嵌结构的标志性特征是：①启动矿化的催化性位点；②控制铁流入及矿物还原与溶解的孔道；③便于矿物成核的内通道。铁蛋白亚基折叠为 4α 螺旋捆，迷你型铁蛋白（Dps）中有 12 个亚基，大型铁蛋白中则有 24 个亚基。铁蛋白矿物中的磷含量似乎与矿物合成的环境有关联。植物及细菌铁蛋白矿物中的高磷量与生物本身有关，动物铁蛋白矿物的低磷量缘于蛋白质中无催化活性的、相对丰富的 L 型亚基的存在，且低磷量造成生物矿物无序。铁蛋白氨基酸序列的宽泛差异（wide divergency）也给未来研究探索提供了两个方向：①从信息学角度重新考虑蛋白笼、孔道及活性位点自组装编码问题；②未来可借助一些技术手段从蛋白质的二、三级结构特征着手，揭示更多与铁蛋白基因相关的信息。此外，目前铁蛋白纳米笼在矿物催化、成核及合成方面作用的信息匮乏（因序列上的宽泛差异造成了人们无法最终确定哪些氨基酸序列决定着矿物的催化、成核及最终合成），使人们仍无法清晰回答这样的一个问题，即蛋白笼于生物矿物形成方面的作用到底是怎样的？虽然如此，但有一点非常明确，即随着人们对铁蛋白笼功能、结构及生物铁矿物在生物学上的重要性的理解，未来还会有更多的问题被不断提出。

参 考 文 献

Arosio P, Ingrassia R, Cavadini P (2009) Ferritins: a family of molecules for iron storage, antioxidation and more. Biochim Biophys Acta 1790:589–599

Bellapadrona G, Stefanini S, Zamparelli C, Theil EC, Chiancone E (2009) Iron translocation into and out of *Listeria innocua* Dps and size distribution of the protein-enclosed nanomineral are modulated by the electrostatic gradient at the 3-fold "ferritin-like" pores. J Biol Chem 284:19101–19109

Bou-Abdallah F, Papaefthymiou GC, Scheswohl DM, Stanga SD, Arosio P, Chasteen ND (2002) μ-1,2-Peroxobridged di-iron(III) dimer formation in human H-chain ferritin. Biochem J 364:57–63

Briat, JF, Duc, C, Ravet, K, and Gaymard, F (2009) Ferritins and iron storage in plants. *Biochim Biophys Acta* 1800:8i06–814

Castruita M, Elmegreen LA, Shaked Y, Stiefel EI, Morel FM (2007) Comparison of the kinetics of iron release from a marine (*Trichodesmium erythraeum*) Dps protein and mammalian ferritin in the presence and absence of ligands. J Inorg Biochem 101:1686–1691

Chiancone E, Ceci P (2010) The multifaceted capacity of Dps proteins to combat bacterial stress conditions: Detoxification of iron and hydrogen peroxide and DNA binding. Biochim Biophys Acta 1800(8):798–805

Cojocaru V, Winn PJ, Wade RC (2007) The ins and outs of cytochrome P450s. Biochim Biophys Acta 1770:390–401

Corsi B, Cozzi A, Arosio P, Drysdale J, Santambrogio P, Campanella A, Biasiotto G, Albertini A, Levi S (2002) Human mitochondrial ferritin expressed in HeLa cells incorporates iron and affects cellular iron metabolism. J Biol Chem 277:22430–22437

Crow A, Lawson TL, Lewin A, Moore GR, Le Brun NE (2009) Structural basis for iron minerali-zation by bacterioferritin. J Am Chem Soc 131:6808–6813

Dickey LF, Sreedharan S, Theil EC, Didsbury JR, Wang Y-H, Kaufman RE (1987) Differences in the regulation of messenger RNA for housekeeping and specialized-cell ferritin. A comparison of three distinct ferritin complementary DNAs, the corresponding subunits, and identification of the first processed in amphibia. J Biol Chem 262:7901–7907

Dobson, J (2001) On the structural form of iron in ferritin cores associated with progressive supranuclear palsy and Alzheimer's disease. *Cell Mol Biol (Noisy-le-grand)* 47 Online Pub OL49–50

Dong X, Tang B, Li J, Xu Q, Fang S, Hua Z (2008) Expression and purification of intact and functional soybean (Glycine max) seed ferritin complex in *Escherichia coli*. J Microbiol Biotechnol 18:299–307

Grant RA, Filman DJ, Finkel SE, Kolter R, Hogle JM (1998) The crystal structure of Dps, a ferritin homolog that binds and protects DNA. Nat Struct Biol 5:294–303

Grossman MJ, Hinton SM, Minak-Bernero V, Slaughter C, Stiefel EI (1992) Unification of the ferritin family of proteins. Proc Natl Acad Sci USA 89:2419–2423

Hintze KJ, Theil EC (2005) DNA and mRNA elements with complementary responses to hemin, antioxidant inducers, and iron control ferritin-L expression. Proc Natl Acad Sci USA 102: 15048–15052

Hintze KJ, Katoh Y, Igarashi K, Theil EC (2007) Bach1 repression of ferritin and thioredoxin reductase1 is heme-sensitive in cells and in vitro and coordinates expression with heme oxygenase1, beta-globin, and NADP(H) quinone (oxido) reductase1. J Biol Chem 282: 34365–34371

Jameson GNL, Jin W, Krebs C, Perreira AS, Tavares P, Liu X, Theil EC, Huynh BH (2002) Stoichiometric production of hydrogen peroxide and parallel formation of ferric multimers through decay of the diferric-peroxo complex, the first detectable intermediate in ferritin mineralization. Biochemistry 41:13435–13443

Jin W, Takagi H, Pancorbo B, Theil EC (2001) Opening the Ferritin Pore for Iron Release by Mutation of Conserved Amino Acids at Interhelix and Loop Sites. Biochem Biochem 40:7525–7532

Jones T, Spencer R, Walsh C (1978) Mechanism and kinetics of iron release from ferritin by dihydroflavins and dihydroflavin analogues. Biochemistry 17:4011–4017

Lawson TL, Crow A, Lewin A, Yasmin S, Moore GR, Le Brun NE (2009) Monitoring the iron status of the ferroxidase center of *Escherichia coli* bacterioferritin using fluorescence spectros-copy. Biochemistry 48:9031–9039

Le Brun NE, Wilson MT, Andrews SC, Guest JR, Harrison PM, Thomson AJ, Moore GR (1993) Kinetic and structural characterization of an intermediate in the biomineralization of bacterio-ferritin. FEBS Lett 333:197–202

Le Brun NE, Crow A, Murphy ME, Mauk AG, Moore GR (2010) Iron core mineralisation in prokaryotic ferritins. Biochim Biophys Acta 1800(8):732–744

Lewin, A, Moore, GR, and Le Brun, NE (2005) Formation of protein-coated iron minerals. *Dalton Trans* 3597–3610

Liu X, Theil EC (2005) Ferritin: dynamic management of biological iron and oxygen chemistry. Acc Chem Res 38:167–175

Liu X, Jin W, Theil EC (2003) Opening protein pores with chaotropes enhances Fe reduction and chelation of Fe from the ferritin biomineral. *Proc.* Natl. Acad. Sci. U. S. A. Proc Natl Acad Sci 100:3653–3658

Liu X, Kim K, Leighton T, Theil EC (2006) Paired *Bacillus anthracis* Dps (mini-ferritin) have different reactivities with peroxide. J Biol Chem 28:27827–27835

Liu XS, Patterson LD, Miller MJ, Theil EC (2007) Peptides Selected for the Protein Nanocage Pores Change the Rate of Iron Recovery from the Ferritin Mineral. J Biol Chem J Biol Chem 282:31821–31825

Mann S, Williams JM, Treffry A, Harrison PM (1987) Reconstituted and native iron-cores of bacterioferritin and ferritin. J Mol Biol 198:405–416

Moënne-Loccoz P, Krebs C, Herlihy K, Edmondson DE, Theil EC, Huynh BH, Loehr TM (1999) The ferroxidase reaction of ferritin reveals a diferric m-1,2 bridging peroxide intermediate in common with other O_2-activating non-heme diiron proteins. Biochemistry 38:5290–5295

Nandal A, Huggins CC, Woodhall MR, McHugh J, Rodriguez-Quinones F, Quail MA, Guest JR, Andrews SC (2009) Induction of the ferritin gene (ftnA) of *Escherichia coli* by Fe(2+)-Fur is mediated by reversal of H-NS silencing and is RyhB independent. Mol Microbiol 75 (3):637–657

Pereira A, Small GS, Krebs C, Tavares P, Edmondson DE, Theil EC, Huynh BH (1998) Direct spectroscopic and kinetic evidence for the involvement of a peroxodiferric intermediate during the ferroxidase reaction in fast ferritin mineralization. Biochemistry 37:9871–9876

Pham CG, Bubici C, Zazzeroni F, Papa S, Jones J, Alvarez K, Jayawardena S, De Smaele E, Cong R, Beaumont C, Torti FM, Torti SV, Franzoso G (2004) Ferritin heavy chain upregulation by NF-κB inhibits TNFα-induced apoptosis by suppressing reactive oxygen species. Cell 119:529–542

Richards TD, Pitts KR, Watt GD (1996) A kinetic study of iron release from *Azotobacter vinelandii* bacterial ferritin, J Inorg Biochem 61:1–13

Rodriguez N, Menendez N, Tornero J, Amils R, de la Fuente V (2005) Internal iron biomineralization in *Imperata cylindrica*, a perennial grass: chemical composition, speciation and plant localization. New Phytol 165:781–789

Rohrer JS, Islam QT, Watt GD, Sayers DE, Theil EC (1990) Iron environment in ferritin with large amounts of phosphate, from *Azotobacter vinelandii* and horse spleen, analyzed using extended x-ray absorption fine structure (EXAFS). Biochemistry 29:259–264

Schwartz JK, Liu XS, Tosha T, Theil EC, Solomon EI (2008) Spectroscopic definition of the ferroxidase site in M ferritin: comparison of binuclear substrate vs cofactor active sites. J Am Chem Soc 130:9441–9450

Semenza GL (2009) Involvement of oxygen-sensing pathways in physiologic and pathologic erythropoiesis. Blood 114:2015–2019

St Pierre T, Tran KC, Webb J, Macey DJ, Heywood BR, Sparks NH, Wade VJ, Mann S, Pootrakul P (1991) Organ-specific crystalline strcutures of ferritin cores in beta-thalassemia/ hemoglobin E. Biol Met 4:162–165

Stiles AR, McDonald JG, Bauman DR, Russell DW (2009) CYP7B1: one cytochrome P450, two human genetic diseases, and multiple physiological functions. J Biol Chem 284:28485–28489

Stillman TJ, Connolly PP, Latimer CL, Morland AF, Quail MA, Andrews SC, Treffry A, Guest JR, Artymiuk PJ, Harrison PM (2003) Insights into the effects on metal binding of the systematic substitution of five key glutamate ligands in the ferritin of *Escherichia coli*. J Biol Chem 278:26275–26286

Su M, Cavallo S, Stefanini S, Chiancone E, Chasteen ND (2005) The so-called *Listeria innocua* ferritin is a Dps protein. Iron incorporation, detoxification, and DNA protection properties, Biochemistry 44:5572–5578

Takagi H, Shi D, Ha Y, Allewell NM, Theil EC (1998) Localized unfolding at the junction of three ferritin subunits; A mechanism for iron release? J Biol Chem J Biol Chem 273:18685–18688

Theil EC (1987) Ferritin: structure, gene regulation, and cellular function in animals, plants, and microorganisms. Annu Rev Biochem 56:289–315

Theil EC, Goss DJ (2009) Living with iron (and oxygen): questions and answers about iron homeostasis. Chem Rev 109:4568–4579

Theil EC, Liu XS, Tosha T (2008) Gated pores in the ferritin protein nanocage, Inorg Chim Acta 361:868–874

Tosha T, Hasan MR, Theil EC (2008) The ferritin Fe2 site at the diiron catalytic center controls the reaction with O_2 in the rapid mineralization pathway. Proc Natl Acad Sci USA 105:18182–18187

Toussaint L, Bertrand L, Hue L, Crichton RR, Declercq JP (2007) High-resolution X-ray structures of human apoferritin H-chain mutants correlated with their activity and metal-binding sites. J Mol Biol 365:440–452

Treffry A, Zhao Z, Quail MA, Guest JR, Harrison PM (1998) How the presence of three iron binding sites affects the iron storage function of the ferritin (EcFtnA) of *Escherichia coli*. FEBS Lett 432:213–218

Trikha J, Theil EC, Allewell NM (1995) High resolution crystal structures of amphibian red-cell L ferritin: potential roles for structural plasticity and solvation in function. J Mol Biol 248:949–967

Turano P, Lalli D, Felli I, Theil E, Bertini I (2010) NMR reveals pathway for ferric mineral precursors to the central cavity of ferritin. Proc Natl Acad Sci USA 107:545–550

Wade VJ, Treffry A, Laulhere J-P, Bauminger ER, Cleton MI, Mann S, Briat J-F, Harrison PM (1993) Structure and composition of ferritin cores from pea seed (*Pisum sativum*). Biochim Biophys Acta 1161:91–96

Waldo GS, Wright E, Whang ZH, Briat JF, Theil EC, Sayers DE (1995) Formation of the ferritin iron mineral occurs in plastids. Plant Physiol 109:797–802

Yamashita M, Ojima N, Sakamoto T (1996) Molecular cloning and cold-inducible gene expression of ferritin H subunit isoforms in rainbow trout cells. J Biol Chem 271:26908–26913

3 细菌锰氧化：生物对地球化学的影响

3.1 引　　言

锰元素约占地球质量的 0.1%（Nealson 1983），并以 $MnAl_2O_4$ 形式存在（Zajic 1969），是地壳中第五大过渡金属（Tebo et al. 2007），也是第二大痕量元素（铁元素第一）（Tebo et al. 1997）。"锰"一词源自希腊语 Mangania，意思是"魔幻、不可思议"（Horsburgh 2002）。锰在元素周期表中列第 25 位，属于Ⅶ组过渡元素（Cellier 2002）。锰有 7 种不同氧化态，自然界中存在Ⅱ、Ⅲ、Ⅳ三种氧化态（Tebo et al. 1997；2004）。Mn^{2+}半径为 0.8 埃，水溶液中 Gibbs 标准自由能为$-54.5\Delta G^o$（Hem 1978）。其在河水中浓度 100～1000 ppm[*]、地下水中浓度 1～10 ppm（Nealson 1983）、淡水中平均含量 8 $\mu g\cdot kg^{-1}$、海水中浓度 0.28 $\mu g\cdot kg^{-1}$（Bowen 1979；Ehrlich 2002a）。开放海域中 Mn^{2+}的溶解度为 0.2～3 $nmol\cdot kg^{-1}$（Glasby 2006）。锰的分布及丰富度的具体情况见图 3-1。因锰相较于铁有着更高的氧化还原势，因此，二者相比有以下不同：①锰比铁更易还原；②锰比铁更难氧化；③Mn^{2+}在有氧情况下比铁更易溶解（Kirchner and Grabowski 1972）。人为及自然过程均能造成锰富集。海水中的锰来自于大气输入、中深层强清除作用（intense scavenging at mid-depth）、大陆架和斜坡沉积物还原性流入及海底热泉喷射（Saager et al. 1989）。近年来，人们开始将目光转向参与锰氧化的细菌，且在金属-微生物作用领域取得很大进展。随着研究的不断深入，人们又将目光转至淡水及海水系基因组与蛋白质组。在此，我们回顾一下微生物对矿物形成的贡献及其在生物技术应用方面的前景。

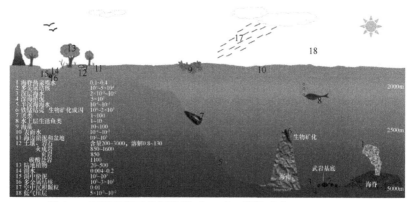

图 3-1　不同环境下的锰浓度（ppm），图修改自 Nealson 1983。

---

[*] ppm = 10^{-6}

3.2　锰的重要性

对许多生命的生长及存活而言，锰是一种至关重要的微量营养元素。对于蓝细菌中的光氧合作用（Yocum and Pecoraro 1999；Keren et al. 2002；Ogawa et al. 2002）和氧化还原反应、痕量营养金属元素的清除、天然代谢底物的有机物质分解、无氧呼吸电子-受体库的维持、氧的生产、细菌中氧化胁迫的防护，以及有毒金属、UV 照射、捕食或病毒的抵御来说，锰都是必需元素（Christianson 1997；Spiro et al. 2010）。无论是从总代谢、碳水化合物代谢，还是从无氧和有氧的同化与分解代谢上讲，锰也是很重要的（Crowley et al. 2000）。锰是四种金属酶——锰超氧化物歧化酶（MnSOD）、锰过氧化氢酶、精氨酸酶及 O-磷酸酶的组成部分（Christianson 1997；Shi et al. 2004）。含 Mn^{2+} 的 O-磷酸酶参与了孢子形成、应激反应、碳氮同化、营养生长、果实发育及细胞分离的控制和静止期细胞密度的调节（Shi 2004）。此外，非酶性 Mn^{2+} 对各种细菌产物包括分泌性抗体的作用发挥至关重要（Archibald 1986）。同时，其在细菌胞壁稳定（Doyle 1989）及细菌信号转导（Jakubovics and Jenkinson 2001）上也起着重要的作用。*Sphaerotilus discophorous* 中的聚 β-羟基丁酸酯氧化刺激（Stokes and Powers 1967）及 *Rhizobiummeliloti* JJ-1 的胞外多糖（ESP）生产（Appanna 1988）均需要 Mn^{2+} 的参与。在几种产生内生孢子的革兰氏阳性菌中，作为糖酵解酶的一部分，3-磷酸甘油酸变位酶也需要 Mn^{2+} 的参与（Chander et al. 1998）。在淡水营养成分的有效控制利用上，锰通过与铁络合而发挥作用（Kirchner and Grabowski 1972）。

3.3　锰的生物地球化学

锰以各自独立的氧化还原反应复合模式参与了地球的化学变化（Kirchner and Grabowski 1972）。锰的地球化学行为视环境中的氧情况而变（Roitz et al. 2002）。锰在氧缺乏条件下以高溶解的 Mn^{2+} 形式存在，而氧充足时则以不溶性的锰氢氧化物形式出现（Calvert and Pedersen 1996）。环境中的溶解锰浓度随氧化还原条件及微生物族群情况而变。微生物锰氧化结果使溶解性 Mn^{2+} 浓度降低，高氧化态不溶性锰（Mn^{3+}、Mn^{4+}）浓度增加（Ehrlich 1976；1978）。可溶性 Mn^{2+} 与不溶性 Mn^{3+}、Mn^{4+} 氧化物间的氧化还原转换成为水环境中锰的生物地球化学演化主线（Sunda and Huntsman 1990）。Mn^{3+} 为一强烈氧化剂和还原剂，其之所以不被人们重视，是因为其与 Mn^{2+} 及 MnO_2 不成比例（Johnson 2006）。然而，锰化学研究最新进展表明，在准好氧（sub-oxic）环境下溶解锰多以 Mn^{3+} 形式存在（Trouwborst et al. 2006）。作为自然环境中最强氧化剂之一，锰参与到一些氧化还原反应之中，基于其极特别的吸附特点，锰对几种有毒而生物又必需的微量元素的分布及利用进行了控制（Tebo et al. 2004）。据知，细菌及真菌一类的微生物可氧化 Mn^{2+}，并对含锰氧化物矿物进行还原。通过锰的氧化与还原，生物从中获取能量以维持生长或碳氧化（Nealson and Myers 1992；Tebo et al. 2005）。自然界中，微生物 Mn^{2+}氧化催化只发生于 pH $5.5\sim8.0$、E_h 约 200 mV、氧浓度 $3\sim5$ mg·L^{-1} 情况下（Schweisfurth et al. 1978）。

依照氧化产物，Mn^{2+} 的氧化从化学计量上看存在三种方式（Nealson 1998）：

$$Mn^{2+} + \frac{1}{2}O_2 + H_2O \longrightarrow MnO_2 + 2H^+ \tag{3-1}$$

$$Mn^{2+} + \frac{1}{4}O_2 + \frac{3}{2}H_2O \longrightarrow MnOOH + 2H^+ \tag{3-2}$$

$$3Mn^{2+} + \frac{1}{2}O_2 + 3H_2O \longrightarrow Mn_3O_4 + 6H^+ \tag{3-3}$$

很多兼养及自养细菌能从 Mn^{2+} 的氧化中获取能量。细菌的（3-1）式反应产生 $2.79\Delta F_r$ 及-16.31 kcal 的 $\Delta F'_r$（Ehrlich 1976；1978），在（3-1）式反应的逆反应：$MnO_2 + 4H^+ + 2e^- \longrightarrow Mn^{2+} + 2H_2O$ 中产生-18.5 kcal 的 ΔG，前提条件是反应在生理 pH 7.0 下进行（Ehrlich 1987）。

在 Mn^{4+} 至 Mn^{2+} 还原过程的关键步骤中，涉及 MnO_2 表面强结合$\{Mn^{3+}\}$ 及弱结合$\{Mn^{2+}\}$的反应（Ehrlich 2002b）。具体反应如下：

$$\{Mn^{2+}\} + MnO_2 + 2H_2O \longrightarrow 2\{\{Mn^{3+}\}\} + 4OH^- \tag{3-4}$$

$$2\{\{Mn^{3+}\}\} + 2e^- \longrightarrow \{Mn^{2+}\} + Mn^{2+} \tag{3-5}$$

基于 $\frac{1}{2}MnO_2 + 2H^+ + e^- \longrightarrow \frac{1}{2}Mn^{2+} + H_2O$ 标准氧化还原势为+1.29 mV（Rusin and Ehrlich 1995），锰氧化物的还原反应情况人们完全可以预见。在一些锰与铁氧化物共存环境中，如锰铁结核（ferromanganese nodule），细菌优先攻击锰氧化物。之所以细菌优先选择锰而不是铁，是因为 Fe^{3+}/Fe^{2+} 的中间点电位（midpoint potential）较 Mn^{4+}/Mn^{2+} 为低（Ehrlich 1987），但确切原因有待于研究。

3.4 盐度对锰氧化物的影响

锰在淡水中的溶解度远高于海水中。当英国一入海口的淡水盐度从 1 提至 5 时，水中 Mn^{2+} 的氧化速度则下降 6 倍（Vojak et al. 1985）。同样，相较于河岸区域，沼泽淤泥中的锰氧化物形成速度降低 4 倍（Spratt et al. 1994b）。另一项研究表明，高盐分（102）沼泽淤泥中的锰氧化速度也有所下降。这些结果均说明，河岸淤泥中的锰氧化速度（2.31±0.28 nmol·mg·dwt^{-1}·h^{-1}）比沼泽中（0.45±0.14

nmol·mg·dwt^{-1}·h^{-1}）快了许多。红树林沼泽内微生物锰氧化物的高生成速度遭遇到
淤泥盐度的对抗，氧化速度从河口的 50～119 pmol·mg·dwt^{-1}·h^{-1}（盐度 0～8）降
到入海口的 3～16 pmol·mg·dwt^{-1}·h^{-1}（盐度 24～34）。总的说来，盐沼泽中的锰氧
化物生成速度远高于红树林入海口处。

3.5　锰与其他金属同存时的毒性

在一未受干扰的海洋环境中，金属离子多结合存在而非单独存在（Yang and
Ehrlich 1976）。微生物单金属应对方式与多金属应对方式或许存在不同。当某一
金属作用使其他金属毒性得以保护，则其被视为另一金属拮抗剂；相反，如一金
属对其他金属毒性有加强作用，则其被视为增效剂。如最终结果仅是各金属离子
毒性的累加效应，那各金属只能视作其他金属的添加剂（Babich and Stotzky 1983）。
锰、镍、铜、钴间的海水内联合作用（金属离子含量 10 μg·mL^{-1}，1%葡萄糖和 0.05%
蛋白胨存在下，18℃）效果完全不同（Yang and Ehrlich 1976）。锰、钴单独添加
时对微生物生长无任何影响，但联合后就有效果。钴、镍联合毒性远高于钴单独
作用，却比镍的毒性低。铜相较于其他金属毒性更强。铜毒性与钴或钴锰或钴锰
镍联合下会略微下降。锰镍联合、锰钴镍联合毒性远比单独作用时强。同样，
Appanna 等（1996）报道称，*Pseudomonas fluorescens* 能于锰、钴、铯、镍多金属
存在的环境中存活并对金属进行净化处理。锰、铯、钴、镍 4 金属的毒性依次增
强，锰、铯对细胞生长无明显影响，但钴、镍对细菌生长有显著的抑制作用。

南极湖泊锰氧化还原转化研究显示，李斯特戴帽菌（Lister hooded, LH）菌株的
锰氧化速度，Mn-Co 联合下为（81±57）ppb[†]·d^{-1}，Mn-Fe 联合下为（37±16）ppb·d^{-1}，
Mn-Ni 联合下为（40±47）ppb·d^{-1}。该结果说明钴在锰氧化中的作用比其他金属强；
相反，镍在锰还原中的作用最强，其在锰还原反应中起关键性作用，Mn-Ni 及
Mn-Fe-Ni 联合下 LH-11 和 LH-8 的锰还原速度分别超过 50 ppb·d^{-1} 和 125 ppb·d^{-1}。

3.6　海洋细菌的锰氧化

海洋细菌的 Mn^{2+}氧化方式多种多样。Dick 等（2008a）的研究显示，*Auranti-
monas* sp. S185-9A 菌株，一种海洋α-变形杆菌，属甲基营养型有机异养菌，通过
硫及一氧化碳氧化获取能量，此菌可生长于宽泛的氧浓度下，借卡尔文循环以固
定碳。早期研究中，Ehrlich（1963）观察到锰结核内的细菌蛋白胨存在情况下，
海水中的 Mn^{2+}吸附能力大大增强。他推测，细菌在结核发育中起着很重要的作用。
研究发现，锰结核细菌 *Arthrobacter* 37 提取液中的 Mn^{2+}氧化活动由酶调节（Ehrlich

---

† ppb = 10^{-12}

1968)，其氧化速度大小依赖于提取液浓度。在一项关于温度及压力对 *Arthrobacter* 37 影响的研究中，Ehrlich（1971）发现，5℃时（锰氧化最佳温度）Mn^{2+}的氧化随压力增大而加快，但温度适当提高则抵消了压力效应。Arcuri 和 Ehrlich（1979）报道称，在两种海洋细菌的 Mn^{2+}氧化中均涉及细胞色素。通过常规电子传递链，细菌可借助氧化磷酸化从 Mn^{2+}氧化中获取能量。在细菌 Mn^{2+}催化氧化的细致观察基础上，Ehrlich（1980）推测，锰氧化细菌分为两类，一类作用于自由锰（Mn^{2+}），另一类只作用结合于 Mn^{4+}氧化物中的 Mn^{2+}，二者均从反应中获得能量。与此同时，Arcuri 和 Ehrlich（1980）认为，在 *Oceanospirillum* BIII45 中细胞色素也参与了 Mn^{2+}的氧化。对于锰氧化而言，细胞膜的周质/胞内部分非常重要。在一项海底淤泥及黏土微生物海水 Mn^{2+}移除效率研究中，Ehrlich（1982）观察发现，当使用完整细胞时黏土氯化铁预处理一步非常关键，而使用无细胞提取液时是否预处理则变得不重要。氯化铁预处理对于吸附性 Mn^{2+}细菌氧化淤泥的活化极为必要。

热源区细菌 Mn^{2+}氧化观察显示（Ehrlich 1983），Mn^{2+}氧化可发生于诱导酶体系，Mn^{2+}至 Mn^{4+}氧化物上的初始固着对氧化进行而言也并非必需。早期印度洋 Fe-Mn 结核微生物学观察显示，异养性嗜冷细菌可将锰移去和固定。结核表面锰氧化细菌的最大容量为 32.2%，且这些菌细胞拥有各自不同的水解酶（Chandramohan et al. 1987）。Ehrlich 及 Salerno（1990）报道称，海洋细菌菌株 SSW22 的 Mn^{2+}氧化中伴有 ATP 合成。研究人员推测，锰氧化中可能存在化学渗透（离子经选择性透膜而扩散）机制，通过此机制，细胞、膜泡或细胞提取物可将渗透与锰氧化中的能量耦合起来。

另一研究中 Rosson 及 Nealson（1982）观察发现，*Bacillus* SG-1 菌株的成熟活/死孢子可氧化黏于孢子上的 Mn^{2+}，但对溶液中的自由 Mn^{2+}无作用。研究人员推测，Mn^{2+}或许与芽孢外壁或孢壳蛋白形成复合结构物。在另一观察中，Kepkay 及 Nealson（1982）确认，相较于营养细胞，Mn^{2+}氧化任务更多地由孢子完成。细菌细胞黏附于固体颗粒表面对孢子的萌发及 Mn^{2+}的氧化至关重要。利用放射性示踪剂，Emerson 等（1982）发现，Saanich 湾中的 Mn^{2+}氧化由细菌介导，且 Mn^{2+}净化速度非常之快，于固体表面几天内就可完成。一项有关 Mn^{2+}氧化质体作用研究（Lidstrom et al. 1983；Schuett et al. 1986）的结果显示，在海洋菌 *Pseudomonads* 中，当有质体存在时，Mn^{2+}的结合及氧化水平均有提高。通过放射示踪，Tebo 等（1984）证实，Saanich 湾及 Framvaren Fjord 海湾中的 Mn^{2+}氧化均以氧分子为最终电子受体。氧饱和条件下的 Mn^{2+}氧化速度远比氧有限时快。有趣的是，Rosson 等（1984）通过毒性对照可区分出生物及非生物性 Mn^{2+}氧化，并声明细菌能极大地提高 Mn^{2+}的净化速度，将其从海水内锰丰富的颗粒层中清除。后来，Saanich 湾 Mn^{2+}氧化现场实验证明，锰氧化的速度由环境中的氧及结合微生物数量决定。在一项空隙水 Mn^{2+}氧化清除研究中，Edenborn 等（1985）观察发现，氧化淤泥表面上的锰净化速度非常快，在那里锰氧化细菌数量异常丰富。

在有关 Mn^{2+} 氧化机制的讨论中，Tebo 及 Emerson（1986）描述到，锰氧化速度并非依赖于其水中浓度，而依赖于表面有效结合的锰离子。类似地，de Vrind 等（1986b）的实验证据显示，海洋菌 Bacillus SG-1 菌株的成熟孢子可氧化 Mn^{2+}。从另一方面看，de Vrind 等（1986a）证实，此菌的营养细胞也能使锰量减少，但此种减少被认为是 Mn^{2+} 用于锰有限环境下的孢子萌发。MnO_2 的孢壳聚集则进一步阻止了结合 Mn^{2+} 的氧化，因为此时反应的活性位点均已被罩住，氧耗尽，质子也已释放。另一研究中人们发现，连续培养中的海洋 Pseudomonas sp. S-36 菌株可从 Mn^{2+} 氧化中获取能量以用于二氧化碳固定（Kepkay and Nealson 1987）。

Sunda 和 Huntsman（1987）利用放射示踪剂以测定海水中锰颗粒的形成动力学。依照研究人员的说法，Mn^{2+} 氧化属微生物性催化，氧化速度依赖于温度及入海口河水中的颗粒锰/溶解锰比率。Chlorella sp. 高 pH 环境下（pH 9.0）的 Mn^{2+} 氧化间接加工处理源自光合作用（Richardson et al. 1988）。研究人员证实，以聚集体或细胞浓缩悬液形式生长于远海水面中的光合生物可形成一微环境，在这种环境中，氧浓度及 pH 形成梯度以便于 Mn^{2+} 氧化。热泉喷口放射示踪研究显示，原位生长的 Mn^{2+} 净化速度远高于室内平板培养（Mandernack and Tebo 1993）。此研究结果表明，细菌不仅提升了喷口水处的锰净化，同时还有助于锰的淤泥沉积。在另一有趣观察中，Hansel 和 Francis（2006）确认了人们未曾察觉的 Roseobacter 有如浮游菌般于 Mn^{2+} 氧化中的作用及其在海岸线水循环中的重要性，研究人员认为，这种菌或许以另一种方式氧化透光带中的 Mn^{2+}。此菌能通过光氧化途径于有光情况下将 Mn^{2+} 氧化，且暗环境下由酶作用直接氧化。基于一氧化途径动力学模型，Webb 等（2005）报道称，Mn^{3+} 为 Mn^{2+} 氧化中的临时中间产物，且为反应的速度限制步骤。研究人员认为，Mn^{2+} 的氧化可能涉及一个独特的多铜氧化酶系（MCO），这一酶系能将底物的两个电子氧化。MCO 是一个由含 4 个铜原子的金属酶组成的酶系（Brouwers et al. 2000b）。反应中它们氧化底物的同时将氧分子的 4 个电子转移至水分子上。现已非常明确的 MCO 中有漆酶、抗坏血酸氧化酶、铜蓝蛋白，以及一些其他酶，如吩噁嗪酮合成酶（phenoxazinone synthase，PHS）、胆红素氧化酶、Dihydrogeodin 氧化酶、Sulochrin 氧化酶及 FET3（Solomon et al. 1996）。

从一些分离自卡尔斯伯格洋中脊隶属 Halomonas sp. 菌的细菌介导 Mn^{2+} 氧化（Fernandes et al. 2005）情况看，锰沉淀于胞外。而当细菌生长于含镍和钴、无锰的环境下，这些金属则可积累于胞内和胞外（Sujith et al. 2010；Antony et al. 2010）。Krishnan 等（2007）红树林淤泥实验证据表明，无论是自养菌还是异养菌，Mn^{2+} 的氧化并非孤立，而是与淤泥中其他金属离子的净化协同发生。这样一来，或许经不断移除，最终产物可间接促进更多的金属氧化。

3.7 淡水细菌的锰氧化

淡水环境中的锰铁氧化/沉积细菌有 *Sphaerotilus*、*Gallionella*、*Leptothrix*、*Pedomicrobium*、*Metallogenium*、*Hyphomicrobium*、*Crenothrix*、*Clonothrix*、*Cladothrix* 等各类菌（Gregory and Staley 1982；Ghiorse 1984）。基于菌种的丰富多样，Pringsheim（1949）称，由于其对河流中的生物化学过程有如此重大影响，因此，人们需进一步研究以弄清这些细菌的营养要求、代谢情况及其酶系统。基于细菌 Mn^{2+} 氧化的重要性，Johnson 和 Stoke（1966）实验称，隶属于变形菌门（Proteo-bacteria）β分支的 *Sphaerotilus discophorus* 菌能将 Mn^{2+} 氧化为深褐色的锰氧化物。细菌经加热处理后失去了 Mn^{2+} 氧化活性，但 $HgCl_2$ 处理却无毒于胞体，这样的结果暗示，细菌内生性 Mn^{2+} 氧化由诱导酶催化完成。通过早期 *S. discophorus* 的连续研究，Stokes 和 Powers（1967）排除了内生性 Mn^{2+} 氧化可由细胞内储物聚β-羟基丁酸酯氧化刺激发生。Ali 和 Stoke（1971）的进一步研究观察发现，*S. discophorus* 能以 Mn^{2+} 为唯一能源自养快速生长。这些研究结果后来作为证据说明，*S. discophorus* 虽能氧化并积累 MnO_2，但在细菌生长后期却不能以此为其自身能量来源（Hajj and Makemson 1976）。Mills 和 Randles（1979）采用电子传递链抑制剂后研究认为，*S. discophorus* 的 Mn^{2+} 氧化可由细胞色素介导。

在另一研究中，Ghiorse 和 Hirsch（1978）利用α-变形菌门不同丝状芽生锰氧化细菌研究得出，锰沉积活跃的细菌菌株同样也是铁沉积活跃者。淡水体系中芽生菌的存在使生成的生物被膜严重地由锰氧化物覆盖（Tyler and Marshall 1967；Sly et al. 1988）。锰氧化物的沉积常与菌株胞外酸性多糖或多聚物有着密切关联（Ghiorse and Hirsch 1979；Sly et al. 1990）。Mn^{2+} 的氧化涉及两步过程，在这个过程中，Mn^{2+} 快速结合至 ESP 上，并随后被一未知因子所氧化（Ghiorse and Hirsch 1979）。研究者认为，这一不寻常因子很可能为一种蛋白质，负责与多聚物关联的 Mn^{2+} 氧化，且这多聚物不会被戊二醛、$HgCl_2$ 或加热完全抑制。进一步的研究（利用抑制剂和细胞成分）显示，加热处理虽可提高 Mn^{2+} 的结合，但却消灭了锰氧化活力（Larsen et al. 1990）。通过培养基铜离子加入，酶活性或许可得以恢复，人们由此推测，铜依赖的 MCO 酶催化着 *Pedomicrobium* ACM3067 的 Mn^{2+} 氧化。

Jaquet 等（1982）称，*Metallogenium*（生金菌属）在 Leman 湖的锰循环中起着关键性的作用。然而，Maki 等（1987）利用 ^{54}Mn 示踪剂于 Washington 湖的 Mn^{2+} 氧化及 *Metallogenium* 表型数量研究方面却未曾发现中毒（poisoned）和无氧（non-oxygen）对照间有任何明显差别。研究者认为，*Metallogenium* 于 Washington 湖 Mn^{2+} 氧化中的作用极其微弱。在有关细菌于 Wahnbach 水库锰保持力的讨论中，Herschel 和 Clasen（1998）称，*Metallogenium personatum* 或许于水库锰微生物转

化上只起到推动性作用。研究人员认为，深水中溶解氧的水平提高有助于 Mn^{2+} 的氧化。在一些早期观察中，Tyler 和 Marshall（1967）、Tyler（1970）称，锰沉积中常出现一些属α-变形菌门 *Hyphomicrobium*（生丝微菌属）的有柄芽殖菌，这些细菌或许更喜爱氧化水电管道中的锰而不是铁。

在一次有趣的观察中，Uren 和 Leeper（1978）发现，土壤中的 Mn^{2+} 微生物氧化可能发生于低氧而二氧化碳充足的条件下。通过分离自土壤中的 *Arthrobacter* sp.（节杆菌属），Bromfield 和 David（1976）发现，锰氧化物能快速吸收水溶液中的锰离子，但非生物性对照中的情况却并非如此。

在一项利用γ-变形菌门的 *Pseudomonas* III和 *Citrobacter fruundii* 两种细菌提取物进行的动力学研究中，Douka（1980）确认，Mn^{2+}氧化速度随其浓度提高而加快，这一结果使人们确信，Mn^{2+}与氧化体系间存在很强的亲和力。Chapnick 等（1982）的研究显示，在夏季的几个月中，Oneida 湖水中的 Mn^{2+}氧化及清除由具代谢活性的锰氧化细菌介导完成。研究结果还显示，当湖水中的颗粒由过滤去除或经酒精消毒后，锰氧化活动受到抑制。此外，Gregory 和 Staley（1982）认为，质体可能通过提供一些必需的基因产物直接参与到锰的氧化过程中，或通过改变微环境以利于 Mn^{2+}的化学氧化而间接发挥作用。利用透析技术，Kepkay（1985）的研究显示，锰沉积于土壤或许是一个微生物介导的过程，此过程的锰沉积量 5 倍于非生物的吸收量。同样，Vojak 等（1985）称，Mn^{2+}至 Mn^{4+}的价态变化是由生物过程造成的。在他们的研究中，Mn^{2+}的氧化速度随盐度增大而变化，且受抑制剂的压制。类似地，Johnson 和 Kipphut（1988）的研究显示，Toolik 湖原位培养（*in situ* incubation）中的 Mn^{2+}氧化速度强烈地受到微生物的影响，相较于温度或氧浓度，Mn^{2+}的浓度对锰氧化的影响更大。通过突变体（无 Mn^{2+}氧化能力）实验研究，Caspi 等（1998）发现，*Pseudomonas* MnB1 的锰氧化能力可通过 C 型细胞色素形成缺陷突变体的互补而得以恢复。在锰摄取及氧化动力学研究中，Moy 等（2003）发现，*Rhizobium* sp.的 Mn^{2+}摄取量远高于 Mn^{2+}至锰氧化物的转化量，同时还产生了相当数量的多糖。研究者认为，多糖可能参与了锰吸收及锰氧化物产量的极小化。在一项有关南极湖泊锰氧化还原转化的研究中，Krishnan 等（2009）发现，钴对 Mn^{2+}氧化及镍于锰氧化物还原中的作用非常巨大。尽管有一些细菌 Mn^{2+}氧化的研究报道，但氧化细菌的种类确认却一直不够明朗。最近，Falamin 和 Pinevich（2006）才确定 *Pseudomonas siderocapa* sp.nov.的系统分类位置及其表型特征。研究人员认为，此细菌在营养上采取了营养兼养模式，锰氧化物沉积于荚膜中而非像 *Pseudomonas* 其他细菌那样沉积于外膜。

为更好地理解 *Leptothrix discophora* SS-1 的锰氧化能力，Adams 和 Ghiorse（1986）在电镜下对菌株的超结构进行了观察。观察中发现胞外有小泡，并视小泡为锰氧化蛋白运送工具。生长于缓冲培养基（培养基 pH 7.5）的无鞘菌株 *L.*

discophora SS-1（β₁-变形菌门）于营养殆尽培养基中可释放 Mn^{2+}氧化因子，且与 MnO_2 的聚集有关联（Boogerd and de Vrind 1987）。同一时期，Adams 和 Ghiorse（1987）从 *L. discophora* SS-1 中分离得到 Mn^{2+}氧化蛋白，并测定了其胞外氧化活力。1988 年，研究人员还对 *L. discophora* SS-1 的锰氧化产物的锰氧化价态进行了确认。新鲜样品中，锰以 Mn^{3+} 形式存在，时间稍长些的样品中，锰则以 Mn^{3+}、Mn^{4+}混合形式出现。后来，Corstjens 等（1997）指出，基因 *mofA* 与锰的氧化有关联。此外，Nelson（1999）称，*L. discophora* SS-1 的锰氧化产物可吸收毒性金属铅。再后来，Brouwers 等（2000b）报道，作为 MCO 的核心成分，Cu^{2+}也能促进 Mn^{2+}氧化。在 Zhang 等（2002）的 Mn^{2+}氧化动力学研究中，研究人员称，近中性 pH 条件下，锰氧化菌（*L. discophora* SS-1）数量相对较小时，生物介导的 Mn^{2+}氧化量超过了非生物性的氧化量。有趣的是，EI Gheriany 等（2009）的研究表明，Fe 对于 *L. discophora* SS-1 的锰氧化来说是必不可少的。

3.8 锰氧化的基因组分析

最近几年，一些研究者试图从遗传学上弄清细菌的 Mn^{2+}氧化。从效率上看，海洋细菌的锰氧化效率还是很高的。然而，有关锰氧化的遗传机制报道则很少。锰氧化细菌研究最为透彻的是 *Bacillus* sp. SG-1，一种分离自浅水淤泥中的革兰氏阳性海洋菌，此细菌能形成锰氧化孢子（van Wassbergen et al. 1993；1996；Francis et al. 2002；Francis and Tebo 2002），是目前唯一一个可证明 MCO 直接参与锰氧化的有机体。研究者推测，作为基因产物之一的 MnxG 与外生孢子氧化酶活性有一定的关联。Francis 等（2002）证实，MnxG 位于野生型孢子的外壁上，*mnx* 基因簇转座子突变体非氧化孢子中此基因产物缺失。基于 16S rRNA 及 *mnxG* 分析，Dick 等（2006）称，来自 Guaymas 海盆地的锰氧化菌 *Bacillus* sp.与早期深海淤泥中分离得到的菌非常相像，很少有人们常见的菌株和基因簇。最近，Mayhew 等（2008）推测，垂直传承（vertical inheritance）及基因流失（gene loss）影响着 *mnxG* 基因在 *Bacillus* sp.中的分布。

van Waasbergen 等（1993）首次确认了基因参与 Mn^{2+}氧化。研究人员证实，SG-1 孢子 Mn^{2+}氧化所需的 *mnx* 编码因子可通过原生质体转化及突变产生。1996 年，人们从早期几个推测参与 Mn^{2+}氧化的基因（*mnxA* 至 *mnxG*）中，分析发现 *mnxG* 基因产物可能为一种铜氧化酶，其或许直接负责细菌孢子的 Mn^{2+}氧化。Caspi 等（1996）首次以直接证据证明，RubisCo 基因簇存在于革兰氏阴性锰氧化菌株 S185-9A1 中。与来自细菌的基因相比较，来自非绿藻叶绿体的基因与这个基因簇更有关联。Dick 等（2008）推测，MnxG 催化着两个时序性的电子氧化反应，即 Mn^{2+}至 Mn^{3+}和 Mn^{3+}至 Mn^{4+}的多铜氧化酶反应。

Aurantimonas manganoxydans SI85-9A1 菌株（Dick et al. 2008a；Anderson et al. 2009a，b）、*Erythrobacter* sp. SD-21 菌株（Anderson et al. 2009b）为另外两种隶属 α-变形菌门的具 Mn^{2+} 氧化能力的海洋菌，人们最近对这两种菌进行了较为详细的研究。Anderson 等（2009b）从两种菌株的基因组中确认出 5 个注释 MCO。遗憾的是，5 个 MCO 中没有一个被报道在 Mn^{2+} 氧化中发挥作用。相反，血红素过氧化酶在 Mn^{2+} 氧化中有作用，因此，研究人员推测，MopA 可能在 Ca^{2+} 结合血红素过氧化酶的过程中发挥着作用。

L. discophora SS-1 是一种能将锰氧化物沉积于鞘外的淡水菌。Corstjens 等（1997）、Brouwers 等（2000a）利用现代分子技术对其进行研究。基于研究的结果人们推测，MCO 可能像 *mofA* 基因产物（锰氧化因子）一样参与了 Mn^{2+} 的氧化过程，且 *mofB* 和 *mofC* 与 *mofA* 一样均为基因启动子的一部分。同一时期，Siering 和 Ghiorse（1997b）通过 *L. discophora* SS-1 地高辛标记 mofA 探针杂交结果分析得出，虽然其他一些 *Leptothrix* spp. 的锰氧化基因间彼此紧密关联，但与另一属中的未确认锰氧化基因不同源。而且，Siering 和 Ghiorse（1997a）利用 16S rRNA 特异靶向探针从环境中检出一种 *Leptothrix* spp. 鞘菌株，并推测其可在未来研究中加以应用。

另一些 Mn^{2+} 氧化常见菌株为 *Pseudomonas putida* MnB1 和 GB-1。虽有一些以上菌株的锰氧化能力报道（Caspi et al. 1996；1998；Brouwers et al. 1999；de Vrind et al. 2003），有关其 Mn^{2+} 氧化遗传机制方面的文章却不多（Brouwers et al. 1999；2000a）。人们通过分析确认，*cumA* 基因（产物为参与锰氧化的铜蛋白）与 MCO 共同参与了 Mn^{2+} 的氧化，并进而得到一个最佳生长必需基因——*cumB* 基因。随后，Francis 和 Tebo（2001）于非锰氧化的 *Pseudomonas* 菌株中也发现了高保守的 *cumA* 基因序列。基于以上结果，人们认为，*cumA* 基因或许不表达或并非为被赋予 Mn^{2+} 氧化能力的唯一基因。相反，这些基因在生物体内有着另外的一些功能，且存在于各种 *Pseudomonas* 的菌株中。

Pedomicrobium sp. ACM3067 是另一种能氧化 Mn^{2+} 的水生细菌，其锰氧化能力与胞外的酸性多糖或多聚物基质有密切联系（Ghiorse and Hirsch 1979）。Mn^{2+} 氧化机制研究显示，此菌株中的 Mn^{2+} 氧化由一种铜依赖性酶催化完成（Larsen et al. 1999）。Ridge 等（2007）的最新研究证据表明，在 *Pedomicrobium* sp. ACM3067 中，无论是 Mn^{2+} 氧化还是漆酶样物质活性的发挥，均需要 *moxA* 基因（编码一种 MCO 同源物）的参与。

从基因水平上看，*Hypomicrobium* 的锰氧化菌很少检测到。只有一次记录（Layton et al. 2000）显示，活化淤泥中有大量的 *Hypomicrobium* 菌群存在（基于 16S rRNA 分析），活化淤泥中的 5% 16S rRNA 属于 *Hypomicrobium* sp. 菌群。Gregory 和 Staley（1982）实验证实，分离菌在实验室条件下当无金属存在时，其

Mn^{2+}氧化能力消失。研究人员由此推测，菌体的锰氧化可能与质体有直接关联。

3.9　锰氧化的蛋白质组分析

金属离子排出体系为细胞生理的重中之重。细菌可通过以下 4 种方式摄入锰：①P 型 ATPase（MntA）（Hao et al. 1999）；②金属结合蛋白依赖性 ABC 转运系统（PsaA 体系）；③pH 依赖性金属离子转运体（A，B，C MntH 体系）；④天然抗性关联巨噬细胞蛋白家族（natural resistance–associated macrophage protein，NRAMP）（Jakubovics and Jenkinson 2001；Cellier 2002；Papp-Wallace and Maguire 2006）。人们都知道，金属伴侣负责金属离子与某些蛋白质准确嵌合，然而，许多金属蛋白所需的金属离子均直接来自于细胞库（池）。为更好地了解胞内许多初生蛋白金属离子的获取机制，Tottey 等（2008）从蓝藻 *Synechocystis* PCC 6803 周质中确认出两种含量丰富的金属蛋白，分别为 CucA（Cu^{2+}结合蛋白）和 MncA（Mn^{2+}结合蛋白）。研究显示，隔室化分布使初生蛋白在折叠过程中免于金属离子竞争性错配。

迄今为止，细菌中已确认并定性的锰氧化蛋白只有 MCO（Brouwers et al. 2000；Francis and Tebo 2000）。细菌中另一类少为人知的锰氧化蛋白是含血红素的锰过氧化酶 MNP（Palma et al. 2000；Anderson et al. 2009b）。人们所熟知的锰氧化蛋白有 *Bacillus* SG-1 中的分子量约 138 kDa 的 MnxG（van Wassbergen et al. 1996；Francis et al. 2002）、*Aurantimonas manganoxidans* SI85-9A1 及 *Erythrobacter* sp. SD-21 中的 MopA（Anderson et al. 2009b）。在海洋α-变形菌门的 SD-21 中，分子量约 250 kDa 和 150 kDa 的锰氧化因子常出现于对数生长期的细菌菌体中。然而，人们发现，Mn^{2+}氧化酶的表达并非完全依赖 Mn^{2+} 的存在，而是细菌的高生长（Francis et al. 2001）。研究人员称，Mn^{2+}氧化酶是革兰氏阴性海洋菌中第一个被发现的含锰金属酶。Francis 和 Tebo（2002）在革兰氏阳性菌及其孢子中又确认出另一个有活性的锰氧化酶。研究中人们偶然发现，来自海岸淤泥的锰氧化菌 *Bacillus* sp.中含多种不同分子量的蛋白质。基于叠氮化物（一种多铜氧化酶抑制剂）锰氧化活力抑制实验结果，研究人员认为，这些未被认定的蛋白质应属于 MCO。Lieser 等（2003）对金属调节蛋白 MntR（一种锰动态平衡转录调节因子）的作用进行了测定。研究人员称，DNA 金属活化结合上的差异在 Mn^{2+}选择性因子转录机制及金属非依赖性 MntR 低聚化方面起着一定的作用。此后，Huang 和 Wu（2004）的研究证实，蓝藻 *Anabaena* sp. PCC 7120 中存在锰响应调节因子——ManR 的控制基因。

人们熟知的锰氧化蛋白有 *Pseudomonas putida* GB-1 中的分子量约 50.5 kDa 的 CumA（Brouwers et al. 1999）、*L. discophora* SS-1 中的 180 kDa 的 MofA（Corstjens et al. 1997；Brouwers et al. 2000a）和 *Pedomicrobium* sp. ACM3067 中的 52.47 kDa

的 MoxA（Ridge et al. 2007）。细菌中的锰调节途径有多个。Que 和 Helmann（2000）、Guedon 等（2003）、Moore 和 Helmann（2005）发现，MntR、Fur、TnrA、σ^B 调节元（regulons）调节着 *Bacillus subtilis* 的锰摄入。Platero 等（2004）称，Fur 参与了 *mntA* 基因的锰依赖调控。Patzer 和 Hanke（2001）、Hohle 和 O'Brian（2009）证实，编码 NRAMP 样 Mn^{2+} 转运体的 *mntH* 基因则被 Fur 及其自身的 MntR 所抑制。然而，Kehres 等（2000）推测认为，NRAMP 蛋白是一些参与反应氧应答的选择性锰转运体。Diaz-Mireles 等（2004）证实，Fur 样蛋白 Mur（锰摄入调节因子）是 *Rhizobium leguminosarum* 中的一种 Mn^{2+}响应转录调节因子，与γ-变形菌门中的结合 Fe^{2+} 的 Fur 蛋白有所不同，其功能是参与锰的摄取。Groot 等（2005）确认，*Lactobacillus plantarum* 中除 *mntA* 外，还另有三个锰转运表达体系基因，分别为 *mtsCBA*、*mntH1* 及 *mntH2*。人们观察发现，生物体内存在着一些由 Mn^{2+}限度决定的具有去阻遏或诱导效应的特殊转运体系。人们推测，这些体系在 Mn^{2+}的动态平衡中发挥着作用。随后，Jakubovics 和 Valentine（2009）从 *Streptococcus pneumoniae* 中又确认出一个 Mn^{2+}排出系统——MntE。研究人员称，*mntE* 基因的破坏可导致大范围转录改变，这种变化有别于胞外的 Mn^{2+}应答。

Ercole 等（1999）于 *Arthrobacter sp.*中发现了一种以超氧化物歧化酶（SOD）同工酶形式起作用的 25 kDa 的胞质表达蛋白，在有氧、无氧条件下，当有锰氧化物存在时，此蛋白质则有着另外的一些生理功能。另一种分子量稍高的表面蛋白（30 kDa）与任何其他已知蛋白质均不同源，且其作用至今未知。Jung 和 Schweisfurth（1979）观察发现，*Pseudomonas* sp. MnB1 菌株生长稳定期内会形成一种热不稳定的胞内锰氧化蛋白。此蛋白质不受 Mn^{2+}诱导，但部分依赖于培养时间的长短。同样，在淡水分离菌株 FMn1 生长及静息细胞的锰氧化比较研究中，Zapkin 和 Ehrlich（1983）曾对此菌的锰氧化酶的一些酶性特点进行过观察，发现此酶的酶活力可被诱导。Shi（2004）在一篇综述中称，蛋白磷酸酶为金属酶，其活性中心含 2 个辅酶性金属离子。通过研究，人们对锰依赖性原核细胞的蛋白 *O*-磷酸酶及其功能在原核细胞内 Mn^{2+}动态平衡及蛋白 *O*-磷酸化中的作用又有了新的了解。

3.10 分子生物矿化

生物能生成多种多样的不同矿物，其中的一些矿物则无法由无机方式形成。生物成因矿物既可以非晶态也可以类晶态或晶态形式存在（Lowenstam 1981）。生物驱动矿化过程也包括微生物的生物矿化（Wang and Müller 2009）。微生物及其与地质矿间的作用导致了可溶性及不溶性矿相间的不断的地球化学转换（White et al. 1997）。作为细菌与矿物密切作用的结果，各种生物矿化常共存于同一环境中，见图 3-1。细菌胞壁上的金属沥出物沉积及形成的金属氧化物和其他惰性表面均可直接用作矿物的进一步成核场所（Fortin et al. 1995）。微生物与矿物作用的目的是形成适宜的周围环境以便于其汲取营养和封存有毒物质。同时，微生物还以矿物为关联氧化还原反应的能源和电子库。通过这样的反应，微生物从不稳定或亚稳定的矿物中释放和获取能量（Shock 2009）。多合金结核、铁锰结壳及热泉喷口处的深海矿物不仅可由非生物矿化而成，也可由死的和生物被膜形成菌形成，这些细菌能生产锰沉积所需的细胞基质。这里所说的矿化过程均与有机分子或基质密切关联。矿化不是由生物-化学诱导就是由酶控制，矿化过程细节及相关文献可见 Wang 和 Müller（2009）。此外，为了更好地理解发生于富锰海洋环境中的生物化学现象，最近几年，一些微生物学方面的研究集中于深海热泉喷口及海山的铁锰结壳和结核上（Davis et al. 2009；Emerson 2009；Glzer and Rouxel 2009；Rassa et al. 2009；Sudek et al. 2009），其中个别研究则涉及生物诱导矿化（Douglas and Beveridge 1998；Wang et al. 2009a, b；Dong 2010）。Wang 等（2009b）检验了铁锰结壳的生物成因成分，He 等（2008）则利用各种分析手段对铁锰结核中的微生物群落构成进行了测定。研究发现，结壳及相关沉积物中有酸杆菌门及变形菌门菌分布。厚壁菌门菌被限于结核中，相较于结核，土壤中的酸杆菌门菌及疣微菌门菌的数量更大。从岩石表面元素分布图谱上看，微生物被膜中的锰含量明显高出许多（Templeton and Knowles 2009）。

微生物生成的矿物相多数情况下为非晶态，有时虽为晶态但结晶性很差。矿物相的孵育时间一般都很长（Tazaki 2005），一些有特点的氧化物通常与化学合成的有所不同，因为其中有固态生物分子成分嵌入其中（Parikh and Chorover 2005）。观察发现，在结晶性差的 Mn（IV）矿物相形成过程中，一些表面蛋白与锰的氧化有关联。Mann 等（1988）及 Mandernack 等（1995）报道称，伴随着 *Bacillus* SG-1 的 Mn^{2+} 氧化进行，一些矿相混合物，如黑锰矿（hausmannite，Mn_3O_4）、六方水锰矿（feitknechtite，β-MnOOH）、水锰矿（manganite，γ-MnOOH）、钠-布塞尔矿（Na-buserite）的混合矿物也会形成。*Pseudomonas putida* MnB1 菌株生成的钡镁锰矿（todorokite）样矿物与"酸性"水钠锰矿极为相似（Villalobos et al. 2003）。随着人们对锰氧化机制的了解，涉及锰氧化的基因及蛋白质将于未来在更大的范围上得到技术应用。负责锰氧化的基因，如 *Bacillus* SG-1 中的 *mnxG*（van Wassbergen et al. 1996）、*P. putida* GB-1 中的 *CumA*（Brouwers et al. 1999）、*L. discophora* SS-1 中的 *mofA*（Corstjens et al. 1997；Brouwers et al. 2000a）、*Pedomicrobium* sp. ACM3067 中的 *moxA*（Ridge et al. 2007）及 *Aurantimonas manganoxidans* SI85-9A1 和 *Erythrobacter* sp. SD-21 中的 *mopA*（Anderson et al. 2009b）现均已于实验室中得以克隆和表达。

3.11 锰氧化的生物技术应用

锰是一种毒性相对较小的金属元素，当浓度超过 EPA 许可水平（0.05 mg·L^{-1}）时，其对水生及家养生物将变得有毒性。夏季，当公共及私人水井、城市供水管道内的氧水平下降时，锰氧化物则会发生还原。溶解锰有氧情况下相当稳定，因此，对公众而言，溶解锰就成为人们饮用水时的一个安全隐患。富 Mn^{2+} 环境中的锰氧化菌可通过氧化 Mn^{2+} 降低其溶解性，因此，人们需采用一些保护机制以对抗溶解锰的毒性（Bromfield 1978）。锰氧化菌或其产物的应用可为生物栖息场所提供一个季节/永久性的化学/生物解决方案（Czekalla et al. 1985）。锰氧化物还是无氧呼吸的一种良好电子受体（Nealson et al. 1989）。锰氧化菌及淤泥中的锰可使呼吸性碳矿化加快，且能提供一个天然的、面向无氧环境的电子受体平衡"泵"系统（通过锰氧化物的沉积与沉淀）（Nealson et al. 1989）。观察发现，锰氧化物还是一种潜在络合剂，可络合其他几种痕量金属，能将镭元素从供水中有效去除（Moore and Reid 1973）。此外，其还可用于土壤重金属，如钴、镍、锌等的截留，以及有机物的聚合、腐殖酸的形成（Vodyanitskii 2009）。

Mn^{2+} 清除通常采用无机氧化法，如氯化法、高锰酸氧化法，然后沙滤（Miyata et al. 2007）。1986 年，Ghiorse 曾建议将锰沉积微生物用于工业金属回收。锰氧化菌的废水处理应用可减少化学试剂使用量并使一些不必要副产物的量减至最低。极少的阻塞可加快滤速并使运行时间变长，节约冲洗水，在反冲洗后快速恢复平衡，从而降低泥浆生物处理及维护方面的运行成本（Mouchet 1992；Katsoyiannis and Zouboulis 2004；Stembal et al. 2005）。废水生物处理工艺在主动及被动处理过程中均占有优势，经由各种不同机制如吸附、聚集、沉淀、氧化等过程而得以净化。废水生物处理的劣势是锰氧化速度有些慢。作为早期解决方案，Stuetz 等（1996）建议，采用藻-菌锰氧化联合系统，并优化生物反应器各项参数以有效地处理废水。当以锰氧化物（环境净化剂）处理任何一种成分未知的废水时，需要有预防措施，因为锰氧化物有时会与其他元素发生作用导致相变，如 Se^{4+} 变为 Se^{6+}、Cr^{3+} 变为 Cr^{6+}、As^{3+} 变为 As^{5+}，从而使得金属的毒性增加或降低（Vodyanitskii 2009；He et al. 2010）。

微生物锰氧化上的最新进展使人们对金属氧化机制及其过程的理解有了进一步地提高。生物的锰氧化速度较非生命的氧化速度提高了 5 个数量级（Tebo et al. 1997）。环境中微生物生成的锰氧化物纳米颗粒极为丰富，这些氧化物颗粒在水基重金属生物技术清除及废水有机污染物微粒氧化处理方面有着非常重要的作用（Villalobos et al. 2005b）。带有负电荷的生物成因锰氧化物相较于合成的 d-MnO_2 及商业使用的软锰矿有着更大的特异性表面，且更容易吸附溶液中带有正电荷的重金属离子（Hennebel et al. 2009）。锰氧化菌 *Bacillus* sp. SG-1 的孢子有主动结合和氧化锰的能力，且还能被动地结合其他金属。同样，*P. putida* MnB1 及 GB-1 菌株的锰氧化蛋白与 *L. discophora* 的菌鞘也有着类似的作用（Francis and Tebo 1999）。Nelson 等（2002）、Villalobos 等（2005a）观察发现，由 *L. discophora* SS-1、*P. putida* MnB1 生成的锰氧化物比非生命的 Mn（IV）氧化物每摩尔锰可多吸附 5 倍的铅，是软锰矿颗粒吸附量的 500~5000 倍。因此，锰氧化物生物修复应用得到了极大的发展。类似地，Toner 等（2006）发现，生物成因锰氧化物的锌吸附量是化学合成锰氧化物的 10 倍以上，*Bacillus* sp. SG-1 生成的锰氧化物的铬吸附量是 d-MnO$_2$ 的 7 倍以上（Murray and Tebo 2007）。微生物越来越多地被应用于金属离子的废水处理与回收上。

最近观察发现，生物成因锰氧化物还可氧化炔雌醇[17α-ethinylestradiol，即 3-羟基-19-去甲基-17α-孕甾-1,3,5（10）-三烯-20-炔-17-醇，一种内分泌扰乱抗剂]，并使其活性降低 81.7%（de Rudder et al. 2004）。最近，Forrez 等（2010）发现，生物成因锰氧化物可氧化双氯芬酸（一种非甾体抗炎药物），并能降低其致死浓度和毒性。Zhang 和 Huang 分别于 2003 年和 2005 年对二氯苯氧氯酚——三氯生、环丙沙星的生物成因锰氧化物处理进行过观察。研究人员认为，生物成因的锰氧化物未来将会成为一种很有前途的污水处理剂。

3.12 结　　论

就目前细菌锰氧化的了解情况看，锰氧化过程中有 MCO 参与，但其与氧化的直接关联只限于 *Bacillus* SG-1，其他菌如 *P. putida* MnB1、GB1、*L. discophora* SS-1 或 *Pedomicrobium* sp. ACM3067 中均无。各种细菌细胞的锰摄入调节机制及转运体系虽有研究，但锰氧化中金属蛋白的作用或竞争性金属离子过量时蛋白质又是如何正确选择其将要处理的金属，人们迄今仍未完全了解。目前知道的是，蛋白质通过隔室化以实现金属离子的结合调节。因此，生物成因锰氧化物纳米粒子在生物技术上的生产与应用要求人们对锰氧化的分子机制进行深入了解与研究。

参 考 文 献

Adams LF, Ghiorse WC (1986) Physiology and ultrastructure of *Leptothrix discophora* SS-1. Arch Microbiol 145:126–135

Adams LF, Ghiorse WC (1987) Characterization of an extracellular Mn^{2+}-oxidizing activity and isolation of Mn^{2+}-oxidizing protein from *Leptothrix discophora* SS-1. J Bacteriol 169:1279–1285

Adams LF, Ghiorse WC (1988) Oxidation state of Mn in the Mn oxide produced by *Leptothrix discophora* SS-1. Geochim Cosmochim Acta 52:2073–2076

Ali SH, Stokes JL (1971) Stimulation of heterotrophic and autotrophic growth of *Sphaerotilus discophorus* by manganous ions. Anton Van Leeuwenhoek 37:519–528

Anderson CR, Dick GJ, Chu ML, Cho JC, Davis RE, Bräuer SL, Tebo BM (2009a) *Aurantimonas manganoxydans*, sp. nov. and *Aurantimonas litoralis*, sp. nov.: Mn(II) oxidizing representatives of a globally distributed clade of alpha-Proteobacteria from the order Rhizobiales. Geomicrobiol J 26:189–198

Anderson CR, Johnson HA, Caputo N, Davis RE, Torpey JW, Tebo BM (2009b) Mn(II) oxidation is catalyzed by heme peroxidases in "*Aurantimonas manganoxydans*" Strain SI85-9A1 and *Erythrobacter* sp. Strain SD-21. Appl Environ Microbiol 75:4130–4138

Antony R, Sujith PP, Fernandes SO, Verma P, Khedekar VD, Loka Bharathi PA (2010) Cobalt immobilization by manganese oxidizing bacteria from Indian Ridge System. Curr Microbiol 62:840–849

Appanna VD (1988) Stimulation of exopolysaccharide production in *Rhizobium meliloti* JJ-1 by manganese. Biotechnol Lett 10:205–206

Appanna VD, Gazso LG, St. Pierre M (1996) Multiple-metal tolerance in *Pseudomonas fluorescens* and its biotechnological significance. J Biotechnol 52:75–80

Archibald F (1986) Manganese: its acquisition by and function in the lactic acid bacteria. Crit Rev Microbiol 13:63–109

Arcuri EJ, Ehrlich HL (1979) Cytochrome involvement in Mn(II) oxidation by two marine bacteria. Appl Environ Microbiol 37:916–923

Arcuri EJ, Ehrlich HL (1980) Electron transfer coupled to Mn(II) oxidation in two deep-sea pacific ocean isolates. In: Trudinger PA, Walter MR, Ralph BJ (eds) Biogeochemistry of ancient and modern environments. Springer, New York, pp 339–344

Babich H, Stotzky G (1983) Influence of chemical speciation on the toxicity of heavy metals to the microbiota. In: Nriagu JO (ed) Aquatic toxicology. Wiley Interscience, New York, pp 1–46

Boogerd FC, de Vrind JPM (1987) Manganese oxidation by *Leptothrix discophora*. J Bacteriol 169:489–494

Bowen HJM (1979) Environmental chemistry of the elements. Academic, London

Bromfield SM (1978) The oxidation of manganous ions under acidic conditions by an acidophilous actinomycete from acid soil. Aust J Soil Res 16:91–100

Bromfield SM, David DJ (1976) Sorption and oxidation of manganous ions and reduction of manganese oxide by cell suspensions of a manganese oxidizing bacterium. Soil Biol Biochem 8:37–43

Brouwers G-J, de Vrind JPM, Corstjens PLAM, Cornelis P, Baysse C, de Vrind-de Jong EW (1999) *CumA*, a gene encoding a multicopper oxidase, is involved in Mn^{2+}-oxidation in *Pseudomonas putida* GB-1. Appl Environ Microbiol 65:1762–1768

Brouwers G-J, Corstjens PLAM, de Vrind JPM, Verkamman A, de Kuyper M, de Vrind-de Jong EW (2000a) Stimulation of Mn^{2+} oxidation in *Leptothrix discophora* SS-1 by Cu^{2+} and sequence analysis of the region flanking the gene encoding putative multicopper oxidase MofA. Geomicrobiol J 17:25–33

Brouwers G-J, Vijgenboom E, Corstjens PLAM, de Vrind JPM, de Vrind-de Jong EW (2000b) Bacterial Mn^{2+} oxidizing systems and multicopper oxidases: An overview of mechanisms and functions. Geomicrobiol J 17:1–24

Calvert SE, Pedersen TF (1996) Sedimentary geochemistry of manganese: implications for the environment of formation of manganiferous black shales. Econ Geol 91:36–47

Caspi R, Haygood MG, Tebo BM (1996) Unusual ribulose-1,5-bisphosphate carboxylase/oxygenase genes from a marine manganese-oxidizing bacterium. Microbiology 142:2549–2559

Caspi R, Tebo BM, Haygood MG (1998) c-type cytochromes and manganese oxidation in *Pseudomonas putida* strain MnB1. Appl Environ Microbiol 64:3549–3555

Cellier M (2002) Bacterial genes controlling manganese accumulation. In: Winkelmann G (ed) Microbial Transport Systems. Wiley-VCH Verlag GmbH & Co., KGaA, pp 325–345

Chander M, Setlow B, Setlow P (1998) The enzymatic activity of phosphoglycerate mutase from gram-positive endospore-forming bacteria requires Mn^{2+} and is pH sensitive. Can J Microbiol

44:759–767

Chandramohan D, Loka Bharathi PA, Nair S, Matondkar SGP (1987) Bacteriology of ferroman-ganese nodules from the Indian Ocean. Geomicrobiol J 5:17–31

Chapnick SD, Mire WS, Nealson KH (1982) Microbially mediated manganese oxidation in a freshwater lake. Limnol Oceanogr 27:l004–l1014

Christianson DW (1997) Structural chemistry and biology of manganese metalloenzymes. Prog Biophys Mol Biol 67:217–252

Corstjens PLAM, de Vrind JPM, Goosen T, de Vrind-de Jong EW (1997) Identification and molecular analysis of the *Leptothrix discophora* SS-1 *mofA* gene, a gene putatively encoding a manganese-oxidizing protein with copper domains. Geomicrobiol J 14:91–108

Crowley JD, Traynor DA, Weatherburn DC (2000) Enzymes and proteins containing manganese: an overview. Met Ions Biol Syst 37:209–278

Czekalla C, Mevius W, Hanert H (1985) Quantitative removal of iron and manganese by microorganisms in rapid sand filters. Wat Suppl 3:111–123

Davis RE, Stakes DS, Wheat CG, Moyer CL (2009) Bacterial variability within an iron-silica-manganese-rich hydrothermal mound located off-axis at the cleft segment, Juan de Fuca Ridge. Geomicrobiol J 26:570–580

de Rudder J, Van de Wiele T, Dhooge W, Comhaire F, Verstraete W (2004) Advanced water treatment with manganese oxide for the removal of 17 a-ethynylestradiol (EE2). Water Res 38:184–192

de Vrind JPM, Boogerd FC, de Vrind-de Jong EW (1986a) Manganese reduction by a marine *Bacillus* species. J Bacteriol 167:30–34

de Vrind JPM, de Vrind-de Jong EW, de Voogt J-WH, Westbroek P, Boogerd FC, Rosson RA (1986b) Manganese oxidation by spores and spore coats of a marine *Bacillus* species. Appl Environ Microbiol 52:1096–1100

de Vrind J, de Groot A, Brouwers GJ, Tommassen J, de Vrind-de Jong EW (2003) Identification of a novel Gsp-related pathway required for secretion of the manganese oxidizing factor of *Pseudomonas putida* strain GB-1. Mol Microbiol 47:993–1006

Diaz-Mireles E, Wexler M, Sawers G, Bellini D, Todd JD, Johnston AWB (2004) The Fur-like protein Mur of *Rhizobium leguminosarum* is a Mn^{2+}-responsive transcriptional regulator. Microbiology 150:1447–1456

Dick GJ, Lee YE, Tebo BM (2006) Manganese(II)-oxidizing *bacillus* spores in guaymas basin hydrothermal sediments and plumes. Appl Environ Microbiol 72:3184–3190

Dick GJ, Podell S, Johnson HA, Rivera-Espinoza Y, Bernier-Latmani R, McCarthy JK, Torpey JW, Clement BG, Gaasterland T, Tebo BM (2008a) Genomic insights into Mn(II) oxidation by the marine alphaproteobacterium *Aurantimonas* sp.Strain SI85-9A1. Appl Environ Microbiol 74:2646–2658

Dick GJ, Torpey JW, Beveridge TJ, Tebo BM (2008b) Direct Identification of a bacterial manganese(ii) oxidase, the multicopper oxidase MnxG, from spores of several different marine *Bacillus* species. Appl Environ Microbiol 74:1527–1534

Dong H (2010) Mineral-microbe interactions: a review. Front Earth Sci China 4:127–147

Douglas S, Beveridge TJ (1998) Mineral formation by bacteria in natural microbial communities. FEMS Microbiol Ecol 26:79–88

Douka C (1980) Kinetics of manganese oxidation by cell-free extracts of bacteria isolated from manganese concretions from soil. Appl Environ Microbiol 39:74–80

Doyle RJ (1989) How cell walls of gram-positive bacteria interact with metal ions. In: Beveridge TJ, Doyle RJ (eds) Metal Ions and Bacteria. Wiley, New York, pp 275–293

Edenborn HM, Paquin Y, Chateauneuf G (1985) Bacterial contribution to manganese oxidation in a deep coastal sediment. Estuar Coast Shelf Sci 21:801–815

Ehrlich HL (1963) Bacteriology of manganese nodules. I. Bacterial action on manganese in nodule enrichments. Appl Microbiol 11:15–19

Ehrlich HL (1968) Bacteriology of manganese nodules. II. Manganese oxidation by cell-free extract from a manganese nodule bacterium. Appl Microbiol 16:197–202

Ehrlich HL (1971) Bacteriology of manganese nodules. V. Effect of hydrostatic pressure on bacterial oxidation of Mn(II) and reduction of MnO$_2$. Appl Microbiol 21:306–310

Ehrlich HL (1976) Manganese as an energy source for bacteria. In: Nriagu JO (ed) Environmental biogeochemistry. Ann Arbor Science, Michigan, pp 633–644

Ehrlich HL (1978) Inorganic energy sources for chemolithotrophic and mixotrophic bacteria. Geomicrobiol J 1:65–83

Ehrlich HL (1980) Different forms of microbial manganese oxidation and reduction and their environmental significance. In: Trudinger PA, Walter MR, Ralph BJ (eds) Biogeochemistry of ancient and modern environments. Springer, New York, pp 327–332

Ehrlich HL (1982) Enhanced removal of Mn^{2+} from seawater by marine sediments and clay minerals in the presence of bacteria. Can J Microbiol 28:1389–1395

Ehrlich HL (1983) Manganese-oxidizing bacteria from a hydrothermally active area on the Galapagos. Rift Ecol Bull 35:357–366

Ehrlich HL (1987) Manganese oxide reduction as a form of anaerobic respiration. Geomicrobiol J 5:423–431

Ehrlich HL (2002a) Geomicrobiology. Marcel Dekker Inc., New York

Ehrlich HL (2002b) How microbes mobilize metals in ores: a review of current understandings and proposals for future research. Miner Metall Proc 19:220–224

Ehrlich HL, Salerno JC (1990) Energy coupling in Mn^{2+} oxidation by a marine bacterium. Arch Microbiol 154:12–17

Emerson D (2009) Potential for iron-reduction and iron-cycling in iron oxyhydroxide-rich microbial mats at Loihi Seamount. Geomicrobiol J 26:639–647

Emerson S, Kalhorn D, Jacobs L, Tebo BM, Nealson KH, Rosson RA (1982) Environmental oxidation rate of manganese (II): Bacterial catalysis. Geochim Cosmochim Acta 46: 1073–1079

Ercole C, Altieri F, Piccone C, Del Gallo M, Lepidi A (1999) Influence of manganese dioxide and manganic ions on the production of two proteins in *Arthrobacter* sp. Geomicrobiol J 16:95–103

Falamin AA, Pinevich AV (2006) Isolation and characterization of a unicellular manganese-oxidizing bacterium from a freshwater lake in Northwestern Russia. Microbiology 75:180–185

Fernandes SO, Krishnan KP, Khedekar VD, Loka Bharathi PA (2005) Manganese oxidation by bacterial isolates from the Indian Ridge System. Biometals 18:483–492

Forrez I, Carballa M, Verbeken K, Vanhaecke L, Schlusener M, Ternes T, Boon N, Verstraete W (2010) Diclofenac oxidation by biogenic manganese oxides. Environ Sci Technol 44:3449–3454

Fortin D, Davis B, Southam G, Beveridge TJ (1995) Biogeochemical phenomena induced by bacteria within sulfidic mine tailings. J Ind Microbiol Biotechnol 14:178–185

Francis CA, Tebo BM (1999) Marine *Bacillus* spores as catalysts for oxidative precipitation and sorption of metals. J Mol Microbiol Biotechnol 1:71–78

Francis CA, Tebo BM (2000) New insights into the diversity of genes and enzymes involved in bacterial Mn(II) oxidation. In: Morgan J (ed) Chemical speciation and reactivity in water chemistry and water technology: a symposium in honor of James. ILSI Press, Washington, DC, pp 488–490

Francis CA, Tebo BM (2001) cumA multicopper oxidase genes from diverse Mn(II)-oxidizing and non-Mn(II)-oxidizing *Pseudomonas* strains. Appl Environ Microbiol 67:4272–4278

Francis CA, Tebo BM (2002) Enzymatic manganese(II) oxidation by metabolically dormant spores of diverse *Bacillus* species. Appl Environ Microbiol 68:874–880

Francis CA, Co E, Tebo BM (2001) Enzymatic manganese(II) oxidation by a marine α-proteobacterium. Appl Environ Microbiol 67:4024–4029

Francis CA, Casciotti KL, Tebo BM (2002) Localization of Mn(II)-oxidizing activity and the putative multicopper oxidase, MnxG, to the exosporium of the marine *Bacillus* sp. strain SG-1. Arch Microbiol 178:450–456

El-Gheriany IA, Bocioaga D, Hay AG, Ghiorse WC, Shuler ML, Lion LW (2009) Iron requirement for Mn(II) oxidation by *Leptothrix discophora* SS-1. Appl Environ Microbiol 75:1229–1235

Ghiorse WC (1984) Biology of iron- and manganese-depositing bacteria. Annu Rev Microbiol 38:515–550

Ghiorse WC, Hirsch P (1978) Iron and manganese deposition by budding bacteria. In: Krumbein WE (ed) Environmental biogeochemistry and geomicrobiology. Ann Arbor Science, Ann Arbor, pp 897–909

Ghiorse WC, Hirsch P (1979) An ultrastructural study of iron and manganese deposition associated with extracellular polymers of *Pedomicrobium*-like budding bacteria. Arch Microbiol 123:213–226

Ghoirse WC (1986) Applications of ferromanganese-depositing microorganisms to industrial metal recovery processes. Biotech Bioeng Symp 16:141–148

Glasby GP (2006) Manganese: predominant role of nodules and crusts. In: Schulz HD, Zabel M (eds) Marine geochemistry. Springer Berlin, Heidelberg, pp 371–427

Glazer BT, Rouxel OJ (2009) Redox speciation and distribution within diverse iron-dominated microbial habitats at Loihi Seamount. Geomicrobiol J 26:606–622

Gregory E, Staley JT (1982) Widespread distribution of ability to oxidize manganese among freshwater bacteria. Appl Environ Microbiol 44:509–511

Groot MNN, Klaassens E, de Vos WM, Delcour J, Hols P, Kleerebezem M (2005) Genome-based in silico detection of putative manganese transport systems in *Lactobacillus plantarum* and their genetic analysis. Microbiology 151:1229–1238

Guedon E, Moore CM, Que Q, Wang T, Ye RW, Helmann JD (2003) The global transcriptional response of Bacillus subtilis to manganese involves the MntR, Fur, TnrA and σ^B regulons. Mol Microbiol 49:1477–1491

Hajj H, Makemson J (1976) Determination of growth of *Sphaerotilus discophorus* in the presence of manganese. Appl Environ Microbiol 32:699–702

Hansel CM, Francis CA (2006) Coupled photochemical and enzymatic Mn(II) oxidation pathways of a planktonic *Roseobacter*-like bacterium. Appl Environ Microbiol 72:3543–3549

Hao Z, Chen S, Wilson DB (1999) Cloning, expression and characterization of cadmium and manganese uptake genes from *Lactobacillus plantarum*. Appl Environ Microbiol 65: 4746–4752

He J, Zhang L, Jin S, Zhu Y, Liu F (2008) Bacterial communities inside and surrounding soil iron–manganese nodules. Geomicrobiol J 25:14–24

He J, Meng Y, Zheng Y, Zhang L (2010) Cr(III) oxidation coupled with Mn(II) bacterial oxidation in the environment. J Soil Sediment 10:767–773

Hem JD (1978) Redox processes at surfaces of manganese oxide and their effects on aqueous metal ions. Chem Geol 21:199–218

Hennebel T, Gusseme BD, Boon N, Verstraete W (2009) Biogenic metals in advanced water treatment. Trends Biotechnol 27:90–98

Herschel A, Clasen J (1998) The importance of the manganese-oxidizing microorganism *Metallogenium personaturn* for the retention of manganese in the Wahnbach reservoir. Internat Rev Hydrobiol 83:19–30

Hohle TH, O'Brian MR (2009) The *mntH* gene encodes the major Mn^{2+} transporter in *Bradyrhizobium japonicum* and is regulated by manganese via the Fur protein. Mol Microbiol 72:399–409

Horsburgh MJ, Wharton SJ, Karavolos M, Foster SJ (2002) Manganese: elemental defence for a life with oxygen? Trends Microbiol 10:496–501

Huang W, Wu Q (2004) Identification of genes controlled by the manganese response regulator, ManR, in the cyanobacterium, *Anabaena* sp. PCC 7120. Biotechnol Lett 26:1397–1401

Jakubovics NS, Jenkinson HF (2001) Out of the iron age: new insights into the critical role of manganese homeostasis in bacteria. Microbiology 147:1709–1718

Jakubovics NS, Valentine RA (2009) A new direction for manganese homeostasis in bacteria: identification of a novel efflux system in *Streptococcus pneumonia*. Mol Microbiol 72:1–4

Jaquet JM, Nembrim G, Garcla J, Vernet JP (1982) The manganese cycle in Lac Leman, Switzerland: the role of *Metallogenium*. Hydrobiologia 91:323–340

Johnson KS (2006) Manganese redox chemistry revisited. Science 313:1896–1897

Johnson CG, Kipphut GW (1988) Microbially mediated Mn(II) oxidation in an oligotrophic Arctic lake. Appl Environ Microbiol 54:1440–1445

Johnson AH, Stokes JL (1966) Manganese oxidation by *Sphaerotilus discophorus*. J Bacteriol

91:1543–1547

Jung WK, Schweisfurth R (1979) Manganese oxidation by an intracellular protein of a *Pseudomonas* species. Z Allg Mikrobiol 19:107–115

Katsoyiannis IA, Zouboulis AI (2004) Biological treatment of Mn(II) and Fe(II) containing groundwater: kinetic considerations and product characterization. Water Res 38:1922–1932

Kehres DG, Zaharik ML, Finlay BB, Maguire ME (2000) The NRAMP proteins of *Salmonella typhimurium* and *Escherichia coli* are selective manganese transporters involved in the response to reactive oxygen. Mol Microbiol 36:1085–1100

Kepkay PE (1985) Kinetics of microbial manganese oxidation and trace metal binding in sediments: results from an in situ dialysis technique. Limnol Oceanogr 30:713–726

Kepkay PE, Nealson KH (1982) Surface enhancement of sporulation and manganese oxidation by a marine *Bacillus*. J Bacteriol 151:1022–1026

Kepkay PE, Nealson KH (1987) Growth of a manganese oxidizing *Pseudomonas* sp. in continuous culture. Arch Microbiol 148:63–67

Keren N, Kidd MJ, Penner-Hahn JE, Pakrasi HB (2002) A light-dependent mechanism for massive accumulation of manganese in the photosynthetic bacterium *Synechocystis* sp. PCC 6803. Biochemistry 41:15085–15092

Kim HS, Pasten PA, Gaillard JF, Stair PC (2003) Nanocrystalline todorokite-like manganese oxide produced by bacterial catalysis. J Am Chem Soc 125:14284–14285

Kirchner WB, Grabowski S (1972) Manganese in lacustrine ecosystems: a review. Am Water Resour Assoc 8:1259–1264

Krishnan KP, Fernandes SO, Chandan GS, Loka Bharathi PA (2007) Bacterial contribution to mitigation of iron and manganese in mangrove sediments. Mar Pollut Bull 54:1427–1433

Krishnan KP, Sinha RK, Krishna K, Nair S, Singh SM (2009) Microbially mediated redox transformations of manganese (II) along with some other trace elements: a study from Antarctic lakes. Polar Biol 32:1765–1778

Larsen EI, Sly LI, McEwan AG (1999) Manganese(II) adsorption and oxidation by whole cells and a membrane fraction of *Pedomicrobium* sp. ACM 3067. Arch Microbiol 171:257–264

Layton AC, Karanth PN, Lajoie CA, Meyers AJ, Gregory IR, Stapleton RD, Taylor DE, Sayler GS (2000) Quantification of *Hyphomicrobium* populations in activated sludge from an industrial wastewater treatment system as determined by 16S rRNA analysis. Appl Environ Microbiol 66:1167–1174

Lidstrom ME, Engebrecht J, Nealson KH (1983) Evidence for plasmid-encoded manganese oxidation in a marine pseudomonad. FEMS Microbiol Lett 19:1–6

Lieser SA, Davis TC, Helmann JD, Cohen SM (2003) DNA-binding and oligomerization studies of the manganese(II) metalloregulatory protein MntR from *Bacillus subtilis*. Biochemistry 42:12634–12642

Lowenstam HA (1981) Minerals formed by organisms. Science 211:1126–1131

Maki JS, Tebo BM, Palmer FE, Nealson KH, Staley JT (1987) The abundance and biological activity of manganese-oxidizing bacteria and *Metallogenium-like* morphotypes in Lake Washington, USA. FEMS Microbiol Ecol 45:21–29

Mandernack KW, Tebo BM (1993) Manganese scavenging and oxidation at hydrothermal vents and in vent plumes. Geochim Cosmochim Acta 57:3907–3923

Mandernack KW, Post J, Tebo BM (1995) Manganese mineral formation by bacterial-spores of the marine *Bacillus*, SG-1: evidence for the direct oxidation of Mn(II) to Mn(IV). Geochim Cosmochim Acta 59:4393–4408

Mann S, Sparks NHC, Scott GHE, de Vrind-de Jong EW (1988) Oxidation of manganese and formation of Mn_3O_4 (Hausmannite) by spore coats of a Marine *Bacillus* sp. Appl Environ Microbiol 54:2140–2143

Mayhew LE, Swanner ED, Martin AP, Templeton AS (2008) Phylogenetic relationships and functional genes: distribution of gene (*mnxG*) encoding a putative manganese-oxidizing enzyme in *Bacillus* species. Appl Environ Microbiol 74:7265–7271

Mills VH, Randles CI (1979) Manganese oxidation in *Sphaerotilus discophorus* particles. J Gen Appl Microbiol 25:205–207

Miyata N, Tani Y, Sakata M, Iwahori K (2007) Microbial manganese oxide formation and interaction with toxic metal ions. J Biosci Bioeng 104:1–8

Moore CM, Helmann JD (2005) Metal ion homeostasis in *Bacillus subtilis*. Curr Opin Microbiol 8:188–195

Moore WS, Reid DF (1973) Extraction of radium from natural waters using manganese-impregnated acrylic fibers. J Geophys Res 78:8880–8886

Mouchet P (1992) From conventional to biological removal of iron and manganese in France. J Am Water Works Assoc 84:158–167

Moy YP, Neilan BA, Foster LJR, Madgwick JC, Rogers PL (2003) Screening, identification and kinetic characterization of a bacterium for Mn(II) uptake and oxidation. Biotechnol Lett 25:1407–1413

Murray KJ, Tebo BM (2007) Cr(III) is indirectly oxidized by the Mn(II)-oxidizing bacterium *Bacillus* sp strain SG-1. Environ Sci Technol 41:528–533

Nealson KH (1983) The microbial manganese cycle. In: Krumbein WE (ed) Microbial geochemistry. Blackwell Scientific Publications, Oxford, pp 191–221

Nealson KH, Myers CR (1992) Microbial reduction of manganese and iron: new approaches to carbon cycling. Appl Environ Microbiol 58:439–443

Nealson KH, Tebo BM, Rosson RA (1988) Occurrence and mechanisms of microbial oxidation of manganese. Adv Appl Microbiol 33:279–318

Nealson KH, Rosson RA, Myers CR (1989) Mechanisms of oxidation and reduction of manganese. In: Beveridge T, Doyle R (eds) Metal ions and bacteria. Wiley, New York, pp 383–411

Nelson YM, Lion LW, Ghiorse WC, Shuler ML (1999) Production of biogenic Mn oxides by *Leptothrix discophora* SS-1 in a chemically defined growth medium and evaluation of their Pb adsorption characteristics. Appl Environ Microbiol 65:175–180

Nelson YM, Lion LW, Shuler ML, Ghiorse WC (2002) Effect of oxide formation mechanisms on lead adsorption by biogenic manganese (hydr)oxides, iron (hydr)oxides, and their mixtures. Environ Sci Technol 36:421–425

Ogawa T, Bao DH, Katoh H, Shibata M, Pakrasi HB, Bhattacharyya-Pakrasi M (2002) A two-component signal transduction pathway regulates manganese homeostasis in *Synechocystis* 6803, a photosynthetic organism. J Biol Chem 277:28981–28986

Palma C, Martinez AT, Lema JM, Martinez MJ (2000) Different fungal manganese-oxidizing peroxidases: a comparison between *Bjerkandera* sp. and *Phanerochaete chrysosporium*. J Biotechnol 77:235–245

Papp-Wallace KM, Maguire ME (2006) Manganese transport and the role of manganese in virulence. Annu Rev Microbiol 60:187–209

Parikh SJ, Chorover J (2005) FTIR spectroscopic study of biogenic Mn-oxide formation by *Pseudomonas putida* GB-1. Geomicrobiol J 22:207–218

Patzer SI, Hantke K (2001) Dual repression by Fe^{2+}-Fur and Mn^{2+}-MntR of the *mntH* gene, encoding an NRAMP-like Mn^{2+} transporter in *Escherichia coli*. J Bacteriol 183:4806–4813

Platero R, Peixoto L, O'Brian MR, Fabiano E (2004) Fur is involved in manganese-dependent regulation of mntA (sitA) expression in *Sinorhizobium meliloti*. Appl Environ Microbiol 70:4349–4355

Pringsheim EG (1949) The filamentous bacteria *Sphaerotilus*, *Leptothrix*, *Cladothrix*, and their relation to iron and manganese. Phil Trans R Soc Lond 233:453–482

Que Q, Helmann JD (2000) Manganese homeostasis in *Bacillus subtilis* is regulated by MntR, a bifunctional regulator related to the diphtheria toxin repressor family of proteins. Mol Microbiol 35:1454–1468

Rassa AC, McAllister SM, Safran SA, Moyer CL (2009) Zeta-proteobacteria dominate the colonization and formation of microbial mats in low-temperature hydrothermal vents at Loihi Seamount, Hawaii. Geomicrobiol J 26:623–638

Richardson LL, Aguilar C, Nealson KH (1988) Manganese oxidation in pH and O_2 microenvironments produced by phytoplankton. Limnol Oceanogr 33:352–363

Ridge JP, Lin M, Larsen EI, Fegan M, McEwan AG, Sly LI (2007) A multicopper oxidase is essential for manganese oxidation and laccase-like activity in *Pedomicrobium* sp. ACM 3067. Environ Microbiol 9:944–953

Roitz JS, Flegal AR, Bruland KW (2002) The biogeochemical cycling of manganese in San Francisco Bay: temporal and spatial variations in surface water concentrations. Estuar Coast Shelf Sci 54:227–239

Rosson RA, Nealson KH (1982) Manganese binding and oxidation by spores of a marine *Bacillus*. J Bacteriol 151:1027–1034

Rosson RA, Tebo BM, Nealson KH (1984) The use of poisons in the determination of microbial manganese binding rates in seawater. Appl Environ Microbiol 47:740–745

Rusin P, Ehrlich HL (1995) Developments in microbial leaching-mechanisms of manganese solubilization. In: Fiechter A (ed) Advances in biochemical engineering/biotechnology. Springer-Verlag Berlin, Heidelberg, pp 1–26

Saager PM, De Baar HJW, Burkill PH (1989) Manganese and iron in Indian Ocean waters. Geochim Cosmochim Acta 53:2259–2267

Schuett C, Zelibor JL Jr, Colwell RR (1986) Role of bacterial plasmids in manganese oxidation: evidence for plasmid-encoded heavy metal resistance. Geomicrobiol J 4:389–406

Schweisfurth R, Eleftheriadis D, Gundlach H, Jacobs M, Jung W (1978) Microbiology of the precipitation of manganese. In: Krumbein WE (ed) Environmental biogeochemistry and geomicrobiology. Ann Arbor Science, Ann Arbor, pp 923–928

Shi L (2004) Manganese-dependent protein o-phosphatases in prokaryotes and their biological functions. Front Biosci 9:1382–1397

Shock EL (2009) Minerals as energy source for microorganisms. Econ Geol 104:1235–1248

Siering PL, Ghiorse WC (1997a) Development and application of 16S rRNA-targeted probes for detection of iron- and manganese-oxidizing sheathed bacteria in environmental samples. Appl Environ Microbiol 63:644–651

Siering PL, Ghiorse WC (1997b) PCR detection of a putative manganese oxidation gene (*mof*A) in environmental samples and assessment of *mof*A gene homology among diverse manganese-oxidizing bacteria. Geomicrobiol J 14:109–125

Sly LI, Arunpairojana V, Hodgkinson MC (1988) *Pedomicrobium manganicum* from drinking-water distribution systems with manganese-related "dirty water" problems. Syst Appl Microbiol 11:75–84

Sly LI, Arunpairojana V, Dixon DR (1990) Binding of colloidal MnO_2 by extracellular polysaccharides of *Pedomicrobium manganicum*. Appl Environ Microbiol 56:2791–2794

Solomon EI, Sundaram UM, Machonkin TE (1996) Multicopper oxidases and oxygenases. Chem Rev 96:2563–2605

Spiro TG, Bargar JR, Sposito G, Tebo BM (2010) Bacteriogenic manganese oxides. Acc Chem Res 43:2–9

Spratt HG Jr, Hodson RE (1994) The effect of changing water chemistry on rates of manganese oxidation in surface sediments of a temperate saltmarsh and a tropical mangrove estuary. Estuar Coast Shelf Sci 38:119–135

Spratt HG Jr, Siekmann EC, Hodson RE (1994) Microbial manganese oxidation in saltmarsh surface sediments using leuco crystal violet manganese oxide detection technique. Estuar Coast Shelf Sci 38:91–112

Stembal T, Marinko M, Ribicic N, Briski F, Sipos L (2005) Removal of ammonia, iron and manganese from ground waters of Northern Croatia: pilot plant studies. Process Biochem 40:327–335

Stokes JL, Powers MT (1967) Stimulation of polyhydroxybutyrate oxidation in *Sphaerotilus discophorus* by manganese and magnesium. Arch Microbiol 59:295–301

Stuetz RM, Greene AC, Madgwick JC (1996) The potential use of manganese oxidation in treating metal effluents. Miner Eng 9:1253–1261

Sudek LA, Templeton AS, Tebo BM, Staudigel H (2009) Microbial ecology of Fe (hydr)oxide mats and basaltic rock from Vailulu'u Seamount, American Samoa. Geomicrobiol J 26:581–596

Sujith PP, Khedekar VD, Girish AP, Loka Bharathi PA (2010) Immobilization of nickel by bacterial isolates from the Indian ridge system and the chemical nature of the accumulated metal. Geomicrobiol J 27:424–434

Sunda WG, Huntsman SA (1987) Microbial oxidation of manganese in a North Carolina estuary.

Limnol Oceanogr 32:552–564

Sunda WG, Huntsman SA (1990) Diel cycles in microbial manganese oxidation and manganese redox speciation in coastal waters of the Bahama Islands. Limnol Oceanogr 35:325–338

Tazaki K (2005) Microbial formation of a halloysite-like mineral. Clays Clay Miner 53:224–233

Tebo BM, Emerson S (1985) The effect of oxygen tension, Mn(II) concentration and temperature on the microbially catalyzed Mn(I1) oxidation rate in a marine fjord. Appl Environ Microbiol 50:1268–1273

Tebo BM, Emerson S (1986) Microbial manganese(II) oxidation in the marine environment: a quantitative study. Biogeochemistry 2:149–161

Tebo BM, Nealson KH, Emerson S, Jacobs L (1984) Microbial mediation of Mn(II) and Co(II) precipitation at the O_2/H_2S interfaces in two anoxic fjords. Limnol Oceanogr 29:1247–1258

Tebo BM, Ghiorse WC, van Waasbergen LG, Siering PL, Caspi R (1997) Bacterially mediated mineral formation: insights into manganese(II) oxidation from molecular genetic and biochemical studies. In: Banfield JF, Nealson KH (eds) Geomicrobiology: interactions between microbes and minerals. Mineral Soc Am, Washington, DC, pp 225–266

Tebo BM, Bargar JR, Clement BG, Dick GJ, Murray KJ, Parker D, Verity R, Webb SM (2004) Biogenic manganese oxides: properties and mechanisms of formation. Annu Rev Earth Planet Sci 32:287–328

Tebo BM, Johnson HA, McCarthy JK, Templeton AS (2005) Geomicrobiology of manganese(II) oxidation. Trends Microbiol 13:421–428

Tebo BM, Clement BG, Dick GJ (2007) Biotransformations of manganese. In: Hurst CJ, Crawford RL, Garland JL, Lipson DA, Mills AL, Stetzenbach LD (eds) Manual of environmental microbiology. ASM Press, Washington, DC, pp 1223–1238

Templeton A, Knowles E (2009) Microbial transformations of minerals and metals: recent advances in geomicrobiology derived from synchrotron- based X-ray spectroscopy and X-ray microscopy. Annu Rev Earth Planet Sci 37:367–391

Toner B, Manceau A, Webb SM, Sposito G (2006) Zinc sorption to biogenic hexagonal-birnessite particles within a hydrated bacterial biofilm. Geochim Cosmochim Acta 70:27–43

Tottey S, Waldron KJ, Firbank SJ, Reale B, Bessant C, Sato K, Cheek TR, Gray J, Banfield MJ, Dennison C, Robinson NJ (2008) Protein-folding location can regulate manganese binding versus copper- or zinc-binding. Nature 455:1138–1142

Trouwborst RE, Clement BG, Tebo BM, Glazer BT, Luther GW (2006) Soluble Mn(III) in suboxic zones. Science 313:1955–1957

Tyler PA (1970) *Hyphomicrobia* and the oxidation of manganese in aquatic ecosystems. Anton Van Leeuwenhoek 36:567–578

Tyler PA, Marshall KC (1967) Microbial oxidation of manganese in hydro-electric pipelines. Anton Van Leeuwenhoek 33:171–183

Uren NC, Leeper GW (1978) Microbial oxidation of divalent manganese. Soil Biol Biochem 10:85–87

van Waasbergen LG, Hoch JA, Tebo BM (1993) Genetic analysis of the marine manganese oxidizing *Bacillus* sp. strain SG-1: protoplast transformation, Tn917 mutagenesis and identification of chromosomal loci involved in manganese oxidation. J Bacteriol 175:7594–7603

van Waasbergen LG, Hildebrand M, Tebo BM (1996) Identification and characterization of a gene cluster involved in manganese oxidation by spores of the marine *Bacillus* sp. strain SG-1. J Bacteriol 178:3517–3530

Villalobos M, Toner B, Bargar J, Sposito G (2003) Characterization of the manganese oxide produced by *Pseudomonas putida* strain MnB1. Geochim Cosmochim Acta 67:2649–2662

Villalobos M, Bargar J, Sposito G (2005a) Mechanisms of Pb(II) sorption on a biogenic manganese oxide. Environ Sci Technol 39:569–576

Villalobos M, Bargar J, Sposito G (2005b) Trace metal retention on biogenic manganese oxide nanoparticles. Elements 1:223–226

Vodyanitskii YN (2009) Mineralogy and geochemistry of manganese: a review of publications. Eurasian Soil Sci 42:1170–1178

Vojak PWL, Edwards C, Jones MV (1985) Evidence for microbial manganese oxidation in the River Tamar estuary, South West England. Estuar Coast Shelf Sci 20:661–671

Wang X, Müuller WEG (2009) Marine biominerals: perspectives and challenges for polymetallic nodules and crusts. Trends Biotechnol 27:375–383

Wang X, Schloßmacher U, Natalio F, Schröder HC, Wolf SE, Tremel W, Müller WEG (2009a) Evidence for biogenic processes during formation of ferromanganese crusts from the Pacific ocean: implications of biologically induced mineralization. Micron 40:526–535

Wang X, Schröder HC, Wiens M, Schloßmacher U, Müller WEG (2009b) Manganese/polymetallic nodules: micro-structural characterization of exolithobiontic- and endolithobiontic microbial biofilms by scanning electron microscopy. Micron 40:350–358

Webb SM, Dick GJ, Bargar JR, Tebo BM (2005) Evidence for the presence of Mn(III) intermediates in the bacterial oxidation of Mn(II). Proc Natl Acad Sci USA 102:5558–5563

White C, Sayer JA, Gadd GM (1997) Microbial solubilization and immobilization of toxic metals: key biogeochemical processes for treatment of contamination. FEMS Microbiol Rev 20:503–516

Yang SH, Ehrlich HL (1976) Effect of four heavy metals (Mn, Ni, Cu and Co) on some bacteria from the deep sea. In: Sharpley JM, Kaplan AM (eds) Proceedings of the third international biodegradation symposium. Applied Science Publishers Ltd, London, pp 867–874

Yocum CF, Pecoraro V (1999) Recent advances in the understanding of the biological chemistry of manganese. Curr Opin Chem Biol 3:182–187

Zajic JE (1969) Microbial biogeochemistry. Academic, New York

Zapkin MA, Ehrlich HL (1983) A comparison of manganese oxidation by growing and resting cells of a freshwater bacterial isolate, strain FMn 1. Z Allg Mikrobiol 23:447–455

Zhang HC, Huang CH (2003) Oxidative transformation of triclosan and chlorophene by manganese oxides. Environ Sci Technol 37:2421–2430

Zhang HC, Huang CH (2005) Oxidative transformation of fluoroquinolone antibacterial agents and structurally related amines by manganese oxide. Environ Sci Technol 39:4474–4483

Zhang J, Lion LW, Nelson YM, Shuler ML, Ghiorse WC (2002) Kinetics of Mn(II) oxidation by *Leptothrix discophora* SS1. Geochim Cosmochim Acta 66:773–781

4 分子矿化：多金属结核、海山结壳及深海热泉喷口化合物的生物成因

4.1 引 言

人们很惊奇海水的元素组成为何如此不同于多金属结核矿物、富钴海山结壳及深海热泉喷物。海水的主要构成元素为钠、氯、钾、钙（以离子或盐形式存在），而海洋矿物中硅（黏土）元素的含量最大，其次是铁（磁铁矿/针铁矿）、锰（软锰矿/褐锰矿）和硫（黄铁矿）。然而，令人印象深刻的是铁、锰两元素，海水中含量虽然极低，约 0.0004 ppm，但多金属结核或富钴结壳中的含量却很高（Mero 1962），高达 30%以上。由于迫切需要一些元素含量如此之高的原材料，因此，人们期盼着能商业性开发这些海底巨量的结核及结壳（Schrope 2007）。为了可持续性开发利用海洋环境中的锰及相关元素/矿物，人们不得不依靠这些沉积物合成时采用的一些非生物成因（矿化）和生物成因（生物矿化）过程/策略以解决实际工作中所面临的问题。因此，本节将把讨论的重点放在有关矿物形成的生物/生物化学过程上，这是因为通过分子生物学及细胞生物学方法，人们可"无限"获得涉及矿物成因的生物有机分子。分子生物矿化概念将为人们对于生物矿化的理解从因果上提供帮助，从而使人们能以一种环境友好方式持续性地开发利用这些天然资源。

大量结核及结壳沉积物的发现可追溯至 1872～1876 年的 HMS "挑战者"号科考船的科学考察活动（Murray 1891），见图 4-1。然而冒着黑烟的深海热泉喷口直到 20 世纪 70 年代才逐渐被人们所发现和重视（Francheteau et al. 1979）。多金属结核（图 4-1a，Murray 于 1891 年首次采用了"多金属结核"一词）、海山结壳（图 4-1b，1908 年 Murray 和 Philippi 首次描述）形成于海平面 1000 m 下的水相与深海海床的界面间。在多金属结核及海山结壳的早期描述中，最明显的一点是列举生物成因矿物的一些基本特征，如小结核体即金属微粒的元素组成（Murray 1891），见图 4-1c。同时，还对鲨鱼牙齿的内含物进行了描述，见图 4-1a。收集自鲨鱼牙齿周边的 Clarion/Clipperton 断裂带多金属结核见图 4-1d。

图 4-1　矿结核及结壳的首次描述。（a）多金属结核近景，收自 1891 年"挑战者"号科考船
（Murray 1891）科考途中的新几内亚到附近珊瑚海。结核大小 5 cm 左右，部分结核形成于鲨
鱼牙/骨骼附近；（b）德国"Valdivia"号科考船深海科考（1898～1899 年）途中，收自南非好
望角附近的 8 cm 大的磷矿结壳（Murray and Philippi 1908）；（c）早期描述中，结核由许多更小
的金属实体组成（Murray 1891）；（d）最近收集到的多金属小结核，形成于鲨鱼牙附近（箭头）。
（彩图请扫封底二维码）

4.2　发　　现

在 HMS 科考途中，深海沉积物的秘密首次被人们打开。考察船（图 4-2a）
长 61 m，排水量 2306 t，配有 243 名水手，船上载有包括动物学家、植物学家及
气象学家等 6 位科学家，由首席科学家 Charles Wyville Thompson 领导。在长达
713 天的科考旅途中，科学家们用 133 个采样器从水面至 2000 m 下收集深海的动
植物以用于海水分析。甲板上还配有总长 7315 m 的麻线拖网，网孔 5～8 cm 以
用于深海沉积物及其他样品的采集。采样器长 152 cm，宽 38 cm，重 62 kg，见
图 4-2c。考察途中，科考队员从不同深度海水中收集了许多的多金属结核和结壳
（Murray 1891；Murray and Philippi 1908）。结核的收集深度为 3000～5000 m，而
结壳的收集深度大约只有 500 m。样品中最多的是磷酸盐结核，这些采集于好望
角附近的样品约有十几厘米厚、二十几厘米长。最有特点的一个结核采自夏威夷
与日本间的北太平洋，深度 5010 m，此结核含 28%的氧化锰和 19%的氧化铁，见
图 4-2b。人们对 12 000 个采集样品进行了细致而系统的化学测定及有机物评价。

Murray 还从中鉴定出一些稀奇古怪的藻类，如圆石藻目的 *Discophaera thomsoni*、硅藻、放射虫及少量的鱼骨。更令人激动的是，研究者们从这些有机结构中找到了沉积物的源头。通过结核分析，Murray 对 1891 年"挑战者"号科考及 1908 年"Valdivia"号科考中所采集到的磷酸盐结核/结壳进行了首次描述。人们也由此第一次概括了结核及结壳的合成模式，其中还包括有助于 Fe（II）至 Fe（III）、Mn（II）至 Mn（IV）的氧化及中间体水化的有机及"颗粒与碎片样"物质的论述。当今，如德国科考船"Sonne"号及中国科考船"海洋 4 号"在进行地球物理勘查时，仍采用同样的原则和类似方法收集海洋结核及结壳样品，见图 4-2d、e。

图 4-2 结合深海收集。（a）HMS"挑战者"号科考帆船，船长 61 m，带有网眼 5～8 cm、总长 7315 m 的网（用麻绳制作），用于收集水下 8200 m 的深海沉积物；（b）多金属大结核（8 cm×6 cm）收于北太平洋，其中含 28% 的氧化锰和 19% 的氧化铁，在这样的结核中，通常还含有藻、硅藻、放射虫或鱼骨等有机物；（c）收集结核用的 62 kg 重的拖网（由铁制撑杆和面布袋组成），拖网由 5 个平头铅锤沉下；（d）"海洋 4 号"科考船（长 104 m）于 1991 年进行的结核地球物理勘查；（e）科考时用的拖网（Wang and Müller 2009）。（彩图请扫封底二维码）

4.3 海矿生物矿化的基本原则

Lowenstam 和 Weiner（Lowenstam 1981；Lowenstam and Weiner 1989；Weiner and Dove 2003）曾系统性地介绍了生物矿化过程的类别，见图 4-3。他们将生物

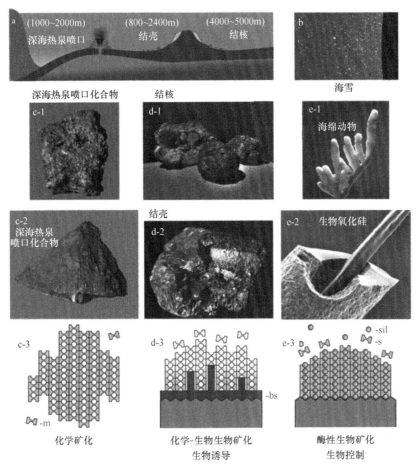

图 4-3 矿化-生物矿化类别。（a）海床矿物资源的主要类型及其沉积地点，生物成因于海床、海山的结核（4000～5000 m 水深）、结壳（800～2400 m 水深）及非生物成因于热泉喷口处（1000～2000 m 水深）的沉积物；（b）起着矿物沉积生物种子作用的水深 300 m 处的有机"海雪颗粒"（Zanzibar 区）；（c）仅基于化学和物理反应驱动的化学矿化过程中形成于热泉喷口处的可溶矿物沉积（m）；（d）在生物诱导矿化（生物矿化）过程中，有机分子（如结核中的细菌及结壳中的颗石藻）以生物种子（bs）的形式驱动无机矿物沉积；（e）生物控制矿化过程由生物种子和有机基质指导，这一形式可见于硅质海绵内，在种子期及生长期，硅质骨针合成自由硅蛋白（sil）催化的硅酸盐（s）。（彩图请扫封底二维码）

矿化分成两大类。①生物诱导矿化，见图 4-3d。生物矿物有着纯粹的物质成分，形成自无机"聚物"/矿物及有机组分，如蛋白质、多糖及糖蛋白。生物矿化过程发生于胞外，反应在有机膜与无机环境的界面间进行。这样的反应常出现于水环境中，矿化成核于细胞外表面，且矿物具一定程度的异质性（Bazylinski and Frankel 2003）。生物矿物组分的不均一性归因于环境中无机化学成分的浓度，例如，在水中，一些由有机分子指导的选择过程会相互抵消。生物矿化过程首先有一个种子期，在这一时期内，有机基质作为矿物沉积的成核平台。为区分生物矿化过程启动中的有机成分及矿物结晶启动中的无机晶核，采用"生物种"这样的术语再合适不过。当无机种子颗粒允许过饱和环境中的无机前体进行有控制的成核及晶体生长时，"生物种"负责生物矿物形成的启动，即使在无机前体非饱和浓度情况下。例如，海雪，一种有机颗粒的非晶态聚合物，其不仅对海洋生物群体有着各种各样的作用，且对矿化活动也有影响。海雪是三维空间上的有机/矿物网（Amy et al. 1987；Herndl 1988；Müller et al. 1998；Leppard 1999），形成于水下 100 m 的透光带（Cottrell et al. 2006），见图 4-3b。其如同"生物种"一样介导无机物自含无机前体的非饱和环境中沉积下来。种子期后接着就是生长期，此时的生物矿物形成过程基本上由物理或化学因素指导。最新研究表明，生物矿物性的多金属结核及结壳的形成由"生物种"触发，见图 4-3d-1、2；②生物控制矿化，此类矿物的矿化一直由"生物种"和有机基质指导。生物分子控制着生物矿物的起始与生长，以及矿物的形貌和矿化速度（Weiner and Dove 2003）。

生物控制矿化的一个特殊方式是酶控性矿化，见图 4-3e，如硅质海绵的生物硅化过程（Müller et al. 2007b；Schröder et al. 2008）。在这些动物中（寻常海绵纲及六放海绵纲），硅蛋白——Silicatein（Cha et al. 1999；Morse 1999；Krasko et al. 2000；Müller et al. 2008a）参与了生物氧化硅的催化形成（Müller et al. 2007a；Wang et al. 2008），并作为无机硅酸盐矿物的有机架构而发挥作用（Müller et al. 2008b；Wang et al. 2008）。由此来看，反应中此酶既是"生物种"，又是有机基质。

相对于生物矿化，化学矿化则代表着驱动新的无机物质不断地从溶液中堆积的化学及物理过程，见图 4-3c-3。这个过程由矿物初始生长速度、无机前体过饱和程度及温度控制，或许还归因于一级表面反应动力及化学反应的各自活化能情况（Persson et al. 1995）。从目前已有情况看，深海热泉喷口沉积物只是由化学矿化过程形成，见图 4-3c。

4.4 多金属结核（锰结核）形成中的矿化/生物矿化过程：生物诱导矿化

4.4.1 沉积物

多金属结核主要形成于 4000～5000 m 深水中的淤泥-水界面上。结核形成时间约在 1500 万年前（Somayajulu 2000）。一般来讲，结核生长速度极慢，每年生长 1 原子层厚（≈1 mm·Ma^{-1}）（Kerr 1984），其形成始于风化的火山岩或轻石（Glasby 2006）及"生物种"（Wang et al. 2009b）等晶核/晶种之上。相较于深海中的多金属结核，浅海环境，如波罗的海中的铁锰结核（Zhamoida et al. 1996）则有着更快的生长速度，为 8×10^3 mm·Ma^{-1}（Anufriev and Boltenkov 2007）。在太平洋的 Clarion/Clipperton 断裂带、南冰洋/南极辐合带、秘鲁海盆中，人们发现了大面积的深海多金属结核矿区（Kawamoto 2008）。海洋环境形成的多金属结核内含有多种元素，如过渡金属锰、铁及一些痕量元素（Halbach et al. 1988；Cronan 2000；Glasby 2006）。这些结核大小可达 14 cm 长，经由水成（hydrogenous）及岩成（diagenetic）两种生长方式交替形成（Glasby 2006）。常见的结核矿物有钡镁锰矿（todorokite）、水合二氧化锰（δ-MnO$_2$）及水合铁化物（Thijssen et al. 1985）。

深海中，尤其是太平洋，氧浓度相对较高，溶解氧的平均浓度约为 100 μmol·kg^{-1}，水表面处的氧浓度甚至超过 200 μmol·kg^{-1}（Kester 1975），溶解锰的浓度 0.1 nmol·kg^{-1}，溶解铁的浓度 0.4 nmol·kg^{-1}，水表面处的浓度更高（Bruland et al. 1994）。在氧丰富的海底，水中的锰及铁多以氧氢氧化物，如 Mn^{4+}O$_x$OH$_y$、Fe^{3+}O$_x$OH$_y$ 形式出现。锰氧氢氧化物（β-水锰矿）经过与其他过渡元素结合及颗粒细化后可以在海水中稳定存在（Glasby 1974）。水锰矿[Mn（III）]/锰酸盐[Mn（IV）]结核前体由 Mn（II）经一系列中间转化，包括部分自催化而来（Murray and Brewer 1977）。当有 MnO$_2$ 或 FeOOH 无机界面（Chukhrov et al. 1976）或细菌性表面（Cowen and Bruland 1985；Hastings and Emerson 1986；Ehrlich 2002）存在时，原本反应很慢的氧化过程加速进行。结核中，三个主要锰氧化物晶体结构已被确认，分别是 10 埃的钡镁锰矿、7 埃的水钠锰矿和水羟锰矿（Dymod and Eklund 1978；Post 1999；Glsby 2006）。在结核形成过程中，锰氧化物趋向于嵌合一些阳离子，如 Ni^{2+}、Cu^{2+}、Zn^{2+}；而铁氧氢氧化物则更喜欢结合一些阴离子，如 HPO$_4^{2-}$、HVO$_4^{2-}$、MO$_4^{2-}$、WO$_4^{2-}$、CoO$_3^{2-}$ 及稀土元素（Koschinsky and Halbach 1995）。

4.4.2 结核的生长

结核的生长建立于 Mn（II）及 Fe（II）各自氧化形成氧氢氧化物的基础上，并将反应产物沉淀在已有的种晶上。在这个过程中，其他一些金属则通过离子键作用嵌合至结核中。锰铁元素小部分来自地壳表面风化物，大部分则来自于成岩中释放的空隙水（Bonatti and Nayudu 1965）。迄今，人们仍不清楚空隙水中的结核表面生长速度是否快于开放海域上海水中的生长速度（Moore et al. 1981）。然而，人们知道，结核的生长主要依赖于氧化还原体系中的各反应物，如 Mn^{2+}/Mn^{4+}、Fe^{2+}/Fe^{3+} 间的浓度失衡，这种变化最明显的迹象是结核中的波浪状结构（Halbach et al. 1988）。如果仅从结核形成的静态角度看，人们无法解释这样的纹理，也无法将球形结核表面的一些化学反应条件的变化考虑进去，同样更无法将海底机械性翻滚/移动因素考虑进来。可以想象，一些简单的机械移动、生物扰动均能对球形/凝块样结核的形成造成一定影响（Somayajulu 2000）。

　　结核中央及表面化学分析结果显示，即使结核生长年限再长，二者间也无任何明显的差别（Glasby 2006）。从球形结核（图 4-4a）磨片上看，人们同样也只获得了很少的结核动态生长信息。人们仅看到一层又一层的结构，从微米尺度上

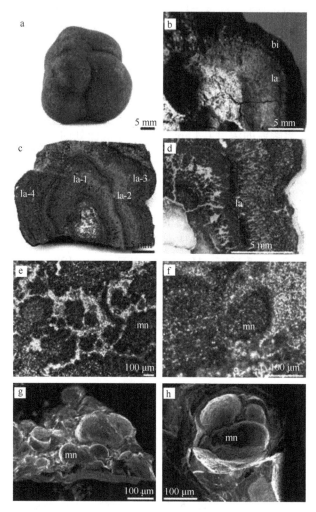

图4-4　结核形貌：光镜下（a～f）和 HR-SEM 下（g，h），结核采集自太平洋 Clarion-Clipperton 一带。（a）锰结核外观，表面纹理平滑；（b）结核横剖面，示有着暗灰色类金属光泽的片层结构，外层的片层（1a）颜色由深褐色逐渐变为黑色，其可能是水钠锰矿（bi）的一个成分；（c）结核磨片，至少由 4 个片层（1a-1～4）组成；（d）结核磨片近观，示每片层的颜色轻微变化，这表明，水成过程中其历程不同；（e，f）结核欧磨片，示每片层由树枝状图案区分隔，这些图案区由一个个单的、称为微结核（mn）的黑点组成，微结核主要分布于片层表面；（g，h）HR-SEM 下破损结核中的微结核（mn）结构。（彩图请扫封底二维码）

的球状结构单元（图 4-4b～d）中解读不出任何一点有用信息。最近，研究人员从一些小的、未打磨的结核破碎样品的 HR-SEM（高分辨扫描电镜）及 HR-EDX（高分辨 X 射线能谱）分析中看到了希望，这些多金属结核样品采集自东太平洋海盆 Clarion-Clipperton 断裂带（Wang and Müller 2009）。结核样品的断面显示，结核由黝黑的液滴状、称为微结核的亚结构单元组成，见图 4-4e～h，这样的微结核在样品外层中尤为明显。球形至椭圆形微结核的大小变化很大，直径为 100～450 μm，见图 4-4d、f。结核一般分为 2～5 层，或许分别代表着几个不同的连续生长阶段（时期），而每个时期又有着不同于其他的各自水成经历（Halbach et al. 1988），见图 4-4b、c。每一层细细观察，可以看到它们呈树枝状的图案，这些图案散开就成了一个个单个的黑液滴，即微结核，见图 4-4e、f。在结核的表层，微结核结构则更为明显。此外，每一层还可细分为亚层，同样，亚层也由微结核构成，见图 4-4g、h。

4.4.3　微生物

　　为确认锰结核中的细菌/微生物，人们采用了 HR-SEM 技术。经观察发现，微结核中聚集着大量的微生物，见图 4-5a、d。微生物的形态只有两种，分别是圆形

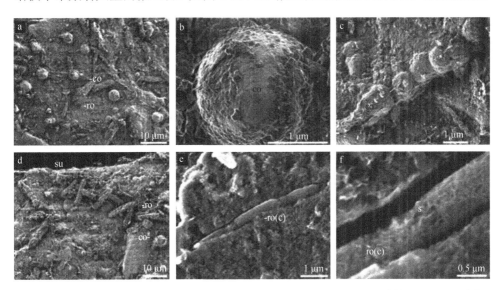

图 4-5　结核中丰富的微生物，SEM 下结核内的球菌（co）和杆菌（ro）清楚可见。（a）球菌；（b）单个球菌，示其表面上的小盘结构；（c）串珠状链式排列的 *Strepticoccus* 球菌；（d～f）微结核中的杆状微生物，尤其丰富存在于结合物表面（su），微结核中有杆菌的地方就有球菌，这些杆菌既可栅栏样排布（d），也可链状[ro(c)]直线排列（e）；（f）两直线排列的杆菌[ro(c)]中的隔膜（s）放大。

和长杆状，圆形的术语上称为球菌，长杆状的则称为杆菌。球菌直径多在 2.5～4 μm 范围内，平均约 3.5 μm，表面光滑，外被锰氧化物构成的小型盘状物质，见图 4-5b。偶尔，球菌排列成串珠状的长链，如 *Streptococcus* 属的一些菌细胞（Ryan and Ray 2004），见图 4-5c。这种链状生长方式表明，细菌细胞沿单轴方向分裂。杆菌则多分布于微结核表面，见图 4-5d。杆菌有两种生长形式，一种是栅栏状排列，即菌细胞沿纵轴表面彼此相连；另一种则为线形排布，常见于真细菌，见图 4-5e、f。杆菌一般长 1.5～2.5 μm，宽 0.35～0.45 μm，见图 4-5d、e。从显微影像上看，杆菌的繁殖似乎是从中间分裂的（Szeto et al. 2001）。这样的一种分裂方式，人们可由链状杆菌那里获知（Ryan and Ray 2004）。这些杆菌链状相连，每个链上有 3 个杆菌、2 个间隔，见图 4-5e、f。杆菌分裂后即使彼此间完全分开，链却仍保持不解离，似乎可能融合在一起。杆菌彼此相邻部位的外围有固形物质环绕，这些外围物质貌似同质。

4.4.4　生物晶种

虽然 Ehrlich（2002）的研究为细菌参与多金属结核形成奠定了坚实基础，但最近人们才通过原位 HR-SEM 分析技术真正看到了矿化结核内的细菌情况，而不仅仅是结核表面的细菌情况（Wang and Müller 2009；Wang et al. 2009b，c）。结核碎片分析显示，结核内的细菌有两种形态（Wang et al. 2009b）：①圆球状细菌，亦称球菌；②杆状细菌，见图 4-5。需注意的是，无论球菌还是杆菌，它们偶尔也链状排列。人们认为，这明显为细菌的一种分裂方式。这意味，这些结核中的细菌或许还处于活的状态。

更为惊奇的是，这些细菌组成的生物被膜样的排列结构。基于观察，人们更加坚定地认为，微结核中的微生物起着起始矿物沉积基质/晶种模板（生物晶种）的作用，以便于非生物成因的矿物层的凝结（Wang et al. 2009b, d）。EDX 分析显示，微结核中富细菌/微生物区域内有高含量的锰及铁，而裂隙区内则以硅为主，未见微生物踪迹。人们由此得出结核形成的顺序是：首先，绕生物晶种——微生物形成微结核，这些微生物的存在有助于锰（还有铁）的沉积（Wang et al. 2009b）。当微结核的大小达到 100～300 μm 时，它们则因水流或生物扰动而旋转聚集在一起，形成 3 mm 大的巢样结构，见图 4-6，并通过不断生长形成最终可见的结核。

4.4.5　晶种：细菌 S-层

最初，人们争论的是细菌代谢驱动的锰氧化（Ehrlich 2002）是由结核表面的 Mn（II）直接氧化而来，还是由呼吸链 ATP 酶反应中偶联的质子消耗间接氧化而来。然而，随着多金属结核中拥有 S 层结构细菌（Wang et al. 2009c）印记的发现，

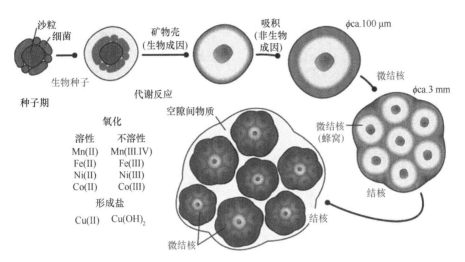

图 4-6 微结核聚集形成合金结核示意图。起初，微小黏土/沙粒聚集形成基底以黏附细菌（生物种子），经微生物介导，一些可溶性元素（Mn、Cu、Fe、Co）通过氧化被代谢或形成盐进入不溶性矿物内，接着，这些聚合物以种子模板的角色发挥着作用，经由非生物成因过程不断矿化并形成微结核，微结核再组织成蜂窝样结构，最后，通过旋转运动在海床上形成结核，当然，有时一些无机的非生物成因的物质也加入了进来。

人们对结核形成中生物成因的理解又有了一些新的想法，见图 4-7a～c。S-层是一种覆盖于古细菌及细菌上的拟晶表面层，厚 5～25 nm，含有规则的蛋白质或多糖重复单位（Sleytr and Messner 1983）。这一形态结构的特点是：①细菌表面的大量脱落（Mengele and Sumper 1992）；②组成复杂结构及平台的高自组装能力（Sleytr et al. 1999）；③极强的黏附性（Sleytr and Messner 1983）；④表面带有电荷（Schultze-Lam et al. 1993）。鉴于其规则图案及二、三、四或六重的旋转对称，S-层的最外层不失为一理想的有机基质，其不仅可以保护微生物免于外部的化学因素影响（Schultze-Lam and Beveridge 1994），同时还可以为矿物沉积提供良好的锚定平台（Fortin et al. 1997）。结核中发现的内在微生物均被一些类似于 S-层的柱状突起物覆盖，从切片上看，这些结构长 75 nm、宽 45 nm，见图 4-7d、e。那些厚度有所减少的 S-层或许缘于细菌表面的增大及一种特殊化学/理化成分的存在，如表面润湿度、氧化过程的活化能等（Kim et al. 2006），见图 4-7h。

4.4.6 多金属结核中的生物被膜结构

Crerar 和 Barnes（1974）的研究使生物晶种参与结核形成的观点得以进一步确立。人们推测，Mn（IV）及 Fe（III）化合物的沉积还涉及发生于微生物表面的 Mn（II）变为 Mn（IV）的自催化过程。最近，人们对结核内的细菌被膜进行

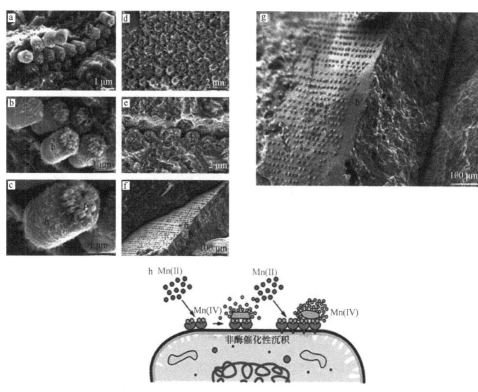

图 4-7　多金属结核中的 S-层及生物被膜结构元件。（a～c）细菌 S-层，HR-SEM 下有 S-层的松果样细菌（石内微生物）结构。称为细菌（b）的各自独立的松果样结构蜂窝一堆堆地排列着，表面覆盖有晶体样大小的砖结构，这些石内微生物之所以被认定为细菌，是基于其 S-层晶体结构的存在。一排排的微生物（a～c）由单个细菌样微化石（800 nm×300 nm）组成，微化石向外方向的表面（即 S-层）上有 20～25 个柱状突出（75 nm×45 nm），突出排列方式基本上是斜方阵；（d）称为细菌（b）的松果方阵；（e）微生物群落之下或之上是一裂缝（f）沿表面下的结构将材料分开，一边（下面）为松果样（b）结构，另一边（上面）为镜面印记（即一凹一凸对应）；（f, g）生物被膜结构，细菌（b）在结核的一结构平面上以方阵式图案排列，细菌（b）大小为 0.8～1.0 μm，间隔 1.0～1.5 μm；（h）细菌上的生物成因矿物沉积假设示意图，从这里，结核开始了其生长历程。据推测，矿物因 S 层结构的存在而于扩展的细菌表面上以非酶催化方式不断沉积。

了原位检测（Wang et al. 2009c），见图 4-7f、g。从目前的研究结果看，被膜中的微生物群落被大量胞外聚物包围（Lawrence et al. 1991），这些聚物由胞外多糖组成，其上载有功能性的聚离子基团，如 R-COO$^-$阴离子或 R-NH$_3^+$阳离子，这使得细菌空间上有效组织起来以保证营养的优化供给（Wolfardt et al. 1995），见图 4-8a。一些金属离子被嵌入至生物被膜的网络结构中。人们由此认为，在生物地球化学循环过程中，这些金属离子也参与了微生物的岩化活动（Dupraz and Visscher

2005）。已确认的生物被膜结构中有着令人着迷的规则组织，被膜中的杆状细菌栅栏般地有序排列着，而其中的球菌则生产着大量的胞外被膜基质（Wang et al. 2009c, d），见图4-8d、e。

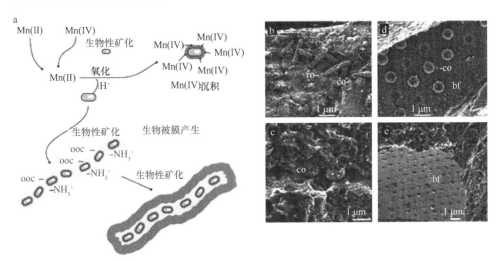

图4-8　生物成因结核形成中细菌被膜的潜在作用。（a）示意图，示微结核形成的大致情况。起初，细菌/微生物以生物种子形式绕最初的锰矿物沉积发挥着作用，细菌聚集起来形成一个大的沉积体，这是一个被膜形成过程。这些锰沉积物经自催化可进一步生长直至非生物成因的铁氧氢氧化物/胶体沉积，最后，微结核被一些富硅矿物包裹；（b）合金结核中微结核内的杆状（ro）及球形（co）微生物；（c）细菌方阵的形成，球菌（co）因对向矿物质开裂而被分离；（d）嵌有球菌的生物被膜（bf）HR-SEM图；（e）因细菌分离而留下的有孔洞的空生物被膜（bf）HR-SEM图。

4.4.7　矿物沉积

基于已有数据（Zhu et al. 1993）及核微探针分析，Marcus 等（2004）基本上确认并证实，结核的生长是通过富铁、富锰层交替进行完成的，见图4-9b～d。由于结核形成于深海富氧底层（Koschinsky and Halbach 1995；Koschinsky et al. 1997），因此，锰、铁二元素均以其氧化物形式出现，如锰氢氧化物胶体（Bau et al. 1996）。这些胶体表面带有电荷，锰化物带负电荷，铁化物带正电荷，它们均趋向于先形成一种混合胶体，然后再凝结形成粗颗粒。在这个过程中，一些痕量金属逐步被净化清理出去（Koschinsky and Balbach 1995；Koschinsky and Hein 2003）。EDX 分析及 HR-SEM 观察显示，结核中的富锰层含微生物，而富铁层则无（Wang et al. 2009a, c）。

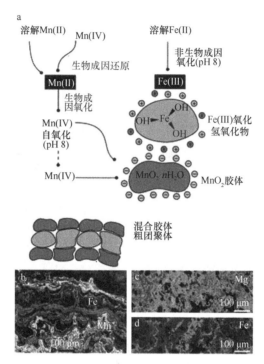

图4-9 由 Mn（II）生物成因氧化及 Fe（II）非生物成因氧化而形成的锰铁氧化物-氢氧化物混
合胶体。（a）示意图，示从 Mn（II）和 Fe（III）的形成到 Mn（IV）氧化物和 Fe（III）氧化氢
氧化物的形成直至其各自胶体物形成的每一个步骤，这些胶体物大小不断增大直到形成混合胶
体，粉色代表 Fe（III）胶体物层，橘黄色代表 Mn（IV）胶体物层；（b）结核的磨面，示富铁
和富锰层的同心圆式排布，Mn：富锰区，Fe：富铁区；（c，d）结核横断面 X 射线图谱，示锰、
铁，蓝色表示低水平的锰或铁，红色代表高水平的锰或铁。（彩图请扫封底二维码）

4.4.8 矿物材料中细菌种类测定方法

事实表明，微结核材料中的 DNA 提取分离及其序列测定需小心仔细，不可
大意。研究中，多金属结核材料碎片需用洗涤剂完全清洗，然后粉碎成末（Wang
et al. 2009d）。粉末柠檬酸液中浸泡后取出再进行 DNA 提取，以用于 PCR 分析。
由 16S rRNA 特殊引物引入，PCR 后人们获得了 28 个克隆体。在这 28 个克隆中，
有 19 个序列得以确认，序列长度为 1097 bp，命名为 AQbac_NOD1_D。此序列与
非培养细菌克隆 JH-WH45 的 16S rRNA（AQbac_EF4928，登录号 EF492894）序
列高度相似，相似度达 97%（He et al. 2008），E 值为 1991。有趣的是，这种细菌
生活于土壤中富锰氧化物的微生境内（He et al. 2008）。未来，人们将采用一些更
安全且更严密的方法以避免环境细菌污染给研究带来的麻烦，从而准确得出现代
细菌与矿物结核中化石细菌间的病源学关系。

4.4.9 锰沉积细菌

如上所述，出现于许多细菌表面的 S-层结构可能涉及结核形成中的非酶性锰沉积（Wang et al. 2009c）。此外，一系列的深入研究表明，一些系统发生上关联的自养（free-living）菌通过多铜氧化酶样生物酶（MCO）将 Mn（II）氧化代谢为 Mn（IV）（Tebo et al. 2004）。MCO 可降低 Mn（II）变为 Mn（III）、Mn（IV）的活化能，并于氧化反应中释放自由能，大约 50 kJ/mol。MCO 利用多个铜原子为辅酶，以便于系列底物的偶联氧化（Tebo et al. 2004）。人们认为，无论是在有机金属化合物还是金属离子，如 Fe（II）、Mn（II）的氧化过程中，MCO 均发挥着作用（Solomon et al. 1996）。在一些拓展性研究中，Tebo 等（Dick et al. 2006；2008a, b）成功地用证据直接证明，无论是从酶水平还是从分子水平上，在细菌的锰沉积中 MCO 均有作用。

在一项最新的研究中，Wang 等（2011）首次确认，寻常海绵纲动物 *Subertes domuncula* 中存有一种 Mn（II）氧化细菌 *Bacillus* 菌株（BAC-SubDo-03），见图 4-10b 及图 4-11。这种海绵动物尤为适合潜在的共生微生物物种鉴定，因为其可在实验室控制环境下存活 5 年以上（Le Pennec et al. 2003）。有数据显示，这些 Mn（II）氧化细菌与分离自加利福尼亚湾 Guaymas 海盆深海热泉喷口的 *Bacillus* Mn（II）氧化菌株有高度关联（Dick et al. 2006）。

基于最新收集到的数据（Dick et al. 2008a, b），编码 MCO 的 *mnxG* 基因已于海绵动物 *S. domuncula* 中的关联菌内确认，见图 4-10b。海绵内关联菌的序列仅与构成并表达 MCO 的细菌的序列高度相似。研究发现，基因表达依赖于培养基中的锰离子。在锰沉积过程中，细菌的形貌发生了改变，从桶状（图 4-12a）转为表面长有突起的形态，人们将其命名为孢子/孢子样细菌，见图 4-12b～d。

目前，人们还不知道与 *S. domuncula* 关联的锰沉积细菌和那些被认为参与了多金属结核形成的细菌间有着怎样的关系。因此，人们将那些与海绵共生的细菌视为锰沉积中的关键角色，并建立起一批与细菌良好共生的海绵物种（Althoff et al. 1998）。如将生活在地中海的海绵动物（包括海绵动物 *S. domuncula*）置于水箱中 2 周以上（Le Pennec et al. 2003），动物体内的共生菌数量会大幅度地下降，只留下少数几种数量不丰富的细菌菌株，这些菌株存留于一些特化的细胞——含菌体（bacteriocytes）中。而与上述情况形成强烈对比的是，有几个海绵物种，如 *Aplysina aerophoba*，其体内细菌数量异常丰富，细菌总质量甚至占到海绵质量的 50%左右（Weiss et al. 1996）。目前，研究人员已从这些隔离海绵动物样品中分离得到了部分锰氧化细菌。从这些发现中可以看出，这些锰氧化细菌在海绵动物的生理/代谢过程中发挥着极为关键的作用，或许，还可有力地支持人们这样的一个设想，即

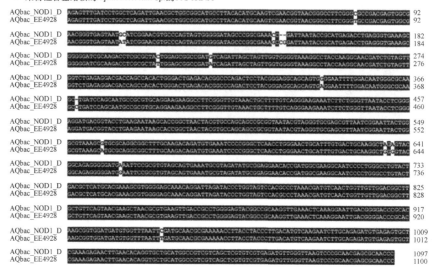

a 来自锰合金结核的*Aquabacterium* sp.的16S rRNA

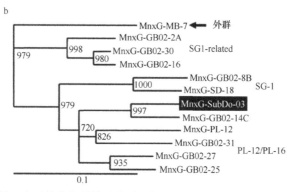

图 4-10 推测或已被证实了的参与结核矿化过程的细菌。(a)来自锰结核细菌 *Aquabacterium* sp. （AQbac_NOD1_D）的部分 16S rRNA 序列与土壤细菌（AQbac_EF4928，登录号 EF492894， He et al. 2008）的 16S rRNA 序列进行比对，核苷酸一致的用黑色标示，不同的以白色标示；(b) 蛋白序列关系图——进化树，编码细菌多铜氧化酶样蛋白酶的 *mnxG* 基因（标注为 *mnxG-SubDo-03*）来自寻常海绵纲动物 *Suberites domuncula* 中的 *Bacillus* 菌株，其推定的编码多肽 MnxG-SubDo-03 与 *Bacillus* 其他菌株的 MnxG 蛋白序列比较，这些菌株分别是 PL-12（其蛋白质为 MnxG-PL-12；ABP68890.1）、GB02-31（其蛋白质为 MnxG-GB02-31；AAZ31744.1）、GB02-30（其蛋白质为 MnxG-GB02-30；AAZ31743.1）、GB02-27（其蛋白质为 MnxG-GB02-27；AAZ31742.1）、GB02-25（其蛋白质为 MnxG-GB02-25；AAZ31741.1）、GB02-16（其蛋白质为 MnxG-GB02-16；AAZ31739.1）、GB02-14C（其蛋白质为 MnxG-GB02-14C；AAZ31738.1）、GB02-8B（其蛋白质为 MnxG-GB02-8B；AAZ31736.1）、SD-18（其蛋白质为 MnxG-SD-18；AAL30449.1）、GB02-2A（其蛋白质为 MnxG-GB02-2A；AAZ31735.1）、MB-7（MnxG-MB-7；ABP68890），比较后建树，树根为 MnxG-MB-7 蛋白（ABP68890）。基于 1000 个重复的 Bootstrap 值标于每个分枝处，关系图由 Dick 等（2006）绘制。

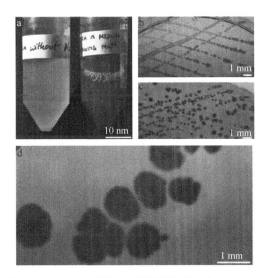

图 4-11 锰氧化细菌（BAC-SubDo-03 菌株），分离自海绵动物 *Suberites domuncula*。提取自海绵的细菌平板培养于含锰琼脂培养基中，菌落挑取后再液体培养 7 天。（a）有锰（右，100 μmol·L^{-1} MnCl$_2$）和无锰（左）的培养液；（b）72 h 培养于无锰琼脂培养基中的 BAC-SubDo-03 菌株；（c）72 h 培养于含锰（100 μmol·L^{-1} MnCO$_3$）琼脂培养基中的 BAC-SubDo-03 菌株；（d）图（c）的放大图，很明显，生长于含锰培养基中的菌株菌落周围呈棕色，表明有 MnCO$_3$ 沉积存在。

（彩图请扫封底二维码）

锰沉积细菌可能扮演着 *S. domuncula* 的锰库角色。按照这一观点，BAC-SubDo-03 细菌应是海绵动物抵御高浓度毒性锰危害所必需的共生菌，经 Mn（II）至 Mn（IV）的转变，细菌将可溶性离子变为不溶性离子。而且，对海绵动物而言，维持正常生理活动还需要一定浓度的锰，因此，体内细菌也是其必不可少的一部分。通常海水中的锰浓度水平非常低，因此锰的基础性积累还要依赖于细菌。细菌沉积下的 Mn（IV）的释放可保障需要时能及时供应生理性的锰需求。

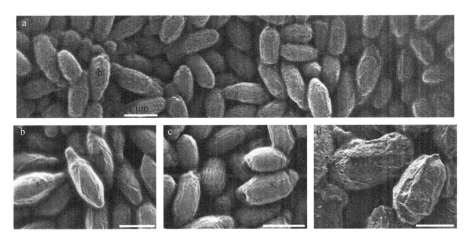

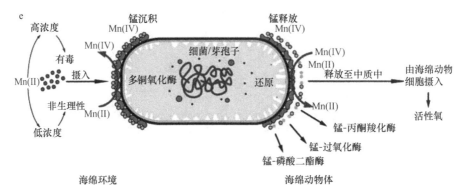

图 4-12 锰氧化细菌的 SEM 图。（a）培养于含锰 K 氏培养基中的 BAC-SubDo-03 细菌（b）菌株，0 h 培养的菌体细胞（b）几乎全部显示圆筒状形貌；（b）、（c）培养超过 18 h 后，其形貌发生改变，变为延展的纺锤形结构——芽孢（s）；（d）继续培养下去，细菌外膜上的锰沉积物（mnd）清晰可见，EDX 分析也证实了这一点，标尺=1 μm；（e）示意图，示海绵动物 *Suberites domuncula* 中的 *Bacillus* BAC-SubDo-03 菌株作为锰离子库的作用。一般认为，在高锰浓度下，细菌通过多铜氧化酶（MCO）从环境中摄入 Mn（II），并以不溶的 Mn（IV）沉积物形式将锰离子沉积于细菌的胞壁上。如果环境中的锰浓度很低，MCO 可富集锰元素至生理水平。在海绵动物的细胞中，锰通过 Mn（IV）至 Mn（II）的还原而变得可溶，并由胞壁上释放出来，作为一系列必需酶的辅酶，在活性氧（ROS）脱毒反应或丙酮至乙酰乙酸转换（如锰-丙酮羧化酶）或脂代谢（锰-磷酸二酯酶）反应中发挥作用。

4.5 富钴多金属结壳的矿化/生物矿化过程

4.5.1 沉积

富钴结壳，亦称铁锰结壳，形成于水下 800～2400 m（Bau et al. 1996；Hein et al. 2000）。结壳中锰氧化物的含量为 20%～30%，铁氧化物为 14%～20%，同时还含钴（>1%）、铜、镍、铂（Hein et al. 1997；Mills et al. 2001）。结壳主要发现于太平洋、印度洋及大西洋海域（Yihua and Yipu 2002；Glasby 2006）。结壳形成年代略早于结核，大约在 2 千万年前。像结核一样，富钴结壳形成于低温深海海底中以玄武岩为主的海山斜坡与水相的界面上，其生长速度极为缓慢，每一百万年 1～2 mm（Glasby 2006）。

4.5.2 结壳形态

研究中的结壳样品采自麦哲伦海山（Wang et al. 2009a）。此海山位于马里亚纳海盆的西北角，是一相对孤立的海台/平顶海山。海台浅处水深 800～1500 m，近海盆处水深 5000～6000 m。结壳通常厚约 35 mm，分三层，上层 23 mm，下层

9 mm，两层间的分界层厚约 3 mm。因界层色彩明亮、脂肪样，因此也被称为
"Speck"层。破裂的结壳整体上看颜色呈暗黑色，见图 4-13a、b，近玄武岩基
底部分的颜色有些红，这归因于其高含量铁的存在（Vonderhaar et al. 2000），见
图 4-13a。人们已对结壳最上端 4 mm 厚的部分进行了分析。横断面显示，结壳呈
清晰的分级式结构，见图 4-13c、d。结构中平行于结壳表面的有序排列叠层由一
个个凸型结构单位组成，叠层宽约 250 μm。HR-SEM 显示，这些凸型结构单位呈
现波纹样的生长线，线间宽度大约 250 μm（Wang et al. 2009a）。凸型结构单位的
轴方向平行于结壳表面，见图 4-13c～e。

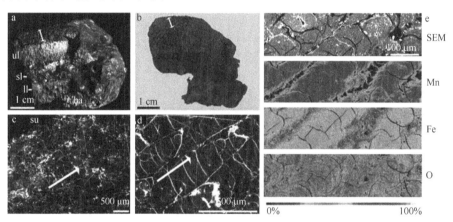

图 4-13　结壳样品形貌。(a) 纵向断面，示结壳中明显的层化现象，下层（ll）、中间层（speck
layer，sl）及上层（ul）。与玄武岩相连的结壳底部（ba）呈红色的硬壳结构，双箭头标示的层
区被用于分析；(b) 结壳纵向磨片，用于研究的位置/区域以双箭头标示；(c)、(d) 结壳上层
的平切面，每一个凸形小室彼此平行堆叠（见箭头方向）直至结壳表面（su）；(e) EPMA（electron
probe microanalyzer，电子探针显微分析）获得的结壳上层内的元素分布，从上至下分别是 SEM
图和锰、铁、氧元素的分布图。从 SEM 图中可看到明显的纹理，凸形结构呈波浪样的生长线。
串珠形堆叠向着结壳表面方向平行延伸。元素分布图揭示了结壳断面内元素含量变化情况，相
对含量的增加以颜色变化指示，由深蓝色到黄色再到红色。（彩图请扫封底二维码）

4.5.3　结壳生长

结壳一般由两个结构模块组成，即结合钙、镍、锌、铅等水化阳离子的带有
负电荷的锰氧氢氧化物模块，以及结合钒、砷、磷、锆等配位阴离子的略带正电
荷的铁氢氧化物模块（Halbach et al. 1981；Halbach 1986）。结壳沉积物常出现于
上层低氧区（oxygen-minimum zone，OMZ）与下层富氧区（oxygen-rich bottom zone，
ORZ）间的混合带（Koschinsky and Halbach 1995；Koschinsky et al. 1997）。富氧
的南极底层冷水中的 Mn（II）还原物种类远多于 OMZ 以下的区层，且含有多种
Mn（IV）氧化物（Bruland et al. 1994；Koschinsky and Halbach 1995）。在 ORZ/OMZ

混合区，锰、铁氧氢氧化物经胶体态形成结壳（Koschinsky and Halbach 1995；Bau et al. 1996；Koschinsky and Hein 2003），见图 4-14。

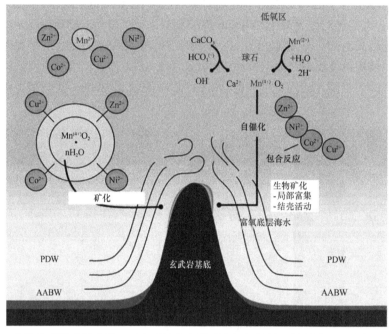

图 4-14　富钴结壳形成示意图。示水成结壳中的矿物沉积指导及控制过程。结壳形成于水下 1000～2000 m 的玄武岩海山上，在这个深度范围内，上层的水中的氧含量很低，下层的水即深水层中的氧含量丰富，二者彼此不断混合。底层海水有两个来源，分别是太平洋深层海水（pacific deep water，PDW）和南极底层海水（antarctic bottom water，AABW）。结壳的形成始于玄武岩海山处。图的左侧描绘的是胶体-化学过程，重金属被锰氢氧化物[Mn(IV)]胶体吸附，并于海山表面形成矿化（修改自 Koschinsky et al. 1997）。图的右侧描绘的是发生于下沉颗石藻内的化学转化过程，骨骼中的碳酸钙被锰[Mn(IV)]氧化物替代，经由这个生物诱导矿化（生物矿化）之后，锰[Mn(IV)]氧化物的沉积将"自动"催化进行。颗石藻依赖的生物矿化的结果是形成的矿物颗粒附着于玄武岩上，并由此开始大规模的结壳活动。

4.5.4　结壳中的颗石藻

在海洋透光带中，有众多的钙化生物存在，如颗石藻、有孔虫、翼足生物及石灰质性甲藻。然而，这些生物中的多数溶解在其产区内（水下 100 m 范围），只有颗石藻可抵至结壳形成的海洋深层（Hay 2004）。Cowen 等（1993）描述，结壳中有颗石藻踪迹。经 HR-SEM 及 EDX 分析，麦哲伦海山的富钴结壳中的颗石藻是作为生物种颗粒备用的（Wang and Müller 2009）。在这些结壳沉积中，分布着大量的颗石藻藻板化石，这些藻板均来自颗石藻的颗石球，见图 4-15a～c。令人印象深刻的是，这些结壳矿物内既有由有丝分裂来的无性繁殖双倍体——异晶颗石球（heterococcoliths），又有由无性生殖而来的单倍体——同晶颗石球（holococcoliths），见图 4-15d～f（Geisen et al. 2002）。偶尔还会有有性繁殖的减数分裂情况出现。

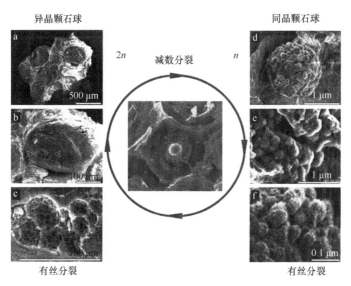

图 4-15　海水结壳中的颗石藻微化石 HR-SEM 图。研究中的样品来自麦哲伦海山，无论是（a～c）中行有丝分裂的无性繁殖的二倍体异晶颗石球，还是（d～f）中行无性繁殖的单倍体同晶颗石球均能经常看到。很少见到两种形式的颗石球同时出现且行有性繁殖。图中箭头指向的是颗石藻簇。（彩图请扫封底二维码）

4.5.5　元素分布图谱

结壳样品中的元素分布情况可通过扫描电镜的 EDX-FIB（focused ion beam，FIB，聚焦离子束）分析获得（Wang et al. 2009a）。为获取元素分布图谱，研究人员选择样品中一颗石球及其周围部分进行了测定。在此项研究中，人们选择了一种代表性的颗石球中的内鞘颗石球（endothecal coccolith），见图 4-16a。此颗石结构完好，其有特色的中央区完全暴露，见图 4-16b。元素钙（图 4-16c）、锰（图 4-16d）、硅（图 4-16e）、氧及钠的含量由不同采集信号通道记录。此方法的优点是，扫描电子影像中的各元素彩色化。元素分布图中的高信号分别对应于结构中的钙、锰，见图 4-16c、d。相反，颗石球结构中的硅（图 4-16e）、氧及钠的信号强度则低于周围结构。系列实验结果显示，藻体中积累了高浓度的钙、锰，却未见铁元素（即将出版）。这一发现为人们提供了线索，即颗石藻作为生物晶种参与了结壳中的锰沉积。

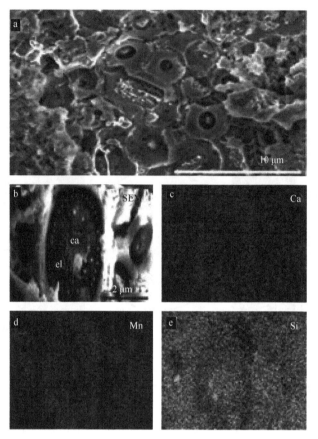

图 4-16 （a）颗石球簇内含颗石的区域结构图；（b）有着特征结构的代表性颗石的 SEM 图，示开口的中央区（ca）及方解石晶粒（el）；采用不同采集通道将晶粒的 Ka lines 记录下来，钙（Ca）通道（c）；锰（Mn）通道（d）；硅（Si）通道（e）。（彩图请扫封底二维码）

4.5.6 生物晶种

从理论上考虑，Halbach（1986）及 Koschinsky 和 Halbach（1995）推测，钙质颗粒可促进 Mn（II）至 Mn（IV）的转变。研究人员认为，在混合区[在这一区域内，Mn（II）氧化为 Mn（III）和 Mn（IV）]，Mn（II）通过物理性吸附于碳酸钙表面以促进其氧化进程。这个过程分为两步。首先，碳酸钙分解为碳酸氢钙，反应中自由羟基被释放出来，反应式如下：$CaCO_3+H_2O \longrightarrow Ca^{2+}+HCO_3^-+OH^-$。反应的结果是，微环境的 pH 增高，这样的环境有利于二氧化锰沉淀（Stumm and Morgan 1996；Glasby and Schulz 1999）。其次，随着反应的进行，在碳酸钙分解及氧存在的情况下，Mn（II）氧化为 Mn（III）及 Mn（IV），与此同时，一些质子也被释放了出来（Mendhom et al. 2000），反应式如下：$Mn^{2+}+H_2O \longrightarrow MnO_2+2H^+$，见图 4-17。

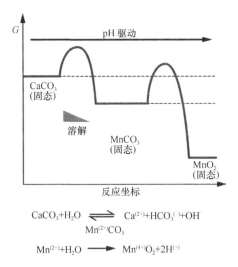

图 4-17 由 CaCO₃ 溶解（来自颗石藻）到 Mn²⁺CO₃ 至 Mn⁴⁺O₂（结壳内）的自由能变化情况，反应的驱动力来自 pH 变换和浓度差异。

结壳形成理解上的重要一点是无机矿化独立进行原则。观察中人们发现，这些沉积物常出现于深海中 OMZ 与 ORZ 间的混合区（见上述）。在这个 OMZ、ORZ 有重叠的混合区内，结壳经中间胶体状态由锰氧氢氧化物和铁氢氧化物沉积而成。人们普遍认为，这些胶体物吸附于较硬的岩石表面，或许因为单细胞生物的存在，使得这个过程被加快或催化，见图 4-17。当第一个分子层初始矿物沉积之后，矿化可自催化进行，氧化的结果是钴（由 Co²⁺ 变为 Co³⁺）、铅、钛、铊及铈金属也一同被沉淀了下来。矿物沉积中的这些少量元素在环境中通常浓度也很低。最近研究结果表明，结壳生长或许还需生物成因的生物晶种参与。

4.6 热泉喷物形成中的矿化/生物矿化过程

随着东太平洋海隆"黑烟柱"位置的确立，1979 年人们又发现了一种海壳形成新方式，即通过海底扩散形成。此方式与热泉喷发及海底的多金属沉积物的形成有关联（Francheteau et al. 1979；Rise Project 1980）。地球板块间的热浆上涌活动会释放大量的热能。研究显示，海底中穿越玄武岩释放出的热泉热液供应均来自周围海水，海水通过与结晶中的岩浆室（magma chamber）密切接触而变热。在矿物经过与周围岩石作用而富集后，海水又被重新逐回至海洋环境中。在穿越海壳的过程中，由于流体-岩石间的密切作用，相较于附近的海水而言，热泉液又热又酸，具高还原性，且富含金属（Herzig and Hannington 2006）。海底热液只有高于 250℃时才会喷发。在高温热泉液与周围海水的混合过程中，强烈的矿物沉积出现于喷口之上，黑色云雾样硫化矿物以极细微的颗粒形式沉积于喷口海水中，为此，喷口亦称为"黑烟柱"。在黑烟柱与海床下 1~3 km 的岩浆室接触的同时，还另有一种热泉——"失落之城"（Lost City）热液系统（Martin et al. 2008）存在。此循环体系（约 200℃）虽缺少 CO_2，与岩浆室也无密切联系，但却能在高 pH 下提供大量的氢及甲烷气体。

黑烟柱中涉及的黄铜矿、磁黄铁矿、黄铁矿、硬石膏及闪锌矿的矿化均由温度降低而驱动，此矿化仅以化学反应即可解释清楚，而不涉及生物成因成分（Halbach et al. 2003；Herzig and Hannington 2006），见图 4-18。同样，即使热泉喷口能为细菌（如化能合成细菌或各种后生动物）提供丰富的物质（Suess et al. 1998），但却无证据表明一些潜在的微生物参与了热泉喷口矿物的形成。相反，与黑烟柱关联的一些微生物却有可能修正或改变黄铁矿衍生物，使其变为其他形式的氧化产物。研究较透彻的革兰氏阴性黄铁矿氧化菌 *Ferrobacillus ferrooxidans/Acidithiobacillus ferrooxidans* 能从 Fe（Ⅱ）氧化物或硫化物的还原中获得能量（Silverman et al. 1967）。据悉，此菌还能形成生物被膜（Mangold et al. 2008）。人们由此推测，与 *A. ferrooxidans* 相关的微生物（Spiridonova et al. 2006）或许就存在于黄铁矿晶体表面，并遍布于一切可接近的地方。有关黄铁矿修饰的首个证据，例如，黄铁矿晶体至非晶态样铁硫垫的转换已由"海洋 1 号"收集的黑烟柱岩石所证实（Lin and Zhang 2006）。

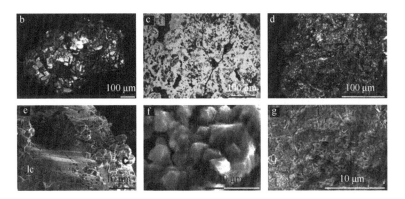

图 4-18 海底黑烟囱。（a）黑烟囱横断面，作为海底热液喷口，沉积于热泉中不同温度下的不同矿物形成一个多重的黑烟囱，从这个烟囱上看，一定梯度的黄铜矿-磁黄铁矿：黄铁矿：闪锌矿-二氧化硅：重晶石-硬石膏存在于其中；（b～g）黑烟囱样品[收集自印度海崂 DY105-17 次海巡中（Lin and Zhang 2006）]含高浓度硫（51%）和铁（45%）的样品横断面，示非常大的黄铁矿晶体（b）；（c）横断面，示样品中黄铁矿（FeS$_2$）和黄铜矿（CuFeS$_2$）区的延伸维度；（d）HR-SEM图，紧靠黄铁矿（微米距离）处有非晶态样的含铁/硫的垫子般物质，这些物质可看成是细菌的黄铁矿转换产物；（e）由黄铁矿晶体（c）过渡至结晶性差（lc）的 Fe-S 区；（f）黄铁矿晶体；（g）结晶性差的 Fe-S 区。（彩图请扫封底二维码）

4.7 有关分子矿化

生物矿化概念可为一些有重要经济价值的生物矿物，如结核及热泉喷物的可持续开发利用提供新的思路，因为人们可通过分子生物学手段更好地理解矿化过程。最近，电子显微及光谱技术的应用揭示，矿化过程中有有机分子参与。最明显的例子是，硅藻或海绵动物中的生物氧化硅的形成（Müller 2003）。在后一种模式中，矿物的沉积甚至可能还有酶牵涉于其中。从这一观念出发，重组技术甚至可用于低温中等反应条件下的无机聚物生产（Müller et al. 2007b；Schröder et al. 2008）。按照这样的策略，经过无数的努力，人们终于能够阐明结核、结壳及颗石球中的一些生命体及细菌参与了海洋矿物的沉积过程。此外，一些外生性微生物（exo-lithobiontic microbes）也为矿物的沉积做出了重大的贡献（Dupraz and Visscher 2005）。在最近的一项研究中，人们首次从多金属结核的矿物部分分离并确认了一些 DNA 片段（Wang et al. 2009d），这进一步表明，内生微生物的确存在。从细菌角度上讲，人们已采取了一些策略以便利用微生物来合成和浸取海洋沉积物（Ehrlich 2001）。总之，在不久的将来，微生物不仅会被分离，而且还将被用于海洋环境中痕量元素的累积与浓缩。

参 考 文 献

Althoff K, Schütt C, Steffen R, Batel R, Müller WEG (1998) Evidence for a symbiosis between bacteria of the genus *Rhodobacter* and the marine sponge *Halichondria panicea*: harbor also for putatively-toxic bacteria? Mar Biol 130:529–536

Amy PS, Caldwell BA, Soeldner AH, Morita RY, Albright LJ (1987) Microbial activity and ultrastructure of mineral-based marine snow from Howe Sound, British Columbia. Can J Fish Aquat Sci 44:1135–1142

Anufriev G, Boltenkov BS (2007) Ferromanganese nodules of the Baltic Sea: composition, helium isotopes, and growth rate. Lithol Miner Resour 42:240–245

Bau M, Koschinsky A, Dulski P, Hein JR (1996) Comparison of the partitioning behaviours of yttrium, rare earth elements, and titanium between hydrogenetic marine ferromanganese crusts and seawater. Geochim Cosmochim Acta 60:1709–1725

Bazylinski DA, Frankel RB (2003) Biologically controlled mineralization in prokaryotes. Rev Mineral Geochem 54:217–247

Bonatti E, Nayudu YR (1965) The origin of manganese nodules on the ocean floor. Am J Sci 263:17–39

Bruland KW, Orians KJ, Cowen JP (1994) Reactive trace metals in the stratified central North Pacific. Geochim Cosmochim Acta 58:3171–3182

Cha JN, Shimizu K, Zhou Y, Christianssen SC, Chmelka BF, Stucky GD, Morse DE (1999) Silicatein filaments and subunits from a marine sponge direct the polymerization of silica and silicones in vitro. Proc Natl Acad Sci USA 96:361–365

Chukhrov FV, Zvyagin BB, Yermilova LP, Gorshkov AI (1976) Mineralogical criteria in the origin of marine iron-manganese nodules. Miner Deposita (Berl) 11:24–32

Cottrell MT, Mannino A, Kirchman DL (2006) Aerobic anoxygenic phototrophic bacteria in the Mid-Atlantic Bight and the North Pacific Gyre. Appl Environ Microbiol 72:557–564

Cowen JP, Bruland KW (1985) Metal deposits associated with bacteria: implications for Fe and Mn marine geochemistry. Deep-Sea Res 32A:253–272

Cowen JP, DeCarlo EH, McGee DL (1993) Calcareous nannofossil biostratigraphic dating of a ferromanganese crust from Schumann Seamount. Mar Geol 115:289–306

Crerar DA, Barnes HL (1974) Deposition of deep-sea nodules. Geochim Cosmochim Acta 38:279–300

Cronan DS (ed) (2000) Handbook of marine mineral deposits. CRC Press, Boca Raton

Dick GJ, Lee YE, Tebo BM (2006) Manganese(II)-oxidizing *Bacillus* spores in Guaymas Basin hydrothermal sediments and plumes. Appl Environ Microbiol 72:3184–3190

Dick GJ, Podell S, Johnson HA, Rivera-Espinoza Y, Bernier-Latmani R, McCarthy JK, Torpey JW, Clement BG, Gaasterland T, Tebo BM (2008a) Genomic insights into Mn(II) oxidation by the marine alphaproteobacterium *Aurantimonas* sp. strain SI85-9A1. Appl Environ Microbiol 74:2646–2658

Dick GJ, Torpey JW, Beveridge TJ, Tebo BM (2008b) Direct identification of a bacterial manganese(II) oxidase, the multicopper oxidase MnxG, from spores of several different marine bacillus species. Appl Environ Microbiol 74:1527–1534

Dupraz C, Visscher PT (2005) Microbial lithification in marine stromatolites and hypersaline mats. Trends Microbiol 13:429–438

Dymond J, Eklund W (1978) A microprobe study of metalliferous sediment components. Earth Planet Sci Lett 40:243–251

Ehrlich HL (2001) Ocean manganese nodules: biogenesis and bioleaching. In: Kawatra SK, Natarajan KA (eds) Mineral biotechnology: microbial aspects of mineral beneficiation, metal extraction, and environmental control. American Technical Publishers, Littleton, pp 239–252

Ehrlich HL (2002) Geomicrobiology. Marcel Dekker, NY, 768 pp

Fortin D, Ferris FG, Beveridge TJ (1997) Surface-mediated mineral development by bacteria. Rev Mineral 35:161–180

Francheteau J, Needham HD, Choukroune P, Juteau T, Seguret M, Ballard RD, Fox PJ, Normark W, Carranza A, Cordoba D, Guerrero J, Rangin C, Bougault H, Cambon P, Hekinian R (1979) Massive deep-sea sulphide ore deposits discovered on the East Pacific Rise? Nature 277:523–528

Geisen M, Billard C, Broerse ATC, Cros L, Probert I, Young JR (2002) Life-cycle associations involving pairs of holococcolithophorid species: intraspecific variation or cryptic speciation? Eur J Phycol 37:531–550

Glasby GP (1974) Mechanism of incorporation of manganese and associated trace elements in marine manganese nodules. Oceanogr Mar Biol Annu Rev 12:11–40

Glasby GP (2006) Manganese: predominant role of nodules and crusts. In: Schulz HD, Zabel M (eds) Marine geochemistry, 2nd edn. Springer, Berlin

Glasby GP, Schulz HD (1999) EH, pH diagrams for Mn, Fe, Co, Ni, Cu and As under seawater conditions: application of two new types of EH, pH diagrams to the study of specific problems in marine geochemistry. Aquat Geochem 5:227–248

Halbach P (1986) Processes controlling the heavy metal distribution in Pacific ferromanganese nodules and crusts. Geol Rundsch 75:235–247

Halbach P, Scherhag C, Hebisch U, Marchig V (1981) Geochemical and mineralogical control of different genetic types of deep-sea nodules from Pacific Ocean. Miner Deposita 16:59–84

Halbach P, Friedrich G, von Stackelberg U (1988) The manganese nodule belt of the Pacific Ocean. Enke, Stuttgart

Halbach P, Fouquet Y, Herzig P (2003) Mineralization and compositional patterns in deep-sea hydrothermal systems. In: Halbach PE, Tunnicliffe V, Hein JR (eds) Energy and mass transfer in marine hydrothermal systems. Dahlem University Press, Berlin, pp 86–122

Hastings D, Emerson M (1986) Oxidation of manganese by spores of a marine bacillus: kinetics and thermodynamic considerations. Geochim Cosmochim Acta 50:1819–1824

Hay WW (2004) Carbonate fluxes and calcareous nannoplankton. In: Thierstein HR, Young JR (eds) Coccolithophores – from molecular processes to global impact. Springer, Berlin, pp 508–525

He J, Zhang L, Jin S, Zhu Y, Liu F (2008) Bacterial communities inside and surrounding soil iron–manganese nodules. Geomicrobiol J 25:14–24

Hein JR, Koschinsky A, Halbach P, Manheim FT, Jung-Keuk K, Lubick N (1997) Iron and manganese oxide mineralization in the Pacific. In: Nicholson K, Hein JR, Bühn B, Dasgupta S (eds) Manganese mineralization: geochemistry and mineralogy of terrestrial and marine deposits. Geological Society Special Publication No 119, pp 123–138

Hein JR, Koschinsky A, Bau M, Manheim FT, Roberts L (2000) Cobalt-rich ferromanganese crusts in the Pacific. In: Cronan DS (ed) Handbook of marine mineral deposits. Boca Raton, FL, USA, pp 239–279

Herndl GJ (1988) Ecology of amorphous aggregations (marine snow) in the Northern Adriatic Sea. 11. Microbial density and activity in marine snow and its implication to overall pelagic processes. Mar Ecol Prog 48:265–275

Herzig PM, Hannington MD (2006) Input from the deep: hot vents and cold seeps. In: Schulz HD, Zabel M (eds) Marine geochemistry. Springer, Berlin, pp 457–479

Kawamoto H (2008) Japan's policies to be adopted on rare metal resources. Quart Rev 27:57–76

Kerr R (1984) Manganese nodules grow by rain from above. Science 223:576–577

Kester DR (1975) Dissolved gases other than CO_2. In: Riley JP, Skirrow G (eds) Chemical oceanography, 2nd edn. Academic, London, pp 498–556

Kim SJ, Bang IC, Buongiorno J, Hu LW (2006) Effects of nanoparticle deposition on surface wettability influencing boiling heat transfer in nanofluids. Appl Phys Lett 89:153–107

Koschinsky A, Halbach P (1995) Sequential leaching of marine ferromanganese precipitates: Genetic implications. Geochim Cosmochim Acta 59:5113–5132

Koschinsky A, Hein JR (2003) Uptake of elements from seawater by ferromanganese crusts: solid-phase associations and seawater speciation. Mar Geol 198:331–351

Koschinsky A, Stascheit A-M, Bau M, Halbach P (1997) Effects of phosphatization on the geochemical and mineralogical composition of marine ferromanganese crusts. Geochim

Cosmochim Acta 61:4079–4094

Krasko A, Batel R, Schröder HC, Müller IM, Müller WEG (2000) Expression of silicatein and collagen genes in the marine sponge *Suberites domuncula* is controlled by silicate and myotrophin. Eur J Biochem 267:4878–4887

Lawrence JR, Korber DR, Hoyle BD, Costerton JW, Caldwell DE (1991) Optical sectioning of microbial biofilms. J Bacteriol 173:6558–6567

LePennec G, Perović S, Ammar MSA, Grebenjuk VA, Steffen R, Müller WEG (2003) Cultivation of primmorphs from the marine sponge *Suberites domuncula*: morphogenetic potential of silicon and iron. J Biotechnol 100:93–108

Leppard GG (1999) Structure/function/activity relationships in marine snow. Curr Underst suggested Res thrusts 35:389–395

Lin J, Zhang C (2006) The first collaborative China-international cruises to investigate Mid-Ocean Ridge hydrothermal vents. InterRidge News 15:1–3

Lowenstam HA (1981) Minerals formed by organisms. Science 211:1126–1131

Lowenstam HA, Weiner S (1989) On biomineralization. Oxford University Press, Oxford

Mangold S, Laxander M, Harneit K, Rohwerder T, Claus G, Sand W (2008) Visualization of *Acidithiobacillus ferrooxidans* biofilms on pyrite by atomic force and epifluorescence microscopy under various experimental conditions. Hydrometallurgy 94:127–132

Marcus MA, Manceau A, Kersten M (2004) Mn, Fe, Zn and As speciation in a fast-growing ferromanganese marine nodule. Geochim Cosmochim Acta 68:3125–3136

Martin W, Baross J, Kelley D, Russell MJ (2008) Hydrothermal vents and the origin of life. Nat Rev Microbiol 6:805–814

Mendhom J, Denny RC, Barnes JD, Thomas MJK (2000) Textbook of quantitative chemical analysis. Pearson education, London

Mengele R, Sumper M (1992) Drastic differences in glycosylation of related S-layer glycoproteins from moderate and extreme halophiles. J Biol Chem 267:8182–8185

Mero J (1962) Ocean-floor manganese nodules. Econ Geol 57:747–767

Mills RA, Wells DM, Roberts S (2001) Genesis of ferromanganese crusts from the TAG hydrothermal field. Chem Geol 176:283–293

Moore WS, Ku TL, Macdougall JD, Burns VM, Burns R, Dymond J, Lyle M, Piper DZ (1981) Fluxes of metals to a manganese nodule: radiochemical, chemical, structural, and mineralogical studie. Earth Planet Sci Lett 52:151–171

Morse DE (1999) Silicon biotechnology: harnessing biological silica production to make new materials. Trends Biotechnol 17:230–232

Müller WEG (ed) (2003) Silicon biomineralization: biology, biochemistry, molecular biology, biotechnology. Springer, Berlin

Müller WEG, Steffen R, Kurelec B, Smodlaka N, Puskaric S, Jagic B, Müller-Niklas G, Queric NV (1998) Chemosensitizers of the multixenobiotic resistance in the amorphous aggregates (marine snow): etiology of mass killing on the benthos in the Northern Adriatic? Environ Toxicol Pharmacol 6:229–238

Müller WEG, Eckert C, Kropf K, Wang XH, Schloßmacher U, Seckert C, Wolf SE, Tremel W, Schröder HC (2007a) Formation of the giant spicules of the deep sea hexactinellid *Monorhaphis chuni* (Schulze 1904): electron microscopical and biochemical studies. Cell Tissue Res 329:363–378

Müller WEG, Wang XH, Belikov SI, Tremel W, Schloßmacher U, Natoli A, Brandt D, Boreiko A, Tahir MN, Müller IM, Schröder HC (2007b) Formation of siliceous spicules in demosponges: example *Suberites domuncula*. In: Bäuerlein E (ed) Handbook of biomineralization, vol 1, Biological aspects and structure formation. Wiley, Weinheim, pp 59–82

Müller WEG, Schloßmacher U, Wang XH, Boreiko A, Brandt D, Wolf SE, Tremel W, Schröder HC (2008a) Poly(silicate)-metabolizing silicatein in siliceous spicules and silicasomes of demosponges comprises dual enzymatic activities (silica-polymerase and silica-esterase). FEBS J 275:362–370

Müller WEG, Wang XH, Kropf K, Ushijima H, Geurtsen W, Eckert C, Tahir MN, Tremel W, Boreiko A, Schloßmacher U, Li J, Schröder HC (2008b) Bioorganic/inorganic hybrid composition of sponge spicules: matrix of the giant spicules and of the comitalia of the deep sea hexactinellid *Monorhaphis*. J Struct Biol 161:188–203

Murray J (1891) Report on the scientific results of the voyage of H. M. S. Challenger during the years 1873–76 – deep sea deposits. HMS Stationary Office, London

Murray JW, Brewer PG (1977) Mechanism of removal of manganese, iron and other trace metals from seawater. In: Glasby GP (ed) Marine manganese deposits. Elsevier, Amsterdam, pp 291–325

Murray J, Philippi E (1908) Die Grundproben der Deutschen Tiefsee-Expedition, 1898–99 auf dem Dampfer. In: Valdivia Wiss Ergeb Deutschen Tiefsee–Expedition, vol 10. Gustav Fischer, Jena, pp 77–207

Persson AE, Schoeman BJ, Sterte J, Otterstedt J-E (1995) Synthesis of stable suspensions of discrete colloidal zeolite (Na, TPA)ZSM-5 crystals. Zeolites 15:611–619

Post JE (1999) Manganese oxide minerals: crystal structures and economic and environmental significance. Proc Natl Acad Sci USA 96:3447–3454

RISE Project group: Spiess FN, Macdonald KC, and 20 others (1980) East Pacific Rise: hot springs and geophysical experiment. Science 207:1421–1433

Ryan KJ, Ray CG (eds) (2004) Sherris medical microbiology, 4th edn. McGraw Hill, New York

Schröder HC, Wang XH, Tremel W, Ushijima H, Müller WEG (2008) Biofabrication of biosilica-glass by living organisms. Nat Prod Rep 25:455–474

Schrope M (2007) Digging deep. Nature 447:246–247

Schultze-Lam S, Beveridge TJ (1994) Physicochemical characteristics of the mineral-forming S-layer from the *cyanobacterium Synechococcus* strain GL24. Can J Microbiol 40:216–223

Schultze-Lam S, Thompsom JB, Beveridge TJ (1993) Metal ion immobilization by bacterial surfaces in fresh water environments. Water Pollut Res J Can 28:51–81

Silverman MP (1967) Mechanism of bacterial pyrite oxidation. J Bacteriol 94:1046–1051

Sleytr UB, Messner P (1983) Crystalline surface layers on bacteria. Annu Rev Microbiol 37:311–339

Sleytr UB, Messner P, Pum D, Sara M (1999) Crystalline bacterial cell surface layers (S layers): from supramolecular cell structure to biomimetics and nanotechnology. Angew Chem Int Ed 38:1034–1054

Solomon EI, Sundaram UM, Machonkin TE (1996) Multicopper oxidases and oxygenases. Chem Rev 96:2563–2605

Somayajulu BLK (2000) Growth rates of oceanic manganese nodules: implications to their genesis, palaeo-earth environment and resource potential. Curr Sci 78:300–308

Spiridonova EM, Kuznetsov BB, Pimenov NV, Tourova TP (2006) Phylogenetic characterization of endosymbionts of the hydrothermal vent mussel *Bathymodiolus azoricus* by analysis of the 16S rRNA, *cbb*L, and *pmo*A genes. Microbiology 75:694–701

Stumm W, Morgan JJ (1996) Aquatic chemistry, chemical equilibria and rates in natural waters, 3rd edn. Wiley, New York, p 1022

Suess E, Bohrmann G, von Huene R, Linke P, Wallmann K, Lammers S, Sahling H (1998) Fluid venting in the eastern Aleutian subduction zone. J Geophys Res 103:2597–2614

Szeto J, Ramirez-Arcos S, Raymond C, Hicks LD, Kay CM, Dillon JAR (2001) Gonococcal MinD affects cell division in *Neisseria gonorrhoeae* and *Escherichia coli* and exhibits a novel selfinteraction. J Bacteriol 183:6253–6264

Tebo BM, Bargar JR, Clement BG, Dick GJ, Murray KJ, Parker D, Verity R, Webb SM (2004) Biogenic manganese oxides: properties and mechanisms of formation. Annu Rev Earth Pl Sc 32:287–328

Thijssen T, Glasby GP, Friedrich G, Stoffers P, Sioulas A (1985) Manganese nodules in the Central Peru Basin. Chem Erde 44:1–12

Vonderhaar DL, McMurtry GM, Garbe-Schönberg D, Stüben D, Esser B (2000) Platinum and other related element enrichments in Pacific ferromanganese crust deposits. In: Glenn CR, Prevot-Lucas L, Lucas J (eds) Marine autigenesis: from global to microbial. SEPM Special Publication No 66. Society for Sedimentary Geology, Darlington, pp 287–308

Wang XH, Müller WEG (2009) Contribution of biomineralization during growth of polymetallic nodules and ferromanganese crusts from the Pacific Ocean. Front Mater Sci China FMSC 3:109–123

Wang XH, Boreiko A, Schloßmacher U, Brandt D, Schröder HC, Li J, Kaandorp JA, Götz H, Duschner H, Müller WEG (2008) Axial growth of hexactinellid spicules: formation of cone-like structural units in the giant basal spicules of the hexactinellid *Monorhaphis*. J Struct Biol 164:270–280

Wang XH, Schloßmacher U, Natalio F, Schröder HC, Wolf SE, Tremel W, Müller WEG (2009a) Evidence for biogenic processes during formation of ferromanganese crusts from the Pacific Ocean: implications of biologically induced mineralization. Micron 40:526–535

Wang XH, Schloßmacher U, Wiens M, Schröder HC, Müller WEG (2009b) Biogenic origin of polymetallic nodules from the Clarion-Clipperton zone in the Eastern Pacific Ocean: electron microscopic and EDX evidence. Mar Biotechnol 11:99–108

Wang XH, Schröder HC, Schloßmacher U, Müller WEG (2009c) Organized bacterial assemblies in manganese nodules: evidence for a role of S-layers in metal deposition. Geo-Mar Lett 29:85–91

Wang XH, Schröder HC, Wiens M, Schloßmacher U, Müller WEG (2009d) Manganese/polymetallic nodules: micro-structural characterization of exolithobiontic- and endolitho-biontic microbial biofilms by scanning electron microscopy. Micron 40:350–358

Wang XH, Wiens M, Divekar M, Grebenjuk VA, Schröder HC, Batel R, Müller WEG (2011) Isolation and characterization of a Mn(II)-oxidizing bacillus strain from the demosponge *Suberites domuncula*. Marine Drugs 9:1–28

Weiner S, Dove PM (2003) An overview of biomineralization processes and the problem of the vital effect. Rev Mineral Geochem 54:1–29

Weiss B, Ebel R, Elbrächter M, Kirchner M, Proksch P (1996) Defense metabolites from the marine sponge *Verongia aerophoba*. Biochem Syst Ecol 24:1–7

Wolfaardt GM, Lawrence JR, Robarts RD, Caldwell DE (1995) Bioaccumulation of the herbicide diclofop in extracellular polymers and its utilization by biofilm community during starvation. Appl Environ Microbiol 61:152–158

Yihua C, Yipu H (2002) Advances in the study of geochemistry and paleo-oceanography of the Co-rich crust. Mar Sci Bull 4:8–14

Zhamoida VA, Butylin WP, Glasby GP, Popova IA (1996) The nature of ferromanganese concretions from the Eastern Gulf of Finland, Baltic Sea. Mar Geores Geotec 14:161–176

Zhu J, Wang Y, Legge GJF (1993) Micron scale analysis of deep-sea ferromanganese with nuclear microprobes nodules. Nucl Instrum Methods Phys Res B77:478–483

第 2 部分　生物钙化物

5 细菌性碳酸钙沉积的分子基础

5.1 引　言

碳酸钙沉淀（calcium carbonate precipitation，CCP）是指一个广泛发生于细菌中的过程（Boquet et al. 1973），且存在于各种不同的环境中，如海水、海底淤泥、淡水及土壤（Castanier et al. 1999；Ehrlich 1998）。最近几十年来，碳酸钙（calcium carbonate，CC）之所以一直备受人们关注，是因为其于自然过程中的相关影响及潜在的巨大市场应用价值。它不仅像碳一样是生物地球化学钙循环中的一个重要组成部分（Zavarzin 2002），同时，还促成了大气中的 CO_2 固定，并通过碳酸钙性的矿物、岩石及其他沉积物的形成而捕捉了巨量的碳。细菌性碳酸钙沉淀（bacterial calcium carbonate precipitation，BCCP）不仅涉及人的病理性凝结物，如胆结石、肾结石的形成，且保存于岩石记录中的微生物迹象表明，BCCP 还参与了钟乳石及其他形式的碳酸盐的形成（Barton et al. 2001）。

由细菌碳酸钙矿化引发的创新性应用包括一些领域的仿生过程及材料与样本的生物修复/固定，例如，从应用环境微生物方面的浸取、无机污染物的固相捕获到市政环境工程方面的排水管道的清理、生物封堵（bioplugging）、生物灌注（biogrouting）、混凝土及灰岩结构的自加固，甚至钙质性纪念碑的保护等。有关 BCCP 的意义及其应用可参阅 Rodriguez-Navarro 等（2003）、Barabesi 等（2007）、De Muynck 等（2010）。

钙化中的细菌的作用机制各有不同（Ehrlich 1996），21 世纪以来，这也成为了一个争议性的话题（von Knorre and Krumbein 2000）。此领域的研究较为复杂，因为环境中的一些理化条件均能影响微生物的细胞表面结构及其生理代谢活动，并最终影响研究结果（Castanier et al. 1999；Beveridge 1989；Fortin et al. 1997）。

尽管 BCCP 广泛存在于自然过程中，人们在自然环境及实验条件下也对其进行过一些深入的研究，但有关细菌于钙矿化中的作用仍争论不断（von Knorre and Krubein 2000；Zavarzin 2002）。细菌的 CC 沉积是一个过程，这个过程的发生从规模上讲，既有微观水平上的微米级，也有地质水平上的千米级。此过程的沉积机制及作用无论是从细胞生理上还是从微生物生态方面来讲，均有许多未解之谜（Yates and Robbins 1999；Rivadeneyra et al. 1994），尤其是有关过程的分子基础人们知道的甚少。如能对 BCCP 的分子机制了解更多，将有助于 BCCP 的应用。

本章将从 BCCP 共识的一些主要特征入手，进行简单的介绍，并就细菌代谢与 BCCP 间的关系进行描述，与此同时，还将从细胞表面结构与 BCCP 间的作用关系，尤其是分子水平的关系上进行阐述。

5.2 细菌性碳酸钙矿化的一般特点

5.2.1 碳酸钙矿化过程及其术语

本节讲述的内容是讨论自然环境及实验条件下细菌性 CC 矿化的一些基本特点及机制。

在讨论之前，有必要先对一些专业术语进行介绍性说明。首先是沉积与矿化。按照 Beveridge（1989）的说法，两者间有着微妙而又明显的区别。金属沉积物一般含有水，为非晶态聚集体，而矿物则多为不含水的结晶体。前者变为后者需经历一个岩化过程，水分在固化过程中因加热及挤压而被慢慢排出。本文中，发现于细菌表面的沉积物均处于矿物发育早期阶段。自然情况下，矿物需要很长的时间才能形成。然而，本章中所提及的 CC 沉积与矿化同义。

第二个需要说明的术语是生物矿化。在论述生物矿化之前先来讨论一下生物矿物的概念。尽管生物矿物的公开定义变化很大（Dupraz et al. 2009），但因其对生命体的意义重大，而使它不再是那么平淡无奇。总的说来，生物矿化是一个过程。在这个过程中，生命体参与了矿物的形成，作为活动的结果，细胞为矿物的形成与生长提供了必要的物理及化学条件（Ben Omar et al. 1997）。本文中只要提及矿物，其一定是由生命体产生，且必定是矿物及有机成分的组合（Weiner and Dove 2003）。

从发展角度看，毫无疑问，生物矿化过程源自细菌的活动（Ben Omar et al. 1997）。多数生物矿物含有钙，且作为主要阳离子而存在；至于阴离子，多数情况下为碳酸根。尽管 CC 矿化普遍存在于生命体中，从细菌到脊索动物，但一般认为，原核生物与真核生物的 CC 矿化能力还是有区别的（Zavarzin 2002）。真核生物多为有着组织架构的多细胞生物体，其 CC 矿化过程在生物的严格控制下进行（Lowenstam and Weiner 1989；Mann 2001）。在这种情况下，细胞高度控制着过程的进行，并直接指导着矿物的成核、生长、形貌及最终的定位（Decho 2010）。矿物颗粒合成或沉积于细胞特定位置的有机基质上/内或囊泡中，通常是细胞内。CCP 过程一般只用于某些特殊用途上，形成一些复杂而特殊的碳酸钙结构，例如，原生动物及软体动物的壳或珊瑚礁等。每种生命均以独一无二的方式合成其自身的生物成因矿物，无需依赖环境条件。正因为这样的一些特点，每一特殊生物成因矿物的形式及合成均被视为特异代谢与遗传控制的产物（Bäuerlein 2004）。一个生物控制碳酸钙矿化的著名例子是真核微生物单胞颗石藻的碳酸钙合成（Bäuerlein 2004）。

相反，生物诱导矿化一般于开放环境下进行，其不涉及特殊细胞结构或细胞机制。微生物诱导矿化是一种特殊类型的生物诱导矿化，至于沉积物，多为微生物活动与环境间作用的结果（Weiner and Dove 2003；Dupraz et al. 2009）。唯一例外的是，*Achromatium oxaliferum* 的 CC 沉积被认为是主要由环境诱导的矿化（Ben Omar et al. 1997；Brennan et al. 2004；Rivadeneyra et al. 1994）。细菌参与性的钙化机制各有不同（Ehrlich 1996），细菌于其中的作用一直存有争议，细菌的作用是被动的还是主动的也无定论。一些研究人员认为，细菌性碳酸盐沉积是一种特定环境下的生理活动副产物，仅可认为是细菌的一个简单生理事件。细菌无须通过某种特殊机制来沉积碳酸盐颗粒，且这样的结构对细菌而言也非必要（von Knorre and Krumbein 2000）。而其他一些研究者则认为，细菌可从 CC 沉积中获得生态利益（McConnaughey and Whelan 1997；Castanier et al. 1999；Barabesi et al. 2007）。Castanier 等（1999）曾明确区分过异养细菌中常同时出现的被动及主动沉积机制。被动沉积（也称被动碳酸盐生成）是通过碳酸根和碳酸氢根离子生产及培养基化学修饰诱导而实现，这种修饰经与氮、硫循环衔接的代谢途径完成（见 5.3 节）。而主动沉积（也称主动碳酸盐生成）中，碳酸根的生产可能是通过细胞膜离子交换来完成，这种交换由膜上的钙和（或）镁泵（通道）激发，或许还与碳酸根离子的生产偶联。主动沉积可能不依赖特殊的代谢途径。

最近，Dupraz 等（2009）引入生物影响性矿化的概念，以此区别于有机物质的生物诱导性矿化（即被动矿化）。在生物诱导性矿化中，微生物的活动会产生一些利于沉积的生物地球化学条件，通过生物与环境间的交互作用导致矿化发生；而生物影响性矿化中，微生物活动对矿物沉积条件的形成影响远不如外部环境，例如，环境碱性的提高会对矿物的沉积产生很大影响，但生命体的存在与否对矿物形成却无太大作用。有机基质（生物成因的或非生物成因的）参与了生物影响性矿化，其通过与矿物的相互作用而影响着矿物的形貌及晶体的组成，起着沉积模板的作用。以上两种方式无论是哪一种，矿物沉积均发生于细胞外，生物影响性沉积是一个被动性过程，是胞外生物聚合物与地球化学环境间作用的结果。

此外，Dupraz 等（2009）建议，采用有机矿化（organomineralization）术语，从广义上将生物影响性矿化及生物诱导性矿化包含在一起。有机矿化过程可分为内在式或外在式驱动两种形式，前者由微生物代谢驱动，后者由脱气、蒸发行为驱动。

碳酸钙微生物性沉积通过有机矿化作用产生，宽泛地讲就是通过两个主要过程，即微生物诱导性沉积（主动）和微生物影响性沉积（被动）过程完成。在细胞附近的地球化学环境下，两个过程在时间及空间上非常接近，因此，人们很难将两者从原位上严格割裂开来（Weiner and Dove 2003）。

Dupraz 等（2009）还建议，生物矿物应严格定义为元素选择性的吸收产物，这种产物在生物严格控制下被嵌入了功能性的结构中。生物矿物的定义由此应为生物严格控制下的矿化产物，如此一来，生物矿化与生物矿物就统一了起来，生物诱导矿物则被排除在外。有关矿化机制及定义见 Dupraz 等（2009）。

由 Dupraz 等（2009）的生物矿物定义出发，人们由此可以崭新的观点来重新思考细菌在碳酸钙矿化中的作用。主动矿化需活的、有代谢能力的细菌主动发挥作用，细胞代谢机制（某些特殊代谢途径、泵或细胞表面性能）常常有利于沉积的形成。从这一观点上看，细菌于 CC 沉积中的主动作用还可进一步扩展，可将活细胞的任何促进 CC 沉积的活动囊括于其中。尿素分解、硫酸盐还原及反硝化作用（见 5.3.1 节）是驱动此类沉积过程的三个典型代谢途径。然而，有些研究人员则将其视为一种被动作用（Castanier et al. 1999）。相反，生物影响性矿化需细菌被动性地起作用，细胞既可以是活的也可以是死的，同时还需有机组分（胞外聚物）参与，这些有机成分由活细胞生产并释放至环境中或附于死细胞上，而非有代谢活动的活细胞。

本章中，人们采用了 Dupraz 等（2009）的矿化分类原则，将 BCCP 视为一细菌实施的微生物诱导性（主动）和（或）微生物影响性（被动）矿化过程。

5.2.2　细菌性碳酸钙矿化的一般特点

BCCP 首次由 Murray 和 Irvine 描述。研究者观察发现，当腐败尿液中加入海水时，会形成一些 CC 晶体。自 20 世纪伊始，人们已意识到细菌在 CCP 中的重要地质学角色并持续多年。1903 年，Nadson 发现俄罗斯 Karkou 一带的 Veisowe 湖中的碳酸钙沉积可能源自细菌活动。1914 年，Drew 开始关注世界范围内具有重大影响的 Great Bahama 沉积区内碳酸钙沉淀中的反硝化细菌的作用。此后，又先后有多名研究者认为，细菌在碳酸钙的沉积中发挥了作用，并且论证 BCCP 是主要的生物地球化学过程，不同种群及不同环境（淡水、咸水、土壤）之间还相互扩散。Boquet 等（1973）曾描述，分离的 210 种土壤细菌在加有钙的固体培养基中能生成方解石，并由此总结，在适宜条件下多数的细菌可形成方解石晶体。不同的细菌物种能从同样的合成培养基中沉淀出不同数量、形貌及类型的碳酸盐晶体，细菌性碳酸钙沉积的形成明显带有种及环境特异性（Hammes and Verstrate

2002）。BCCP 还与海洋钙质骨骼、碳酸盐沉积物、土壤碳酸盐沉积，以及岩石碳酸盐如钙华（也称孔石，属石灰石和大理石）、钟乳石的形成有关联（Rivadeneyra et al. 1998；Vasconcelos et al. 1995；Folk 1993）。

这类发生于自然界及实验室内的现象已被人们所探究，且很多文献中有提及，详细了解请参阅文献（Rodriguez-Navarro et al. 2003）。人们普遍认为，细菌参与钙化的机制或许各有不同（Ehrlich 1996），且是一个很有争议的话题（von Knorre and Krumbein 2000）。争议的焦点包括导致碳酸氢盐浓度及 pH 改变的介质（培养基）中微生物可结合的钙浓度、介质（培养基）的代谢性变化及微生物体作为晶体成核位点等（Little et al. 1997）。从不同研究结果上看，不同类型的细菌及一些非生命因子似乎以各自不同的方式在各异的环境下对 CCP（von Knorre and Krumbein 2000）过程产生影响，且微生物世界中可能存在着几种不同的 CCP 机制。

细菌代谢活动、细胞表面结构，以及两者与环境理化参数间的相互作用均被认为 BCCP 中的关键因素（Beveridge 1989；Fortin et al. 1997；Douglas and Beveridge 1998）。

从本质上讲，碳酸盐沉淀是碳酸盐碱性与自由钙离子有效性间关系的一种体现形式（Dupraz et al. 2009；Decho 2010），二者联合起来以表示饱和指数 SI（saturation index）。只有当自由碳酸根及钙离子的浓度超过饱和时，沉淀才会出现。

按照 Hammes 和 Verstraete（2002）的说法，CCP 就是一个由四种关键因素控制的化学反应过程，四种因素分别是：①Ca^{2+} 浓度；②无机碳的溶解浓度（dissolved inorganic carbon，DIC）；③pH；④成核位点的有效性。细菌于沉积中的主要作用是提高 pH 至 8.0 或更高以创造一个碱性环境，并通过生理活动提高环境中的 DIC（Castanier et al. 1999；Douglas and Beveridge 1998）。细菌可通过代谢过程及离子输入而改变介质（培养基）的 pH，进而影响其周围的微环境的酸碱度（Fortin et al. 1997）。细菌代谢在 CCP 中的影响将于 5.3.1 节中讨论。

细菌表面在钙沉积中也有着重要的作用（Fortin et al. 1997）。细菌表面的（大）分子能诱导 CCP，无论是细胞的一部分还是无细胞的结构，当其被释放至环境中时，它们将成为碳酸盐成核的模板，后一种情况主要是胞外聚物。有关细菌表面于 CCP 中的影响见 5.4 节。

5.2.3　细菌的 CC 矿物

除 *Achromatium oxaliferum* 形成胞内碳酸钙晶体外（Head et al. 1996），其他细菌均在胞外空间上作用于钙化物并形成 CC 矿物。除几种蓝藻（Zavarzin 2002）外，原核生物一般不构建有特别无机结构的 CC，只形成简单的晶体。

如同所有的生物成因系统，方解石、文石及球文石为细菌性碳酸钙的三种主要晶体结构形式（Ben Omar et al. 1997），前两种较为常见，后一种则不太稳定。矿物中常含一些取代性元素，如海洋环境中 Mg^{2+} 常取代部分的 Ca^{2+} 存在于晶体中（Decho 2010）。细菌常形成一些钙镁碳酸盐，如白云石（Vasconcelos et al. 1995）、镁方解石及高镁方解石（Rivadeneyra et al. 1998；Decho 2010）。异构产物（方解石、文石、球文石）的形成既依赖于其自身生长特点，又取决于菌株类型，不同类型的细菌沉积下的碳酸钙类型也不同，最常见的晶体形貌不是球形的就是多边形的。

同一种生物或物种于不同环境下形成的矿物种类也有不同（Ben Omar et al. 1997；Brennan et al. 2004；Rivadeneyra et al. 1998），例如，Mg^{2+}/Ca^{2+} 比率及海水中的钙浓度均影响着蓝细菌的生物钙化（Arp et al. 2001）。

通常，碳酸盐沉积通过连续层化作用始建并发育于细菌细胞的外表面。人们认为，细菌细胞扮演着异质结晶中心的角色，且最后被埋入并钙化于不断生长的碳酸盐晶体中（Casanier et al. 1999；Pentecost and Bauld 1988；Rivadeneyra et al. 1998）。尽管人们一致认为，细菌是生长晶体的晶核（菌体最终走向牺牲），但仍有一些不确定的地方，例如，细菌是否仍存活于其中。一些研究者认为，这个矿化的覆层或许能保护细菌免于环境带来的伤害与压力，即使是在短时间内（Zamarreño et al. 2009；Phenoix and Konhauser 2008）。

无论是自然条件（Castanier et al. 1999）还是实验环境（Rivadeneyra et al. 1998）下的晶体形成均被人们所关注。Castanier 等（1999）曾研究过喀斯特地貌富营养化天然水潭中的碳酸盐生成菌的矿物产物发育问题。研究中，人们将固体产物置于 SEM 下观察。最初的几个固体产物非晶态且含水，以斑块或条纹形式呈现于细菌表面，并不断扩大、联合最终形成一坚固的、如蚕茧般的覆层，同时还看到，一些形成于胞内的固体颗粒被分泌至胞外，见图 5-1。这些或多或少含有钙化细胞的微小颗粒组合成生物矿物聚体或结皮，并逐步呈现出晶体结构。生物矿物组合体似乎变为真正的晶体，这些晶体或有着良好形状或组织很差，它们将细菌细胞包围于矿物结构之中（Castanier et al. 1999）。研究人员推测，自然情况下，不同类型的成晶次序或许伴有不同的代谢途径。

Rivadeneyra 等（1998）研究过中度嗜盐菌 *Halomonas eurihalina* 液体培养下的晶体形成次序。在培养条件下，其形成的矿物相晶体为文石（96%）、镁方解石（4%）。生物岩矿相形成次序大致如下：①钙化丝或链结构；②圆盘状结构；③球形结构，见图 5-2。

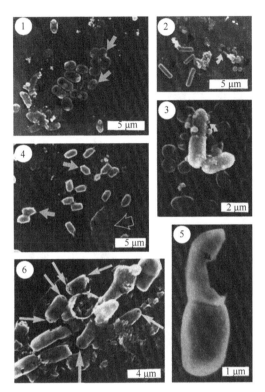

图 5-1   富营养条件下细菌性碳酸钙沉积的初始阶段。(1) 带有碳酸盐小泡(白箭头)的细菌
细胞及其周围的分泌物(黑箭头)。碳酸盐小泡很容易与芽孢区分,因为其出现于正在分裂的
细胞上(1),有时位于细胞一端(2)或细胞的两端(3),有时甚至还出现在细胞中央区,紧
靠胞膜的内部部分(4);(2) 由碳酸盐(黑箭头)全覆盖的杆状和球形细菌,黑三角指示的杆
状菌尾部带有分泌物和侧向小泡,白色箭头指示的杆状菌在 SEM 样品制备中有破坏,并以其
自产的碳酸盐印记形式显现;(3) 弱钙化细菌背景下的茧化杆状菌(一对分裂不久的菌体细胞)
及其周围分泌物(白箭头);(4) 钙化较差菌体背景下的有着六角形晶体形状(白箭头)的已
碳酸盐化的细菌,黑箭头指示的是钙化菌体密集成一簇;(5) 一对幼年的细菌细胞,上方的菌
体有破裂(黑箭头)示碳酸盐茧的刚性;(6) 部分茧化的菌体细胞菌落,示孔眼(箭头),这
些孔眼维持着已茧化的细胞间的营养及气体交换。破裂的胞茧使其内部的碳酸盐产物显现出来
(图片采自 Castanier et al. 1999)。

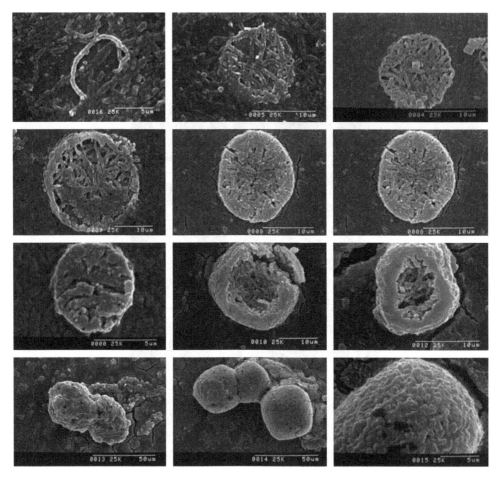

图 5-2 *Halomanas eurihalina* 7.5%盐度液体培养下顺序形成生物岩的 SEM 图。照片 0016：已钙化的菌链或菌丝期；照片 0005：环形钙化形式的初始期；照片 0004：钙化较轻的盘状期；照片 0009：钙化较轻的盘状期，有初始重结晶；照片 0008：盘状钙化期，外部区域有选择性重结晶；照片 0007 和 0000：重结晶盘状期；照片 0010 和 0012：由盘状期逐步形成三维的生物岩；照片 0013：球形三维形式基本形成；照片 0014：球状；照片 0015：生物岩表面钙化菌体细节（采自 Rivadeneyra et al. 1998）。

5.3 细菌的代谢与沉积

5.3.1 碳酸钙沉积中的细菌代谢作用

研究人员认为，BCCP 中涉及几种特殊的代谢途径，这样的一些代谢途径改变了介质的 pH，作为 BCCP 形成中的一种主要机制，pH 的提升更有利于沉积的发生。一般来说，代谢使环境 pH 趋向于碱性，在有钙离子存在时，促成了 CCP

过饱和态下的形成与发育 (Fortin et al. 1997)。Dupraz 等 (2009) 谈及 "碱性引擎" 时曾说过，一系列过程 (微生物代谢及环境条件均影响 CC 的 SI) 最终导致了碳酸根离子的出现。Zavarzin (2002) 曾谈到 "碱性屏障"，该屏障因微生物活动而引起，是钙介导沉积的原因。屏障的形成主要缘于阴离子的分解而非碱性的产生。形成介质 pH 的生命体通过消除阴离子以创造利于钙沉积的环境。相比于单一物种或组群，自然环境下的微生物群落的活动更应该考虑。有关细菌性碳酸钙形成的代谢途径，Castanier 等 (1999) 有过论述。有关钙循环与碳、氮、硫及与微生物组群间的关系见文献 (Zavarzin 2002)。

涉及 BCCP 的代谢途径的微生物既有自养型细菌也有异养型细菌，它们在有氧及厌氧条件下有着不同的贡献。自养型细菌中主要有以下三大类 (Castanier et al. 1999)：甲烷古细菌、硫或非硫的紫细菌和绿细菌，以及蓝细菌。它们从气态或溶解态 CO_2 中获取碳，CO_2 的来源较为复杂，有的来自大气，也有的来自原核和真核生物呼吸及发酵，微生物利用这些 CO_2 作为碳源以生产有机物质。细菌的代谢使培养基或周围环境中的局部 CO_2 被消耗。当钙离子出现于缓冲良好的碱性或中性培养基中时，这样的消耗则有利于 CC 沉积形成，总反应如下：

$$Ca^{2+} + 2HCO_3^- \longleftrightarrow CaCO_3 + CO_2 + H_2O \tag{5-1}$$

由蓝细菌光合引发的钙化被视为水环境如海洋或淡水中最常见的细菌性碳酸钙形成方式 (Ehrlich 1998; McConnaughey and Whelan 1997)。蓝细菌光合时消耗碳酸氢盐生成碳酸盐，并由此创造了碱性环境，见式 (5-2)～式 (5-4)。此环境有利于水中的溶解钙离子形成碳酸盐沉积。按 Ehrlich (1998) 说法，这个过程基于溶解 CO_2 代谢之上，细菌周围的介质中存在着这样的一个化学平衡，见式 (5-2)。

$$2HCO_3^- \longleftrightarrow CO_2 + CO_3^{2-} + H_2O \tag{5-2}$$

这又引起了碳酸氢盐平衡发生改变，随之介质的 pH 上升，见式 (5-3) 和式 (5-4)。在此情况下，一旦钙离子出现，沉积将不可避免。

$$CO_2 + H_2O \longrightarrow (CH_2O) + O_2 \tag{5-3}$$

$$CO_3^{2-} + H_2O \longrightarrow HCO_3^- + OH^- \tag{5-4}$$

此种代谢途径最著名的例子是蓝细菌 *Synechoccus* 的一些细菌 (Ehrlich 1998)，这些细菌能将胞内的 HCO_3^- 光合转化为还原性碳 (CH_2O)，见式 (5-5)，反应如下：

$$HCO_3^- + H_2O \longrightarrow (CH_2O) + O_2 + OH^- \tag{5-5}$$

细胞内的 OH^- 经由胞膜与胞外的 HCO_3^- 进行互换，此时，转至胞外的 OH^- 在细胞周围形成碱性微环境。在那里，HCO_3^- 经反应形成 CO_3^{2-}，见式 (5-6)。反应如下：

$$HCO_3^- + OH^- \longrightarrow CO_3^{2-} + H_2O \tag{5-6}$$

生成的 CO_3^{2-} 瞬即与钙离子反应于细胞表面，形成 $CaCO_3$。*Synechoccus* 细菌沉积的方解石既可以是泥灰岩式的沉泥，也可以是生物丘（bioherm）样的沉积物。其他的蓝细菌则绕溪流中的卵石形成一些凝固物。

在异养细菌中，Castanier（1999）对两种细菌的碳酸盐沉积过程进行了分辨，这两个过程可能有时同时出现：①透过胞膜的离子交换（主动）；②代谢中产生碳酸根和碳酸氢根离子，并诱导介质化学修饰，使介质的 pH 上升（被动）。按 Dupraz 等（2009）的说法，所有源于活细胞活动的过程均应视为主动，如此一来，就克服了以往的主动与被动间的人为区分。主动过程将于 5.3.2 节中论述，在这里，先来讨论一下被动过程。氮、硫循环的代谢途径也包括其中。在氮循环中，细菌性沉积有三种不同的途径：①氨基酸的氨化；②硝酸盐的异化还原；③尿素或尿酸的降解。此三种途径常常与土壤和地质沉积中及尿道内的沉积物沉淀有关。三种代谢途径在诱导碳酸根、碳酸氢根产生的同时，还生成一种代谢终极产物——氨，这些均能引起 pH 上升。当 H^+ 浓度下降时，碳酸根-碳酸氢根间的平衡被打破，反应转向 CO_3^{2-} 离子生产的一方，见式（5-7）。如果有钙离子存在，CC 沉积必定发生，见式（5-8）。

$$HCO_3^- \longleftrightarrow CO_3^{2-} + H^+ \tag{5-7}$$
$$Ca^{2+} + CO_3^{2-} \longleftrightarrow CaCO_3 \tag{5-8}$$

尿素或尿酸的脲酶解就是一个简单的例子，常被用于 BCCP 的技术应用。反应式如下（Wright 1999）：

$$CO(NH_2)_2 + H_2O \longrightarrow CO_2 + NH_3 \tag{5-9}$$
$$2NH_3 + CO_2 + H_2O \longrightarrow NH_4^+ + CO_3^{2-} \tag{5-10}$$

在硫的循环中，由硫酸盐还原菌（sulfate reducing bacteria，SRB）实施的硫酸盐异化还原对 CC 的沉积有影响。环境必是缺氧且有机物、钙及硫丰富的。通过此代谢途径，细菌产生碳酸根、碳酸氢根离子及硫化氢。在有钙离子存在的情况下，CC 的沉积形成依赖于硫化氢情况。如产生的硫化氢被清除，pH 则上升，碳酸盐沉积也随之出现。自然环境下，硫化物可以气体或与铁结合生成黄铁矿而被去除（Wright 1999），或经由不产氧的光合硫化菌（anoxygenic sulfide phototrophic bacteria）将其转化为硫元素。

此途径的沉积还发生于海水中的地质性形成过程及酸性矿山排水生物处理系统的微生物垫中（Hammes and Verstraeta 2002）。此反应常始于石膏（CaSO_4·2H_2O/CaSO_4）溶解，这是一个纯粹的理化过程，见式（5-11）。在这样的一些环境条件下，有机物被 SRB 所消耗，硫化物及代谢性 CO_2 被释放出来，见式（5-12）。

$$CaSO_4 \cdot 2H_2O \longrightarrow Ca^{2+} + SO_4^{2-} + 2H_2O \tag{5-11}$$
$$2CH_2O + SO_4^{2-} \longrightarrow H_2S + 2HCO_3^- \tag{5-12}$$

有趣的是，在此途径的几个例子中，白云石和文石替代了方解石，看似是 CC 沉积的最主要形式（Hammes and Verstraete 2002）。

Desulfovibrio 的 SRB 可将石膏硫酸盐清除与方解石生产偶合起来（Atlas and Rude 1988）。晶体形成出现于溶解-沉积-扩散的联合过程中，细菌将还原石膏硫酸盐中释放的钙离子与二氧化碳反应，形成方解石，总反应式见式（5-13）。

$$6CaSO_4 + 4H_2O + 6CO_2 \longrightarrow 6CaCO_3 + 4H_2S + +2S + 11O_2 \qquad (5-13)$$

值得注意的是，这些由 Desulfovibrio 细菌进行的反应过程已被用于纪念碑的生物修复，既清除了碑上的黑色石膏结壳，同时又通过方解石沉积对钙质石碑进行加固（Cappitelli et al. 2007）。

微生物群落岩化过程中，SRB 被视为 CC 沉积的关键作用者（Braissant et al. 2007）。对 CC 而言，海水是过饱和的，沉积之所以不能自发产生，是因为各种抑制因素的存在。在 SRB 极丰富的微生物垫中，据悉，其代谢活动大大增强了 CC 的沉积。SRB 以多种方式影响着碳酸盐矿物的形成，人们也由此从这熟知的案例中了解到，同一组群的细菌是如何以不同的机制共同作用于 CC 沉积的。按 Braissant 等（2007）的观点，首先，硫酸盐的还原使 pH 升高，pH 的升高又影响到饱和指数 SI，因此，造成碳酸盐矿物的沉积。其次，当 SRB 利用低分子量的有机酸盐，如乳酸盐、乙酸盐作为其生长的电子供体时，因羧酸与钙结合而被清除，使自由钙离子的有效性提高。再次，因溶液中硫酸根离子的清除，SRB 使白云石形成上的动力学抑制发生了改变。通过这样的一些过程，SRB 的代谢活动可被视为环境“引擎”，以保持微生物垫岩化过程中的碳酸盐沉积。此外，只要有 SRB 细胞存在，即使细胞不活泼，它们仍可通过提供异质成核位点来促进 CC 的沉积。SRB 胞外聚物（EPS）在影响沉积及晶体生长方面的作用见 5.4 节。

在复杂的自然环境中，微生物群落的不同代谢途径还能联合起来诱导沉积的形成。白云石沉积就是一个较为特殊的例子（Wright 1999），死的光合蓝细菌及其他一些有机物被 SRB 降解，降解后生产并释放 DIC 和氨气。这导致了环境中的碳酸盐水平及 pH 上升，并最终引发沉积。

研究人员认为，异养细菌的代谢活动可能与 CC 沉积的形成机制的关联性更大。在异养菌群落中，碳酸盐沉积常表现为一种面对有机物丰富环境的应答（Castanier et al. 1999）。

按 Hammes 和 Verstraete（2002）的观点，由微生物代谢介导的沉积机制从根本上讲还是化学变化，这种变化由细菌周围的大环境诱导，且自然界中很常见，同时也说明了 BCCP 为何如此普遍。因此，在某种程度上，这也使得人们忽视了沉积事件与沉积微生物及环境间的关系。有关这部分的内容见 5.3.2.1 节。

5.3.2 细菌代谢中的碳酸钙沉积作用

尽管人们已有很多有关代谢途径如何影响碳酸钙沉积的知识（见 5.3.1 节），

但有关钙沉积在细菌代谢的作用人们知道的并不多。原核生物中，没有哪种生物是专一用于 CC 沉积的，除几种蓝细菌外（Zavarzin 2002）。虽然细菌代谢中的 CC 沉积无明确作用，例如，没有哪一种原核生物建造的方解石的结构是对应于其某些特殊功能的，但有几种 CC 沉积例外，这些有着专一功能的 CC 沉积发现于叠层石的形成中（Ehrlich 1996；Barton et al. 2001），见 5.2 节。或许某些生物在其生长期间沉积了方解石（Barton et al. 2001），并赋予其某种特定的功能，但细菌中唯有 *A. okaliferum* 在其生长期间胞内含有方解石包裹体（Head et al. 1996）。

这一发现随之带来了一个更为普遍的问题，即有关 BCCP 对于复杂微环境下不同规模的细菌单细胞、细胞群体及群落的生理影响是怎样的？从这个观点上看，细菌如何沉积 CC 的问题又与细菌为何要沉积 CC 的问题紧密联系在一起。

5.3.2.1 细胞内的钙离子及细菌钙代谢的作用

生命体在含有各种不同阳离子包括 Ca^{2+} 的环境中不断演化。早期演化中，阳离子还可能参与了细胞的结构及功能性化合物的随机选择。按 Smith（1995）的观点，早期细胞中出现并发挥作用的钙离子在随后的演化中被保留了下来。一些特殊功能的阳离子因其特殊作用也在演化中被保留于某些物种中。有关联的阳离子常成对出现，其中的一个为胞内营养所需，而另一个则胞内不需要。例如，Mg^{2+} 作用于胞内但需由胞外内运进去，且需要精准调控。而 Ca^{2+} 则不像 Mg^{2+} 那样，其常作用于胞外，很少在胞内发挥作用。在生命的过程中，Ca^{2+} 的胞内浓度通过外流始终维持在一个低水平上（Silver 1997）。

真核中的钙离子的很多功能或许在原核中也有表现。原核及真核生物的共同进化源头及众多结构与功能的保守演化事例显示，它们之间的确存在这样的情况，同时，也支持了这样的一个观点，即进化的保守性可能同样也表现在钙离子的作用上（Smith 1995）。

真核细胞中钙离子作用的广泛研究显示，其主要的作用是在信号转导上，作为膜去极化的一个信号发送者、胞内第二信使及肌动蛋白-肌球蛋白收缩的效应器而发挥作用（见 Smith 1995）。有关细菌中钙离子作用的研究相对较少，且其作用也很少能被确定下来。然而最近，原核细胞中的钙离子的作用却得到人们越来越多的关注，大量的研究数据证实，钙离子在原核细胞的结构及功能调节上有贡献（Norris et al. 1996；Smith 1995），支持钙离子是原核生物中的调节介质的证据还在不断增加。有证据表明，钙参与了很多的细菌过程，如细胞结构、细胞运动、细胞分裂、基因表达，以及细胞分化，如芽孢形成、异形胞形成、子实体发育等（Dominguez 2004）。

因钙离子在原核及真核细胞的很多生物过程中起着关键性的作用，因此，其胞内浓度必被严格控制且维持在一个稳定的水平上。细菌胞内的自由钙离子浓度严格控制在 100~300 nmol·L^{-1}，真核细胞中的情况也大致如此（Dominguez 2004），相反，胞外的钙离子浓度则变化很大。这样一来就可避免胞内自由钙离子过量引发细胞中毒和细胞不可逆损伤，如相对不溶的钙盐的形成。因此，保持胞内低浓度的钙非常必要，这不仅有利于生命体的生存，还有助于钙的第二信使功能发挥。因为钙在早期演化阶段就已存在，因此，生命体必采取一些措施将钙离子从胞内去除以免于细胞成分的沉淀。对于所有的细胞而言，控制钙离子含量或至少是控制胞内自由钙离子的浓度的能力是其基本属性。为维持这一动态的平衡，各种机制参与了其中。细菌细胞的钙调节包括两个部分，即流入与流出，无论是流入还是流出均依赖于主动和被动转运机制。一般情况下，胞内的钙浓度低于胞外 1000 倍以下，因此，被动转运成为钙流入的一种正常方式（Norris et al. 1996）。通过转运形成一内外的跨膜钙离子浓度梯度，目前，此值（内外浓度比）一般被认为在 10^{-3}~10^{-4} 量级上。此梯度的维持必须不断地将胞内的钙离子排至胞外，但这种主动外排需要能量，需逆电化学梯度方向将钙离子泵出细胞。负责此项功能的细胞装置有基于蛋白质的和非蛋白质类的 Ca^{2+}通道及 Ca^{2+}反向转运体（Ca^{2+}/2H$^+$、Ca^{2+}/Na$^+$）、ATP 依赖 Ca^{2+}泵（Norris et al. 1996；Hammes and Verstraete 2002）。ATP 驱动的钙流出似乎在细菌的钙调控中起着关键性作用（Neseem et al. 2009）。另一种钙离子排除方式则是与钙离子络合剂结合形成无害的钙化物。

形成钙矿物不失为一种移除钙离子的有效途径，但只有极少数的实验研究支持这一观点。Anderson 等（1992）证实，土壤中的 *Pseudomonas fluorescens* 细菌能在钙胁迫环境下于胞外形成方解石，以确保胞质液内的钙含量维持在一个适合细胞生存的水平上。研究人员曾测定过生长于加有 10 mmol·L^{-1} 钙培养基的 *P. fluorescens* 细胞的各部分的钙含量。随着细胞的生长，胞内的钙含量无明显增加。16 h 后，胞外有钙沉积物出现，直至稳定生长期，且沉积对细胞增殖无影响。多数钙被禁锢于六边形的方解石晶体中。如果无细菌接种，培养基中也不会出现沉积，这说明，*P. fluorescens* 的代谢活动是方解石沉积形成的必需条件。指数生长期中，胞质内的钙含量控制除机制性调节外，还另有金属不溶性沉积物的生物转化机制。方解石的生物沉积活动确保了稳定生长期中的能量最有效利用。按研究人员的观点，*P. fluorescens* 的碳酸钙晶体形成涉及钙的动态平衡，通过此行为，生命体可于钙胁迫环境中生存下来，并由此维持胞内的钙浓度在一个较低水平上。研究人员认为，对整个生命界而言，形成胞外碳酸钙晶体沉积以维持胞中钙浓度于无害水平的情况并非常见，但在细菌中此现象或许大范围出现并保守遗传。1977年，Simkiss 曾断言，如果生物矿化是以提高胞内钙离子浓度的方式来完成其代谢脱毒过程的，那么这一行为将是毫无意义的举措，见 5.3.2.2 节。

如 5.2 节讨论的那样，有研究者认为，BCCP 中或许存在着细菌的某种特殊性主动介入。Castanier 等（1999）、McConnaughey 和 Whelan（1997）建议，"主动"

沉积或许与离子（尤其是 Ca^{2+}）的跨胞膜转运有关。Castanier 等（1999）虽不能明确阐明其中的离子交换的本质，但仍以不甚为人所知的机制说明了一些问题。McConnaughey 和 Whelan（1997）描述到，钙化形成了两种产物，即矿物和质子，见式（5-14）。

$$Ca^{2+}+HCO_3^- \longrightarrow CaCO_3+H^+ \qquad (5-14)$$

矿化产生的钙质骨骼有着显而易见的作用，其支持和保护了许多生命体的软质部分，虽然质子的效果不太明显，但其在植物及光合共生的碳及营养同化中的作用非常重要。人们推测，这种钙化是从沙漠到珊瑚礁的碱性环境的碳积累的原因。人们猜想，光合微生物，如藻和蓝细菌也借助这种伴有光合作用的 CC 沉积主动钙代谢生产质子以帮助生命体吸收营养及碳酸氢盐，见式（5-14）及式（5-15）。

$$H^++HCO_3^- \longrightarrow CH_2O+O_2 \qquad (5-15)$$

碱性水中，碳酸氢盐虽是一种非常丰富的碳源，但在无质子情况下其可能很难被利用。因此，尽管有 CO_2 光合吸收，但光合生物可通过将钙化释放的质子排入界层中以保持甚至提升 CO_2 的浓度，使钙化生物在光及营养缺乏的碱性环境中更具竞争性。从这一观点出发，研究人员认为，钙质骨骼的结构及防御作用或许有时被高估了。

在 Yates 和 Robbins（1999）的研究工作中，一些实验结果有力地支持了这一设想。人们发现，单胞绿藻 *Nannochloris atomus* 的胞外沉积钙源来自细胞内部。人们认为，胞内钙的胞外 CC 沉积说明，细胞的钙排出在矿化中起着重要的作用，但随之又出现了一个新问题，即钙离子的胞内循环又是如何影响 CC 沉积环境的呢？

基于 McConnaughey 和 Whelan（1997）的工作，Hammes 和 Verstraete（2002）则对 BCCP 中的钙代谢作用提出了另一观点。他们认为，对于沉积生物及其环境而言，碱性 pH 胁迫及随后的细菌钙代谢与胞外沉积间存在着关联，也是沉积过程的关键所在。这种微环境由细菌外围的薄薄水层构成，这一水层形成了一个细菌与外部环境相联系的界面。在这个界面里，质子（pH）、DIC、Ca^{2+} 占有绝对优势。加之胞膜电负性的本质（晶体成核位点，见 5.4 节），这就形成了一个微观上独一无二的沉积环境（Schultze-Lam et al. 1992），见图 5-3，胞外的高钙浓度和低质子浓度（相对于胞内）构成了碳酸盐沉积的典型环境，结果导致了胞外的碱性"王国"。对细菌而言，胞外的碱性 pH 及钙离子的联合作用，使其不可避免地面临着一个胁迫性的环境。作为 $Ca^{2+}/2H^+$ 电化学梯度补充，被动性钙流入将引起胞内的钙累积及过度的质子外排，见图 5-3a。从细胞水平上看，这一事件或许对生命体有损害，危害如下：①破坏了胞内的钙调节信号过程；②胞内 pH 环境的碱性化；③大量其他生理过程所需的质子库被耗尽（Norris et al. 1996）。在这种情况下，为了生存，生命体必须主动排出胞内的钙，如通过 ATP 依赖性钙泵，这样一来，在降低胞内钙离子浓度的同时还补偿了质子损失，见图 5-3b。最终的结果是，因质子的吸入使局部 pH 上升，同一区域内的钙离子数量也有所增加，从而形成了一理想的局部沉积环境，见图 5-3c 和式（5-14）。即使空间限制不利于局部微环境的形成，但生命体仍可依赖钙主动代谢而生存。为达成这样的目的，能量是必需的，过程中自然会产生一些 CO_2 副产物。因此，生命体的生存与繁殖引起了胞外 DIC 的增加，这会影响到碳酸钙的可溶性，最终仍有利于沉积的产生。此外，按式（5-14）和图 5-3c，碳酸盐的沉积将使胞外环境发生改变（可溶性 Ca^{2+} 浓度降低，酸性增加），以利于细菌的繁殖。

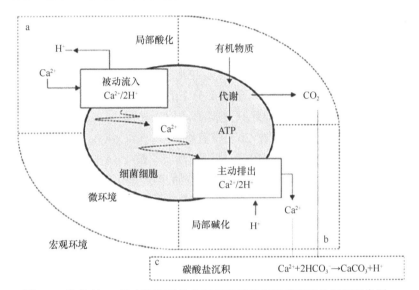

图 5-3　胞外高 pH 及高钙离子条件下细菌钙代谢及碳酸钙盐沉积示意图。

从这一观点出发，典型沉积条件下的微生物的钙代谢是不可避免的，它们的主动钙代谢可能会产生出一些独特的沉积条件，从化学角度上看，碳酸盐的沉积有助于细菌的生存与繁殖。

控制沉积的主动钙代谢也带来了这样的一个问题，即 BCCP 的形成是否由遗传控制，例如，一些特异性分子或机制参与了沉积的控制。从广义上讲，5.3.1 节中提到的所有代谢途径均能对环境条件产生影响，且影响有利于沉积的发生，而这些途径则均在遗传控制之下，任何一途径的实施或许均能增强沉积的形成，例如，高脲酶活性可增进 *Sporosarcina pasteurii* 的方解石沉积（Achal et al. 2009）。

为找出可能的特异性控制方解石沉积的基因，*Bacillus subtilis*，一种能生产方解石沉积的细菌被人们所广泛采用。研究伊始，研究人员首先寻找的是有沉积缺陷的突变株。经筛选分离得到 6 个突变菌株。突变基因的预测功能多数情况下或许与脂肪酸的代谢有关（Perito et al. 2000）。而且，突变多发生于 *ysiB* 及其邻近的 *ysiA* 基因上。*ysiB*、*ysiA* 还有 *lcfA*、*etfB*、*etfA* 同属于一个 5 基因簇的、称为 *lcfA*

的操纵子。五基因簇的进一步分析表明，基因 *etfA* 为沉积表型的控制基因（Barabesi et al. 2007）。经推定，*lcfA* 操纵子的所有产物均参与到脂肪酸的代谢中。

FBC5 沉积缺陷突变株（*etfA* 未激活）的生理表现也引起了人们的关注，且将其与野生型菌株 *B. subtilis* 168 进行了比较（Marvasi et al. 2010）。比较后发现，*etfA* 基因的失活可能在以下两个方面造成了影响：①ESP 的生产（钙结合位点）；②pH 的改变。两菌株中提取的 ESP 有着相似的 FR-IR 图谱，图谱中一些典型蛋白质及碳水化合物的峰均有出现。

生长于固体培养基中的 FBC5 的生物被膜的 pH 有所下降，这也是方解石不能形成的一个主要原因。但将细胞孵育于碱性条件下时，晶体形成则得以恢复，由此人们推测，此时可能无特异性的沉积抑制剂产生。FBC5 发育过程中 pH 的下降缘于突变株 H^+ 质子的过度生产，突变株细胞排出的质子预计达 $0.7 mol·L^{-1}\ H^+$，远高于野生型。质子的过量生产可能因部分 EtfA 途径失调造成。尽管 *B. subtilis* 的 EtfA、EtfB 两个蛋白质的功能还只是推测，但 *Clostridium acetobutylicum* 的 *etfA* 及 *etfB* 两基因的共表达对于丁酰-CoA 脱氢酶（butyryl-CoA dehydrogenase，BCD）的活性发挥至关重要，且 *etfA*、*etfB* 两基因还涉及丁酰-CoA 合成中的 NADH 氧化活动（Inui et al. 2008）。如果 *B. subtilis* 中的 β-羟基丁酰-CoA 的还原是以 *C. acetobutylicum* 中的同样方式进行，那么 NADH 的量增加将不可避免。实验数据显示，突变株细胞胞内的 NADH 量高出野生型菌株 37 倍（Marvasi et al. 2010）。胞液中 NADH 的累积或许能够解释为何质子被过度外排。如果这种不受节制的质子外排干扰到参与沉积活动（Hammes and Verstraete 2002，图 5-3）中的 $Ca^{2+}/2H^+$ 的活跃跨膜运输，那么一切有关沉积的理论假说将不复存在。

5.3.2.2　生命体 CC 矿化的演化及意义

自前寒武纪早期以来，微生物已对地球表面的演化产生了巨大的影响，这些影响包括地球表面最上层的岩石圈、水圈及大气圈（Ehrlich 1998）。前寒武纪期间，钙循环（沉积及溶解）由原核细胞维持，且对生物圈的出现起着关键的作用。地球化学钙循环中的细菌的参与对地球中性条件的维持非常重要。这个循环对无机碳的命运有着深远影响，也包括原始大气圈中的 CO_2 去除。碳酸钙矿物的沉积是生物地球化学钙循环的一个主要过程。多数钙沉积形成于前寒武纪，那时的生物圈原核生物占主导，大量的叠层石沉积发育证明了这一点。从那以后，钙的再循环则由骨骼生物的生物沉积所引领（Zavarzin 2002）。

CC 矿化以及其他生物矿化过程的能力随着原核细胞的发展而不断进化（Ben Omar et al. 1997），尽管此种进化不带有任何明显的目标或功能（Zavarzin 2002）。将钙固定于胞外以免胞内的钙离子水平升至有害级别，如前述讨论的那样，这一举措可能导致了细菌产生碳酸钙沉积，与原核生物的情况类似，钙的生物矿化可能同样也出现于真核生物中，对真核生物而言，虽然这可能只是一偶发事件，但其却将这不得已的事情变为了有益之举。按 Brennan 等（2004）的说法，海洋中的贝壳是海洋生物生产的一种固体废物，这或许归因于海洋充满着大量钙的一个地质学过程。在进化及地质学史上，一个令人惊奇且又困惑的事情是，寒武纪早期突然出现了生物矿化现象，事件发生于"寒武纪大爆发"期间，例如，突然出现了由不溶性钙矿物构建的硬结构，这些硬结构均由生物控制的生物钙化而来（见5.2.1 节）。Brennan 等（2004）在分析元古代晚期（距今约 544 Ma）及寒武纪早期（距今约 515 Ma）海洋卤化物中原始流体内含物（蒸发的海水）的主要离子成分时发现，两时期海水的主要离子成分有变化，钙离子浓度大幅度提高，提升了三倍。从时间上推断，海水化学成分变化的时间点大致上与"寒武纪大爆发"的时间一致，海水的 $^{87}Sr/^{86}Sr$ 值出现短暂的下降，此时的地壳构造运动有增加。人们推测，生物钙化的出现与大洋中脊卤水热液的产生及海水的成分变化有关。寒武纪早期海水中钙离子的增加可能会形成一个有利于 CC 及磷酸钙初发育的化学环境，从那时起至今，这一环境条件一直主导着海洋的生物群。一些现代微生物，如蓝细菌（见 5.2.3 节）、颗石藻、珊瑚藻的生物钙化仍受海水中钙离子及 Mg^{2+}/Ca^{2+} 比值变化的影响就充分地支持了这一假说。显生宙岩石内钙化中的蓝细菌的数量非常大，而此时恰逢海洋的高钙离子期（Arp et al. 2001），广泛的钙化蓝细菌的首次出现也正好与前寒武纪时期生物物种的猛增相一致。

前寒武纪时期，海水中的钙离子含量突然猛增至这样的一个水平，细胞不再能有效地排出或逐出钙离子，导致海洋生物胞内的钙离子浓度达有毒水平，从而引发代谢改变，这种变化也引起了普遍的生物钙化发生，并加速了海洋生物群的进化与多样化。

纵然硬壳及外骨骼被认为有防御掠食者的作用，但它们的首次出现可能也仅仅只是为了抵制高水平自由钙的一种防御措施（按 Simkiss 1977，是一种细胞脱毒方式）。

5.4　细菌表面结构与沉积

细菌表面结构在 CCP 中的作用非常重要，这是因为其能为金属离子沉积及细粒矿物发育提供绝佳的界面（Fortin et al. 1997）。细菌表面及细菌细胞均为阳离子吸附的重要场所，且是异质成核和晶体生长的良好模板。因为几种负电性基团的存在及中性的 pH，带有正电荷的金属离子将容易结合至细菌表面，且利于异质成核（Fortin et al. 1997；Douglas and Beveridge 1998；Bäuerlein 2003）。

在细胞的表面结构中，胞壁络合金属的能力已有研究，但就其具体的过程，人们了解得还不是很多（Jiang et al. 2004）。细胞表面的负电性主要缘于暴露于胞壁外表面的功能基团，如羧基、磷酸基及去质子化的羟基（Fein et al. 1997）。*B. subtilis* 的胞壁是研究与金属相互作用最多的一种细胞壁。在众多金属中，钙离子与 *B. subtilis* 的胞壁结合最强。Beveridge 和 Murray（1980）曾预测，胞壁上的金属沉积发育机制至少是一个两步骤的过程。第一步，金属与化学基团间的计量反应，作用部位主要在肽聚糖上。第二步，经化学络合，这些位点可成核沉积更多的、以化学形式沉淀结合的金属离子。

细菌的表面反应性能依赖于细胞的代谢状况（Jiang et al. 2004）。当无代谢活动时，被动性作用也可能出现于微生物细胞（死的或不活泼的细胞）中，此时的细胞以固相吸附剂形式结合溶解的金属，并以异质成核模板方式沉积自生性矿物（Beveridge 1989）。在一项死细胞与方解石溶解的研究中，人们发现 *B. subtilis* 胞壁上的功能基团能结合溶解态的钙离子（Friis et al. 2003）。在一次实验测试中，*B. subtilis* 死细胞及部分胞壁结构能以异质结晶晶核的形式诱导方解石形成，这一原理可应用于钙质纪念碑的加固（Barabesi et al. 2003）。按 Dupraz 等（2009）的观点，发生于不活泼或死细胞表面及部分分离胞壁上的沉积可被视为微生物影响性的矿化。

据悉，其他细菌细胞的表面成分也有利于沉积，几乎所有情况下提及的表面成分均被称为胞外聚物或 EPS。

EPS 是一个广义性的术语，它包括了大量由微生物分泌至环境中的各种不同有机聚合物。多数 EPS 的主要成分为多糖，除多糖外，通常还有多肽、核酸、磷脂及其他一些聚合物成分（Decho 2010）。按 Costerton 等（1995）的说法，有机性的 EPS 基质可被视为微生物细胞的延伸，其可结合并聚集离子。金属离子与 EPS 间的相互作用由存在于 EPS 中的几个功能性基团，如羧基、氨基介导。当 pH 增高时，功能基团去质子化，赋予聚物负电性。除糖单体外，EPS 中还含有一些非碳水化合物的酸性部分，如硫酸基或磷酸基，这些基团对 EPS 的总负电性均有贡献（Braissant et al. 2007）。

EPS 于 CC 成核及生长中的作用已由实验培养菌或分离的 EPS 及自然环境中的微生物垫（Dupraz et al. 2009）所证实（Braissant et al. 2007；Ercole et al. 2007；Tourney and Ngwenya 2009）。

细菌 EPS 借由捕获离子和充当成核位点的形式参与了矿化生物的钙化过程。在这个过程中，某些特异性蛋白可影响沉积及碳酸钙的形貌（Braissant et al. 2007；Ercole et al. 2007；Kawaguchi and Decho 2002；Tourney and Ngwenya 2009）。

蓝细菌 *Synechoccus* 的 S-层通过提供非连续的、有规律性的成核位点模板以便于细粒方解石的形成，这些规则成核位点对于矿化过程的启动至关重要（Schultz-Lam et al. 1992）。Pentecost 和 Bauld（1988）认为，蓝细菌的方解石沉积是由鞘上的多聚位点启动，沉积成核于结合在鞘表面的异核或关联细菌表面上。蓝细菌 EPS

的存在既能增加介质的黏度，又起着扩散屏障的作用，影响钙离子的移动及沉积的动力，进而影响 CC 矿物的产生。

SRB 的 EPS 于碳酸钙沉积中的作用在现今的叠层石及岩化微生物垫中均有很好的表现，在那里，SRB 与钙化中的文石微晶层及高镁方解石微晶层紧密联系（Braissant et al. 2007）。

按 Braissant 等（2007）的说法，EPS 的三个主要特点控制着碳酸盐矿物的沉积：①适宜的 pH（>8.4）下，如果钙离子浓度超过 EPS 的结合能力，因局部的过饱和而使沉积出现于 EPS 内；②EPS 中的酸性功能基团自我重排，形成一利于碳酸盐矿物成核的模板；③EPS 的异养细菌降解有助于钙释放、SI 增大、碳酸盐沉积的提高。

Bontognali 等（2008）曾在实验室内以 *Desulfovibrio brasiliensis*（已知可在缺氧条件下介导白云石形成的 SRB）为材料来研究 EPS 内的矿化情况。结合 CLSM 及 cryo-SEM 技术，人们得知，如先前推测的那样，碳酸盐纳米晶成核于 EPS 内，而非在细菌细胞上。EPS 内的细菌样纳米颗粒出现于碳酸盐成核早期阶段，这些纳米颗粒逐步演变为具颗粒纹理的大球。从微生物生态学上讲，EPS 的分泌矿化看似是细菌的一种自我保护行为，这种行为方式使其不至于被埋于矿物之中，仍可保持一定的移动性。研究人员认为，或许，EPS 的分泌矿化是一个普遍存在的过程，这个过程在当今及过去的地质年代均有发生。

按 Decho（2010）的观点，介导生物性沉积（见 2.1 节）的生物多聚物如 EPS，一般被定位为微生物性"生物被膜"，生物被膜无所不在，其广布于各种环境中。一些不断涌现的证据表明，这一有机性的 EPS 基质（作为微生物性生物被膜的一部分）有着双重的作用，其既能抑制也能促进碳酸盐的形成，这依赖于其内在的某些特殊特征，如理化特点。生物被膜也是一个微环境，在这里，微观空间规模上（微米级至毫米级）的沉积既可促进也能抑制，且还展现出一定的空间组织性。微生物可实现一定水平上的环境控制，这种控制在范围上只限于生物被膜和 EPS，如海洋叠层石中的岩化生物垫。而且，其对于沉积的调节还处于原始阶段。因此，生物被膜及关联 EPS 基质的研究还只是探讨有机分子如何影响沉积过程的研究起点。按 Decho（2010）的说法，生物多聚物介导的沉积研究目前虽然处于研究初期，但不久将会引起越来越多的关注。

5.5　结　　论

BCCP 是广泛存在的、由细菌以诱导（主动）和（或）影响（被动）方式实施的钙矿化过程（Dupraz et al. 2009）。

细菌的代谢活动和细胞的表面结构及其与环境理化参数间的相互作用被认为

是 BCCP 过程中的关键因素。在复杂的自然环境及微生物群落中，不同途径及机制可联合作用以引导沉积的产生。沉积机制及此过程对于沉积生物的细胞生理及生态上的影响仍有很多未解之谜。

为弄清细菌于地质规模上是怎样的一种影响，有必要先从微观规模上了解 BCCP 是如何发生的，例如，在单细胞水平上。当然，从分子水平上弄清 BCCP 过程对于其未来的应用也是必需的（Decho 2010）。

BCCP 的作用或许也是沉积生物对钙离子胁迫微环境的一种应答方式（Anderson et al. 1992）。无论是原核生物还是真核生物的细胞，其胞内的钙离子浓度必须保持在一个低水平上，因为钙离子在细胞许多基础过程的调节上起着关键作用，且对于细胞结构有着潜在的危害（Smith 1995）。将钙固定于胞外以免胞内钙离子浓度升至一危险水平，这一必要性使得原核及真核生物产生了碳酸钙（Brennan et al. 2004）。在控制、诱导及影响 CC 矿物形成方面的深入了解将有助于人们揭示更多的、普遍共有的化学及结构方面的特点，尽管三个形成过程间存在着不同（Dupraz et al. 2009）。

在为细胞生存而采取的 BCCP 脱毒机制中，还需有一些细菌细胞的主动参与。BCCP 过程中一种可能存在的钙主动代谢模式由 Hammes 和 Verstraete 在 2002 年提出。

为更好地阐明 BCCP 的遗传控制（Barabesi et al. 2007）及细胞微观规模上的分子机理，人们仍有许多工作要做。

参 考 文 献

Achal V, Mukherjee A, Basu PC, Sudhakara Reddy M (2009) Strain improvement of Sporosarcina pasteurii for enhanced urease and calcite production. J Ind Microbiol Biotechnol 36:981–988

Anderson S, Appanna VD, Huang J, Viswanatha T (1992) A novel role for calcite in calcium homeostasis. FEBS Lett 308:94–96

Arp G, Reimer A, Reitner J (2001) Photosynthesis-induced biofilm calcification and calcium concentrations in Phanerozoic oceans. Science 292:1701–1704

Atlas RC, Rude PD (1988) Complete oxidation of solid phase sulfides by manganese and bacteria in anoxic marine sediment. Geochim Cosmochim Acta 52:751–766

Barabesi C, Galizzi A, Mastromei G, Rossi M, Tamburini E, Perito B (2007) Bacillus subtilis gene cluster involved in calcium carbonate biomineralization. J Bacteriol 189:228–235

Barabesi C, Salvianti F, Mastromei G, Perito B (2003) Microbial calcium carbonate precipitation for reinforcement of monumental stones. In: Saiz-Jimenez C (ed) Molecular biology and cultural heritage. AA Balkema Publishers, Lisse, The Netherlands, pp 209–212

Barton HA, Spear JR, Pace NR (2001) Microbial life in the underworld: biogenicity in secondary mineral formations. Geomicrobiol J 18:359–368

Bäuerlein E (2003) Biomineralization of unicellular organisms: an unusual membrane biochemistry for the production of inorganic nano- and microstructures. Angewandte Chemie International Edition 42:614–641

Bäuerlein E (2004) Biomineralization. Progress in biology, molecular biology and application. WILEY-VHC Verlag GmbH & Co KgaA, Weinheim

Ben Omar N, Arias JM, Gonzalez-Munoz MT (1997) Extracellular bacterial mineralization within the context of geomicrobiology. Microbiologia 13:161–172

Beveridge TJ (1989) Role of cellular design in bacterial metal accumulation and mineralization. Annu Rev Microbiol 43:147–171

Beveridge TJ, Murray RGE (1980) Sites of metal deposition in the cell wall of Bacillus subtilis. J Bacteriol 141:876–887

Bontognali TRR, Vasconcelos C, Warthmann RJ, Dupraz C, Bernasconi SM, McKenzie JA (2008) Microbes produce nanobacteria-like structures, avoiding cell entombment. Geology 36:663–666

Boquet E, Boronat A, Ramos-Cormenzana A (1973) Production of calcite (calcium carbonate) crystals by soil bacteria is a general phenomenon. Nature 246:527–529

Braissant O, Decho AW, Dupraz C, Glunk C, Przekop KM, Visscher PT (2007) Exopolymeric substances of sulfate-reducing bacteria: interactions with calcium at alkaline pH and implication for formation of carbonate minerals. Geobiology 5:401–411

Brennan ST, Lowenstein TK, Horita J (2004) Seawater chemistry and the advent of biocalcification. Geology 32:473–476

Cappitelli F, Toniolo L, Sansonetti A, Gulotta D, Ranalli G, Zanardini E, Sorlini C (2007) Advantages of using microbial technology over traditional chemical technology in removal of black crusts from stone surfaces of historical monuments. Appl Environ Microbiol 73:5671–5675

Castanier S, Métayer-Levrel L, Perthuisot J-P (1999) Ca-carbonates precipitation and limestone genesis-the microbiologist point of view. Sedimentary Geology 126:9–23

Costerton JW, Lewandowski Z, Caldwell DE, Korber DR, Lappin-Scott HM (1995) Microbial biofilms. Annu Rev Microbiol 49:711–745

De Muynck W, De Belie N, Verstraete W (2010) Microbial carbonate precipitation in construction materials: a review. Ecological Engineering 36:118–136

Decho AW (2010) Overview of biopolymer-induced mineralization: what goes on in biofilms? Ecological Engineering 36:137–144

Dominguez DC (2004) Calcium signalling in bacteria. Mol Microbiol 54:291–297

Douglas S, Beveridge TJ (1998) Mineral formation by bacteria in natural microbial communities. FEMS Microbiol Ecol 26:79–88

Dupraz C, Reid RP, Braissant O, Decho AW, Norman RS, Visscher PT (2009) Process of carbonate precipitation in modern microbial mats. Earth Sci Rev 96:141–162

Ehrlich HL (1996) Geomicrobiology, 3rd edn. Marcel Dekker, New York

Ehrlich HL (1998) Geomicrobiology: its significance for geology. Earth Sci Rev 45:45–60

Ercole C, Cacchio P, Botta AL, Centi V, Lepidi A (2007) Bacterially induced mineralization of calcium carbonate: the role of exopolysaccharides and capsular polysaccharydes. Microsc Microanal 13:42–50

Fein JB, Daughney CJ, Yee N, Davis TA (1997) A chemical equilibrium model for metal adsorption onto bacterial surfaces. Geochim Cosmochim Acta 61:3319–3328

Folk RL (1993) SEM imaging of bacteria and nanobacteria in carbonate sediments and rocks. J Sedim Petrol 63:990–999

Fortin D, Ferris FG, Beveridge TJ (1997) Surface-mediated mineral development by bacteria. Rev Mineral 35:161–180

Friis AK, Davis TA, Figueira MM, Paquette J, Mucci A (2003) Influence of bacillus subtilis cell walls and EDTA on calcite dissolution rates and crystal surface features. Environ Sci Technol 37:2376–2382

Hammes F, Verstraete W (2002) Key role of pH and calcium metabolism in microbial carbonate precipitation. Rev Environ Sci Biotechnol 1:3–7

Head IM, Gray ND, Clarke KJ, Pickup RW, Jones JG (1996) The phylogenetic position and ultrastructure of the uncultured bacterium Achromatium okaliferum. Microbiology 142: 2341–2354

Inui M, Suda M, Kimura S, Yasuda K, Suzuki H, Toda H, Yamamoto S, Okino S, Suzuki N, Yukawa H (2008) Expression of Clostridium acetobutylicum butanol synthetic genes in Escherichia coli. Appl Microbiol Biotechnol 77:1305–1316

Jiang W, Saxena A, Bongkeun S, Ward BB, Beveridge TJ, Myneni CB (2004) Elucidation of functional groups on Gram-positive and Gram-negative bacterial surfaces using infrared spectroscopy. Langmuir 20:11433–11442

Kawaguchi T, Decho AW (2002) A laboratory investigation of cyanobacterial extracellular polymeric secretions (EPS) in influencing CaCO$_3$ polymorphism. J Crystal Growth 240: 230–235

Little BJ, Wagner PA, Lewandowski Z (1997) Spatial relationship between bacteria and mineral surfaces. Rev Mineral 35:123–159

Lowenstam HA, Weiner S (1989) On biomineralization. Oxford University Press, Oxford

Mann S (2001) Biomineralization. Oxford University Press, New York

Marvasi M, Visscher PT, Perito B, Mastromei G, Casillas-Martinez L (2010) Physiological requirements for carbonate precipitation during biofilm development of Bacillus subtilis etfA mutant. FEMS Microbiol Ecol 71:341–350

McConnaughey TA, Whelan JF (1997) Calcification generates protons for nutrient and bicarbonate uptake. Earth Sci Rev 42:95–117

Murray J, Irvine R (1889–1890) On coral reefs and other carbonate of lime formations in modern seas. Proc Roy Soc Lond A 17:79–109

Naseem R, Wann KT, Holland IB, Campbell AK (2009) ATP regulates calcium efflux and growth in E. coli. J Mol Biol 391:42–56

Norris V, Grant S, Freestone P, Canvin J, Sheikh FN, Toth I, Trinei M, Modha K, Norman RI (1996) Calcium signalling in bacteria. J Bacteriol 178:3677–3682

Pentecost A, Bauld J (1988) Nucleation of calcite on the sheaths of cyanobacteria using a simple diffusion cell. Geomicrobiol J 6:129–135

Perito B, Biagiotti L, Daly S, Galizzi A, Tiano P, Mastromei G (2000) Bacterial genes involved in calcite crystal precipitation. In: Ciferri O, Tiano P, Mastromei G (eds) Of microbes and art: The role of microbial communities in the degradation and protection of cultural heritage. Plenum Publisher, New York, pp 219–230

Phoenix VR, Konhauser KO (2008) Benefits of bacterial biomineralization. Geobiology 6: 303–308

Rivadeneyra MA, Delgado R, del Moral A, Ferrer MR, Ramos-Cormenzana A (1994) Precipitation of calcium carbonate by Vibrio spp. from an inland saltern. FEMS Microbiol Ecol 13: 197–204

Rivadeneyra MA, Delgado G, Ramos-Cormenzana A, Delgado R (1998) Biomineralization of carbonates by Halomonas eurihalina in solid and liquid media with different salinities: crystal formation sequence. Res Microbiol 149:277–287

Rodriguez-Navarro C, Rodriguez-Gallego M, Ben Chekroun K, Gonzalez-Muňoz MT (2003) Conservation of ornamental stone by Myxococcus xanthus-induced carbonate biomineralization. Appl Environ Microbiol 69:2182–2193

Schultze-Lam S, Harauz G, Beveridge TJ (1992) Partecipation of a cyanobacterial S layer in fine-grain mineral formation. J Bacteriol 174:7971–7981

Silver S (1997) The bacterial view of the periodic table: specific functions for all elements. Rev Mineral 35:345–360

Simkiss K (1977) Biomineralization and detoxification. Calcif Tiss Res 24:199–200

Smith RJ (1995) Calcium and bacteria. Adv Microb Physiol 37:83–133

Tourney J, Ngwenya BT (2009) Bacterial extracellular polymeric substances (EPS) mediate CaCO$_3$ morphology and polymorphism. Chem Geol 262:138–146

Vasconcelos C, McKenzie JA, Bernasconi S, Grujic D, Tien AJ (1995) Microbial mediation as a possible mechanism for natural dolomite formation at low temperatures. Nature 377:220–222

von Knorre H, Krumbein WE (2000) Bacterial calcification. In: Riding RE, Awramik SM (eds) Microbial sediments. Springer, Berlin Heidelberg, pp 25–31

Weiner S, Dove PM (2003) An overview of biomineralization and the problem of the vital effect. Am Rev Mineral Geochem 54:1–31

Wright DT (1999) The role of sulphate-reducing bacteria and cyanobacteria in dolomite formation in distal ephemeral lakes of the Coorong region, South Australia. Sediment Geol 126 (1–4):147–157

Yates KK, Robbins LL (1999) Radioisotope tracer studies of inorganic carbon and Ca in microbiologically derived CaCO$_3$. Geochim Cosmochim Acta 63(1):129–136

Zamarreño DV, Inkpen R, May E (2009) Carbonate crystals precipitated by freshwater bacteria and their use as a limestone consolidant. Appl Environ Microbiol 75:5981–5990

Zavarzin GA (2002) Microbial geochemical calcium cycle. Microbiology: a translation of Mikrobiologiya 71:1–17

6 钙基生物矿化的基本原理

生物矿化涉及生物体从局部环境中选择性抽取和摄入无机离子，并最终在其严格控制下将这些离子嵌入功能性的结构中去。像骨骼、贝壳等硬的生物无机材料在化石中均有明确记录，涉及无机矿化的生物过程甚至可追溯至 35 亿年前。此外，化石不仅记录着生物间的种缘关系，同时还包含着海洋环境的局部气候与化学条件等历史信息（Mann 2001）。

Lowenstam 和 Weiner（1989）的"矿物由生命体形成"的现代矿化理论更加强调矿化中生物大分子的重要性，并指出"生物控制性矿化"与"生物诱导性矿化"的不同。与刚、硬而脆的无机矿物相比，生物矿物则相对软、柔而有韧性。因此，如果能将"无机强度"与"有机韧性"结合起来，那么生命体在机械设计上会赢取的更多。生物矿化为生命体提供了远超于结构支持与机械强度方面的作用。作为自然结构建造大师，生物体形成的矿化结构被赋予了各种各样的生物功能，例如，保护、运动、切磨、浮力、储存及光、磁和重力上的感应。总之，生物矿化涉及面非常广，有着各种不同的议题与视角，从全球性地球科学到局部微境生物学再到材料设计的选择压力，以及组织解剖与细胞微观世界。

生物材料的良好形貌与分级结构设计引起了科研人员的关注。周围环境下的精致结构自组织为材料科学提供了绝佳模型。因其潜在应用前景，这些有着定制形貌，如粒状、棒状、线状、管状及片状形态的纳米结构材料的设计也引起了人们更多的兴趣。三维结构空间的控制组装是广泛应用的材料设计上的一项重大挑战。许多生物材料的结构，如珍珠层、鲍鱼壳、象牙、人骨、牙齿等均已被人们研究。作为功能性材料，这些呈现迷人的形貌与结构的生物材料有着极大的应用前景。生物材料的结构研究意义重大，可能会为合成材料设计提供一些神奇的思路。同时，结构的研究还能使得一些生物矿化理论更加完善（Oaki and Imai 2005）。

6.1 水生生物的钙基生物矿化

自然界中有 60 种以上的生物矿物。H、C、O、Mg、Si、P、S、Ca、Mn、Fe构成了生命所需的 20～25 种元素中的几个常见组分。超过一半的生命必需元素包含于生物沉积中。其中，钙是分布最广且为骨骼、牙齿及贝壳中的最常见成分。有趣的是，骨骼由磷酸钙组成，而贝壳则由碳酸钙构建而成。造成这种明显差别的原因目前仍不明了。在骨骼与贝壳中，无机矿物与组装复杂的有机基质紧密地联系在一起，这一点是非常重要的。

因碳酸钙及磷酸钙矿物有着很高的晶格能和较低的溶解度，因此，从热力学上在生物环境中碳酸钙非常稳定。相反，水合状态下，如草酸钙和硫酸钙却更容易溶解，所以它们不太常见。一般而言，钙盐沉积不失为一种有效的控制生物液中钙离子浓度的方式。这有助于维持一种稳定状态以保证胞内钙浓度始终在 10^{-7} mol·L^{-1} 左右（Mann 2001）。

6.1.1 碳酸钙

碳酸钙矿物有 6 种组分相同而结构不同的形式：方解石、文石、球文石、一水碳酸钙、六水碳酸钙及非晶态碳酸钙，其中只有热力学稳定的方解石和文石是以生物矿物的形式大量沉积，见表 6-1。镁离子可轻易地嵌入方解石晶格中，很多生物性方解石中的镁离子摩尔含量高达 30%。

表 6-1　碳酸钙生物矿物（Mann 2001）

矿物	分子式	生物来源	位置	功能
方解石	CaCO$_3$	颗石藻	胞壁	外骨骼
		有孔虫	壳	外骨骼
		三叶虫	眼体透镜	光学成像
		软体动物	壳	外骨骼
		甲壳动物	蟹壳角质层	机械强度
		鸟	蛋壳	保护
		哺乳动物	内耳	重力感受器
镁方解石	(Mg, Ca)CO$_3$	八方珊瑚	骨针	机械强度
		棘皮动物	壳/棘刺	强度/保护
文石	CaCO$_3$	造礁石珊瑚	胞壁鳞片	外骨骼
		软体动物	壳	外骨骼
		腹足纲动物	交配器	生殖
		头足纲动物	壳	浮力装置
		鱼	头部	重力感受器
球文石	CaCO$_3$	腹足纲动物	壳	外骨骼
		海鞘动物	骨针	保护
非晶态	CaCO$_3$·nH$_2$O	甲壳动物	蟹子角质层	机械强度
		植物	叶子	钙储存

6.1.1.1　方解石及文石

1）软体动物壳

尽管软体动物壳大小、形状各式各样，但其所用材料总体上来讲是纯而简单的方解石和文石形式的碳酸钙。有趣的是，很多海洋生物壳中既有方解石又含文石，但二者在空间上是分隔开来的。

通常，壳外层——棱柱层及其生长边缘由方解石晶体构成，而壳内层——珍珠层则由盘状文石晶体"砖墙"构成，见图6-1。壳生长过程中先是棱柱层沉积，然后珍珠层再添加上去，随着时间推移壳不断变厚。碳酸钙多态间的切换由一层密积在一起的称为外上皮的细胞控制，这层细胞与内壳表面分离，二者间的空间内即外套膜腔（extrapallial space）内充满了称为外套膜组织液（extrapallial fluid）的水溶液。但这一过程是如何工作的人们迄今仍不得而知。方解石-文石间的切换对于贝壳的生物矿化至关重要，也是近几十年来的研究重点。

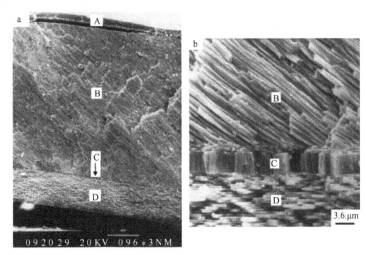

图6-1　（a）*Mytilus edulis* 的壳横断面 SEM 图（A：角质层；B：斜棱柱层；C：常规棱柱层；
　　　　D：珍珠层）；（b）图（a）的放大图，示结构细节（Feng et al. 2000a）。

珍珠层（珍珠孕育场所）是一个由 0.5 μm 厚的文石多边形薄片三明治式叠砌而成的壳层，三明治的中间是约 30 nm 厚的蛋白质-多糖有机基质层。此基质对于晶体的厚度限制及壳结构的机械性能至关重要。有机基质的加入使壳壁中空隙数量大大减少，且通过能量疏散抑制了裂纹的蔓延，扩展缺陷沿有机层行进而非穿过无机晶体。如此一来使得珍珠层的韧性可达无机文石的 3000 倍左右。

许多海洋单细胞生物能生成外观精致的、充当着"外骨骼"作用的矿化结构，这些生命体生活于其中。在这些众多生物中，最令人惊奇的是通常被称为颗石藻的一种浮游性海洋生物。其矿化壳（颗石球）由雕刻般精美的、称为颗石的方解石盘及长喇叭状的棘组成。

2）感受器

方解石及文石还是海洋动物的一种重力感受器。这些装置（一般称为平衡石、耳石或耳砂）的功能类似于半规管（负责检测角动量变化）中的液体。人耳中，纺锤状的方解石晶体位于特化膜上，膜下为听觉神经细胞。在一个线性加速变化中，晶体块相对于发丝般纤细的听觉细胞突起的移动所产生的压力电信号被传至大脑。鱼内耳中的耳石也是碳酸钙凝结物，作为声音传感器在硬骨鱼的平衡体系中发挥着重要的作用。图 6-2 示鱼耳石的位置。Pannella（1971）发现鱼耳石日轮现象，随之引发大量以耳石日轮来记录鱼每日生长的研究。据悉，鱼类中普遍存在耳石日轮现象（Campana and Neilson 1985）。研究人员认为，耳石由增长区和间歇区两部分构成。前者宽而透明，成分为碳酸钙；后者窄而晦暗，成分为有机基质。目前，人们的工作多限于日轮结构方面的研究，耳石微结构的了解对于仔鱼、稚鱼研究非常重要。Campana 和 Neilson（1985）曾研究过耳石微结构的生态性影响，包括早期生活史、鱼龄、生长、产卵、洄游、死亡、群体结构及生活历史信息与耳石微结构间的关系。耳石微结构的观测与分析可用于鱼的种群区分，并显示野生及饲养鱼过往的喂养与生长情况。耳石的微结构与很多因素有关，首先是环境条件，如水温、水中富集元素、食物供应等，这些因素均影响耳石日轮的宽度、对比度、透明度及形态。耳石的生长及结构也受蛋白质的影响，Sollner 等（2003）报道称，"星探"基因可控制晶体的晶格结构及耳石的形状。

图 6-2　野生鲤鱼数码照片（a）及其耳石解剖示意图（b）。

3）海蛇尾的方解石微透镜

许多棘皮动物的感光性有助于其皮层受体"扩散"。Aizenberg 等（2001）报道，作为海蛇尾骨骼架构的方解石单晶还是特殊光感器官构件，有着复眼的作用。*Ophiocoma* 动物的腕骨板分析显示，在一些光敏种类中，迷宫般的方解石骨骼外延变为典型的双透镜球形微结构，而一些非光敏种类则无此结构。光刻实验显示，透镜中央下方的光阻有选择性地曝光。实验证据表明，这些微透镜光学元件可引导并聚焦光线至组织中。焦距 4～7 μm，这一距离与主要感光器——神经束的位置一致。这样的透镜布阵设计可最大限度地减少球面差及双折射，并能从一个特定方向上探测到光线。通过趋光性色素细胞的调节（调节到达感光器的光量），其光学性能得到进一步地优化。这些有着机械及光学性能的结构只是多功能生物材料的一个代表。

一般而言，棘皮动物尤其是海蛇尾对光强有着广泛的应答，行为上表现为从

光不敏感到明显颜色变化，以及迅速逃离（Aizenberg et al. 2001）。*Ophiocoma* 的
Ophiocoma pumila 及 *Ophiocoma wendtii* 的骨骼结构及外观比较见图 6-3。这两种动物
代表着两类完全不同的光敏类型，前一种（图 6-3a）对光线的反应较小，且无颜色
变化，而后一种则对光极为敏感，颜色变化明显，从白天的深褐色（图 6-3b 左）至
晚上的灰色和黑色条纹（图 6-3b 右）。其另一引人注目的行为是负趋光性，*O. wendtii*
能探测到影子并迅速钻入黑洞中以躲开捕食者，其探测距离有几厘米远。此类动物
的这种反应超乎人们的想象，因为它们并无人们通常所见的感光特化器官——眼睛，
其之所以能有这样的行为，是因为动物体内有感光器，感光器感受到的光通过皮层
接收器对光刺激做出反应，皮层接收器的离散程度决定着体色的深浅变化。

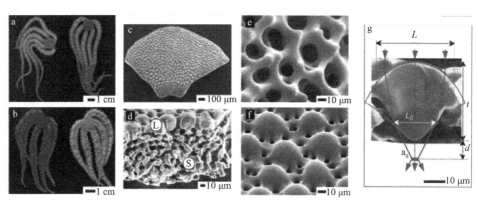

图 6-3　栉蛇尾科海蛇尾的形貌及其骨骼结构（Aizenberg et al. 2001）。（a）光不敏感物种
Ophiocoma pumila 的体色昼（左）夜（右）无变化；（b）光敏感物种 *O. wendtii* 的体色昼（左）
夜（右）有变化；（c）有机组织清理后的 *O. wendtii* 的背腕板（DAP）SEM 图；（d）*O. wendtii*
的 DAP 碎片横断面 SEM 图，示外周层中典型的方解石 stereom（S）结构和放大透镜（L）结
构；（e）*O. wendtii* DAP 外周层中无放大透镜结构处 SEM 图；（f）*O. wendtii* DAP 外周层放大
透镜结构处 SEM 图；（g）*O. wendtii* 的单个放大透镜纵断面高倍 SEM 图。红线代表有球面像
差补偿的透镜计算剖面，方解石透镜起作用部分（L_0）与红粗线标示的透镜剖面严密匹配，光
路以蓝线表示。（彩图请扫封底二维码）

　　海蛇尾的光敏性或许与其背腕板（dorsal arm plate，DAP）的特化骨结构有关。
这些骨片保护着腕部各连接处的上半部分，见图 6-3c。棘皮动物骨骼由其独有的
三维筛样定向性方解石单晶——称为 stereom 的结构构成，*Ophiocoma* 动物的 DAP
中的 stereom 半径约 10～15 μm，见图 6-3d。在 *O. wendtii* 及其他一些光敏种类中，
stereom 的外表上长有成排的、半径为 40～50 μm 的球形结构，见图 6-3d、f。横
断面显示，其是一规则的双透镜形状，见图 6-3g。方解石结构成分的光轴方向与
透镜轴方向平行，并垂直于骨板表面。透镜的几何参数可由透镜中央的 20 个随机
测得的透镜半径（L）及厚度（t）推算获得，见图 6-3g。

在一些相对光不敏感的物种中,其 DAP 无上述这些结构,如 *O. pumila*(图 6-3a、e),其感光器由方解石微透镜直接担当,三叶虫中也是如此。报道称,海星及海胆中也存在这类简易紧凑的 stereom 透明带。Azenberg 等(2001)推测,这些方解石微结构或许具有将光引导并聚焦于光敏组织的功能。基于以上研究结果,人们认为,方解石微透镜的排布及其独特的聚焦效应和其下方的神经接收器一道构成了一个具有复眼功能的特殊感光体系。

海蛇尾方解石用途的阐明,无论是从光学元件还是从机械支持方面均说明生命体有着令人惊奇的能力,在漫长的进化过程中,它们能将一种材料不断优化并使其具有多种功能。通过学习,人们可从中学到如何制造一些智能性的材料。

6.1.1.2 球文石

碳酸钙有三种非水合晶体形式,分别为方解石、文石及球文石,是生命体生物矿化过程中最重要的无机材料之一。三种结晶体中,方解石的热稳定性最高,其次为文石,球文石的热稳定性最差。球文石极其不稳定,其晶系为六方 P63/mmc。当暴露于水中时,其极易重结晶为方解石。曾有报道称,水生生物中存有球文石矿物沉积。海鞘类生物的精美骨针即由球文石组成(多数钙质海绵动物的骨针成分为高镁方解石),在这里,这些球文石沉积物可能起着结构支持或威慑捕食者的作用。观察发现,两种鱼的内耳中也有球文石沉积物。研究显示,球文石还存在于一些 pH、温度及压力精准控制的特殊环境下(Vecht and Ireland 2000)。即使是在有有机添加剂或有机模板参与的实验条件下生产的球文石,也难以抵御水溶液或高温(Kanakis and Dalas 2000)。有趣的是,生命体的生物矿化过程能生产很多的球文石,如胆结石、尿结石、微生物性饼样物(microbial biscuits)、鱼耳石及龟蛋壳。其中,最为新奇的是广布于中国的淡水无光泽珍珠。这样的一些球文石还通常与文石(光泽珍珠的主要成分)共存于半光泽珍珠中,或单独存在于无光泽的珍珠中,见图 6-4。

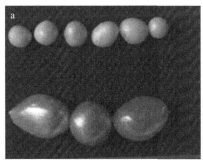

图 6-4 淡水珍珠照片。(a)球文石珍珠(上方,无光泽)及文石珍珠(下方,有光泽);(b)由球文石和文石组成的半光泽珍珠。(彩图请扫封底二维码)

6.1.1.3 非晶态碳酸钙

非晶态碳酸钙以纺锤形沉积物——钟乳体形式形成于许多植物的叶片中，其作用为钙储存。尽管此物质无机体系下极不稳定，这缘于其水液中的快速相变。然而，这一生物矿物因其固体表面上的生物大分子如多糖的吸附而变稳定（Weiner et al. 2009）。

长期以来，人们一直认为生物矿物的生产直接由饱和溶液而来。然而，也有一些例外，如众所周知的石鳖矿化齿舌上的齿片。1997 年，有报道称，海胆幼虫先通过沉积非晶态碳酸钙这样的高不稳定性矿物来形成方解石骨针。这种策略还见于其他门类动物，形成的矿物有方解石也有文石。最新证据显示，脊椎动物骨骼矿物形成中也经过非晶态碳酸钙前体过程。该策略可能广泛存在于生物界的矿化中。人们当前所面临的挑战是弄清这些不稳定相最初通过何种机制形成，它们如何被暂时稳定住，又如何消除暂时的稳定最终变为成熟的晶体产物。

生物矿化的基本范例均来自饱和溶液矿物和结构化表面及有添加剂密切参与控制的形成过程。先形成的矿物可能相对无序，经过一段时间后转变为更稳定的矿相（Ostwald 阶段成熟理论）。先形成的矿物也可能与成熟矿物相类似或一致。矿物形成过程极其依赖于成核机制及矿化时的微环境。不同门类生物的不同生物矿化过程研究显示，临时性的矿物先形成，接着再在结构性基底上结晶。此外，矿物的生长或许由离子和大分子修饰调整。最新的一些研究多集中于生物矿化中非晶态前体策略的发展及此现象的分布上，当然也包括脊椎动物。有关此话题可参见文献（Weiner et al. 2005）。

6.1.2 磷酸钙

骨骼及牙齿的主要成分为羟基磷灰石（HA）形式的磷酸钙矿物，这些无机矿物与大量的蛋白质一起构成了骨骼和牙齿。生物性 HA 的化学结构非常复杂，这是因为从组分上讲矿物并非纯正（非化学计量），常常钙不足而碳酸根有余，因不同晶格位点上的磷酸根被碳酸根取代。尽管骨骼矿物被认作 HA，但其常被认知为"碳酸磷灰石"。矿物组分可表达为：$(Ca,Sr,Mg,Na,H_2O,[\ ])_{10}(PO_4,HPO_4,CO_3,P_2O_7)_6(OH,F,Cl,H_2O,O,[\ ])_2$，其中 [ ] 表示晶格缺陷，为方便起见，其多简写为 $Ca_{10}(PO_4)_6(OH)_2$。

生物矿化中的磷酸钙矿物还有其他几种中间相，见表 6-2。尤其是骨及软骨矿化的早期阶段会出现一种非晶态磷酸钙矿相。另一矿相——磷酸八钙$[Ca_8H_2(PO_4)_6]$也常存在于一些组织中，在那里，其可转化为 HA，这是因为两种矿相的单胞结构极为匹配。

表 6-2 磷酸钙生物矿物（Mann 2001）

矿物	分子式	生物来源	位置	功能
羟基磷灰石	$Ca_{10}(PO_4)_6(OH)_2$	脊椎动物	骨	内骨骼
		哺乳动物	牙齿	切/磨
		鱼	鳞片	保护
磷酸八钙	$Ca_8H_2(PO_4)_6$	脊椎动物	骨/牙齿	前体相
非晶态	变化多样	石鳖	牙齿	前体相
		腹足纲动物	砂板	压碎
		瓣鳃纲动物	鳃	离子库
		哺乳动物	线粒体	离子库
		哺乳动物	奶	离子库

6.1.2.1 骨骼

为满足不同功能，如机械支持及保护作用而又不失运动的需求，骨骼形状及大小各有不同。与任何其他矿物相比，在无机及生物无机材料中，骨骼的本质更加突出，也更加重要。例如，骨骼常被认作是一种活矿物，因为其始终在不断生长、溶解及重塑，以应对内部信号（如怀孕）及外部应力场（如重力）。

骨骼的机械性能源自 HA 的有组织矿化，这种矿化进行于由胶原纤维、糖蛋白及其他许多各种类型蛋白质构成的基质中。无机及有机组分间的联合作用使骨骼具有了比 HA 更大的韧性。通过将这样的一些成分刻画至微结构交错的编织骨、皮质骨中，并对其结构中的矿物含量进行控制，不同功能的骨骼被赋予了不同水平的刚性。为快速移动，一些机敏灵巧的动物，如鹿的骨骼则需高弹性及低含量的矿物（约 50 wt%）。相反，一些大型海洋哺乳动物，如鲸的骨骼则刚性很大，其 HA 含量高达 80 wt%以上。骨骼是一种典型的具有不同结构层次的自组装生物材料。图 6-5 显示的是长骨的不同结构层次。

骨骼的非化学计量本性可能对应于其组织中显见的压电反应。尽管其确切机理仍不明了，但这种压力刺激着骨骼矿物的生长。骨骼的矿化结构中含有细胞网络，这些细胞通过小孔及通道相互连接。有一种可能是，骨细胞扮演着生物"应变计"的角色以应对机械压力变化，并发送化学或电化学信号至骨骼表面，激活造骨细胞使其开始矿化。这个激活过程极其复杂，因为这一过程中又有一种称为破骨细胞的细胞参与其中，它的作用是通过酸和酶来不断降解骨骼，并对一些信号做出应答。总之，这个过程相当复杂，其中包含着各种形式的反馈，这些反馈由大量生化激发剂（如血循环中的激素）调控。

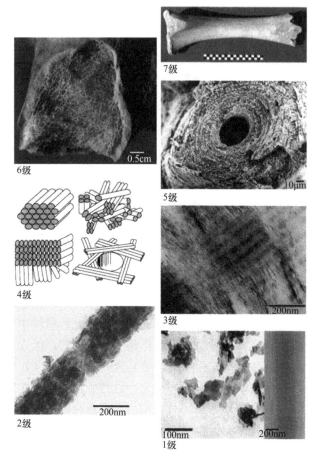

图 6-5 长骨的分级式结构（Weiner and Wangner 1998）。1 级，主要成分为纳米晶；2 级，矿化的胶原纤维；3 级，纤维阵列；4 级，纤维阵列花样组合；5 级，圆筒式模体——骨单位；6 级，松质骨 vs 密质骨；7 级，整个骨。

6.1.2.2 牙

　　牙本质及牙釉质像骨骼一样，其结构及组织化源自一个高度复杂的体系，使它能承受某些特殊的机械应力。牙釉质位于牙齿外侧，相较于骨骼，韧性很差，因为其 HA 含量近 95 wt%，而人骨的 HA 含量约为 65 wt% 。尽管如此，通过长条状晶体交织于无机结构中，其仍能获得某些结构性抗力。有趣的是，牙釉质形成始于高比例的蛋白质含量[主要为牙釉蛋白（amelogenin）及釉蛋白（enamelin）]，但随着矿化的不断进行，这些蛋白质逐步被移除，生物矿物占据了牙齿的大部分空间。牙本质则是另一种情况，其位于牙的中央区，含胶原，与骨骼的结构及组分有些类似。

在许多国家中，牙健康方面改善的主要原因来自饮水及牙膏中氟的使用。氟离子可嵌入 HA 晶格中，使晶格更加稳定并降低矿物相的溶解性。令人惊奇的是，鱼牙中含一种称为似釉质的类似牙釉质的结构物，其内含有高水平的氟。例如，鲨鱼似釉质中的氟含量高于人牙釉质的 1000 多倍。

6.2 水生生物中碳酸钙基生物矿物的分级结构

许多天然生物矿物均有着分级的结构，如人骨、人的牙釉质、珍珠层及象牙等。

生物的分级式组织材料由水溶液中的前体自组装而来，科学家们已采用了多种仿生技术来制备和组织架构模块。生物无机超结构的构建需要有机与无机组分的精致配合，因此，在仿生材料的制作上，了解生物矿化过程中大分子的作用则是人们所面临的最大挑战。例如，海蛇尾方解石微透镜的发现、立体化学的手性形貌识别及蜗牛壳的旋向性（handedness）揭示了隐藏于生物材料背后的精巧结构及其性能。珍珠层吸引了众多研究者的目光，尤其是珍珠层的细致结构、不同范围大小的缺陷、嵌入大分子、机械强度、形成机制及仿生模拟方面。要想真正了解生物矿物的组织化分级式结构，则需要人们不断地在化学、生物及材料科学上取得进展。

6.2.1 鲤鱼耳石

鱼耳石是一类典型的碳酸钙天然生物矿物，由一对扁平石、矢状石及星状石组成，见图 6-2。耳石参与了鱼的声觉及体姿的平衡维持。尽管鱼耳石的生长史与微结构的关系已被人们所知，但其分级结构，尤其是纳米水平上的结构仍不明了。Li 等（2009）对鲤鱼耳石的纳米形貌进行过观察，并研究了其分级的组织水平，使人们对结构-生态间的关系有了更深的理解。鱼耳石分级结构调研活动对于碳酸钙生物矿化及水环境化学的研究至关重要。

6.2.1.1 扁平石的分级式结构

扁平石，由文石组成，是一种具有高度复杂分级结构的矿化材料。扁平石的其他主要成分为蛋白质，约占重量的 4%～5%。其分级结构大致分为 7 级。

1 级：文石纳米晶，为扁平石的基本矿物结构单位，纳米级大小，（111）和（002）晶面被标记，见图 6-6a。

2 级：文石纤丝，文石纳米晶沿 c 轴（图 6-6b，黑色箭头）方向生长，形成一直径 60 nm 的纤丝结构，纤丝表面覆有蛋白质。

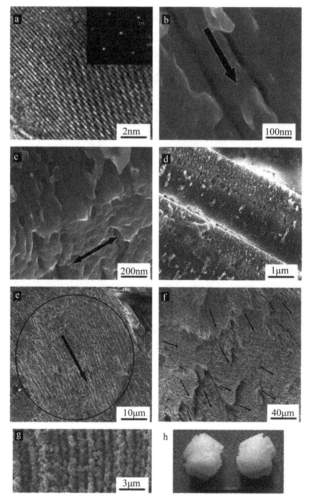

图 6-6　鲤鱼扁平石组织的 7 级结构水平（Li et al. 2009）。（a）1 级，扁平石分离晶体的 HRTEM 及 SEAD 图；（b）2 级，文石纤维 SEM 图；（c）3 级，文石层及其延展方向的 SEM 图；（d）4 级，棒样结构 SEM 图；（e）5 级，有取向性区域的 SEM 图；（f）6 级，日生长的结构 SEM 图；（g）7 级，多日生长的结构 SEM 图；（h）扁平石数码照片。（彩图请扫封底二维码）

　　3 级：纤丝阵列，扁平石中的矿物纤丝沿其直径方向直线排列。纤丝间密切联系，邻近纤丝的条纹彼此相连，见图 6-6c。纤丝二维空间上的排布高度有序，形成层结构。层与层之间紧密堆积并彼此平行。纤丝排布方向见图 6-6c 中的黑色箭头，此方向垂直于纤丝长轴。

　　4 级：三维空间的长棒，长约 1.5 μm 的文石纤丝（2 级）长轴（图 6-6d）沿 x 向排布，纤丝层（3 级）沿 z 向堆积，并于 y 向上延伸。三个方向上彼此垂直，形成一个三维的条棒样结构。条棒的长轴沿 y 向伸展几十微米。

5 级：域结构，基于单环结构的形态研究，人们认为扁平石的条棒样结构具有方向性。从微米尺度上看，数以百计的条棒看似沿同一方向排列，并形成域结构。黑色圆圈标记的域结构直径约 100 μm，见图 6-6e，箭头代表着条棒的排布方向。

6 级：域阵列，5 级结构联合组成数百微米甚至毫米级的更大的结构——6 级域阵。所有的域均出现于同一个环中。6 级结构代表着一天的生长量。按图 6-6f 所示，条棒的长轴方向不在日生长层内，多数相邻的域之间有着类似的方向。

7 级：日生长，日环结构见图 6-6g。每天的生长宽度在 1～2 μm 范围内，空白区的蛋白质被蚀刻掉。图 6-6h 是一对扁平石的数码照片。

6.2.1.2　矢状石的分级式结构

矢状石的文石晶体有着如扁平石一样的 1 级结构，见图 6-7a。相较于扁平石，矢状石的分级结构更加简单。图 6-7b 所示的是日环的一个断面，从中可清晰看到文石纤维，纤维长约 1.5 μm，直径约 250 nm（2 级结构）。矢状石的纤维比扁平石纤维大，但矢状石没有扁平石那样多的分级结构。文石纤维是矢状石日环的直接构建单位，且纤维方向垂直于日环，见图 6-7c。从图 6-7d 中可清晰看到矢状石的每天生长情况。因断面的中央不在中心位置上，因此，日环（生长线）不同部位的宽度也相差很大，矢状石（只有 1 个中心）的日环结构见图 6-7e，有时也有 2～3 个中心。图 6-7f 为矢状石数码照片。

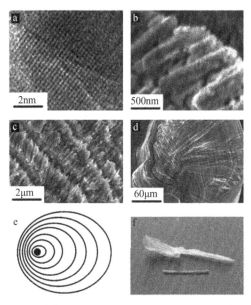

图 6-7　鲤鱼矢状石组织的 4 级结构水平（Li et al. 2009）。(a) 1 级，矢状石分离晶体的 HRTEM 图；(b) 2 级，文石纤维 SEM 图，纤维长 1.5 μm，直径 250 nm；(c) 3 级，日增长 SEM 图；(d) 4 级，多日增长 SEM 图；(e) 多日增长结构示意图；(f) 矢状石数码照片。（彩图请扫封底二维码）

6.2.1.3 星状石的分级式结构

1 级：球文石纳米晶，星状石由球文石组成，是一典型的分级式结构生物矿物。SEM 及 TEM 显示，其结构分为 5 级。按照 HR-TEM 及 SEAD 研究结果，球文石纳米晶为其 1 级结构单位，晶体大小约 20 nm，见图 6-8a。

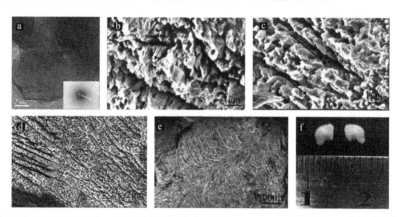

图 6-8 鲤鱼星状石组织的 5 级结构水平。（a）1 级，HR-TEM 下的球文石纳米晶及其 SEAD 图；（b）2 级，球文石晶体棒 SEM 图；（c）3 级，球文石晶体层 SEM 图，晶体层厚约 2 μm；（d）4 级，区域 SEM 图；（e）5 级，多日生长 SEM 图，宽 10～20 μm；（f）星状石数码照片，直径约 4 mm。

2 级：球文石晶体棒。球文石纳米晶堆砌在一起形成球文石晶体棒，棒的直径约 300 nm，见图 6-8b。

3 级：球文石晶体层。球文石晶体棒沿二维空间方向平行排列，形成 3 级水平的球文石层。如图 6-8c 所示，每层沿箭头方向延伸，层宽约 2 μm。邻近各层在垂直方向上彼此堆积，不同层的球文石晶体棒相互平行。

4 级：日生长环。图 6-8e 所示的是星状石的日环结构，日环宽度为 10～20 μm。日环由增长区和间歇区组成，增长区宽而明亮，主要由碳酸钙构成，间歇区窄而晦暗，多由有机基质组成。

5 级：星状石整体，不同的生长环以某种方式堆积在一起形成星状石，其直径约 4 mm。

从扁平石、矢状石及星状石的分级结构来看，每种耳石有着独特的结构与形态。无论材料学家还是生物学家均能从研究中受益，并从中获得鱼生态学与环境化学间的关系。天然自组装的生物矿物的结构常与功能密切联系。耳石中的扁平石内方向性的域结构并非独一无二。Feng 等在 *Mytilus edulis* 壳珍珠层中也同样发现了域结构（Feng et al. 1999），这些域由 3～10 个垂直于珍珠平面的连续平板组成。相邻的域的文石晶体有着同样的 c 轴方向，但其 a 轴方向却不同。相较于珍珠层中的平板，扁平石中自组装文石棒的方向更为复杂，因棒的长轴方向并非均指向同一个方向。此外，由平行纤维束组成的文石棒也并非扁平石分级结构的基本单位。矢状石中的文石纤维均垂直于日环层，因此，矢状石切面似乎呈辐射状。图 6-7d 清晰显示，核心位置并不对称，更偏向于沟槽一边，见图 6-7d 的左侧。耳石的这种非常规形状可部分解释为由上皮细胞及某些特殊感觉上皮的分布引起。

鲤鱼耳石分级式结构的发现可帮助人们调查研究生物性自组装的机制及耳石的微结构与其生理功能间的关系。耳石的分级式结构为人们提供了更多的信息以便于人们研究鱼的生态与水化学间的联系。耳石中晶体的独特排布还能为仿生学及合成材料提供思路。

6.2.2 软体动物壳珍珠层的分级式结构

Oaki 和 Imai（2005）曾对日本牡蛎 *Pinctada fucata* 的珍珠层进行过研究。如图 6-9 所示，珍珠层的结构也是分级式的，以两种方式经 1~3 等级的调节组装形成有方向性的结构。层化性的结构（1 级，图 6-9a、d）由宽 1~5 mm、厚 200~700 nm 的文石盘（2 级，图 6-9b、e）构成。FE-SEM（场发射 SEM）放大图（图 6-9b）清晰显示，每个文石盘中又有更小的组分。FE-TEM 图显示，这样的纳米结构块为假六方文石晶体（3 级，图 6-9c、f）。事实证明，纳米结构块的出现并非由样品制备过程及 FE-TEM 辐射损伤造成。纳米结构块边缘高分辨图显示，晶格间距为 0.423 nm，对应于文石的（110）晶面。纳米结构块长 20~180 nm，然而，珍珠母贝珍珠层的纳米结构块则小一些。

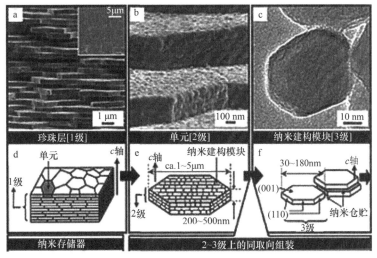

图 6-9　珍珠层组织的结构分级。（a~c）1~3 级结构 FESEM 图，1 级：珍珠层，2 级：珍珠层结构单元，3 级：纳米建构模块；（d~f）1~3 级结构示意图（Oaki and Imai 2005）。

定向性的组装可调节分级式结构的形成。珍珠层的层化结构（1 级）是由文石单位（2 级）沿 c 轴方向（图 6-9d）有向性地组装而来，但每层的 a 轴及 b 轴方向上的有向性是如何组装的仍不清楚。Schaeffer 等的矿物桥模型暗示，在所有的 1 级层结构中，a 轴及 b 轴方向上均可能是完美有向排布。然而，Dai 和 Sarikaya 报道称，暗场 TEM 图像显示，在所有的层结构中，a 轴及 b 轴方向上的有向性并不是很好。XRD 分析表明，这些层结构均垂直于 c 轴。因此，文石盘（2 级）在 c 轴上的有向性组装导致了这样的层化结构（1 级）产生。单个文石晶胞（2 级）由纳米结构块（3 级）有向组装而成。纳米结构块聚集体显示，珍珠层是一个三级式的分级结构材料，在这个结构中有两种形式的定向组装，见图 6-9。电镜分析显示了纳米结构块的形貌及其有向性组装为盘状单元的情景。

研究表明，文石-生物聚合物组合体充当着有机分子宿主的角色。Oaki 和 Imai（2005）称其为"纳米存储器"。为得到更多有关"纳米存储器"超结构的信息，Oaki 和 Imai（2005）详细研究了两种具有"纳米存储器"功能的分级式结构，并对两种组分在生长中的相互作用展开了讨论。结果表明，晶体及有机聚合物间的操作可在周围环境条件下引发新奇而卓越的无机-有机混合复合结构的形成。这种像珍珠层般的结构单位是纳米结构块的有向性组装。研究人员对这种分级式结构进行了阐释，并认为其有能力容纳有机分子。他们认为，这些类似于珍珠层结构的分级构造可由无机晶体及有机聚合物的适当联合诱导而生。两组分间的特化性作用产生了这种纳米级结构，且生长模式间的切换导致了宏观结构的形成。此外，对真实和模拟生物材料的认知与理解上的进展使人们对化学、生物学及材料学的发展抱有更大的希望。

文石-生物聚合物纳米杂合体还有容纳各种功能性有机分子染料的纳米级作用。这样的一些结果有助于人们从纳米级至宏观范围上全面了解珍珠层的结构。

6.2.3　无光泽珍珠

通常的珍珠是由珍珠层形成的，其复杂的结构、优越的机械性能及材料设计上的应用吸引了众多的目光。珍珠层之所以呈现绚丽的光泽，是因为其高力学性能及内部规则的同一厚度的文石片结构层。这种机械性能的展现来自相邻文石片及其片层间的有机基质的"砖-灰"结构。更多的研究揭示，珍珠层中的文石片在其 c 轴方向上（垂直于片平面）有着极强的结构质地，且邻近晶体间的矿物桥使同一域结构中的晶体在三维空间上保持着同样的方向。最近的一些研究结果似乎与传统理论有些不同，例如，每个晶体片、单个文石片中的纳米结构及文石片表面上无序的非晶态碳酸钙连续层都可独立成核。因此，弄清楚珍珠层是如何形成的则成为珍珠层生物矿化研究领域面临的挑战。

在中国的南方,淡水培养珍珠一般情况下是在三角帆蚌 *Hyriopsis cumingii* Lea 中培育。在这些淡水培养的无光泽珍珠中人们发现了球文石的存在。此种球文石通常与文石共存于半光泽的珍珠中,文石为珍珠光泽部分的主要成分。球文石既可与文石共存,也可独立存在于完全无光泽的珍珠。球文石常作为文石或方解石形成的前体,是一种极不稳定的碳酸钙相态,自然界中很少存在。不同于常规的生物矿化,在非常规生物矿化中,很难获得简单而纯正的球文石碳酸钙相,其常常与方解石或文石一起出现。尽管无光泽珍珠中的球文石是环境控制下非常规沉积,但其纯度极高,且尺寸可达宏观规模,也是完全生物体系下一种最大的球文石矿物。

球文石的存在严重影响了淡水培养珍珠的质量,且是一个关键影响因素。相较于大量的方解石-文石切换研究,人们对生物矿化中的文石-球文石界面则了解得很少。目前,人们已开始研究无光泽珍珠中的球文石晶体的相态、形貌、结构及定向问题,以期可以对淡水珍珠的质量进行控制。

无光泽珍珠粉的 XRD 图案与球文石标准卡 72-0506 非常相近,其中不含任何其他碳酸钙相态的衍射峰,这表明无光泽珍珠中的唯一矿相是球文石。半光泽珍珠的粉末 XRD 图案揭示,其由文石及球文石组成。无光泽珍珠的微结构见图 6-10,从图中可看到,球文石以一种类似于珍珠层的"砖-灰"结构形式沉积于珍珠中。

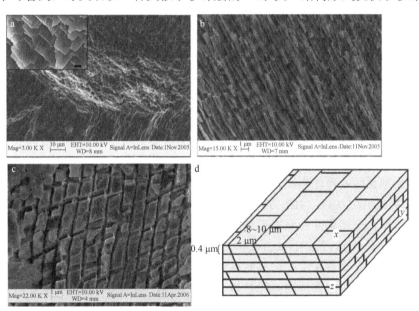

图 6-10 10 wt% ETDA-2Na 处理后的无光泽珍珠中球文石层及片的 SEM 图。(a)无光泽珍珠蚀刻表面(插图为放大,大小 1 µm);(b)球文石片长度、厚度方向上的蚀刻面;(c)球文石片宽度、厚度方向上的蚀刻面;(d)无光泽珍珠中球文石晶体三维结构示意图(Qiao et al. 2007)。

图 6-10a 显示，球文石片呈延展的长方形，尺寸约 8 μm×2 μm，二维空间上沿长度方向平行紧密排列，且层层组织起来。图 6-10b 中的球文石片侧视图显示，球文石层薄片的厚度约 0.4 μm，比珍珠层更加薄而不规则，这可能是导致珍珠无光泽的原因。图 6-10c 显示的是球文石片的菱形侧面，该菱形面具有一定的宽度和厚度。有趣的是，球文石连续薄片间的晶体成核于下层薄片的中央附近，见图6-10c，这是一个软体动物壳典型的"硬币垛"结构，与珍珠层中看到的结构极其不同。图 6-10d 显示的是无光泽珍珠中球文石片及层的三维结构示意图。x, y, z 向分别代表图 6-10a～c 中的观察面（Qiao et al. 2007）。

众所周知，蛋白质不仅调节着碳酸钙的晶型，而且还对其形貌有所干预。发现在无光泽珍珠中的板样球文石薄片是一种新型的形貌，之所以如此，归因于生物控制下晶体的特定晶面生长速度可变。蛋白质通过晶体表面优先吸附而使晶体的表面能发生改变，晶体最终展现的是生长最慢的晶面。从另一方面讲，基质的另一作用是结构匹配模板。作为有机模板的基质只让那些与其垂直的晶体或三维空间上与其取向一致的晶体排布。因二维空间的同一排列，球文石片的取向也应该相同。由此，无光泽珍珠中的球文石晶体结构的形成展现的是一种生物控制下的超级生物矿化过程。这种"砖-灰"结构形式表明，无光泽珍珠中的球文石晶体的生长机制与珍珠层中的情况一致。珍珠层的生长机制、软体动物壳的矿物桥理论及双壳类（瓣鳃纲）动物壳的模板理论是解释"砖-灰"结构及晶体同一取向的最重要假说。对双壳类（瓣鳃纲）动物壳的珍珠层及珍珠而言，连续的每一个晶体层都会发生部分偏移，在下一片晶体添加之前，文石片会快速地侧生长。

目前，纳米结构的非晶态碳酸钙被认为在珍珠层形成中起着重要的作用，这似乎与结构性有机基质及形成矿物间的外延匹配有些矛盾。有关无光泽珍珠中的球文石晶体生长机制还有待于进一步地研究。

以上的研究使人们了解到无光泽珍珠中也有着类似于珍珠层的分级式结构。值得注意的是，文石与球文石片间的联系有两种模式，即侧-侧模式和前-后模式，这更突出地说明，珍珠中文石与球文石的共存关系。有报道称，通过不同的方法人们发现[010]、[101]、[102]方向上有着不同规模的强纹理（strong texture）结构。球文石片从几个相邻薄片到宏观规模上均展现出高度的三维有向排列，取向差角度分布（distribution of misorientation angles）显示了球文石片的域结构及成簇特点。

总之，无光泽珍珠中的球文石晶体的形成带有明显的生物矿化特点：①无机晶体的大小及形貌非常规则；②晶体有向性排列；③球文石至文石的过渡陡然出现。因此，按照相似形貌及结构原则，珍珠中的文石及球文石有着同样的生长机制。文石-球文石切换研究应像壳中方解石-文石切换那样引起人们的注意。正如珍珠层中文石片的（001）面一样，球文石层中的（010）面也是一个有着重要意义的晶面。

6.2.4 蟹

节肢动物是动物中的一个最大门类，它包括三叶虫、螯肢动物、多足动物、六足动物及甲壳动物。所有节肢动物均覆有外骨骼，在动物生长过程中其周期性地蜕落，主要成分为几丁质。对甲壳类动物而言，其外骨骼高度矿化，矿物成分为碳酸钙，使外骨骼具有了一定的机械刚性。

节肢动物的外骨骼有着多种功能：不仅能支持身体，承载机械负荷，同时还提供保护，抵御干燥。外骨骼的最外层是上表皮，很薄，为主要的防水性蜡质层。上表皮之下为原表皮，是外骨骼的主要结构部分，基本上用于承载机械负荷。原表皮又可分为两个部分，即外表皮和内表皮，两者的组分及结构类似。外骨骼的 90 vol% 为内表皮。外表皮比内表皮堆积得更紧密，层与层间的空间缝隙存在种间差异。一般而言，内表皮中的层距约为外表皮的三倍。外骨骼有着高度的各向异性，无论是结构上还是机械性能方面。

最令人惊奇的一点是，节肢动物的外骨骼具有极明确的分级式组织架构，这种架构有着不同的结构层次。在分子水平上，长链多聚糖几丁质形成纤维细丝，直径 3 nm，长度 300 nm。纤维细丝包裹着一些蛋白质组成直径约 60 nm 的纤维。这些纤维再进一步组成纤维束。纤维束彼此平行排列形成一些水平的平面（horizontal plane）。这些水平平面螺旋叠加起来，形成扭曲的夹板式结构。每一 180° 的扭曲叠加层称为一个 Bouligand 结构，这样的结构不断重复形成了外表皮和内表皮。密质骨的胶原、植物细胞壁的木质纤维及其他纤维性物质中也存在这样的 Bouligand 结构。蟹外骨骼中的矿物以方解石或非晶态碳酸钙形式沉积于几丁质-蛋白基质中。

从常规表面方向即 z 向上看，外骨骼中有着发育良好的高密度孔道，这些孔道中含有贯穿于外骨骼的长而弯曲的小管。这些小管在动物蜕皮形成新骨骼过程中，在离子及营养运送方面起着重要的作用。

蟹的外骨骼是一种由以 Bouligand 图样排布的脆性的几丁质-蛋白束（x-y 平面）及 z 向上的韧性孔道小管构成的三维复合材料。这些孔道小管即使在干燥条件下仍拥有极强的机械柔韧性。

有关节肢动物外骨骼的结构及机械性能已有很多的研究。对材料学家而言，重要的是弄清楚天然材料的精巧设计以便研发出具有更优良性能的新型复合材料。

6.3　磷酸钙基生物矿物的分级式结构

6.3.1 斑马鱼的骨骼

斑马鱼（*Danio rerio*）是一种研究脊椎特异发育的重要动物，这是因为其为胚胎学、发育生物学及遗传学研究上很有影响的模式生物。斑马鱼可用于多个领域的研究，如神经发育生物学、心血管学等。

众所周知，骨骼是一种具有高度复杂的分级式结构的矿化材料。据 Weiner 描述，人的长骨有 7 级结构层次。骨骼材料的基本结构块为矿化的胶原纤维（2 级），由很硬的矿物材料及极软的胶原纤维细丝（1 级）构成。矿化的纤维常以束的形式存在或沿其长度方向直线排列（3 级），这些纤维组织排列成四种常见图案：平行纤维阵列、交织纤维结构、夹板式结构及辐射式纤维阵列（4 级）。初始沉积的 1 级骨骼经内部重塑形成带有中央通道的 2 级骨骼，通道中有血管及神经穿过，即称为"哈氏系统"的 5 级结构。6 级、7 级结构分别对应于密质骨、松质骨及整个骨骼。

为更好地了解骨结构-功能间的关系以及骨骼疾病中的骨骼脆性问题，Wang 等（2004）曾对斑马鱼原生骨骼的分级组织水平进行过研究。研究人员观察发现，斑马鱼骨中也存在类似的分级结构形式，见图 6-11。需要指出的是，斑马鱼骨中

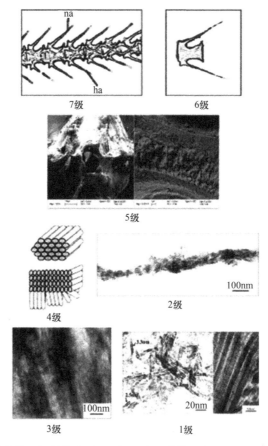

图 6-11　斑马鱼脊椎骨的 7 级结构水平。1 级：分离晶体（左）及部分染色胶原纤维（右）；2 级：矿化胶原纤维 TEM 图；3 级：矿化骨薄片 TEM 图；4 级：脊椎骨中两纤维阵列的排布花样；5 级：椎骨中片层结构 SEM 图；6 级：椎骨示意图；7 级：部分脊椎骨示意图（Wang et al. 2004）。

只有两种常见纤维组织方式，即平行纤维阵列和夹板样结构。除此之外，斑马鱼骨中无"哈氏系统"。

6.3.2 牙

无论是天然的还是合成的骨骼材料中均存在着分级式的组装微结构，材料中分布有各种各样的骨组织（Weiner and Wagner 1998）。然而，针对牙釉质（一种重要的硬性结缔组织）的类似研究开展得并太顺利，尽管两者在结构、机械及功能方面有许多相似之处。作为人体中最硬的一种结缔组织，牙釉质含 96%的矿物、4%的有机质和水。牙釉质有着独特的性能特点，包括超高的硬度、突出的耐磨性及口腔环境下的终生使用稳定性（Ge et al. 2006）。牙釉质的结构及其生物矿化成为人们关注的话题，并以此为牙釉质疾病防治及新生物材料的仿生合成提供理论依据。

最近，人们采用了各种显微技术，在纳米到微米尺度上对牙釉质的结构分级组装进行了研究和描述。据推测，牙釉质的结构与其功能及口腔内位置要求有关。从另一方面讲，人们对牙釉质结构的机械多样性已有论述，并且认为，从分级上看，牙釉质的微结构与机械多样性间有着密切的关联。人的牙釉质研究均来自第三臼齿（Cui and Ge 2007）。综合各种显微观察结果看，在分级组装方面，组织良好的牙釉质的结构复杂性极高。基于观察，人们将牙釉质的结构分为 7 级，从纳米到微米尺度上对其组织架构进行描述，见图 6-12。羟基磷灰石（HA）晶体（1 级）首先形成矿物纳米纤维细丝（2 级），纳米纤维细丝纵向直线排列成纤维丝（3 级），纤维丝再一步组成厚的纤维（4 级），纤维组织起来形成釉柱/釉间柱联体（5 级）。在微米尺度上，釉柱再组织成釉柱带（6 级），这些带以不同的排布形式穿过整个釉质层（7 级）。釉质及骨骼分级结构分析表明，两者在各个级别上均有着类似的尺寸范围。通过此项研究，人们可从中进一步了解各级水平上的结构与机械性能间的关系。

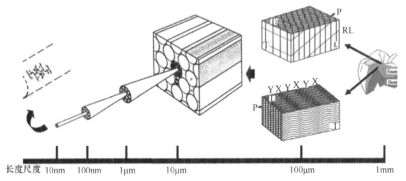

长度尺度 10nm 100nm 1μm 10μm 100μm 1mm

图 6-12 牙釉质结构从毫米级至纳米级水平的分级组装示意图（非实际比例绘图）。图下方比例尺只表示各级别结构分布上的尺度范围。P：棱柱，L：纵向面，T：横向面，Ta：切向面，RL：釉质生长线（Retzius line），X：几近于横断面方向的棱柱带，Y：相对以纵向方向排列的棱柱带（Cui and Ge 2007）。

目前，有关牙釉质结构的主流观点是：牙釉质的基本构造单位是纳米大小的纤维丝样六方羟基磷灰石晶体，其可进一步附着成团。牙釉质中最显见的结构模块是以此种方式排列的釉柱和间釉柱。证据表明，两者的组分相同，唯有晶体空间取向有异。釉柱中晶体尤其是处于中央的晶体趋向沿长轴平行于柱轴方向直线排列，离中央越远，其方向偏离得就越大。

在间釉柱结构中，晶体趋向垂直于生长线方向有向性地排列。在两种晶体交汇处，结构中断，留下一空隙，即釉柱鞘。釉柱及间釉柱进一步组合形成牙釉质中的一明显结构图案。一般而言，人臼齿的牙釉质中有一称为辐射釉质的表面层，此釉质层中的釉柱辐射状有向排布，且垂直截断于咬合面。牙釉质内 2/3 的位置处，结构取向复杂，形成了"交叉"图样。

图 6-12 为分级组织化的牙釉质结构示意图，各级结构的大小从纳米级到毫米级。如 HR-TEM 及 SAD 分析显示的那样，牙釉质的主要成分为六方羟基磷灰石晶体（1 级）。在纳米尺度上，晶体首先形成矿物纳米纤维细丝（2 级），即牙釉质的结构单元，这些单元纵向排列组成纤维丝（3 级），再进一步组织为厚的纤维（4 级）。纤维细丝及纤维以两种不同的择优取向彼此平行成簇，组织构成中尺度的釉柱/间釉柱联体（5 级）。微尺度上，釉柱组成釉柱带（6 级），这些带以不同的排布方式出现于整个釉质层（7 级），以应对口腔环境下的机械及物理要求。

牙釉质的分级结构或许暗示着牙釉质晶体的形成经历了两个阶段：首先，晶体沿 c 轴方向快速延伸，彼此平行，于宽度及厚度上不断生长，最终成为各有不同生长速度的纳米纤维细丝。其中部分纤维细丝可能随其生长变厚附着连接成小团。它们常被有机质分开，并形成极明显的形状。随着大量有机组分及水的流出，晶体迎来了第二个生长高峰，最终在釉蛋白裂解产物作用下联合成为聚集体。然而，迄今为止，人们仍不十分清楚纤维细丝及纤维是否为牙釉质的原有结构成分还是因酸蚀而来。研究中发现，原样品中是看不到如图 6-13 所示的结构图案的，事实也越来越明显地表明，这样的表面结构由腐蚀而来。人们认为，即使是部分因为表面凹凸而增强了这种结构图案的不平坦，但人们更愿意相信这是一种联合作用的结果。尽管观察到的图案可能因酸蚀而生，但其多少也反映出了一些两阶段矿化过程中牙釉质晶体的分工情况。可以设想，纳米纤维细丝或其小团间融合界面上的矿物极易受酸环境的影响，因此，晶体的分工情况最终表现在腐蚀表面的刻纹差异上。因为在牙釉质的成熟阶段，牙釉质的结构及成分会发生很大的改变。因此，研究中看到的图样的形成原因解释起来也变得更加复杂，提供更直接的证据以解释上述情况是未来研究所面临的一个挑战。

分级组装的一个令人关注的特点是，各水平上的代表性模式结构的尺度分布很规则，高一级结构的尺度一般是低一级结构层次的 10 倍左右。需要注意的是，人及鱼骨结构中也有类似的情况（Wang et al. 2004）。综合来看，这暗示矿化的硬

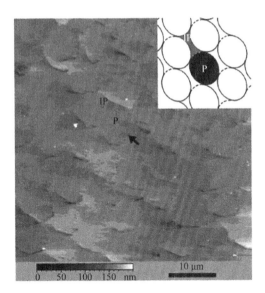

图 6-13　无蚀刻处理的牙釉质表面 AFM 图。黑箭头指示的是釉质鞘，插图为局部放大，纤维
　　　　细丝及纤维排布花样无显示。IP：棱柱间，P：棱柱（Cui and Ge 2007）。

性结缔组织有其固有的结构规则。此外，这样的规则或许不仅仅存在于天然的生
物材料中，一些自组装合成材料中也有（Zhang et al. 2003a）。因此，这样的结构
性模体可能有益于大量的小的亚单位构成稳定体系。尽管理论上的解释仍面临着
挑战，但研究人员认为，这种有着分级结构体系的稳定性仍可适当地调整。

　　生物材料的分级式结构布局反映了结构与功能间的适应，在众多功能中，机
械性能为重中之重。最近，一些先进技术，如纳米压痕术，被越来越多地应用于
牙釉质研究中，牙釉质的多种机械性能在不同尺度上得以测试。从当前已有的纳
米机械性能测试结果上看，无论是从微尺度上还是从中尺度上，牙釉质结构的分
级组织极为精细。Cuy 等（2002）通过纳米压痕测试绘制了釉质层各部分的纳米
机械性能图。从分级结构组织方面看，这样的一个性能图从某种程度上反映了釉
柱带的差异排布，表明釉柱的取向及排列在微尺度上影响着组织结构的机械性能。
在中尺度上，釉柱/间釉柱联体中的纳米机械性能，包括釉柱、间釉柱及釉质鞘的
纳米硬度、弹性模量分布及单个釉柱的各向异性均被探究过（Ge et al. 2006）。从
这个水平的综合分析上看，集成体系中的釉柱/间釉柱联体的机械性能得以很好地
反映。然而，尽管已采用了当今的各种可用技术，但人们仍面临着一个挑战，即
如何在牙釉质的更小面积上测得各种机械性能参数。人们希望，随着测试设备及
技术的完善与发展，这些问题能迎刃而解。

　　牙釉质分级组装结构的阐明为人们提供了一个洞察釉质微结构的新思路，这
对于釉质机械性能及其化学性能的了解至关重要。此外，对牙科医生而言，这或

许还有着更多潜在的意义，即因此而开展一些新的治疗方法。甚至，从材料学家的角度看，人们从这样的研究中不仅获得了生物学方面的启示，而且还有助于人们在材料结构与机械性能间的关系上提高认知，并提出新的发展纲要，以利于仿生性先进材料的设计与合成。

6.4 碳酸钙矿化原则

世界上许多一流科学家，如 Williams、Mann、Weiner 等均投身于生物矿化过程的理论研究中，如有机-无机界面识别、分子识别及分子几何匹配等的阐明。研究范围从微尺度到纳米尺度、从结构构象到仿生制备、从理论分析到仿生合成、从细胞调节到基因调控（Ameye et al. 2001；Choi and Kim 2000；Davis 2004；Hunter 1996；Mann 1996；Ogasawara et al. 2000；Sarikaya et al. 1999）。

钙基材料是生物矿化体系中最重要的无机矿相，碳酸钙是数十年来矿化研究的重点生物矿物之一。无水碳酸钙有三种晶体形式，即方解石、文石及球文石，其晶系分别为三方晶系、正交晶系和六方晶系（de Leeuw and Parker 1998）。25℃水溶液中，三种碳酸钙晶体的稳定性依次下降，而溶解性依次上升。其溶解常数（K_{sp} 值）分别为 $10^{-8.48}$、$10^{-8.34}$ 和 $10^{-7.91}$（Plummer and Busenberg 1982）。地质性碳酸钙矿物几乎均是带有少量文石的方解石，因为方解石的 Gibbs 自由能最低。生物矿物中，方解石及文石是最为常见的碳酸钙晶体形式，其主要存在于软体动物壳及鸟类动物蛋壳中（de Leeuw and Parker 1998）。球文石为亚稳态，是碳酸钙最不稳定的一种形式，其在水溶液中可自转化为方解石或文石。但自然界中，如鲤鱼星状耳石（Li and Feng 2007）、淡水无光泽珍珠（Hang 1994）内的球文石则可稳定存在。基于其独特的特点，球文石及非晶态碳酸钙（ACC）成为人们最近几年的研究热点。为弄清蛋白基质是如何对生命中的方解石、文石及球文石进行调节的，以及复杂的微结构又是如何形成的，人们进行了很多模拟生物矿化的体外实验。

6.4.1 碳酸钙矿化中的添加剂作用

6.4.1.1 溶液中的可溶性基质（SM）添加剂

多数的生物矿物中，无机成分质量或体积占比超过 95%，蛋白基质、微量元素、多糖及其他约占 5%。多年的研究表明，蛋白质是碳酸钙晶体形成中的一个重要影响因素。有关碳酸钙矿化中蛋白质影响的最常采用的研究方法是提取、分离蛋白质，并将其添加到模拟体系中去，以探究体外不同条件下的作用。

在以往的研究中，有机基质通过其于 DETA 中的溶解而被提取，其可分为不溶性基质蛋白（insoluble matrix，IM）和可溶性基质蛋白（soluble matrix，SM）两类，二者在碳酸钙晶体形式及形貌控制上的作用不同。IM 蛋白通常为结构分子，作为基底为 SM 蛋白提供结合位点。矿化过程中，IM 可通过晶体生长控制以影响晶体的大小与取向。SM 蛋白主要是一些酸性大分子，分布于 IM 蛋白表面，其既能与晶体直接接触，又能分散于晶体内。与 IM 蛋白孔洞匹配的 SM 蛋白可结合钙离子，并提供成核位点。相反，溶液中的 SM 蛋白可能会抑制晶体的形成。SM 蛋白主要决定生物体内的晶体形式，或许还控制着晶体的生长，且在与一些细胞活动，如铁运输、酶调节、激素关联的生物矿物的形成中发挥重要作用（Qiao et al. 2008a）。Feng 等（2000a）、Falini 等（1996）、Samata 等（1999）及 Kono 等（2000）的研究显示，IM 蛋白矿化过程中主要作为结构框架起作用，为碳酸钙晶体提供成核位点，而 SM 蛋白的作用则是控制碳酸钙晶体以何种晶型形成矿物。

许多体外矿化实验证实，提取自方解石矿物的 SM 蛋白可诱导方解石的生长，而提取自文石矿物的 SM 则可诱导文石的生长。例如，提取自软体动物 *Mytilus edulis* 壳珍珠层（文石晶体）的蛋白基质能诱导文石形成，而提取自棱柱层（方解石晶体）的蛋白基质则诱导方解石形成（Feng et al. 2000b），提取自 *Haliotis refescens* 壳的 SM 蛋白对文石形成有着很好的诱导作用（Belcher et al. 1996）。研究人员由此认为，SM 蛋白或许可独自控制碳酸钙晶体的晶型与形貌，而 IM 蛋白并非必需。Feng 等（2000b）证实，来自 *Mytilus edulis* 壳珍珠层的 IM 蛋白对晶体大小及密度有影响，见图 6-14。而 Falini 等（1996）则指出，除 SM 蛋白外，IM 蛋白也对碳酸钙晶体的晶型有控制。研究人员从有着不同碳酸钙晶体的生物矿物中选出 SM 蛋白，同时，又从其他一些动物的β-几丁质及丝蛋白中选出 IM 蛋白，然后再将二者以不同的配比添加至模拟体系中。实验结果显示，SM 蛋白和 IM 蛋白共同作用可诱导出与 SM 提取矿物中同样的碳酸钙晶型，但无丝蛋白情况下的β-几丁质与 SM 蛋白的体系只诱导形成了方解石晶体，无论 SM 蛋白是来自珍珠层（文石晶体）还是来自棱柱层（方解石晶体）。从另一方面讲，IM 蛋白单独存在时对晶型的产生无任何影响。这些结果表明，SM 蛋白虽是晶体控制的最重要因素之一，但并非唯一。从上述结果中可以看到，同一种自然现象可用不同条件下的结果来解释，这也意味着，人们还未曾彻底掌握生物矿化中的所有蛋白基质的调节信息。

随着理论及技术的不断发展与完善，又出现了一个新的研究领域，即蛋白调节生物矿化。在巴黎，法国国家自然科学博物馆的 Lopez 团队发展出一种新的蛋白基质提取法（Pereira-Mouriès et al. 2002）。实验中，人们以乙酸及 Milli-Q 纯水替代 EDTA，以避免蛋白结构的潜在破坏。研究中，人们从珍珠中提取了水溶性基质（water-soluble matrix，WSM）、酸溶性基质（acid-soluble matrix，ASM）及酸不溶性基质（acid-insoluble matrix，AIM）。淡水河蚌 *Hyriopsis cumingii* 生产的珍珠中有时出现球文石替代文石的情况。人们采用新方法将 WSM 提取出来，并

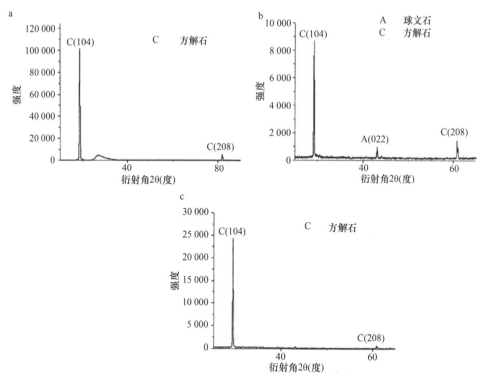

图 6-14   生长于单晶硅（001）上的碳酸钙晶体的 XRD 谱及 SEM 图。（a）无蛋白时；（b）有
            珍珠层可溶蛋白时；（c）有棱柱层可溶蛋白时（Feng et al. 2000b）。

作为添加剂用于碳酸钙生长控制的实验中。当溶液中有来自球文石珍珠的 WSM
时，形成的球文石晶体更多些。这似乎清楚表明，WSM 与球文石的形成有关。
此提取方法还可更加准确地确认出蛋白基质的不同作用。采用生物化学方法，如
反向高效液相色谱及 SDS-PAGE，人们成功地获得了一些蛋白质，例如，nacrein
（Miyamoto et al. 1996）、lustrin A（Shen et al. 1997）、MSI60（Sudo et al. 1997）、
N16（Sarikaya et al. 1999）、pearlin（Miyashita et al. 2000）、mucoperlin（Marin et al.
2000）、N14（Kono et al. 2000）、N66（Kono et al. 2000）、perlucin（Weiss et al. 2000）、
perlustrin（Weiss et al. 2000）、P20（Bedouet et al. 2001）、MSI7（Zhang et al. 2003b）、
AP7（Michenfelder et al. 2003）、AP24（Michenfelder et al. 2003）、P10（Zhang et al.
2006）、AP8（Fu et al. 2005），并对部分纯化的蛋白质的体外矿化效果进行了研究。
上述蛋白质几乎均由 EDTA 或弱酸（乙酸）提取，并按溶解性分类。天然生物矿
物的形成是一个极为复杂的过程，过程中有一系列的蛋白质参与其中，尽管最初
研究目的只是为了弄清蛋白质在生物矿化过程中的作用，但可惜的是，到目前为
止仍有很多问题不明了，而且，即使这些蛋白质的含量极少，其作用却是巨大的。

6.4.1.2　溶液中的氨基酸添加剂

SM 的氨基酸分析表明，分子中含三种重要的氨基酸，分别为甘氨酸、亮氨酸和谷氨酸（Lavi et al. 1998）。

Hou 和 Feng（2006b）对甘氨酸在矿化体系中的作用进行了研究，人们选用两种方法来制备碳酸钙颗粒，即滴定法和扩散法。结果显示，滴定制备中搅拌情况下，方解石及球文石颗粒在很短的沉积时间内即可形成，球文石的占比随甘氨酸量的增加而增大。方解石及球文石的形状分别为菱形和球形，见图 6-15。随着沉积时间的延长，不管甘氨酸浓度怎样，所有碳酸钙晶体均变为球形和细长的球文石。此研究显示，当滴定速度足够慢时，搅拌本身已足以诱导细长球文石的形成。原因或许是搅拌改变了水液体系中的方解石及球文石的成核活化能（ΔG_n），并打乱了两者的成核比例（Mann et al. 1993）。人们发现，快速滴定还能造成瞬间的局部过饱和，从而降低了方解石及球文石的成核能垒。从另一方面看，慢滴定可为球文石提供一个较长的成核时间，并对过饱和值进行限制以诱导球文石的形

图 6-15　由滴定及扩散法获得的球文石晶体 SEM 图。（a）甘氨酸 10^{-3} mol·L^{-1}，滴定速度 15mL·min^{-1}，C：方解石，V：球文石；（b）甘氨酸 10^{-3} mol·L^{-1}，滴定速度 2mL·min^{-1}，与无甘氨酸滴定添加时结果类似；（c）甘氨酸 10^{-3} mol·L^{-1}，扩散法添加，几乎全是球文石；（d）球文石细结构，由大小约 0.1 nm 的卵形颗粒组成（Hou and Feng 2006b）。

成。在甘氨酸无搅拌扩散法中，沉积下来的球文石几乎全为球形，无细长颗粒产生。这暗示，滴定法中出现的细长型球文石是因搅拌而起。而且，研究人员认为，甘氨酸可能如搅拌一样使水液状态下的成核活化能发生改变。在有甘氨酸存在情况下，方解石的ΔG_n（$\Delta G_n = \Delta G_{surface} + \Delta G_{bulk}$）相对于球文石要高一些，因此，球文石会首先沉积下来。其原因可能是溶液中的甘氨酸的羧基基团或许通过与钙离子作用，如同表面活化剂一般（Donners et al. 2002a）影响了水化表面能（hydrated surface energy）（de Leeuwand Parker 1997）。溶液高度（solution height）也是一个重要的影响因素，因 Gibbs 公式中的决定因子不仅有表面能，还有大晶格晶体晶格能（bulk lattice energy），这与文石形成结果完全一致。当溶液高度降低时，文石的体积晶格能也低了下来。

谷氨酸及亮氨酸为生物矿物中的两个酸性氨基酸，其对于碳酸钙矿化的影响已被深入研究。两种氨基酸的作用可能表现在 R 基的负电性上，它能通过吸附游离的或晶体表面上的钙离子而改变碳酸钙的结晶过程。谷氨酸和亮氨酸有诱导溶液中球文石生长的作用。Tong 等（2004）成功地合成有孔球文石晶体，这归因于碳酸钙晶体表面的亮氨酸吸附，从而抑制了方解石的形成。Manoli 和 Dalas（2001）发现，谷氨酸有稳定球文石晶体的作用。

矿化过程中，不仅晶体的晶型，而且晶体的形貌也受氨基酸的影响。在一些溶液高度较低的体系中（Hou and Feng 2006a），很可能发生这样的情况，即只形成方解石晶体，而无球文石及文石晶体出现。方解石的形貌随溶液中的氨基酸种类而变化。在甘氨酸及亮氨酸两种体系中，人们均发现了聚集体，但有所不同的是，亮氨酸为酸性氨基酸，其分子内有两个羧基基团。这可能是亮氨酸能聚集两个或多个晶核的原因，而甘氨酸似乎无此作用。

6.4.1.3 溶液中的镁离子及胶原添加剂

因海水含 0.13 wt%的镁，因此，人们长期以来一直很感兴趣镁离子如何影响海洋动物的碳酸钙矿化。研究发现，方解石中的钙离子可由镁离子取代，镁离子却不能嵌入文石晶格中。高 Mg/Ca 浓度条件下，方解石晶核的形成被抑制，而文石晶核的形成则提高。人们可以此方式对碳酸钙晶体的晶型进行调节（Mann 2001）。此外，研究还发现镁离子能加速非晶态碳酸钙（ACC）的形成。Raz 等（2003）在研究稚海绵骨针中的 ACC 时发现，当溶液中无镁离子时只形成方解石，且骨针蛋白对 ACC 的形成无调节作用。这表明，镁离子对于 ACC 的稳定极为重要。同时，研究人员指出，高镁浓度下 ACC 可转化为方解石，见图 6-16。Loste 等（2003）发现，多数情况下镁离子的结合延缓了 ACC 的转化，且结合量越大，效果越明显。

生物矿化过程中，无机晶体的形成由有机大分子如蛋白质控制（Addadi and Weiner 1985；Mann 1996）。胶原是一种最重要的水不溶性纤维蛋白，矿化中扮演着胞外基质框架的作用。胶原的基本结构单位是原胶原蛋白，其一级结构中有重复的 Gly-X-Y 序列，其中的 X 常常是脯氨酸，Y 为羟脯氨酸或羟赖氨酸。Shen 等（2002）研究了体外条件下胶原对碳酸钙晶体的调节情况，以期揭示蛋白质调节矿化过程的一些原则。沉积碳酸钙晶体的 XRD 及 SEM 显示，只有方解石形成，且方解石的生长抑制随胶原浓度的加大而变得更加严重，见图 6-17。这意味着，胶原对碳酸钙晶体的晶型改变无影响。随胶原浓度加大，方解石形貌由完美菱形变为略有变形的良好菱形，随后再变为有着新面的过度生长晶体，且新形成的晶体层的厚度变薄，有些方解石晶体的晶面会发展成花状，如浓度继续加大（>10 g·L^{-1}），晶体则变为球形。这也解释了为何胶原能吸附于方解石 {104} 晶面的边缘，并抑制其生长，使新晶面出现的现象。当溶液中有胶原存在时，新晶面总是先从方解石菱形晶体的边缘出现，因为这些位置能为离子附着提供很好的位点，因此，晶体生长总是开始于晶体的边缘与角上，在这些位置上新晶面能得以生长，但晶体的整体生长速度变慢。新形成的晶面对胶原有着很好的吸引，而这也最终导致了晶体形貌发生改变。胶原的添加不仅改变了晶体的形貌，而且对晶体的数量也有影响。随蛋白浓度增加，晶体尺寸变小，数量增多。晶面的蛋白吸附能力由蛋白质结构稳定性决定。胶原的一个独特特点是结构稳定，且以胶粒形式只吸附于离子型晶面上。

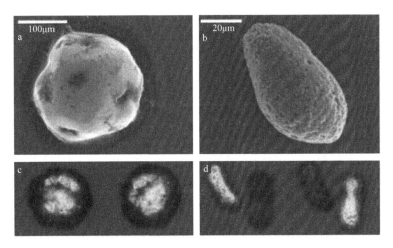

图 6-16　生长于 Mg/Ca=2 及添有由 48 h 骨针提取大分子（35 nmol·mL^{-1}）下的碳酸钙沉淀（a, c）；生长于 Mg/Ca=2 及添有由 72 h 骨针提取大分子（35 nmol·mL^{-1}）下的碳酸钙沉淀。为 SEM 下的晶体影像，（c, d）图为来自交叉偏振光下的晶体影像。（d）图中的颗粒为单晶，偏振器不同位置时成像消失，而（c）图中的晶体颗粒在所有位置等同消光（研究发现，48 h 棱柱阶段胚胎骨针提取物可诱导 ACC 相短暂形成，而 72 h 骨针提取物则诱导方解石单晶形成）（Raz et al. 2003）。

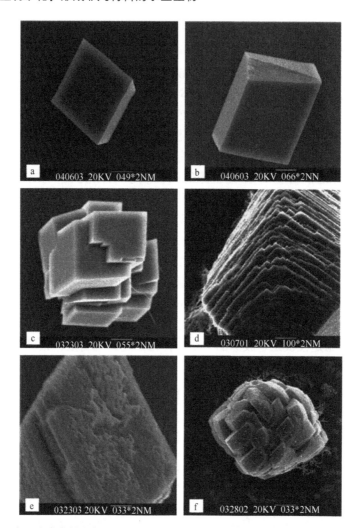

图 6-17　沉淀于溶液中的方解石晶体 SEM。（a）生长于无胶原溶液中的菱形方解石晶体；
（b）生长于胶原浓度 0.1 g·L⁻¹ 溶液中的形貌略有改变的方解石晶体；（c）胶原浓度 0.1～5 g·L⁻¹
溶液中的带有新面的过度生长方解石晶体；（d）生长于胶原浓度 5～10 g·L⁻¹ 溶液中的多层方解
石晶体，层厚很薄；（e）生长于胶原浓度 5～10 g·L⁻¹ 溶液中的带有花样图案晶面的晶体；
（f）生长于胶原浓度大于 10 g·L⁻¹ 溶液中的方解石球形聚集体（Shen et al. 2002）。

　　Jiao 等（2006）对镁离子与胶原的联合影响作用进行过研究。事实证明，镁离
子不仅对非晶态碳酸钙有稳定作用，且对方解石的形貌也有调控。研究人员发现，
镁离子可诱导球形文石及少量球文石形成。有胶原时作用效果更强，但只有胶原
时碳酸钙晶体无影响，形成晶体几乎全为方解石。这说明，胶原在碳酸钙晶型控
制上只起促进镁离子影响的作用，见图 6-18。镁离子很可能是通过与胶原反应而
使胶原分子的立体化学结构发生改变，进而诱导文石或球文石形成。

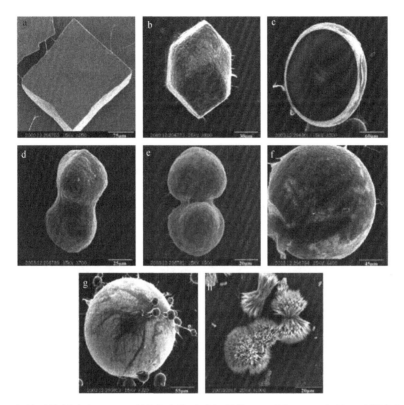

图 6-18　沉淀于胶原浓度 0.1 g·L^{-1} 溶液中的碳酸钙晶体 SEM 图。（a）生长于无镁溶液中的非常规菱形方解石晶体；（b）生长于 Mg/Ca=1 溶液中的非常规带有片层结构的矮胖晶体；（c～e）铁饼及哑铃样碳酸钙晶体；（f）高 Mg/Ca=5 条件下的球形文石晶体；（g）生长于 Mg/Ca=5 胶原浓度 0.4 g·L^{-1} 溶液中的形状更规则的球形文石晶体；（h）生长于无胶原的高 Mg/Ca 溶液中的针样文石晶体（Jiao et al. 2006）。

　　从上述讨论来看，多晶型晶体的产生从本质上讲，源于体系内的晶体成核能。晶体的成核可优先通过以下三种方式进行改变：影响 $\Delta G_{surface}$，如甘氨酸；影响 ΔG_{bulk}，如镁离子；影响 $\Delta G_{surface}$ 和 ΔG_{bulk} 间的关系（影响成核类型），如低溶液高度。

6.4.2　碳酸钙矿化的模板作用

　　生物矿物的形成还受有机模板分子的控制，模板作用的结果是使材料具有了独特的形状与性能。体外矿化研究中的模板尤其是指那些有着特别序列片段且对特殊矿物晶体有调节的基底。一般认为，模板分子扮演无机材料成核剂角色，且模板的表面化学有着诱导互补晶面定向成核的作用。体外模板矿化研究可追溯至 1988 年，在那一年，Mann 等选择 *Langmuir* 单分子膜，利用基团有序排列以调节碳酸钙晶体的生长。

6.4.2.1 天然生物矿物模板

Qiao 等（2008a）选择淡水的、能形成有光泽珍珠的新鲜珍珠层断面（文石层）为模板进行实验，溶液中无如何其他添加剂。XPS 结果显示，模板表面主要由有机基质颗粒组成。AFM 显示，颗粒大小为 70 nm。沉积反应证实，矿物的形成是一个复杂的多步反应过程，从 ACC 层（图 6-19）到同取向的纳米堆，再到六方球文石片，见图 6-20。这一结果不仅证明，球文石形成过程中有 ACC 存在，而且证实有机基质在体外也可诱导产生同体内一样的碳酸钙晶型。

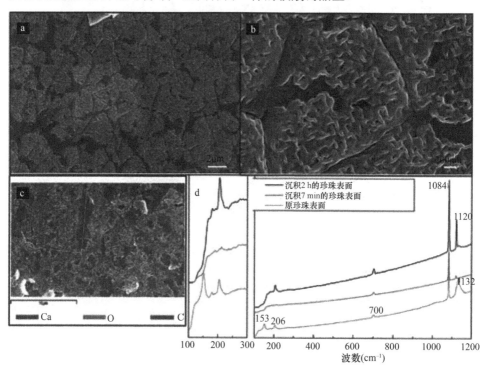

图 6-19 生长于文石珍珠表面上的前 5 min 的 ACC。（a）SEM 图；（b）进一步放大图；（c）EDS 谱；（d）Raman 光谱（Qiao et al. 2008a）。

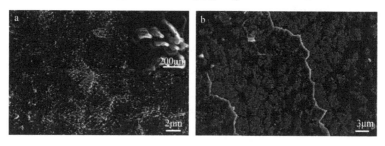

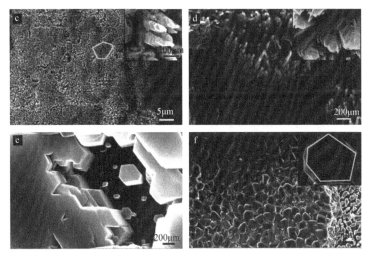

图 6-20　文石珍珠表面上的珍珠层样文石片体外生长过程。(a) 10 min;(b) 30 min;(c) 1 h;
(d) 2 h;(e) 3 h;(f) 10 h (Qiao et al. 2008a)。

为进一步研究 WSM 及 ASM 的不同矿化效果,溶液中只添加来自星状石的 WSM 和 ASM,而无模板。SEM 显示,形成的矿物几乎全为球文石。略有不同的是,在晶体形貌影响上,WSM 和 ASM 的诱导效果有差异,见图 6-21,之所以不同,可能因为两者于 a 轴、c 轴上的不同生长速度。

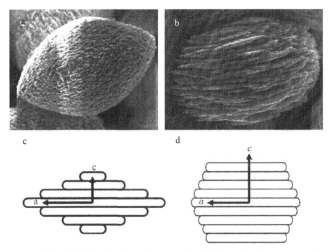

图 6-21　生长于不同功能蛋白基质下的球文石形貌及生长示意图。(a,c) 溶液中有 WSM;
(b,d) 溶液中有 ASM (Li 2008)。

Li 等(2008)也曾做过类似实验,研究中人们选用扁平石和星状石新鲜断面为模板。SEM 和 XRD 显示,形成于扁平石上的矿物为文石完美晶体,而形成于星状石上的则是球文石完美晶体。反应液中无任何其他添加剂时,模拟形成的矿物与天然鱼耳石中的晶体极为类似。当溶液中有来自扁平石的 WSM 或 ASM 时，扁平石模板上沉积的碳酸钙晶体均为文石，其形貌与无任何添加剂时的情况相似，见图 6-22。然而，当添加来自星状石的 WSM 至星状石模板体系时，形成的矿物为球文石，而当添加来自星状石的 ASM 至星状石模板体系时，形成的晶体颗粒却更密集，其形貌也不同于体系无蛋白或溶液中有 WSM 时的情况，溶液中的颗粒趋向于生长为扁平状，见图 6-23，而非星状石表面上的球形。人们由此推断，当以星状石为模板时，溶液中的 WSM 会被吸附至球文石层上，并诱导球文石形成于另一个暴露表面，有机-无机复合结构则因此而产生。

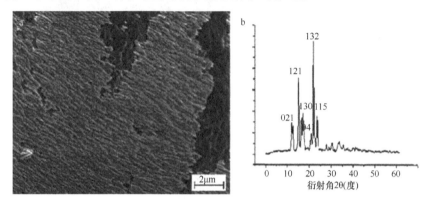

图 6-22　溶液中无添加剂情况下生长于扁平石模板上的文石 SEM 图（a）和 XRD（b）（Li 2008）。

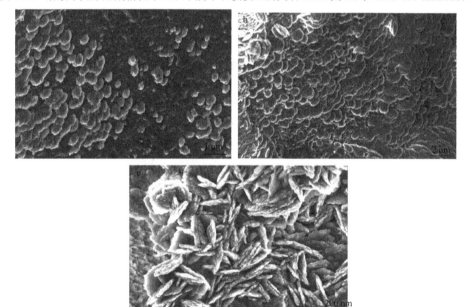

图 6-23　生长于星状石模板上的球霰石晶体 SEM 图。（a）溶液中无添加剂；（b）溶液中添加 WSM；（c）溶液中添加 ASM（Li 2008）。

另一个用于体外矿化实验的天然模板是 IM。Falini 等（1996）的研究显示，生长于墨鱼几丁质和蚕丝基底上的晶体的晶型由可溶性壳蛋白基质决定，这与早前提取自壳的不溶性蛋白基质框架控制晶型的研究工作正好相反。文石和球文石珍珠的 AIM 被分别用作体外实验的模板，结果显示，两种模板上均能形成完美的方解石晶体。晶体大小均为 30 μm，研究同时表明，AIM 单独使用时对晶体的晶型及形貌无影响。人们认为，AIM 模板上的晶体沉积是形成于溶液中的晶体落到模板上。

6.4.2.2 氨基酸模板

以类似于天然产物的控制矿化形成物来构建有机-无机杂合材料是当前有机及无机化学家极为感兴趣的话题。为探寻其工业及技术上的应用，人们很有必要弄清天然生物矿化过程的机制。许多有着不同特点的模板被用于实验研究中，在这里，只列举一些例子以便人们拓宽视野。

氨基酸修饰过的方解石基底被 Qiao 等（2008b）用作模板，一些有特点的氨基酸能沉积有向性方解石晶体，见图 6-24。沉积于模板上的方解石晶体的大小、分布及取向非常一致，暴露晶面为（104）。晶体的大小及密度依氨基酸种类而变。

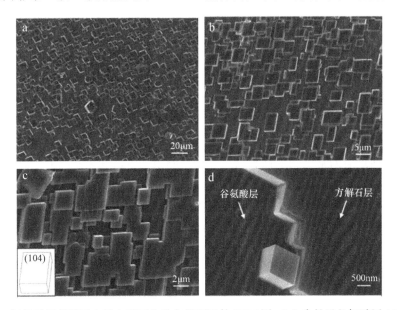

图 6-24 沉积于氨基酸层上的方解石片及方解石层的 SEM 图。（a）生长于谷氨酸层 1 h 的方解石片；（b）生长于精氨酸层 1 h 的方解石片；（c）生长于谷氨酸层 1.5 h 的大而有连接的方解石片；（d）生长于谷氨酸层 2 h 的方解石层（Qiao et al. 2008b）。

Donners 等（2002b）报道称，由丙氨酰-丙氨酸衍生而来的多聚异氰化物

（isocyanides）模板 1、2 形状稳定，模板刚性大分子中分布着规则的羧酸末端侧链，其分子结构式见图 6-25。

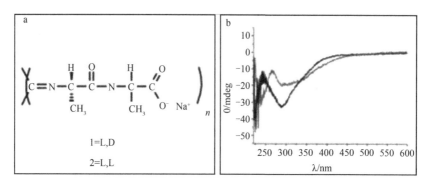

图 6-25 （a）多聚物 1 和 2 的化学结构；（b）多聚物 1/Ca^{2+}（黑色）、多聚物 2/Ca^{2+}（灰色）水溶液的 CD 谱，Ca^{2+}/重复单位=1，多聚物浓度为 1.3 mmol·L^{-1}（重复单位）（Donners 2002a）。

SAXS 及 CD 谱表明，实验条件下的结晶大分子能稳定保持严格的螺旋结构。同时，结果显示，钙离子对聚合物的结构稳定也有作用，这或许是因为钙离子复合物能将聚合物侧链中的肽键与水分子隔离开来，阻止氢键逐步而缓慢的裂解。当这样的聚合物被引入结晶溶液中时，形成果核样形貌的方解石晶体，*Langmuir* 单层膜模板上的成核密度虽处于常规观察范围（Heywood and Mann 1994），却明显高于大体积溶液（bulk solution）中的模板情况。这种尺寸大小上窄分布、高密度的非菱形晶体的形成结果表明，聚合物 1 不仅起着模板的作用，同时还具有成核剂效应。形成的晶体沿 *c* 轴方向延展，每侧有 3 个{104}端面表达，见图 6-26c。方解石（011）晶面的聚合物吸附模式显示，因模板的羧基基团与碳酸根离子间在成核晶面上存在着取向匹配，因此，使这些方向上的晶体生长受到抑制，晶体只沿 *c* 轴方向生长。

碳酸钙是最为常见的生物矿物之一，不同条件下，其以不同的相态与形貌出现，如菱形方解石、针样文石及球形多晶聚体的球文石。以上结果表明，碳酸钙矿物的生长受离子和分子，如氨基酸或蛋白质的影响，同时，其生长还受天然或合成（甚至无机的）模板的影响。通过添加蛋白质或有机模板支持物的方式，生物组织不仅对多晶态矿物的结晶类型及形貌进行控制，同时还对非晶态形式如 ACC 有稳定作用。因此，环境条件与有机分子的共同采用为人们打开了一扇窗，使人们在更深、更广的层次上对各种可能的矿物形式有所了解。毫不惊奇，当演化需要沉积尺寸较大的碳酸钙单晶时，就形成方解石，为了运送或生长则选择 ACC 或球文石形式的碳酸钙。

6.4.2.3 修饰的单晶硅模板

在一些体外矿化实验中，人们常采用玻璃作为基底模板，这是因为玻璃具有

图 6-26　生长于多聚物 1 和 2 下的方解石 SEM 图。（a）无多聚物条件下；（b，c）生长于多聚
　　　　物 1 下；（d）生长于多聚物 2 下（Donners et al. 2002b）。

一些良好的特点，如资源广泛、使用便利、价格便宜等，除此之外还有一点，就是玻璃表面能诱导文石晶体形成。单晶硅是一种实验中常采用的基底物。这类基底可用氢氟酸处理以去除其表面的氧化层，然后用丙酮、乙醇、去离子水清洗，使（100）晶面暴露。Li（2008）曾试探性地用羟基（—OH）、氨基（—NH₂）、羧基（—COOH）修饰单晶硅以研究功能基团对碳酸钙晶型的影响。将 WSM、ASM 吸附于这样的基底上制备特殊模板，用于体外的矿化实验。SEM 及 XRD 显示，羟基修饰的表面上有方解石聚体形成，氨基修饰的表面对晶体晶型无影响，只有方解石沉淀，羧基修饰的表面因酸性静电吸附而有少量球文石形成，见图 6-27。

　　以鲤鱼扁平石 WSM、ASM 吸附的修饰单晶硅基底为碳酸钙体外矿化模板，沉积产物有着不同的晶体形貌。扁平石（文石）WSM 吸附由氨基和羧基修饰的单晶硅模板可诱导形成文石晶体，从前 15 min 内的反应中可看到非晶态碳酸钙（ACC）。扁平石（文石）ASM 吸附由氨基和羧基修饰的单晶硅模板则诱导形成针样完美的文石颗粒，非常类似于天然扁平石中的文石棒，过程中无 ACC 出现。这些结果表明，WSM 和 ASM 矿化中的作用是不同的：ASM 可调节形成完美的晶体，而 WSM 对颗粒大小的调节作用更强。以上结果说明，扁平石中的碳酸钙晶体的形成是一个极复杂的过程，在这个过程中，不同种类的蛋白基质联合起来共同发挥作用。然而，当以鲤鱼星状石（球文石）WSM 和 ASM 吸附的修饰单晶硅基底为模板时，其沉积下来的晶体颗粒与那些没有任何蛋白吸附的模板情况类似，形成的矿物颗粒为方解石，其中夹杂着少量的球文石，见图 6-28。为何星状石的

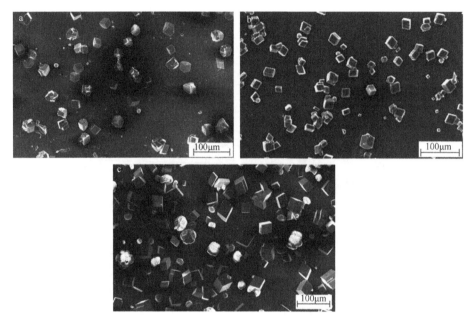

图 6-27　生长于表面有修饰的单晶硅上的碳酸钙沉淀 SEM 图。（a）—OH 表面修饰；（b）—NH₂ 表面修饰；（c）—COOH 表面修饰（Li 2008）。

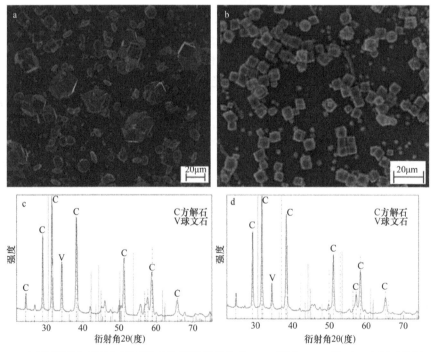

图 6-28　可溶性蛋白基质介导下形成的碳酸钙晶体的 SEM 图和 XRD 谱。(a, c)形成于以 WSM 修饰硅下的碳酸钙晶体；(b, d)形成于以 ASM 修饰硅下的碳酸钙晶体（Li 2008）。

WSM、ASM 对沉积晶体无调节作用，其原因可能是提取过程中造成 AIM 丢失，因此，即使模板有 WSM、ASM 吸附，碳酸钙晶体的矿化过程仍不受影响。

6.5　磷酸钙矿化原则

脊椎动物胶原磷酸钙矿化可视为环境温度下的自组装材料生产（Cui et al. 2007）。自组装概念由 Whitesides 和 Crzybowski（2002）提出并定义，指的是组分在无人为干涉情况下自发组织成花纹或结构。自组装常见于天然矿化过程中。矿化磷酸钙的结构、形成、特性，以及胶原矿化结构新材料仿生合成的研究非常有趣。尽管迄今至少已发现 20 种以上的胶原，但研究的重点仍为 I 型胶原。谈到矿化胶原，几乎必提及磷酸钙基晶体，骨骼中的磷酸钙晶体主要由钙离子和磷酸根组成，以及痕量的镁、碳酸根、羟基、氯离子、氟离子和柠檬酸离子。

磷酸钙是大分子建构模块材料的一种高级结构性组分。许多有着不同性能的组织结构均合成于自然环境下，且设计采用了同样的基础大分子。这些组织有一些共同特点，从纳米尺度到宏观尺度上，它们以各种各样的、有控制的组装方式将变换着的各级分级结构组织起来。分级组装概念在过去的几十年中被越来越多的科学家们所认知，且受到了人们的重视，也在无数的生物材料研究中得到证实。高度互联及独特结构特点的组织分级设计满足了各体系的功能需求。基于生物学基础，Mann（2001）、Dove 等（2003）对由功能大分子组装而成的复杂体系的形成规律进行了探究。此外，获知此类材料的组装机制，并精准地将结构材料组装起来的能力在一定程度上为人们打开了材料科学研究领域的大门，可将一些具特殊结构、大小、形状、晶体取向、缺陷数量及结构组合的无机材料设计并建构成具光、电、磁及化学信号输出的功能性装置。这些美好的设想只有在生物体系下的磷酸钙矿化原则得以正确评价与理解的基础上才可能实现。

胶原组成一胞外基质分子大家族，负责软、硬结缔组织，如角膜、皮肤、肌腱、软骨、骨的整体性与机械性能。几乎所有以胶原纤维为基础建构模块的结缔组织于分子及纤维细丝水平上均有着类似的化学性质。然而，通过纤维细丝在各结构中的不同排列可使分级结构产生异化以满足一些特殊结构的独特功能。

在这里，将集中讨论硬结缔组织中矿化胶原复合物的自组装，以及控制矿化中不溶性模拟有机物的相对参与问题。在众多有胶原纤维细丝参与的矿化中，基质均是由大分子组装而来的多聚框架物。天然骨骼不失为一代表性的例证，是典型的分级式有序组织结构，其主要由纳米大小的羟基磷灰石晶体构成，而这些晶体又形成于胶原框架结构物中，使骨骼基本组织单位成为一个高度复杂的矿物-有机物复合有序材料。这种复合材料再次组织成层或薄板，每层厚度几个微米，薄层再以各种不同方式排列成更加有序的结构，至于排列形式则依赖于骨骼类型（Cui et al. 2007）。

6.5.1 胶原诱导的磷酸钙矿化

分级式结构的骨骼由沉积于 I 型胶原基质中的 HA 矿物有序组装而成，晶体以 c 轴优先定向地沿胶原纤维细丝长轴方向平行排列。天然材料的分级式纳米纤维细丝结构的研究与模拟为人们设计、建构新功能材料，如组织工程材料及仿生工程材料提供了思路。科学家们试图通过体外模拟胶原矿化过程以便能更好地理解发生于以胶原为基础的天然材料内的结构组织化过程，有关胶原矿化研究的报道众多。

在一项研究过程中，通过胶原纤维细丝组装及磷酸钙形成的联合作用，Bradt 等（1999）得到了一种同质化的矿化胶原凝胶，这是一个覆有磷酸钙的胶原纤维三维框架结构。最初沉积下来的是非晶态的磷酸钙，它们沿纤维细丝排布，然后再变为磷灰石样晶体矿相。当有聚天冬氨酸添加至反应混合物中时，人们发现，胶原纤维细丝与磷酸钙晶体间的附着加强。Rhee 等（2000）研究发现，将胶原薄膜浸泡于模拟的过饱和体液时，Ca-P 晶体通过与胶原的化学作用而成核。Goissis 等（2003）对带有电荷的胶原基质体内外仿生矿化有过报道。研究显示，体外的磷酸钙沉积排布方式酷似体内胶原纤维细丝的 D 周期组装。此外，实验结果表明，基质中存在酰胺水解现象，这标志着发生了胶原纤维的控制性矿化。TEM 观察结果表明，酰胺水解发生于胶原纤维的重叠区和空隙区附近。Pederson 等（2003）报道称，人们采用胶原温度驱动自组装及热激脂质体矿化方法形成了胶原矿化复合物。Cui 等制备合成了自组装的纳米胶原矿化纤维细丝，以评估合成有类似于天然材料中分级结构的复合材料的可能性（Ge et al. 2006）。研究中，人们采用不同组分的胶原单体和含有钙及磷酸根离子的溶液在一定的 pH 或温度下诱导形成胶原纤维细丝。无染色样品 TEM 低倍放大显示，形成的复合物由交错组装的胶原纤维束构成,纤维束长 1 μm 以上,每个胶原纤维细丝被一层 HA 纳米晶包裹，见图 6-29a。相较于自组装胶原纤维细丝，每一束胶原矿化纤维细丝的厚度要大得多，这暗示，自组装的纳米胶原纤维细丝有着 HA 沉积模板的作用。此外，为辨别出 HA 晶体在胶原纤维细丝上的相对取向，人们又采用了电子衍射技术。衍射结果表明，晶体以 c 轴优先取向于胶原纤维细丝的长轴方向直线排列。为获取胶原纤维细丝与新形成晶体间的直接关系，人们采用 HR-TEM 对晶格的晶面进行分析，见图 6-29b。平行排列的胶原矿化纤维细丝 HR-TEM 显示，晶格不仅见于胶原纤维细丝侧面区域，中间区域也有。与此同时，胶原纤维细丝表面上的电子密度远高于内部。这些发现表明，HA 晶体生长于胶原纤维细丝的表面，也首次直接证明了以往的理论假设是正确的（Cui et al. 2007）。

HA/胶原复合物多级结构水平自组装见图 6-30。分级结构的 1 级水平是胶原分子与 HA 纳米晶粒的组织。胶原纤维细丝由胶原三螺旋自组装而成，而 HA 晶体则初成于胶原间的空隙内。胶原分子直径约 1.5 nm，5 股胶原分子扭合而成的

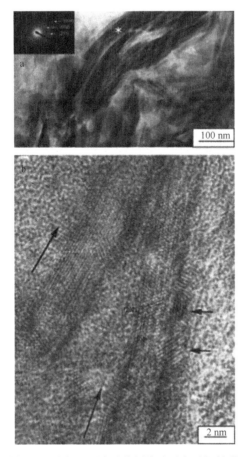

图 6-29 （a)矿化胶原纤维的 TEM 图,插图为矿化纤维选区电子衍射谱;(b)矿化纤维的 HRTEM
图, 长箭头指示的是纤维纵方向, 短箭头指示的是纤维上的两个 HA 晶体（Zhang et al. 2003）。

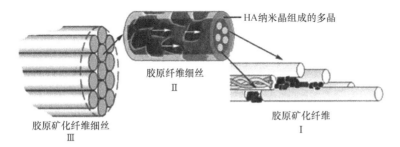

图 6-30　HA-胶原复合物自组装的分级结构示意图。（Ⅰ）1 级结构水平, 胶原分子与初形成于
胶原纤维细丝间缝隙内的纳米 HA 晶体的组装；（Ⅱ）2 级结构水平, 带有 HA 晶体的胶原纤维
细丝的组装, 片状 HA 晶体生长于这些胶原纤维细丝表面, 其 c 轴有向性地沿着纤维细丝纵方
向排列（白箭头指示）；（Ⅲ）3 级结构水平, 一定数量的矿化胶原纤维细丝彼此平行直线排列
在一起, 组织成胶原矿化纤维（Cui et al. 2007）。

胶原纤维细丝的直径约 4.0 nm。分级结构的 2 级水平是 HA 生长晶体与胶原纤维细丝的组织，片状的 HA 晶体生长于胶原纤维细丝表面，晶体的 c 轴沿纤维细丝长轴方向取向并包围着细丝。这种排列暗示，HA 晶体的成核与生长并非随机进行，而是由胶原纤维细丝控制。分级结构的 3 级水平是胶原矿化纤维细丝的组织，细丝彼此平行排列形成胶原矿化纤维。此类自组装或许可以晶体的外延生长机制来解释。如上所述，胶原分子中的负电基团为 HA 晶体的成核位点。HA 羟基中的氧原子与胶原纤维细丝上羧基的氧原子在位置上存在外延关系。

体外合成复合物中的 HA 晶体纳米尺度上的组织方式酷似天然矿化组织中的 HA 晶体排列，即晶体 c 轴取向沿胶原纤维细丝的长轴方向。这种直线排列给人印象最深的就是骨骼矿物。新型自组装结构的探索将不断地增进人们对其他钙化组织中胶原介导矿化的理解，同时也为仿生工程中的功能性新材料的发展指明了方向。不仅如此，这些研究也为 HA/胶原复合物的制造及骨骼再生上的应用提供了坚实的理论基础。

6.5.2 肽-两性纳米纤维诱导的磷酸钙矿化

如何基于纳米构建模块制备出多水平的分级结构材料是人们面临的一个不小挑战。类似于骨骼材料的制备，即使是最低水平上的分级组织也困难重重，因为这涉及两种不同的有机、无机纳米相，且两相间还有着特殊的空间关系。在人工体系中达成这一目标的一种方法是，设计制备出一种对无机相成核与生长有控制能力的有机纳米相，这需要花费很长的时间。在这类模板上，晶体成核及生长方法的研究表明，晶体的成核常发生于有着暴露的阴离子基团重复图案的表面上。这些阴离子基团趋向于集合无机阳离子以形成局部的过饱和，便于无机晶体相有向性的成核。目前，有关 HA/多肽复合物自组装制造的热度越来越高（Cui et al. 2007）。

Stupp 等（1997）报道称，有研究团队利用自组装和矿化以制备纳米结构复合材料（Zubarev et al. 1999b；Silva et al. 2004）。目前，人们已实现了骨骼中的胶原与 HA 间的结构自组装再造（Hartgerink et al. 2001）。研究中人们通过多肽-两亲分子的自组装、共价连接及矿化制备出复合物，此合成复合物以多肽的 NH$_2$ 基端烷基化结束。多肽-两亲分子由 5 个结构片段组成，从多肽的 NH$_2$ 基端至 COOH 端方向看，分子的第一区段是疏水且两亲的长链烃基尾部；区段后连 4 个连续的半胱氨酸残基（第二区段），此区段使分子具有共价连接能力，便于自组装结构聚合；第三区段为 3 个甘氨酸残基构成的柔性多肽亲水头部；第四区段为单个磷酸化丝氨酸残基，它能使组装分子强烈地与钙离子结合，并使 HA 成核；最后的第五区段，为便于生物医学上的应用，提高细胞于其表面的黏附与生长，人们在多肽的末端又添加了一个 Arg-Gly-Asp（RGD）结构。从已知的两亲分子组装资料来看，这样的一个有着烃基尾部并连有离子型多肽（ionic peptide）的两亲分子因总体上的圆锥形可在水中组装成圆筒状胶束。TEM 观察结果表明，这个多肽-两亲分子组装成的纳米纤维，在碱溶液中非常稳定。另外，HR-TEM 显示纤维断面为环形，这说明，疏水性烃基尾部包在纤维胶束内部，多肽的酸性部分暴露于水中。由此，多肽-两亲分子中的多肽部分可反复地展露于表面。为探究这些纳米纤维的矿化性能，人们对矿化实验进行了一番精心设计，以便于实验可在碳涂的 TEM 网格样品托上直接实施。实验结果显示，HA 可成核于这些纤维表面。负电性表面通过局部过饱和的建立而促进矿化的进行。更有意义的是，观察发现，HA 晶体的 c 轴与纤维长轴方向一致。这暗示，晶核的取向及晶体的生长并非随机，由胶束控制。

最近，重组蛋白表达技术的发展为人们提供了一种可靠的、可预见的、化学来源确定的、纯化的类人胶原多肽分子，分子中无任何动物成分。这些三螺旋多肽与人的组织胶原有着同样的氨基酸序列，且在应用上无任何与动物胶原关联的顾虑，如引发免疫反应及感染传播等。

纯化的重组胶原能自发排列形成胶原纤维细丝和胶原。最新研究（Wang and Cui 2006；Zhai and Cui 2006）显示，重组类人胶原在初始矿化阶段与天然胶原有着同样的特点。此外，它还能以类似于胞外基质的矿化胶原纳米纤维细丝自组装方式诱导 HA 纳米晶体外沉积和生长。

对于一些新颖的超分子结构合成而言，分子自组装是一种强有力的方法。Zhang 等（2003a）致力于多肽及蛋白质的自组装制备，以期对各种不同的生物材料进行研究。研究显示，很多多肽及蛋白质有形成稳定纳米纤维细丝的能力，形成的细丝结构有序且有着明显的规律和螺旋周期。此外，这些纳米细丝在尺度上与胞外基质类似，这一点在人工功能组织的制造上非常关键。研究表明，不同的细胞包括神经细胞在内，这些包埋和生长于多肽三维架构中的细胞均展现出有趣的功能行为，如增殖、功能分化、主动迁移及其胞外基质的生产。

本章为人们提供了海洋环境中生物体内碳酸钙形成原则的一些基本知识，其目的是从材料学角度为人们提供新型功能材料的仿生设计与制造策略。尽管在生物材料的结构-功能关系研究以及生物矿化过程模拟方面已有了很大的进展，但迄今为止仍有许多问题无解。因此，人们仍需对生物体系内的生物矿化进行仔细研究，以便进一步地了解其形成机制。

参 考 文 献

Addadi L, Weiner S (1985) Interactions between acidic proteins and crystals: stereochemical requirements in biomineralization. Proc Natl Acad Sci USA 82:4110–4114

Aizenberg J, Tkachenko A, Weiner S et al (2001) Calcitic microlenses as part of the photoreceptor system in brittlestars. Nature 412:819–822

Ameye L, De Becker G, Killian C, Wilt F, Kemps R, Kuypers S, Dubois P (2001) Proteins and saccharides of the sea urchin organic matrix of mineralization: characterization and localization in the spine skeleton. J Struct Biol 134:56–66

Bedouet L, Schuller MJ, Marin F, Milet C, Lopez E, Giraud M (2001) Soluble proteins of the nacre of the giant oyster *Pinctada maxima* and of the abalone *Haliotis tuberculata*: extraction and partial analysis of nacre proteins. Comp Biochem Physiol B Biochem Mol Biol 128:389–400

Belcher AM, Wu XH, Christensen RJ, Hansma PK, Stucky GD, Morse DE (1996) Control of crystal phase switching and orientation by soluble mollusc-shell proteins. Nature 381:56–58

Bradt JH, Mertig M, Teresiak A, Pompe W (1999) Biomimetic mineralization of collagen by combined fibril assembly and calcium phosphate formation. Chem Mater 11:2694–2701

Campana SE, Neilson JD (1985) Microstructure of fish otoliths. Can J Fish Aquat Sci 42:1014–1032

Choi CS, Kim YW (2000) A study of the correlation between organic matrices and nanocomposite materials in oyster shell formation. Biomaterials 21:213–222

Cui FZ, Ge J (2007) New observations of the hierarchical structure of human enamel, from nanoscale to microscale. J Tissue Eng Regen Med 1:185–191

Cui FZ, Li Y, Ge J (2007) Self-assembly of mineralized collagen composites. Mater Sci Eng R 57 (1–6):1–27

Cuy JL, Mann AB, Livi KJ, Teaford MF, Weihs TP (2002) Nanoindentation mapping of the mechanical properties of human molar tooth enamel. Arch Oral Biol 47:281–291

Davis ME (2004) How life makes hard stuff. Science 305:480–481

de Leeuw NH, Parker SC (1997) Atomistic simulation of the effect of molecular adsorption of water on the surface structure and energies of calcite surfaces. J Chem Soc Faraday Trans 93:467–475

de Leeuw NH, Parker SC (1998) Surface structure and morphology of calcium carbonate polymorphs calcite, aragonite, and vaterite: an atomistic approach. J Phys Chem B 102:2914–2922

Donners JJJM, Heywood BR, Meijer EW, Nolte RJM, Sommerdijk NAJM (2002a) Control over calcium carbonate phase formation by dendrimer/surfactant templates. Chem Eur J 8:2561–2567

Donners JJJM, Nolte RJM, Sommerdijk NAJM (2002b) A shape-persistent polymeric crystallization template for $CaCO_3$. J Am Chem Soc 124:9700–9701

Dove PM, Yoreo DJJ, Weiner S (2003) Biomineralizationed. Mineralogical Society of America and Geochemical Society, Washington, DC

Falini G, Albeck S, Weiner S, Addadi L (1996) Control of aragonite or calcite polymorphism by mollusk shell macromolecules. Science 271:67–69

Feng QL, Li HB, Cui FZ, Li HD, Kim TN (1999) Crystal orientation domains found in the single lamina in nacre of the *Mytilus edulis* shell. J Mater Sci Lett 18:1547–1549

Feng QL, Li HB, Pu G, Zhang DM, Cui FZ, Li HD (2000a) Crystallographic alignment of calcite prisms in the oblique prismatic layer of *Mytilus edulis* shell. J Mater Sci 35:3337–3340

Feng QL, Pu G, Pei Y, Cui FZ, Li HD, Kim TN (2000b) Polymorph and morphology of calcium carbonate crystals induced by proteins extracted from mollusk shell. J Cryst Growth 216:459–465

Fu G, Valiyaveettil S, Wopenka B, Morse DE (2005) $CaCO_3$ Biomineralization: acidic 8-kDa proteins isolated from aragonitic abalone shell nacre can specifically modify calcite crystal morphology. Biomacromolecules 6:1289–1298

Ge J, Cui FZ, Wang XM, Feng HL (2006) Property variations in the prism and the organic sheath within enamel by nanoindentation. Biomaterials 26:3333–3339

Goissis G, Silva-Maginador SV, Conceicao-Amaro-Martins V (2003) Biomimetic mineralization of charged collagen matrices: in vitro and in vivo study. Artif Org 27(5):437–443

Hang YM (1994) The geological characteristics and the processing technology of fresh water pearl in Ezbou, Hubei province. Master dissertation, Guilin University of Technology (GUT), Guilin (now Guangxi University)

Hartgerink JD, Beniash E, Stupp SI (2001) Self-assembly and mineralization of peptide-amphi-phile nanofibers. Science 294:1684–1688

Heywood BR, Mann S (1994) Molecular construction of oriented inorganic materials: controlled nucleation of calcite and aragonite under compressed *Langmuir* monolayers. Chem Mater 6:311–318

Hou WT, Feng QL (2006a) Morphologies and growth model of biomimetic fabricated calcite crystals using amino acids and insoluble matrix membranes of *Mytilus edulis*. Cryst Growth Des 6:1086–1090

Hou WT, Feng QL (2006b) Morphology and formation mechanism of vaterite particles grown in glycine-containing aqueous solutions. Mater Sci Eng C 26:644–647

Hunter GK (1996) Interfacial aspects of biomineralization. Curr Opin Solid State Mater Sci 1:430–435

Jiao YF, Feng QL, Li XM (2006) The co-effect of collagen and magnesium ions on calcium carbonate biomineralization. Mater Sci Eng C 26:648–652

Kanakis J, Dalas E (2000) The crystallization of vaterite on fibrin. J Cryst Growth 219:277–282

Kono M, Hayashi N, Samata T (2000) Molecular mechanism of the nacreous layer formation in *Pinctada maxima*. Biochem Biophys Res Commun 269:213–218

Lavi Y, Albeck S, Brack A, Weiner S, Addadi L (1998) Control over aragonite crystal nucleation and growth: an in vitro study of biomineralization. Chem Eur J 4:389–396

Li Z (2008) Studies on hierarchical structure of otolith and biomineralization mechanism of calcium carbonate controlled by otolith's proteins. Doctoral dissertation, Tsinghua University, Beijing

Li Z, Feng QL (2007) Analysis of polymorphs of Carp's otoliths. Rare Met Mater Eng 36:47–49

Li Z, Gao YH, Feng QL (2009) Hierarchical structure of the otolith of adult wild carp. Mater Sci Eng C 29:919–924

Loste E, Wilson RM, Seshadri R, Meldrum FC (2003) The role of magnesium in stabilising amorphous calcium carbonate and controlling calcite morphologies. J Cryst Growth 254:206–218

Lowenstam HA, Weiner S (1989) On biomineralization. Oxford University Press, New York

Mann S (1996) Inorganic materials, 2nd edn. Wiley, Chichester, p 255

Mann S (2001) Biomineralization. Oxford University Press, New York

Mann S, Heywood BR, Rajam S, Birchall JD (1988) Controlled crystallization of CaCO$_3$ under stearic acid monolayers. Nature 334:692–695

Mann S, Archibald DD, Didymus JM, Douglas T, Heywood BR, Meldrum FC, Reeves NJ (1993) Crystallization at inorganic-organic interfaces: biominerals and biomimetic synthesis. Science 261:1286–1292

Manoli F, Dalas E (2001) Calcium carbonate crystallization in the presence of glutamic acid. J Cryst Growth 222:293–297

Marin F, Corstjens P, de Gaulejac B, Vrind-De Jong ED, Westbroek P (2000) Mucins and molluscan calcification – molecular characterization of mucoperlin, a novel mucin-like protein from the nacreous shell layer of the fan mussel *Pinna nobilis* (Bivalvia, Pteriomorphia). J Biol Chem 275:20667–20675

Meyers MA, Chen PY, Lin AYM, Seki Y (2008) Biological materials: structure and mechanical properties. Progress in Materials Science 53:1–206

Michenfelder M, Fu G, Lawrence C, Weaver JC, Wustman BA, Taranto L, Evans JS, Morsel DE (2003) Characterization of two molluscan crystal-modulating biomineralization proteins and identification of putative mineral binding domains. Biopolymers 70:522–533

Miyamoto H, Miyashita T, Okushima M, Nakano S, Morita T, Matsushiro A (1996) A carbonic anhydrase from the nacreous layer in oyster pearls. Proc Natl Acad Sci USA 93:9657–9660

Miyashita T, Takagi R, Okushima M, Nakano S, Miyamoto H, Nishikawa E, Matsushiro A (2000) Complementary DNA cloning and characterization of pearlin, a new class of matrix protein in the nacreous layer of oyster pearls. Mar Biotechnol 2:409–418

Oaki Y, Imai H (2005) The hierarchical architecture of nacre and its mimetic material. Angew Chem Int Ed Engl 44:6571–6575

Ogasawara W, Shenton W, Davis SA, Mann S (2000) Template mineralization of ordered macroporous chitin-silica composites using a cuttlebone-derived organic matrix. Chem Mater 12:2835–2837

Pannella G (1971) Fish otoliths: daily growth layers and periodical patterns. Science 173:1124–1127

Pederson AW, Ruberti JW, Messersmith PB (2003) Thermal assembly of a biomimetic mineral/ collagen composite. Biomaterials 24:4881–4890

Pereira-Mouriès L, Almeida MJ, Ribeiro C, Peduzzi J, Barthélemy M, Milet C, Lopez E (2002) Soluble silk-like organic matrix in the nacreous layer of the bivalve *Pinctada maxima*: a new insight in the biomineralization field. Eur J Biochem 269:4994–5003

Plummer LN, Busenberg E (1982) The solubilities of calcite, aragonite and vaterite in CO_2-H_2O solutions between 0 and 90°C, and an evaluation of the aqueous model for the system $CaCO_3$-CO_2-H_2O. Geochim Cosmochim Acta 46:1011–1040

Qiao L, Feng QL, Lu SS (2008a) In vitro growth of nacre-like tablet forming: from amorphous calcium carbonate, nanostacks to hexagonal tablets. Cryst Growth Des 8(5):1509–1514

Qiao L, Feng QL, Li Z (2007) Special vaterite found in freshwater lackluster pearls. Cryst Growth Des 2:275–279

Qiao L, Feng QL, Li Z, Lu SS (2008b) Alternate deposition of oriented calcite and amino acid layer on calcite substrates. J Phys Chem B 112:13635–13640

Raz S, Hamilton PC, Wilt FH, Weiner S, Addadi L (2003) The transient phase of amorphous calcium carbonate in sea urchin larval spicules: the involvement of proteins and magnesium ions in its formation and stabilization. Adv Funct Mater 13:480–486

Rhee SH, Lee JD, Tanaka J (2000) Nucleation of hydroxyapatite crystal through chemical interaction with collagen. J Am Chem Soc 83:2890–2892

Samata T, Hayashi N, Kono M, Hasegawa K, Horita C, Akera S (1999) A new matrix protein family related to the nacreous layer formation of *Pinctada fucata*. FEBS Lett 462:225–229

Sarikaya M, Fong H, Frech DW, Humbert R (1999) Biomimetic assembly of nanostructured materials. Bioceramics 293:83–97

Shen XY, Belcher AM, Hansma PK, Stucky GD, Morse DE (1997) Molecular cloning and characterization of lustrin A, a matrix protein from shell and pearl nacre of *Haliotis rufescens*. J Biol Chem 272:32472–32481

Shen FH, Feng QL, Wang CM (2002) The modulation of collagen on crystal morphology of calcium carbonate. J Cryst Growth 242:239–244

Silva GA, Czeisler C, Niece KL, Beniash E, Harrington DA, Kessler JA, Stupp SI (2004) Selective differentiation of neural progenitor cells by high-epitope density nanofibers. Science 303:1352–1355

Sollner C, Burghammer M, Nentwich EB, Berger J, Schwarz H, Riekel C, Nicolson T (2003) Control of crystal size and lattice formation by starmaker in otolith biomineralization. Science 302:282–286

Stupp SI, LeBonheur VV, Walker V, Li LS, Huggins KE, Keser M, Amstutz A (1997) Supramolecular materials: self-organized nanostructures. Science 276:384–389

Sudo S, Fujikawa T, Nagakura T, Ohkubo T, Sakaguchi K, Tanaka M, Nakashima K, Takahashi T (1997) Structures of mollusc shell framework proteins. Nature 387:563–564

Tong H, Ma WT, Wang LL, Wan P, Hu JM, Cao LX (2004) Control over the crystal phase, shape, size and aggregation of calcium carbonate via a l-aspartic acid inducing process. Biomaterials 25:3923–3929

Vecht A, Ireland TG (2000) The role of vaterite and aragonite in the formation of pseudo-biogenic carbonate structures: implications for Martian exobiology. Geochim Cosmochim Acta 64:2719–2725

Wang Y, Cui FZ (2006) Research on an affective model. Mater Sci Eng C 26(4):635–637

Wang XM, Cui FZ, Ge J, Wang Y (2004) Hierarchical structural comparisons of bones from wild-type and *liliput*[dtc232] gene-mutated Zebrafish. J Struct Biol 145:236–245

Weiner S, Wagner HD (1998) The material bone: structure–mechanical function relations. Annu Rev Mater Sci 28:271–298

Weiner S, Sagi I, Addadi L (2005) Choosing the path less traveled. Science 309:1027–1028

Weiner S, Mahamid J, Politi Y, Ma Y, Addadi L (2009) Overview of the amorphous precursor phase strategy in biomineralization. Front Mater Sci 3(2):104–108

Weiss IM, Kaufmann S, Mann K, Fritz M (2000) Purification and characterization of perlucin and perlustrin, two new proteins from the shell of the mollusc *Haliotis laevigata*. Biochem Biophys Res Commun 267:17–21

Whitesides GM, Grzybowski B (2002) Self-assembly at all scales. Science 295:2418–2421

Zhai Y, Cui FZ (2006) Recombinant human-like collagen directed growth of hydroxyapatite nanocrystals. J Cryst Growth 291(1):202–208

Zhang S (2003) Fabrication of novel biomaterials through molecular self-assembly. Nat Biotechnol 21:1171–1178

Zhang W, Liao SS, Cui FZ (2003a) Hierarchical self-assembly of nanofibrils in mineralized collagen. Chem Mater 15:3221–3226

Zhang Y, Xie LP, Meng QX, Jiang TM, Pu RL, Chen L, Zhang RQ (2003b) A novel matrix protein participating in the nacre framework formation of pearl oyster, Pinctada fucata. Comp Biochem Physiol B Biochem Mol Biol 135:565–573

Zubarev ER, Pralle MU, Li L, Stupp SI (1999a) Conversion of supramolecular clusters to macromolecular objects. Science 283:523–526

Zhang C, Li S, Ma ZJ, Xie LP, Zhang RQ (2006) A novel matrix protein p10 from the nacre of pearl oyster (*Pinctada fucata*) and its effects on both CaCO$_3$ crystal formation and mineralogenic cells. Mar Biotechnol 8:624–633

Zubarev ER, Pralle MU, Li L, Stupp SI (1999b) Conversion of supramolecular clusters to macromolecular objects. Science 283:523–526

7 棘皮动物内骨骼生物矿化的分子基础

7.1 引 言

几个世纪以来，棘皮动物尤其是海胆的内骨骼一直倍受人们关注。由于棘皮动物骨骼化石量极为丰富，因此，其在古生物学及进化研究中的地位非常重要。动物壳样包裹表面——巢的外表精美无比，有着令人羡慕的强度与韧性，与纯方解石的性能完全不同。

棘皮动物分为 5 个纲：海胆纲、海百合纲、海星纲、蛇尾纲及海参纲。从进化上讲，棘皮动物门与半索动物门及脊索动物门（脊椎动物）关系较近。这三个门的动物是唯一的一类具后口胚胎发育模式的动物，即胚胎的胚孔变为幼虫或成体的肛孔。棘皮动物有坚硬的矿化内骨骼，骨骼由方解石与有机基质组成，而脊椎动物内骨骼的主要矿物质为磷酸钙。

海胆胚胎极其适宜于生物化学与分子生物学研究。最近几年，生物矿化蛋白的确认与定性数量越来越多。无论是幼虫还是成体，其骨骼构件中的矿物相、有机质与矿物间的关系及骨骼的生物机械性能均引起人们的浓厚兴趣。本章将集中讨论最近几年来有关基质蛋白、基质-矿物间关系的研究工作，以及有关骨骼构件中晶体取向和矿物前体方面的一些进展。

要想在这些问题上将所有具有开创性和重要意义的研究结果统统拿来引用与讨论是不现实的。在 Simkiss 和 Wilbur（1989）及 Lawenstam 和 Weiner（1989）的著作中，众多以往的文献资料已被引用和讨论。Raup（1966）有关棘皮动物骨骼的论述仍很适用。除海胆纲外，有关其他棘皮动物的生物矿化研究则很少，Wilt 等（2003）在其综述文章中也有阐述。Decker 和 Lennarz（1988）曾针对骨针形成的早期研究进行过调查。在 Wilt 和 Ettensohn（2007）、Wilt 和 Killian（2008）的综述中，则重点讲述了一些与海胆生物矿化相关的编码蛋白基因的最新发现。

7.2 胚胎中内骨骼的形成

7.2.1 骨针形成

自 19 世纪以来，胚胎学家对间接发育（即经由幼虫发育阶段）的海胆幼虫的内骨骼发育情况进行了广泛的研究。幼虫骨骼的形成过程可在显微镜下实时观察。

现代实验生物学发展早期，Boveri 将其研究中看到的海胆幼虫内骨骼骨针作为动物的一个形态特点，并发现这种遗传性载体是动物中的染色体（Laubichler and Davidson 2008）。

Okazaki（1975a,b）及 Wilt 和 Ettensohn（2007）对海胆骨针的胚胎发育过程进行过详细描述。第四次卵裂时，16 细胞期中的 4 个小裂球（micromeres）簇集于一极，由于其相较于其他裂球小很多，故称为小裂球，见图 7-1。第五次卵裂时，每个小裂球又一分为二，其中大一点的裂球专职于骨骼形成。这个所谓大一点的裂球再继续分裂，形成 33～64 个细胞（细胞数量因种而异）的聚体，细胞聚体位于囊胚腔植物半球的外围。就在原肠胚开始内卷之前，这些小裂球派生细胞即上皮细胞转为运动性的间充质细胞，穿过基膜进入囊胚腔。在那里，这些细胞到处游荡，几小时后贴壁于囊胚上，随原肠胚形成早期的原肠一起内卷。大裂球派生细胞，即称为原始间充质细胞（primary mesenchyme cell，PMC）的细胞以一种常规的阵列形式排布于囊胚的植物半球，相邻的 PMC 彼此融合，形成一个多细胞的合胞体，见图 7-2。

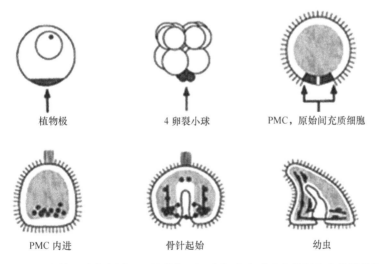

图 7-1　内骨骼骨针的胚胎发育图，示骨针起源。卵细胞胞质及由此衍生出的原始间充质细胞（PMC）以黑色表示。原肠胚中期及长腕幼虫期的骨针以实线表示，卵最小直径 100 μm，幼虫大小约为卵的两倍（Wilt 1999）。

这个融合了的 PMC 合胞体的细胞间有一长索。不久后，两个腹外侧的位置上（PMC 集中的地方）会出现方解石颗粒，三组射线式排列的方解石外伸形成胚胎内骨骼——骨针，每组中有 2 颗菱形方解石晶体，晶体的优先晶面由 a 轴决定。骨针伸展过程中，矿物的添加基本上均由顶端开始，与此同时，骨针粗细也在一定程度上增加。之后，骨针弯曲并于 c 轴方向上延伸，形成一"V"字形的精美骨骼结构，此时的幼虫称为长腕幼虫，见图 7-2。Okazaki（1975a）曾设计了一套方法以分离纯化卵裂小球用于后续的培养。培养中，研究人员体外重复了骨针的形成过程，且其形成过程和形成时间与自然发育胚胎一样。

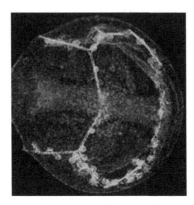

图 7-2　染色的海胆 *Lytechinus pictus* 棱柱期胚胎。这个棱柱期晚期胚胎以骨针基质蛋白——LpSM30（绿色）抗体和 PMC 特异细胞表面抗原（红色）抗体染色。双染的 PMC 细胞合胞体及骨针显黄色。在抗 LpSM30 抗体染色充分的背景下，幼虫及其发育中的肠道轮廓清晰可见，肠道在图片中几乎沿水平线方向行进。这个棱柱期胚胎直径大约 180 μm，照片由 C.E.Killian 和 F.H.Wilt 提供。（彩图请扫封底二维码）

许多种类的海胆中，体内骨针因二次分叉而变得结构更加精美，位于伸展端的合胞体 PMC 簇在幼虫的生长与发育中充当着骨针进一步延伸的发起点（Gustafson and Wolpert 1967）。有一点非常重要，即骨针的形成只与连接 PMC 合胞体的合胞体索有密切关联。因此，骨针的宏观解剖位置也就是 PMC 所在的地方。在由膜限定的空间内，沉积矿物及基质似乎整个被合胞体索细胞膜包围，形似一囊泡。然而，最新研究结果表明，膜包围骨针实际上就是骨针的表面裹上了一层质膜。由此可以说，骨针是向合胞体中专用空间有向分泌的结果，这一专用空间在细胞之外，由大量融合 PMC 的细胞膜围裹而成。有关此问题的讨论详见 Wilt（2002）、Wilt 和 Ettensohn（2007）。

骨针形貌主要由 PMC 决定，而骨针于囊胚中的位置则依赖于胚胎外胚层属性（Ettensohn and Malinda 1993；Guss and Ettensohn 1997）。最近的研究显示，方解石的形成启动依赖 VEGF 信号（Duloquin et al. 2007），这一信号由原肠胚早期覆加于囊胚腹外侧 PMC 簇之上的少量外胚层细胞发出，这些少量的细胞同时还表达同源框转录因子 *Otp*（Dibernardo et al. 1999）。外胚层细胞发出的 VEGF 信号与 PMC 表达的 VEGF 受体作用后启动并一直维持着生物的钙化。

7.2.2　钙

同位素研究显示，骨针中的钙（镁在此不予讨论）来自于海水（Nakano et al.

1963）。当海水中的钙浓度（约 10 mmol·L^{-1}）低于 2～4 mmol·L^{-1} 时，骨针发育出现畸形，如果浓度再低，骨针就会又小又不正常，胚胎发育也将极度恶化（Okazaki 1956）。PMC 中必有极活泼的钙转运体，这些转运体对于钙离子是高负载、低亲和，但遗憾的是，这一点目前仍未确认或定性。Beniash（1999）在电镜下直观地看到胞内沉积，这些沉积物被推测为碳酸钙，但沉积物无 X 射线衍射现象。因此，人们认为这些沉积物可能为非晶态碳酸钙。经加热处理后，这些沉积物衍射出同方解石一样的衍射图案。在三射骨针形成启动后，活胚胎或培养体中的 PMC 内看不到有双折射颗粒存在（见 Okazaki 1960）。这或许因为摄入钙被隔离于胞内含过饱和钙液的囊泡中，或因沉积物低于光镜分辨率，或处于非双折射状态。

胞内钙沉积物的作用最近又被人们再次提及。研究中人们使用了钙黄绿素，一种荧光衍生物，当这种染料嵌入含钙沉积物时能发出强烈的荧光。Wilt（2008b）采用钙黄绿素脉冲标记法跟踪检测钙的传送情况。研究中发现，含钙黄绿素荧光剂的海水出现了短脉冲，经正常海水冲洗和培养，胚胎中的 PMC 胞内开始出现荧光标记亚微米级大小的颗粒，接着荧光物从细胞中消失，随后又出现于发育的骨针中，尤其是延伸骨针的顶端处，人们将此过程解释为：胞内先沉积形成非结晶性的钙化物前体，然后这些前体物沿合胞体细胞的胞质丝穿梭，并最终被分泌至骨针形成处的合胞体位置。

7.2.3 填充蛋白

骨针基质蛋白也由 PMC 合成与分泌，并最终填充于矿物相中。有关此方面的早期研究见综述（Decker and Lennarz 1988），但迄今为止，有关骨针形成过程中这些蛋白质的合成、传递及填充的研究报道并不多。Benson 等（1989）称，利用骨针基质蛋白混合物多克隆抗体技术，人们推定 PMC 中的囊泡内可能含有基质蛋白，第一批被确认的基质蛋白有 SM50、SM30。Ingersoll（2003）利用免疫电镜及亲和纯化抗体技术研究发现，高尔基体和转运小泡（大小近 50 nm）中上述两种蛋白质均有存在，且囊泡内的物质被运送至骨针形成处的空间中。Wilt 等（2008b）利用 GFP-SM50/30 标记技术研究发现，携有转基因的 PMC 可分泌 GFP-SM50/30 至 PMC 起源处附近的骨针空间。这一发现与钙的传递情况截然不同，钙主要运至骨针延伸端。细胞及骨针蛋白免疫沉淀反应显示，在同位素标记导入 20 min 后，由 ^{35}S 标记的 SM30 蛋白就开始分泌并积累于形成中的骨针上，运至骨针中的 SM30 蛋白的分子量略有下降，这表明，在分泌和（或）骨针组装过程中存在着蛋白质加工。

在骨针形成细胞生物学方面已有很多的研究。金属蛋白酶抑制剂可停止骨针的延伸（Ingersoll and Wilt 1998；Huggins and Lennarz 2001），但此种抑制对 PMC

中方解石菱形晶的初始形成无干扰。毫无疑问，离子运送抑制剂对骨针形成是有害的（Mitsunaga et al. 1986）。遗憾的是，人们目前仍不清楚基质蛋白的有向分泌机制。人们所知道的只是 PMC 能分泌许多分子（包括胶原及蛋白聚糖）至囊胚腔中（Benson et al. 1990），但骨针填充物中却并未发现这些分子，同样地，囊胚腔内也未发现这些骨针蛋白。

最后，有一点非常重要，即骨针形成仅代表着一种生物矿化的模式。框架结构上的生物矿物装配如软体动物壳或脊椎动物骨骼虽然与细胞间有一定的距离，但却与细胞有着密切联系。相反，骨针如 Beniash 等（1997）所示的那样则完全由合胞体膜及无任何间隙的质鞘围裹。

7.2.4　骨构件的胚后形成

浮游期幼虫最终下沉附着于一适宜的基底上，然后变态。幼虫结构随之萎缩并消失，成为稚海胆（Smith et al. 2008）。海胆原基至晚期幼虫间的关系见图 7-3。稚海胆成形于胚胎前囊胚腔的体间空隙中，生长中的浮游幼虫仍保留着部分囊胚腔。与小裂球派生细胞关联的幼虫前肠的一部分生成于第 5 次卵裂，它的产生导致原基结构（即海胆原基）发生，原基随后逐渐发育形成小海胆。在逐步发育过程中，原基慢慢呈现出人们熟悉的棘皮动物五射对称结构。在原基发育早期，小小的壳板形成并开始钙化，随后管足及棘刺也越来越明显。至稚海胆时，其直径虽只有几毫米，但已有了钙化的壳板、棘刺及牙齿。

形貌变化细节及成体内的骨骼生长很少有人研究。最近，Yajima 和 Kiyomoto（2006）、Yajima（2007）的研究工作表明，负责稚海胆内骨骼钙化的细胞并非是 PMC，而是一些相对不太明显的、称为次级间充质细胞的胚性细胞系。Smith 等（2008）已弄清 *Strongylocentrotus purpuratus* 变态发育中各阶段的细节情况，并通过内骨骼特定蛋白特异抗体技术绘制出内骨骼的早期发育过程。稚海胆的钙化结构发育与幼虫的骨针有着密切联系。Ameye 等（1999；2001）在电镜下对海胆棘刺、壳板、叉棘的连续发育情况进行过研究。一般认为，成体中与矿化结构密切关联的细胞负责矿物的沉积，尽管除棘刺、牙齿外目前还无具体而详细证据。

早在 20 世纪 50 年代，Hyman（1955）就对稚海胆内骨骼的壳板、牙齿、棘刺进行过描述与解剖。目前，几种成体海胆基质蛋白已通过 Western blotting（Killian and Wilt 1996）或同源 mRNA 法（George et al. 1991；Livingston et al. 2006）定性和确认，Ameye 等（1999）还对成体海胆叉棘、棘刺中的 SM50、SM30 进行了免疫电镜显微标记定位。下面将集中讨论最近一些有关骨针、牙齿、棘刺的精细结构的研究工作。

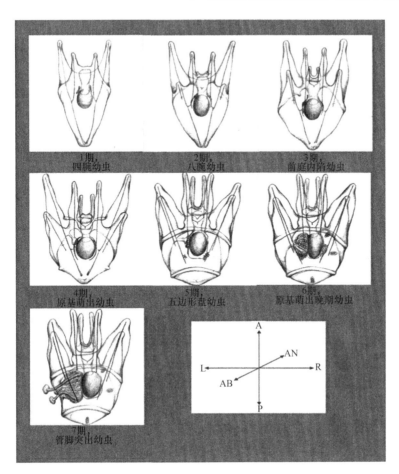

图 7-3 海胆 *Strongylocentrotus purpuratus* 长腕幼虫浮游期的 7 阶段发育。此幼虫期中，重点关注腕、骨骼棒及肠道的发育。在V～VII期出现于中肠左外侧的海胆原基经变态后将成为稚海胆。体轴：L-R=左-右，A-P=前-后，AB-AN=离口-肛门（Smith et al. 2008）。

7.2.5 胚胎骨针的结构与组成

海胆长腕幼虫阶段的骨针形貌具有种特异性，包括骨针分叉位置、针上的小刺及开孔。Okazaki 和 Inoue（1976）在有关晶体轴取向的研究工作中发现，骨针中的矿物颗粒均以菱形方解石晶体形式出现。有不同的研究者（Okazaki 1960；Beniash et al. 1997）发现，骨针表面是有机材料构成的外壳，Benson 等（1983）曾明确表示，脱矿化骨针中存在着由有机分子填充的网络结构。断面轻度蚀刻显示，矿物组织呈片层结构，与树木的生长年轮类似。人们推测，这些片层样的结构或许由矿物周期性沉积造成，使骨针在生长发育中不断增粗，但目前无直接证据（Seto et al. 2004）。

SM30、SM50 亲和纯化抗体（Seto et al. 2004）免疫电镜技术显示，蚀刻断面被特异性标记。这一结果直接证明结构中填充有基质蛋白。两种蛋白质尤其是SM50 还被发现存在于骨针的外表面，从方解石完好（但不完美）的排列结构图中可以看到，这些结构中穿插着一些填充了基质蛋白的网络（Berman et al. 1993）。

生物矿化研究的其中一个目的就是确认、列举和阐明发现于或填充于矿化结构内的有机分子的功能。在一些已被详细研究的矿化组织列表中，有机基质分子多为多糖和蛋白质。研究中，分子生物学技术的用途更是强大，因为填充于结构中的基质蛋白采用常规方法很难纯化与定性。有关一些方法及结果的讨论见 Wilt和 Ettensohn（2007）、Killian 和 Wilt（2008）。尽管海胆骨针中的蛋白质含量低，约占质量的 0.1%左右（Wilt 1999），但其种类却很多，目前已确认的就有 40 种以上，其中多数是酸性和糖基化的蛋白质。最近，蛋白质组学证实，骨针蛋白的种类超过 200 种（Mann et al. 2010），其中只有 1 种蛋白质的功能得到确认，即 SM50。胚胎发育过程中，对骨针形成而言，SM50 的合成是必不可少的（Peled-Kamar et al. 2002；Wilt et al. 2008a）。尽管 SM50 对骨针形成如此重要，但其真正的作用仍有待于研究与阐明。或许通过一些仿造 SM50 的设计与表达，人们就有希望弄清楚SM50 中的哪些部分具"显性负性效应"。

目前，*S. purpuratus* 的基因组已被测序和注释，参与骨针形成和（或）结构编辑的基因也已筛选了出来（Livingston et al. 2006）。这些基因编码的蛋白质多为酸性和糖基化的分泌性蛋白，含一 C 型凝集素结构域。除 SM50 外，其他蛋白质的功能和（或）必要性人们仍一概不知。需要牢记一点的是，对骨针形成非常重要的蛋白质未必最终填充于组织结构中，如一些重要的金属蛋白酶等。

通过 PMC cDNA 库 EST 比对，人们对 PMC 的基因特异表达进行了分析（Zhu et al. 2001）。经过研究分析，人们确定下来一跨膜蛋白 P16，通过基因敲低实验判断，此蛋白质对骨针的形成必不可缺（Cheers and Ettensohn 2005）。显而易见，如果采用一些新的且强有力的蛋白鉴定方法，获得骨针中全部种类的填充蛋白将不再是一件很难的事，令人可喜的是，这样的一些方法已在海胆牙齿及棘刺的蛋白质分析中得以实施和应用（Mann et al. 2008a,b；Mann et al. 2010）。

7.3　其他体系中 ACC 的发现、意义和重要性

Beniash 等（1997）的发现再次引发了人们对非晶态矿物的关注。Beniash 等发现，海胆胚胎尤其是成熟长腕幼虫前的早期阶段胚胎（如棱柱幼虫）中的骨针内含有大量的非晶态碳酸钙（ACC），这些 ACC 不仅由傅里叶变换红外（Fourier transform InfraRed，FTIR）光谱确认，也由一些其他分析技术，如可见光偏振及 X 射线近边吸收结构（X-ray absorption near-edge structure，XANES）光谱证实（Politi et al. 2006；2008）。尽管 ACC 及其稳定形式的化合物中含有同等摩尔数的水分子，且 CaCO₃ 广布于海鞘动物、甲壳动物及一些其他的动植物中（Lowenstam and Weiner 1989），但海胆胚胎中的 ACC 则可慢慢地转变为方解石。因此，发育中的幼虫（长腕幼虫期后 1～2 天的幼虫）体内 ACC 很少。此外，保存于–20℃下的分离骨针中的 ACC 仍可慢慢变为方解石（Beniash et al. 1997）。制备于实验室内的合成 ACC 很不稳定，几分钟内就会迅速变为更稳定的方解石，而不是几个小时或几天。

　　骨针中的 ACC 显然不是一孤立的个案，海胆再生棘刺（Politi et al. 2004）、牙齿形成端（Killian et al. 2009）、不断生长的鱼鳍条（Mahamid et al. 2008）及形成中的小鼠切齿牙釉质（Beniash et al. 2009）中也存在着一些非晶态的前体矿物。ACC 还与软体动物壳的形成有关（Weiss et al. 2002；Nassif et al. 2005），尽管最近有报道称，新沉积的珍珠层中未发现 ACC（Kudo et al. 2010）。显然，这些形形色色的发现表明，作为方解石、文石或碳酸磷灰石前体的非晶态矿物的形成或许是生物矿化中的一贯策略。

　　人们采用 X 射线散射技术对合成 ACC 的原子结构图进行了研究与探讨（Michel et al. 2008；Goodwin et al. 2010），但生物前体矿物形式的 ACC 的原子结构图还未曾有过报道。Politi 等（2008）及 Killian 等（2009）对晶体的形成及蔓延模式进行过探讨。Politi 等发现，海胆骨针中存在两种形式的非晶态前体相，其中的一种含水，其光谱与合成水合 ACC 完全一样，另一种可能为无水 ACC，遗憾的是，论文发表时还没有合成等价物能与其光谱进行比较。当然，骨针中还存有一种晶相矿物，即方解石。其光谱与地质方解石及合成方解石类似（Politi et al. 2008）。Radha 等（2010）的研究显示，合成的无水 ACC 与骨针中的 ACC 在转化为方解石时有着同样的焓变，这也为骨针中过渡矿相是无水 ACC 的观点提供了有利证据。

　　尽管棘皮动物中的生物矿物偏振光和 X 射线衍射显示是单晶，但却不像晶体那样解理，其断裂表面为同心纹，有着如同非晶态玻璃的曲面和曲边。Berman 等的出色工作使人们不可置疑地认为，之所以呈现同心裂面，是因为蛋白质的缘故。体外实验中，当有来自海胆骨骼的酸性糖蛋白存在时，可结晶形成菱形的方解石。蛋白质不仅填充于合成方解石菱形晶体内，而且还存在于断裂的同心的结构中（Berman et al. 1988）。

　　这一开创性的实验及随后的研究又引出一个有趣的问题，即如此少量的有机分子（骨针中含量只有 0.1 wt%）是如何使裂面宏观上看完全不同于晶体解理面的呢？人们推测，各层（晶体的各原子层或一沓纸的各层）无需全"胶合"就可成为一个整体。各层间只要有几个点由"有机胶"胶合起来就足以使晶体或一沓纸保持为一个整体，有机质或许也因此原理而阻止了单层的解理。可喜的是，这一假设还可通过骨骼中填充蛋白的确切位置的确立来进行下一步的评价。

7.4 有关成体棘刺的最新研究

海胆的标志性特征是其装饰式的棘刺，大小从几毫米到几厘米长，棘刺的长短依赖于其壳上的位置和物种差别。棘刺是锥形的长方解石，末端尖锐，利于防御和减少磨损。其海绵状的结构为各类不同的皮层细胞及体腔细胞提供了分布空间，其表面覆有一层上皮细胞，这就意味着这些显而易见的硬结构是真真实实的内骨骼。

图 7-4 显示的是一漂白后的棘刺的矿化部分及横断面。未长成的棘刺不仅有隔，而且还有孔，如形成中的壳板一般。这类形貌结构术语上称为"stereom"。随着棘刺的成熟，其矿化程度变得越来越重，呈现一个彼此横梁连接的辐射状扇面。有时，中空的中央会被一些细胞占用，有时则被细胞和胞外基质占据。

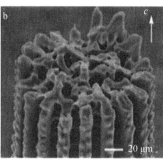

图 7-4　海胆 *Paracentrotus lividus* 次生棘刺 SEM 图，棘刺方解石 *c* 轴方向以箭头指示。（a）无损的原棘刺；（b）初生棘刺断面，示其海绵性 stereom 结构；（c）成熟棘刺断面，示因发育而被填充的 stereom 结构。注意初生及成熟棘刺的大小差别（Aizenberg et al. 1997）。经美国化学学会同意重印。

X 射线衍射或偏振光实验表明，棘刺明显是由单晶同向排布而成，单晶的 *c* 轴平行于棘刺长轴。图 7-5 所示的是最新的研究结果，研究表明，棘刺确实是同取向，即使在更高的电子衍射分辨率下也是如此。

X 射线同步衍射测试显示，沿长轴呈现 210～235 nm 的完美结晶区域（横轴方向 160 nm），这些结晶区排列整齐，相邻区间约有 0.130º 的角度偏差。地质方解石的结晶区约 800 nm，邻区间的角度偏差只有 0.003º（Berman et al. 1993；Magdans and Gies 2004）。棘刺之所以与纯方解石有所不同，是因其方解石中填充了大约 0.1 wt% 的有机基质（主要是蛋白质）和镁离子（2%～12%）。棘刺方解石中的镁离子的加入使其拥有了额外硬度，越靠近棘刺基部，镁的含量越高，镁含量随水温及海胆种类而异。

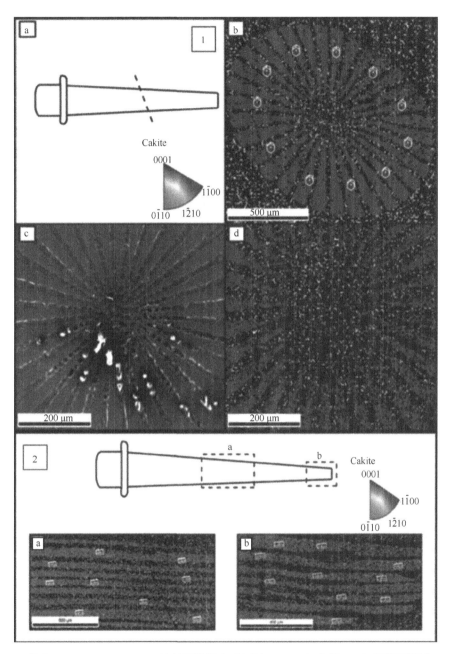

图 7-5　海胆 *Paracentrotus lividus* 棘刺背散射电子衍射（EBSD）分析。（1）横断面测试，（1a）断面位置；（1b，1d）按（1a）的色控对（1c）中的对应区进行的晶体取向 EBSD 分析；（2）纵断面测试，（2a）a 位置上的晶体取向 EBSD 分析，（2b）b 位置上的晶体取向 EBSD 分析，按照（1）中同样的色控。这些图表明，晶体的 *c* 轴与棘刺长轴平行（Moureaux et al. 2010）。

（彩图请扫封底二维码）

Heatfield 和 Travis（1975）于光镜及电镜下对棘刺的结构进行了详细的观察，观察中看到 stereom 及矿物表面均覆有上皮细胞（Märkel 1983a,b）。因表皮造骨细胞（硬化细胞，sclerocytes，也称 calcoblats）不断分泌沉积柱状有孔矿物，棘刺可不断地向前延伸。

有关棘刺方解石填充蛋白方面的知识人们了解得并不多。胚胎骨针填充蛋白的早期研究工作显示，SM50 及某些形式的 SM30 存在于棘刺中（Killian and Wilt 1996；Ameye et al. 2001）。人们采用免疫组化方法证实，形成中的叉棘和棘刺中确有蛋白质存在。最近，Killian 等（2009）通过 PCR 法对棘刺组织中 SM30 mRNA 的类型进行了分析。研究发现，组织中 SM30 D 型的 mRNA 最多，其他形式的 mRNA 的量则很少。这是一个极不寻常的现象，因为胚胎中 SM30 D 型蛋白完全消失，即使壳板、牙齿及管足中的蛋白含量也很少。Mann 等（2008a）发布了有关棘刺填充蛋白质组学的研究结果。结果显示，蛋白质的种类很多，包括许多发现于胚胎骨针中的蛋白质，如 SM50、含 C 型凝集素的蛋白质、碳酸酐酶、MSP130 及一些蛋白酶。

至少是从 19 世纪中叶起，人们就已通过研究棘刺再生来表征性描述棘刺的生长与成熟。图 7-6 所示的是再生棘刺顶部的 stereom 结构，棘刺延伸首先从断裂面中央处沉积，形成薄的、横梁样的结构物，接着横梁上再慢慢分枝，且不断变粗，新沉积的棘刺会逐步被一些矿化物填满。因此，stereom 的海绵样结构逐步消失，方解石柱逐步增多并成为结构的主导。有关棘刺再生方面的研究综述请参阅文献（Dubois and Ameye 2001）。

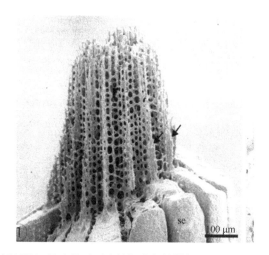

图 7-6 正在再生的棘刺顶部。这个处于再生早期阶段的棘刺显示孔眼状 stereom 结构，箭头指向方解石柱间侧桥连接。此棘刺经 NaClO 化学处理后 SEM 观察，图片来自 Dubois and Ameye（2001），经 John Wiley and Sons 许可重印。

Politi 等（2004）对再生棘刺顶端新沉积矿物的性质进行过研究。人们利用蚀刻、FTIR 及电镜显微技术发现，新沉积的矿物为 ACC，最初可能先以水合形式出现，随后逐步转为无水 ACC，最终变为方解石。这不由地让人想起海胆胚胎骨针的生长端，并更加坚定这样的一个理念，即作为前体的 ACC 的沉积是棘皮动物方解石生物矿化的一贯策略。

7.5 成体牙齿方面的最新研究

7.5.1 海胆牙齿的矿物结构

海胆虽然能以牙齿咬食，但有时还会钻进岩洞躲避捕食者（Moore 1996；Nelson and Vance 1979）和海水冲击（Otter 1932），见图 7-7a。所有海胆中，5 颗牙齿连续形成于牙胚近端，齿尖（远端）因使用而有磨损。5 颗牙齿整齐排列于一个称为亚里士多德提灯的颚样咀嚼器中，见图 7-7b、c，之所以如此称谓，是因为亚里士多德在其所著的《动物志》一书中首次这样描述。

图 7-7 （a）生活于加利福尼亚 Pt.Arena 海岸一带的潮间带中的海胆 *Strongylocentrotus purpuratus*，海胆庇护于洞穴之中，岩石上的洞穴由动物用齿挖掘而成，图片由 C.E.Killian 提供；（b）海胆的 5 颗牙齿，这些牙齿齿尖可慢慢地放射状打开和合拢，图片由 P.Gilbert 提供；（c）取自动物的亚里士多德提灯，底部部位的齿尖清晰可见，箭头指向其中一颗牙齿的侧面，图片由 P.Gilbert 提供。（彩图请扫封底二维码）

各种海胆的牙齿结构极其相似：牙纵长形，略微弯曲，约 2 cm 长，横切面为 T 形结构（Kniprath 1974；Ma et al. 2007；2008；Märkel and Titschack 1969；Wang et al. 1997；Wang 1998）。T 形结构的上部，术语上通常称为凸缘，T 形结构的下部（垂直部分）称为龙骨。凸缘部分含有弯曲的方解石板片，板片间的间距为几微米。不同直径的方解石纤维始于板片末端，呈 S 形延伸穿过龙骨。牙及其构件见图 7-8。

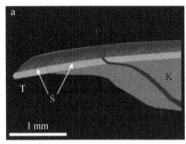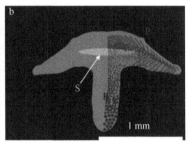

图 7-8　（a）海胆 *Strongylocentrotus purpuratus* 齿尖纵切示意图；（b）齿尖横切示意图。牙齿的板片区（P）以红色标示，纤维以蓝色标示，板片及纤维由多晶基质（绿色）粘固在一起。注意：跨过龙骨区（K）的纤维的直径变化，龙骨区内的纤维更粗一些。蓝绿色的石质区（S）在牙齿横断面的中央部分呈椭圆形结构，此区域内多晶基质的纳米颗粒的镁含量相比牙齿其他部位最高。在牙齿刮擦部位顶端，当板片及纤维脱落后，石质区则完全暴露在外。图片由 P. Gilbert 提供。（彩图请扫封底二维码）

成体海胆的 5 颗方解石牙齿从牙胚近端以每小时约 10 μm 的速度不断生长（Holland 1965；Orme et al. 2001），与此同时，牙尖因使用磨损而自我变锋利（Killian et al. 2011）。牙齿的大结构部分——板片及纤维由牙胚近端的成牙质细胞合胞体形成（Kniprath 1974；Ma et al. 2008），见图 7-9。

与其他棘皮动物的生物矿物相比较，海胆牙齿中矿化结构的取向更加一致（Berman et al. 1993；Killian et al. 2009）。Killian 等（2009）的研究显示，牙齿中的板片间有矿物桥连接，所有板片中单晶的取向在空间上是连续的，片间的矿物桥结构及方向见图 7-10。不同海域的海胆种类有着同样的矿物桥，这表明，生物矿物借矿物桥的作用而保持了高保守的方解石板片间同取向。

Yang 等（2011）认为，10 nm 大小的富镁方解石 $Ca_{1-x}Mg_xCO_3$（不同种类中，x 在 0.3～0.45 间变化，Wang et al. 1997；Killian et al. 2009；Robach et al. 2009）多晶基质颗粒填充于板片与纤维间的空隙中，有效地将各种组分粘合在一起。该基质最初曾被认为是很软的（Ma et al. 2007），但研究发现，其比板片及纤维还硬（Ma et al. 2008）。从图 7-8a 中可清楚地看到，齿尖纵切片中的尖而硬的石头部分就是多晶基质，此部分的功能是食物磨碎。

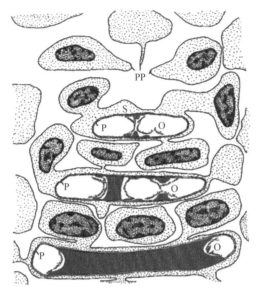

图 7-9　海胆 *Paracentrotus lividus* 牙齿胚芽区板片形成示意图。自由的成牙细胞（图的边缘及上方）伸出伪足（PP），彼此接触后融合。板片鞘（P）成为合胞体，接着在板片鞘表面的两端开始钙化（红色）。随着合胞体内矿物的生长和填充，有机物质（O）逐步被推到一边并最终被替换掉。图片来自 E.Kniprath（1974），经 Springer Verlag 许可。

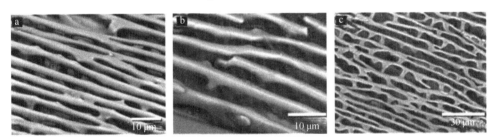

图 7-10　板片间的连接矿物桥。（a）来自太平洋的海胆 *Strongylocentrotus purpuratus*；（b）来自地中海的海胆 *Paracentrotus lividus*；（c）来自大西洋的海胆 *Lytechinus variegatus*。注意观察矿物桥位置上的差别。图片来自 C.E.Killian 等（2009），经美国化学学会同意。

　　最近有报道称，*Paracentrotus lividus* 中的多晶基质高度同向（Ma et al. 2009）。此外，Robach 等（2009）证实，*Lytechinus variegatus* 中的多晶基质及纤维也有着同样的取向，Killian 等（2009）、Yang 等（2011）观察发现，*Strongylocentrotus purpuratus* 中的情况也是如此。这些观察发现自然而然地引发出一个重要的问题，即多晶基质如何形成且又如何使纳米晶颗粒同取向？纳米颗粒是在结晶前还是之后聚集的呢？换句话说，是由纳米晶颗粒定向附着造成的吗？人们在 TiO$_2$ 制备中首次发现定向附着现象（Penn and Banfield 1999），后来在 FeOOH（Banfield et al. 2000）及其他一些合成介晶（Cölfen and Antonietti 2008）的制备中也有发现。或者说，是因非晶态前体相形成在前、结晶蔓延在后的缘故（Aizenberg et al. 2003；Politi et al. 2008）？

这一问题由 Killian 等（2009）给出了详细的解答，研究结果显示，非晶态前体相先聚集在一起，然后经过二次成核使结晶不断地蔓延生长。图 7-11 所示的是结晶的蔓延前缘及晶体的取向，这种蔓延及取向始于纤维并向周围的多晶基质中不断扩散。

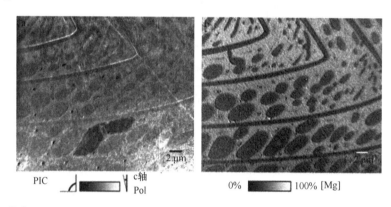

图 7-11　海胆 *Strongylocentrotus purpuratus* 牙齿成熟端横断面一区域内的两个零散纤维的显微光谱图，示联合取向如何产生。（a）图中灰阶代表着晶体的取向，显示两个强烈错误取向的纤维（红圈标记）；（b）与（a）图同一区域上的镁分布图，显示界限清晰的椭圆形纤维边界。图中两个极其罕见的强烈不同向的纤维（红圈标记）非常明显，而其他纤维则彼此同取向，且与多晶基质也同向。尽管镁谱图中的纤维边界清晰，但（a）图显示，环绕及存在于两零散纤维间的多晶基质如同纤维一样也取向有误。这表明，多晶基质中的纳米颗粒的取向由纤维取向决定。
图片来自 C.E.Killian 等（2009），经美国化学学会同意。（彩图请扫封底二维码）

有趣的是，*S. purpuratus* 牙齿形成端光谱分析显示，形成的生物矿物前体不是一种而是两种（Killian et al. 2009）。这些前体相与幼虫骨针中的成分（Politi et al. 2008）完全一致。前体相为水合 ACC、结晶方解石及另一种碳酸钙矿相，这另一种矿相极有可能是过渡态的无水 ACC，尽管牙齿形成过程中这些矿相的出现次序仍不清楚，且也很难检测。Navrotsky 研究小组的微量量热法测定结果表明，从合成无水 ACC 到方解石转化的焓变情况看，与骨针中的情景非常相似。这种相似性也首次为人们的推测提供了证据，据悉，海胆骨针中的各相出现顺序是水合 ACC→无水 ACC→方解石。另外，微量量热数据证实，这一顺序从热动力学上讲，是一个放热的过程，因此，能量逐步降低（Radha et al. 2010）。

7.5.2　牙齿中的基质蛋白

牙齿的构件成分为方解石及填充于其中的有机物质。将牙齿整个矿化部分研磨并用 NaClO 清洗后进行蛋白质组分析（Mann et al. 2008b）。分析结果显示，牙齿中有 138 种蛋白质，其中 56 种也存在于壳及棘刺中。牙齿蛋白质中的主要成分与壳及棘刺的基本一致，在一些牙齿特有的蛋白质中，丙氨酸及脯氨酸的含量尤为丰富。

Killian 等（2010）通过 PCR 法证实，牙齿矿化部位及牙胚中编码 SM30 E 蛋白的 mRNA 的含量非常高，且早期研究工作显示，SM50 也存于其中。最近，Veis 等（2009）又确认出一批填充性的磷蛋白，其中有两种蛋白质与胚胎 PMC EST 库中的 P16、P19 蛋白一致。P16 是一种跨膜蛋白，在胚胎骨针沉积中的作用非常重要（Cheers and Ettensohn 2005）。特异性抗体染色显示，P16（存在于牙中时称 UTMP16）出现于与矿物密切联系的合胞体膜中。Mann 等（2010）对海胆牙齿蛋白质组中的磷蛋白进行分析，分析后发现，牙齿中有 15 种磷酸化的蛋白质，其中 13 种为牙齿组织所特有。其中命名为 phosphodontin 的磷蛋白非常突出，分子中有 35 个由 11～12 个酸性氨基酸残基构成的重复模体，这些模体均磷酸化。尽管这些氨基酸序列与任何已知脊椎动物牙齿的蛋白质不同源，但从序列及多肽的电荷情况看，其很可能是内在的无序蛋白。

7.6 结 论

棘皮动物的生物矿化过程展现出某种一般性的规律。矿化进行于一些由细胞构成的专属空间内，例如，由磷脂膜包围的空间。大量的但不是所有的酸性糖蛋白被分泌至这个空间，ACC 可能以水合形式也沉积于其中。ACC 可逐步转为方解石，同时，一些蛋白质也被填充于形成中的骨骼构件中。尽管 ACC 与蛋白质的初始组织细节至今仍不明了，但 ACC 至方解石缓慢转化的发生可能就是因无水 ACC 内的某些原子于二次成核过程中重排而来，在这个成核过程中，至少是短时间内 ACC 与方解石混合共存。

在一些方面，人们对问题的理解并非完全不同（Veis 2008）：从这一点上看，细胞于特定空间内构筑结构性的基质，其他分子在矿物有序成核及晶体生长、习性、形状与大小调节方面给予帮助。可能有人认为，近软体动物外套膜的外套膜腔的壳形成也与此类似。尽管这些一般性的总结能为人们提供一些有益的视角，却很难引发出一些实验上可测的模型。正如下面的一些问题，仍有待于研究解答。例如，基质分子都是些什么物质？它们又是如何参与矿化的？哪些分子负责 ACC 至方解石或文石的转化调节？非晶态磷酸钙至碳酸磷灰石如何转化？物质分子的分泌又是如何与多态晶体的形成相关联的？

新出现的事实或许有助于人们对某些模型更加认可，它们是：

（1）非晶态形式的矿物能且可作为矿化物的前体；

（2）极其大量的蛋白修饰酶被填充于非晶态矿物中，对晶态转化、晶型选择、破裂阻断及其他晶体性能进行调节；

（3）虽然只有几个，但任何一个出现于壳、stereom 或脊椎动物牙齿和骨骼中的同源基质填充蛋白内的失序结构域对于初始矿化的调节都至关重要。

首先，非晶态前体不是很普遍的现象，只有三个不同界的生物中有此情况发生，它们分别是棘皮动物（Beniash et al. 1997；Politi et al. 2004；2008；Killian et al. 2009）、软体动物（Weiss et al. 2002；Nassif et al. 2005）及脊索动物（Mahamid et al. 2008；Beniash et al. 2009）。因此，非晶态前体一贯论的观点本身就不妥。实际上，它只有助于解释为何生物矿物结晶中会有如此多种的不同形状。需要注意的是，在日本牡蛎 *Crassostera nippona* 的珍珠沉积中并未见到 ACC 的存在（Kudo et al. 2010）。

其次，棘皮动物的牙齿、壳及棘刺蛋白质组学的最新研究结果暗示，大量的蛋白质填充于组织中，其中许多种类的含量绝不可能是因操作污染造成的。其实，早前的研究已完全明确了这一点（Killian and Wilt 1996）。当然，不排除有些有机成分可能来自实验污染。Mann 等（2008b）曾比较过牙磨碎材料用和不用 NaClO 来处理后的蛋白质含量变化。如果是"污染"则意味，许多被暂定为"填充物"的蛋白质，例如，碳酸酐酶脱氢酶、金属蛋白酶、亲环素等，其本身可能就是真正的填充蛋白，尽管一些极为罕见的蛋白质（如组蛋白）更可能是污染物。因此，一些推定蛋白酶的存在，表明基质蛋白的分泌后修饰可以且可能确实存在，由此可以认为这些填充蛋白参与了矿物相的变化调控。

再次，脊椎动物、海胆、软体及其他无脊椎动物基因组的大量信息已清楚地表明，非同一进化枝的动物的主要基质蛋白不可能出现于同一进化枝中。例如，棘皮动物的 SM30 和 SM50 蛋白家族不会出现于软体动物或脊椎动物中，脊椎动物的牙本质磷蛋白也不会存在于棘皮动物或软体动物中，等等。软体动物（如 AP24、Pif、n16 等）、棘皮动物及脊椎动物（Sibling 家族蛋白）中的蛋白分子内均含有一些称为"内在失序"的伸展性结构域，这些结构域在与不同的"靶向物"如晶体表面作用时会有不同的构象。这样的一些蛋白质参与了软体动物矿化物的多态性（文石/方解石）选择（Evans 2008；McMahon et al. 2005；Metzler et al. 2010）。此外，IDP 结构域，一种有着密集的负电荷簇的结构域，如牙本质中的磷蛋白（phosphophoryn），或许在不同的生物矿化体系中有着相似的作用。也许，人们更希望从蛋白质中找到有着类似作用的结构域而不是一些特异性的蛋白质来作为生物矿化的共同线索。

目前，有关生物矿物形成模式的解释已发生了根本性的改变。在几十年前，人们还很难预见，非晶态前体及构象不确定的蛋白质在矿化中的作用。但在今天，这些已非常明确了。这是一个令人激动的进展，当今如此活跃的研究将使人们于不久的未来看到更加可观的进步。

参 考 文 献

Aizenberg J, Hanson J, Koetzle TF, Weiner S, Addadi L (1997) Control of macromolecule distribution within synthetic and biogenic single calcite crystals. J Am Chem Soc 119:881–886

Aizenberg J, Muller DA, Grazul JL, Hamann DR (2003) Direct fabrication of large micropatterned single crystals. Science 299:1205–1208

Alvares K, Dixit SE, Lux E, Veis A (2009) Echinoderm phosphorylated matrix proteins UTMP16 and UTMP19 have different functions in sea urchin tooth mineralization. J Biol Chem 284:26149–26160

Ameye L, Hermann R, Wilt F, Dubois P (1999) Ultrastructural localization of proteins involved in sea urchin biomineralization. J Histochem Cytochem 47:1189–1200

Ameye L, Becker G, Killian C, Wilt F, Kemps R, Kuypers S, DuBois P (2001) Proteins and saccharides of the sea urchin organic matrix of mineralization: characterization and localization in the spine skeleton. J Struct Biol 134:56–66

Banfield JF, Welch SA, Zhang HZ, Ebert TT, Penn RL (2000) Aggregation-based crystal growth and microstructure development in natural iron oxyhydroxide biomineralization products. Science 289:751–754

Beniash E, Aizenberg J, Addadi L, Weiner S (1997) Amorphous calcium carbonate transforms into calcite during sea urchin larval spicule growth. Proc R Soc Lond Biol 264:461–465

Beniash E, Addadi L, Weiner S (1999) Cellular control over spicule formation in sea urchin embryos: a structural approach. J Struct Biol 125:50–62

Beniash E, Metzler R, Lam RSK, Gilbert PUPA (2009) Transient amorphous calcium phosphate in forming enamel. J Struct Biol 166:133–143

Benson S, Jones EME, Benson N, Wilt F (1983) Morphology of the organic matrix of the spicule of the sea urchin larva. Exp Cell Res 148:249–253

Benson NC, Benson SC, Wilt F (1989) Immunogold detection of glycoprotein antigens in sea urchin embryos. Am J Anat 185:177–182

Benson S, Smith L, Wilt F, Shaw R (1990) Synthesis and secretion of collagen by cultured sea urchin micromeres. Exp Cell Res 188:141–146

Berman A, Addadi L, Weiner S (1988) Interactions of sea-urchin skeleton macromolecules with growing calcite crystals-a study of intracrystalline proteins. Nature 331:546–548

Berman A, Hanson J, Leiserowitz L, Koetzle TF, Weiner S, Addadi L (1993) Biological control of crystal texture: a widespread strategy for adapting crystal properties to function. Science 259:776–779

Brusca RC, Brusca GJ (1990) Invertebrates. Sinauer Associates, Sunderland, MA

Cheers MS, Ettensohn CA (2005) P16 is an essential regulator of skeletogenesis in the sea urchin embryo. Dev Biol 283:384–396

Cölfen H, Antonietti M (2008) Mesocrystals and nonclassical crystallization. John Wiley & Sons, Chichester, UK

Decker GL, Lennarz WJ (1988) Skeletogenesis in the sea urchin embryo. Development 103:231–247

Dibernardo M, Castagnetti S, Bellomonte D, Oliveri P, Melfi R, Palla F, Spinelli G (1999) Spatially restricted expression of Pl OTP of P. lividus orthopedia related homeobox gene, is correlated with oral ectoderm patterning and skeletal morphogenesis in late cleavage sea urchin embryos. Development 126:2171–2179

DuBois P, Ameye L (2001) Regeneration of spines and pedicellariae in Echinoderms: a review. Micros Res Tech 55:427–437

Duloquin L, Lhomond G, Gache C (2007) Localized VEGF signaling from the ectoderm to mesenchyme cell controls morphogenesis of the sea urchin embryo skeleton. Development 134:2293–2302

Ettensohn CE, Malinda KM (1993) Size regulation and morphogenesis: a cellular analysis of skeletogenesis in the sea urchin embryo. Development 119:155–167

Evans JS (2008) "Tuning in" to mollusk shell nacre- and prismatic-associated protein terminal sequences: Implications for biomineralization and the construction of high performance inorganic-organic composites. Chem Rev 108:4455–4462

George NC, Killian CE, Wilt FH (1991) Characterization and expression of a gene encoding a 30.6 kD *Strongylocentrotus purpuratus* spicule matrix protein. Dev Biol 147:334–342

Goodwin AL, Michel FM, Phillips BL, Keen DA, Dove MT, Reeder RJ (2010) Nanoporous Structure and Medium-Range Order in Synthetic Amorphous Calcium Carbonate. Chemistry of Materials 22:3197–3205

Guss KA, Ettensohn CA (1997) Skeletal morphogenesis in the sea urchin embryo: regulation of primary mesenchyme gene expression and skeletal rod growth by ectoderm-derived cues. Development 124:1899–1908

Gustafson T, Wolpert LM (1967) Cellular movement and contact in sea urchin morphogenesis. Biol Rev 42:441–498

Heatfield BM, Travis DF (1975) Ultrastructural studies of regenerating spines of the sea urchin *Strongylocentrotus purpuratus* I. Cell types without spherules. J Morphol 145:3–50

Holland ND (1965) An autoradiographic investigation of tooth renewal in purple sea urchin (*Strongylocentrotus purpuratus*). J Exp Zool 158:275–282

Huggins L, Lennarz WJ (2001) Inhibition of procollagen C-terminal proteinase blocks gastrulation and spicule elongation in the sea urchin embryo. Dev Growth Differ 43:415–424

Hyman LH (1955) The invertebrates: echinodermata. McGraw-Hill, New York

Ingersoll EP, Wilt FH (1998) Matrix metalloproteinase inhibitors disrupt spicule formation by primary mesenchyme cells in the sea urchin embryo. Dev Biol 196:95–106

Ingersoll E, Wilt F, MacDonald K (2003) The ultrastructural localization of SM30 and SM50 in the developing sea urchin embryo. J Exp Zool 300:101–112

Killian CE, Wilt FH (1996) Characterization of the proteins comprising the integral marix of embryonic spicules of *Strongylocentrotus purpuratus*. J Biol Chem 271:9150–9155

Killian CE, Wilt FH (2008) Molecular aspects of biomineralizatiionn of the echinoderm endo-skeleton. Chem Rev 108:4463–4474

Killian CE, Metzler RA, Gong YT, Olson IC, Aizenberg J, Politi Y, Addadi L, Weiner S, Wilt FH, Scholl A, Young A, Doran A, Kunz M, Tamura N, Coppersmith SN, Gilbert PUPA (2009) The mechanism of calcite co-orientation in the sea urchin tooth. J Am Chem Soc 131:18404–18409

Killian CE, Croker L, Wilt FH (2010) SpSM30 gene family expression patterns in embryonic and adult biomineralized tissues of the sea urchin, *Strongylocentrotus purpuratus*. Gene Expr Patterns 10(2–3):135–139

Killian CE, Metzler RA, Gong YUT, Churchill TH, Olson IC, Trubetskoy V, Christensen MB, Fournelle JH, De Carlo F, Cohen S, Mahamid J, Wilt FH, Scholl A, Young A, Doran A, Coppersmith SN, Gilbert PUPA (2011) Self-sharpening mechanism of the sea urchin tooth. Adv Funct Mater 21:682–690

Kniprath E (1974) Ultrastructure and growth of the sea urchin tooth. Calc Tiss Res 14:211–228

Kudo M, Kameda J, Saruwatari K, Ozaki N, Okano K, Nagasawa H, Kogure T (2010) Microtexture of larval shell of oyster, *Crassostrea nippona*: a FIB-TEM study. J Struct Biol 169:1–5

Laubichler MD, Davidson EH (2008) Boveri's long experiment: sea urchin merogones and the establishment of the role of nuclear chromosomes in development. Dev Biol 314:1–11

Livingston BT, Killian C, Wilt FH, Cameron AC, Landrum MJ, Ermolaeva O, Sapojnikov V, Maglott DR, Ettensohn C (2006) A genome-wide analysis of biomineralization-related proteins in the sea urchin, *Strongylocentrotus purpuratus*. Dev Biol 300:335–348

Lowenstam H, Weiner S (1989) On biomineralization. Oxford University Press, New York

Ma Y, Weiner S, Addadi L (2007) Mineral deposition and crystal growth in the continuously forming teeth of sea urchins. Adv Funct Mater 17:2693–2700

Ma Y, Cohen SR, Addadi L, Weiner S (2008) Sea urchin tooth design: an "all-calcite" polycrys-talline reinforced fiber composite for grinding rocks. Adv Mater 20:1555–1559

Ma Y, Aichmayer B, Paris O, Fratzl P, Meibom A, Metzler RA, Politi Y, Addadi L, Gilbert PUPA, Weiner S (2009) The grinding tip of the sea urchin tooth exhibits exquisite control over calcite crystal orientation and Mg distribution. Proc Natl Acad Sci USA 106:6048–6053

Magdans U, Gies H (2004) Single crystal structure analysis of sea urchin spine calcites. Eur J Miner 16:261–268

Mahamid J, Sharir A, Addadi L, Weiner S (2008) Amorphous calcium phosphate is a major component of the forming fin bones of zebrafish: indications for an amorphous precursor phase. Proc Natl Acad Sci USA 105:12748–12753

Mann K, Poustka AJ, Mann M (2008a) The sea urchin (*Strongylocentrotus purpuratus*) test and spine proteomes. Proteome Sci 6:22–32

Mann K, Proustka AJ, Mann M (2008b) In-depth, high-accuracy proteomics of sea urchin tooth organic matrix. Proteome Sci 6:33–44

Mann K, Poustka AJ, Wilt FH (2010) The sea urchin (*Strongylocentrotus purpuratus*) spicule proteome. Proteome Sci 8:33

Mann K, Wilt FH, Poustka AJ (2010) Proteomic analysis of sea urchin (*Strongylocentrotus purpuratus*) spicule matrix. Proteome Science 8

Märkel K, Titschack H (1969) Morphology of sea-urchin teeth (in German). Z Morph Tiere 64:179–200

Märkel K, Röser U (1983a) The spine tissues in the Echinoid *Eucidaris tribuloides*. Zoomorphology 103:25–41

Märkel K, Röser U (1983b) Calcite-resorption in the spine of the Echinoid *Eucidaris tribuloides*. Zoomorphology 103:43–58

McMahon SA, Miller JI, Lawton JA, Kerkow DE, Hodes A, Marti-Renom MKA, Doulatov S, Narayaanan E, Sali A, Miller JF, Ghosh P (2005) The C-type lectin fold as an evolutionary solution for massive sequence variation. Nat Struct Mol Biol 12:886–892

Metzler RA, Evans JS, Killian CE, Zhou D, Churchill TH, Appathurai NP, Coppersmith SN, Gilbert PUPA (2010) Nacre protein fragment templates lamellar aragonite growth. J Am Chem Soc 132:6329–6334

Michel FM, MacDonald J, Feng J, Phillips BL, Ehm L, Tarabrella C, Parise JB, Reeder RJ (2008) Structural characteristics of synthetic amorphous calcium carbonate. Chemistry of Materials 20:4720–4728

Mitsunaga K, Makihara R, Fujino Y, Yasumasu I (1986) Inhibitory effects of ethacrynic acid, furosemide and ifedipne on the calcification of spicules in cultures of micromeres from *H. pulcherrimus*. Differentiation 30:197–205

Moore HB (1966) Ecology of echinoids. In: Boolootian RA (ed) Physiology of echinodermata. John Wiley and Sons, New York, pp. 75–86

Moureaux C, Pérez-Huerta A, Compère P, Zhu W, Leloup T, Cusack M, Dubois P (2010) Structure, composition and mechanical relations to function in sea urchin spine. J Struct Biol 170(1):41–49

Nakano E, Okazaki K, Iwamatsu T (1963) Accumulation of radioactive calcium in larvae of the sea urchin *Pseudocentrotus depressus*. Biol Bull 125:125–133

Nassif N, PInna N, Gehrke N, antoniettei M, Jager C, Colfen H (2005) Amorphous layer around aragonite platelets in nacre. Proc Natl Acad Sci USA 102:12653–12655

Nelson BV, Vance RR (1979) Diel foraging patterns of the sea urchin *Centrostephanus coronatus* as a predator avoidance strategy. Mar Biol 51:251–258

Okazaki K (1956) Skeleton formation of the sea urchin larvae. I. Effect of Ca concentration of the medium. Biol Bull 110:320–333

Okazaki K (1960) Skeleton formation of sea urchin larvae. II. Organic matrix of the spicule. Embryologia 5:283–320

Okazaki K (1975a) Spicule formation by isolated micromeres of the sea urchin embryo. Amer Zool 15:567–581

Okazaki K (1975b) Normal development to metamorphosis. In: Czihak G (ed) The sea urchin embryo. Springer, Berlin, pp 177–216

Okazaki K, Inoue S (1976) Crystal property of the larval sea urchin spicule. Dev Growth Differ 188:567–581

Orme CA, Noy A, Wierzbicki A, McBride MT, Grantham M, Teng HH, Dove PM, DeYoreo JJ (2001) Formation of chiral morphologies through selective binding of amino acids to calcite surface steps. Nature 411:775–779

Otter GW (1932) Rock burrowing echinoids. Biol Rev Camb Philos Soc 7:89–107

Peled-Kamar M, Hamilton P, Wilt FH (2002) The Spicule matrix protein LSM34 is essential for biomineralization of the sea urchin spicule. Exp Cell Res 272:56–61

Penn RL, Banfield JF (1999) Morphology development and crystal growth in nanocrystalline aggregates under hydrothermal conditions: Insights from titania. Geochim Cosmochim Acta 63:154915–154957

Politi Y, Arad T, Klein E, Weiner S, Addadi L (2004) Sea urchin spine calcite forms via a transient amorphous calcium carbonate phase. Science 306:1161–1164

Politi Y, Levi-Kalisman Y, Raz S, Wilt F, Addadi L, Weiner S, Sagi I (2006) Structural characterization of the transient amorphous calcium carbonate precursor phase in sea urchin embryos. Adv Funct Mater 16:1289–1298

Politi Y, Metzler RA, Abrecht M, Gilbert B, Wilt FH, Sagi I, Addadi L, Weiner S, Gilbert PUPA (2008) Transformation mechanism of amorphous calcium carbonate into calcite in the sea urchin larval spicule. Proc Natl Acad Sci USA 105:17362–17366

Radha AV, Forbes TZ, Killian CE, Gilbert PUPA, Navrotsky A (2010) Transformation and crystallization energetics of synthetic and biogenic amorphous calcium carbonate. Procs Natl Acad Sci USA 107:16438–16443

Raup DM (1966) The endoskeleton. In: Boolootian RA (ed) Physiology of echinodermata. John Wiley and Sons, New York, pp 379–395

Robach JS, Stock SR, Veis A (2009) Structure of first-and second-stage mineralized elements in teeth of the sea urchin *Lytechinus variegatus*. J Struct Biol 168:452–466

Seto J, Zhang Y, Hamilton P, Wilt F (2004) The localization of occluded matrix proteins in calcareous spicules of sea urchin larvae. J Struct Biol 148:123–130

Simkiss K, Wilbur KM (1989) Biomineralization. Academic Press, San Diego

Smith MM, Smith LC, Cameron RA, Urry L (2008) A larval staging scheme for *Strongylocentrotus purpuratus*. J Morphol 269:713–733

Veis A (2008) Crystals and life: an introduction. In: Sigel A, Sigel H, Sigel RKO (eds) Biomineralization. From nature to application, vol. 4 of metal ions in life sciences. John Wiley and Sons, Ltd, Chichester, pp 2–35

Wang RZ (1998) Fracture toughness and interfacial design of a biological fiber-matrix ceramic composite in sea urchin teeth. J Am Ceram Soc 81:1037–1040

Wang RZ, Addadi L, Weiner S (1997) Design strategies of sea urchin teeth: structure, composition and micromechanical relations to function. Phil Trans R Soc Lond B 352:469–480

Weiss I, Tuross N, Addadi L, Weiner S (2002) Mollusc larval shell formation: amorphous calcium carbonate is a precursor for aragonite. J Exp Zool A 293:478–491

Wilt FH (1999) Matrix and mineral in the sea urchin larval skeleton. J Struct Biol 126:216–226

Wilt FH (2002) Biomineralization of the spicules of sea urchin embryos. Zool Sci 19:253–261

Wilt FH, Ettensohn CE (2007) Morphogenesis and biomineralization of the sea urchin larval endoskeleton. In: Baeuerlein E (ed) Handbook of biomineralization. Wiley-VCH, Weinheim, pp 183–210

Wilt FH, Killian CE (2008) What genes and genomes tell us about calcium carbonate biomineralization. In: Sigel A, Sigel H, Sigel RKO (eds) Biomineralization. From nature to application, vol. 4 of metal ions in life sciences. John Wiley and Sons, Ltd, Chichester, pp 36–69

Wilt FH, Killian CE, Livingstson B (2003) Development of calcareous skeletal elements in invertebrates. Differentiation 71:237–250

Wilt FH, Killian CE, Hamilton P, Croker L (2008a) The dynamics of secretion during sea urchin embryonic skeleton formation. Exp Cell Res 314:1744–1752

Wilt FH, Croker L, Killian CE, McDonald K (2008b) Role of LSM34/SpSM50 proteins in endoskeletal spicule formation in sea urchin embryos. Invert Biol 127:452–459

Yajima M (2007) A switch in the cellular basis of skeletogenesis in late-stage sea urchin larvae. Dev Biol 307:272–281

Yajima M, Kiyomoto M (2006) Study of larval and adult skeletogenic cells in developing sea urchin larvae. Biol Bull 211:183–192

Yang L, Killian CE, Kunz M, Tamura N, Gilbert PUPA (2011) Biomineral nanoparticles are space-filling. RSC-Nanoscale 3:603–609

Zhu X, Mahairas G, Illies M, Cameron RA, Davidson EH, Ettensohn CA (2001) A large scale analysis of the mRNAs expressed by primary mesenchyme cells of the sea urchin embryo. Development 128:2615–2627

8 棘皮动物生物钙化中的骨骼基因及基质调控

8.1 生物矿物的形成基础

被作为调控结果的矿物形成的生物矿化必涉及一些生物过程。生物矿物是一类矿物与有机成分相互嵌合的复合材料，与无机同分子物质相比较，它有着更为优良的性能。与非生物矿物相比，生物矿物拥有一些额外的理化特点，这使其更加柔韧。生物矿物的形貌、大小及元素构成变化多样。生物矿物的结构中涉及镶嵌性结晶区，这些区域由框架性的蛋白质物质隔离开来（Wilt 1999）。在 X 射线光谱研究中，这些结构表现出一些单晶的衍射特点。

传统上，按照沉积物的生物控制程度，生物矿化分为两类，即"生物诱导矿化"（Lowenstam 1981）和"生物控制矿化"（Mann 1983）。

生物诱导矿化中，细胞表面只起着引导晶体生长的成核剂作用，矿物的生长由生物体系间接影响而不是控制。生物代谢过程创造的微环境（pH，pCO_2 及分泌物浓度）决定着生物矿物以其适宜的形式出现（Frankel and Bazylinski 2003）。因环境条件对生物诱导性矿物的形成有着潜在的影响，因此，这些诱导形成的生物矿物在元素组成、含水量及颗粒大小上表现为异质性，外貌上也是各种各样。

生物控制矿化中，细胞活动指导着矿物沉积的所有阶段：初始沉积位点的确定、成核、生长，以及最终的晶体形貌。形成的生物矿物具有重复性、种特异性及遗传性等结构与性能特点。生物控制矿化需有一个作为矿化位点的隔绝环境。这种环境既可以是胞外，也可以是胞内或胞间，这取决于控制此过程的细胞。总的来说，生物诱导矿化多发现于细菌和地衣，生物控制矿化则多见于有孔虫、头足纲、软体动物、苔藓虫、造礁石珊瑚、棘皮动物、人，如各种各样的壳、外骨骼、骨骼、牙齿等。

自然界中，约 50%的生物矿物为含钙矿物（Lowenstam and Weiner 1989）。生物体中的钙含量受生物的高度调节，其在代谢中起着非常重要的作用，浓度在 $0.01 \sim 10$ $\mu mol \cdot L^{-1}$ 间变化。自然界中最丰富的含钙生物矿物有 8 种，均为碳酸钙沉积物，其中 7 种为晶体形式：方解石、镁-方解石、文石、球文石、单水方解石、原白云石（也称钙白云石）、水白铅矿，第 8 种为非晶态的碳酸钙（ACC）（Addadi et al. 2003）。多数的生物矿化模式需借助于膜离子转运体（通道及泵）的参与以传递钙及其他离子至矿化的位点（Simkiss and Wilbur 1989）。

生物矿物形成中的一个重要参数是"同位素组成"调节（Webb and Raup 1966），通过调节，矿物与微环境间建立起一个理化上的平衡。矿物形成的介质条件是饱和溶液，且这个条件仅需在矿化位置处得到满足即可。溶液的过饱和可通过添加阻止晶相沉积的添加剂来获得，例如，向溶液中添加镁离子使其镁含量接近于海水中的镁浓度（Raz et al. 2000）。结晶的另一抑制因素是蛋白质的存在，作为基底物的蛋白质会影响矿相的溶解及不同晶型的稳定，无论是 ACC（Aizenberg et al. 1996）还是碳酸钙的其他结晶体。总之，晶体的形状依赖于无机和有机因素：pI、温度、微环境、矿相的溶解度、填充大分子及离子的浓度。因此，结果是碳酸钙需经历一系列的相态及形貌变化才有可能最终以方解石的形式呈现出来。然而，蛋白性基质全提取物于体外碳酸钙沉积中的影响研究显示，其可选择性地诱导矿物以某种形貌沉积。一些研究人员指出，提取自珍珠层的可溶性或不溶性基质能控制着碳酸钙晶体向文石或方解石形成方向进行（Falini et al. 1996）。曾有人以几丁质为基底物、以镁为添加剂来诱导双层文石复合膜形成（Kato 2000）。这些研究表明，模板分子在无机材料的沉积上有成核剂的作用。模板分子的表面化学特点及其氨基酸基团的排布情况指引着与其匹配的晶面定向成核。

8.2 生物矿物的含量及形状

棘皮动物是一类体内含有钙矿化物的海洋无脊椎动物。棘皮动物包括海胆纲（海胆、沙钱）、海星纲（海星）、蛇尾纲（海蛇尾）、海百合纲（海羽星）、海参纲（海参），体内的生物矿物的形成对其有着重要的意义。生物矿化构建起的生物骨骼为其提供了支持与保护。棘皮动物通过遗传性的调控过程形成其镁方解石形式的钙质性骨骼，这种碳酸钙矿物中含少量的碳酸镁，其比例可由公式（Mg_xCa_{1-x}）CO_3 给出。在高 Mg/Ca 下，相较于方解石而言，棘皮动物更倾向于形成非晶态的碳酸钙或文石（Raz et al. 2000；Mann 2001）。

棘皮动物矿物中的碳酸镁含量在 2.5%～39% 之间变化，这依赖于动物所属的纲和种。总的来说，生物矿物的硬度直接与镁含量成比例。低镁生物矿物多发现于骨骼较软的海蛇尾中，高镁生物矿物则多见于骨骼较硬的海星中（Dubois and Chen 1989）。

所有棘皮动物的骨骼均由骨板（也称骨片）组成，这些骨片以三维的、称为 stereom 的网络形式沉积下来，其成分为镁方解石，彼此相连的孔洞中充满了活的组织。不同类型 stereom 中分布着的不同活组织（细胞、管足及其他）穿过骨片。骨骼表面覆有表皮，内有充满水的管道网络或浸有体腔液的封闭体腔。生物矿物的结构极其复杂，骨片以简单的或融合成为复合片的形式存在，或形成瘤状突起（tubercle）、粒样物、固定或可活动的棘刺。以 *Paracentrotus lividus* 为例，其 stereom

的多样性可见一般，见图 8-1。在所有棘皮动物中，骨骼组织具有多样性的当属海胆纲及海参纲。前者完全被围于一个嵌入了中胚层组织的钙化壳内，只留有一层薄薄的肌肉组织。后者则拥有内骨骼，其缩小的微骨片散布于皮层组织中，其结果是生物有了一个高肌肉化的体壁（Smith et al. 2010）。最近 40 年，高分辨影像技术，如 SEM、TEM 使人们获得了许多有关于 stereom 的详细结构、组分及钙化细胞的一些资料 。

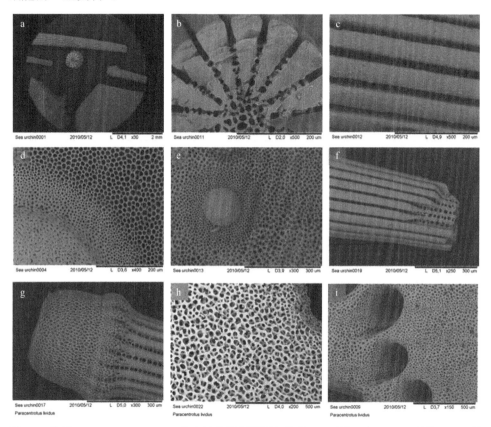

图 8-1　海胆 *Paracentrotus lividus* 的壳及其棘刺不同部位的 SEM 图，示 stereom 结构。（a）样品低倍放大图；（b）棘刺横断面；（c）纵向的棘刺表面；（d）部分海胆壳外部的高倍放大图；（e）部分海胆壳外部的低倍放大图；（f）断裂的棘刺顶端；（g）内缩的棘刺基部，如同球-窝关节般地安装在胆壳上；（h, i）覆板，示有着 stereom 特征的外胚层。

　　不同研究团队的人们均希望能确认涉及成体海胆壳、牙及棘刺矿化的蛋白质（Berman et al. 1993）。最近，人们利用质谱方法对成体海胆矿化部分的蛋白质组进行了分析。人们从 *S. purpuratus* 的牙及壳/棘刺中分析获得了 138 种（Mann et al. 2008a）和 110 种（Mann et al. 2008b）蛋白质。

　　海胆胚胎的骨针基质中有 231 种蛋白质（Mann et al. 2010）。在这众多的蛋白质种类中，含量最丰富的是 SM30 和 SM50，两者均属 C 型凝集素家族，并已被纯化提取。其他凝集素蛋白还有 SM29、SM32、SM37、PM27、Sp-Clec_13、金属蛋白酶和碳酸酐酶。这些蛋白质中的一些种类在胚胎骨针及成体矿化部分中均有表达，如磷蛋白 P16 和 P19（Alvarse et al. 2009）及 C 型凝集素 SM30 的同分异构物（Killian et al. 2010）。之所以能有如此多的蛋白质种类被确定下来，是因为有了生物矿化关联蛋白的全基因组分析（Livingston et al. 2006）。海胆的多数蛋白质是其独有的，这也意味着其与其他后口的无脊椎动物或脊椎动物不同源。这些蛋白质分为几类：骨针基质蛋白、msp-130 家族、亲环素类蛋白、胶原、碳酸酐酶、P-16 和 P-19、分泌性钙结合磷蛋白、转录因子、ECM 分子及参与细胞-ECM 作用的蛋白质（如分泌性酶）。总之，尽管有些蛋白质的生物功能已被证实，但每一种蛋白质在骨骼生长及其花纹图案上的特殊作用的证实与描述仍面临着巨大挑战。

8.3　参与棘皮动物成体生物钙化的细胞

　　成体棘皮动物的牙、棘刺及壳均由源自中胚层的不同类型的细胞形成，这些细胞被称为造骨细胞（也称硬化细胞，sclerocytes），专门负责骨骼部分的特化沉积。造骨细胞是唯一的一类细胞群，与 stereom 接触并占据着整个矿化结构的中胚层。其细细的细胞突紧围着骨梁，形成一个称为骨胞质鞘（Heatfield and Travis 1975）的结构。这些细胞突内无细胞器，而胞体内却含发展良好且膨胀的高尔基复合体，以及囊泡和其他细胞器（Stricker 1985；Märkel et al. 1986；Dubois and Ameye 2001）。正钙化中的囊泡形成于胞质层内，通过一管状空间与方解石分隔开。所有发育中的骨板均由造骨细胞合胞体网络围绕，尽管有报道称，在一些单细胞（海百合类、海胆类、海蛇尾类）或合胞体内（海参类）见到骨板残留（Dubois and Chen 1989）。钙化过程中，囊泡不断增大并分叉，生成有特点的原始骨板突，一些新的造骨细胞则并入伪足性的合胞体中（Kniprath 1974；Märkel et al. 1986）。这个合胞体既可罩住原有的方解石表面，使生物矿物在其上表面不断地生长发育，也可形成独立于原有的 stereom 的新骨板（Heatfield and Travis 1975）。

8.3.1　生物钙化物的形成及再生

　　棘皮动物有着良好的自我修复能力，成体及其身体的大部分具有再生潜能。所有棘皮动物均有此种潜在能力，这种适应性的机制对其生存及分布非常有利。保留再生能力的细胞系可分化为躯体组织和生殖组织，但有关棘皮动物不同时期的再生，如伤口愈合、形态发生、生长及细胞分化的细胞本质及分子途径人们知道的很少。事实上，再生是一个特征性的发育过程，这个过程涉及细胞逆转、组织修复、内外部器官的重构，以及来自身体碎块的新成体再生（Candia Carnevali et al. 2009）。据报道，再生中的棘刺表皮可由活跃的造骨细胞表征，这类主要骨骼形成细胞有时也被称为 calcoblasts 或成牙质细胞（Märkel et al. 1986；Dubois and Ameye 2001）。

由初始炎症激活的信号可引发一系列与生存、细胞繁殖、迁徙、附着、分化及最终的基质沉积相关联的胞内过程。所有的这些步骤均要求组织加速修复与重构，包括神经、肌肉及骨骼组织。任何再生过程均意味着干细胞的存在，这些有再生力的干细胞呈现于循环液或常驻细胞组织中，时刻准备着损伤后的重新动员（Pinsino 2007）。可惜的是，有关再生生物矿化方面的有用信息几乎全无。分子水平上的先导性研究证实，再生棘刺中的 PMC 有 3 种特异性 mRNA 过表达。原位杂交显示，基因产物基本上位于再生位置的造骨细胞聚集处（Drager et al. 1989）。更多的研究更关注于钙化事件，这一点非常重要，因为人们确信，生物矿化过程通常就发生于这些位置上，而异位上的矿化常会被阻止。

8.4 海胆胚胎中的细胞信号及钙化形成

自 19 世纪末，棘皮动物中的海胆胚胎就因其多能性与适应性一直为人所知。在早期研究中，传统胚胎学家的主要研究方向是胚胎发育的基础机制。胚胎的光学透明、形状和组织简单的特性使其研究起来更容易（Hörstadius 1939）。从此以后，海胆更大程度上成为多个研究领域的最佳材料，从基础发育生物学到生态毒理学及应用。此外，幼虫内骨骼的形成能力又鼓舞着人们利用海胆胚胎从事生物矿化机制细节上的研究，尤其是在纳米（生物）技术领域方面。事实变得越来越清楚，生物的生物矿化过程就是一个遗传上受到控制的过程，在这个生物控制的过程中，可能存在有众多的（反应）步骤。

海胆的生物矿化始于早前胚胎发育阶段，且由 PMC 介导。PMC 的基因在转录和生长因子信号的复杂控制下进行表达（参见 Ettensohn 2009）。胚胎早期阶段的骨骼沉积及 PMC 分布情况见图 8-2。越来越多的事实表明，PMC 的基因表达控制着碳酸盐晶体的形成与重塑。海胆胚胎中的 ACC 只是方解石骨针形成过程中的一种短暂矿相（Beniash et al. 1997；Weiss et al. 2002）。由离子和蛋白质构成的过饱和溶液导致了 ACC 的形成（Raz et al. 2003）。

海胆的钙质胚胎骨骼形成发生于 PMC 的一些特化囊泡/液泡中。细胞对离子前体的浓度进行严格的控制，矿物的晶体成核始于有机模板上的沉积。pH、pCO_2 及微量元素的浓度均由膜运输调控。在细胞内的初始沉积之后，通过囊泡与质膜

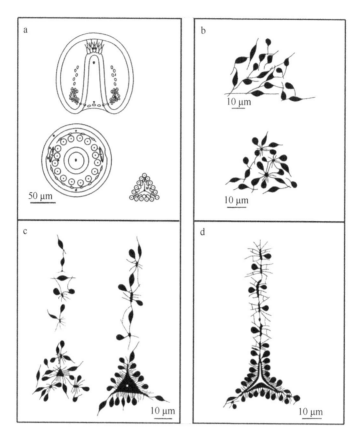

图 8-2　PMC（原始间充质细胞）的位置及排布示意图。（a）原肠胚平视及仰视图，显示原肠腔两侧及绕三射骨针锥形的 PMC 聚集体；（b）PMC 聚集体形成及初始伪足融合；（c）PMC 的直线排布及融合的胞质空间扩展，注意生物矿物（白点）的首次沉积；（d）细胞簇内的骨针锥形发育（白色区域），呈现三射晶体形状，修改自（Dubois and Chen 1998）。

的融合，晶体被分泌至胞外的囊胚环境中，在那里，它们与基质蛋白相互作用后形成了最终的晶体形式（Wilt et al. 2008；Yang et al. 2011）。据悉，这些矿物均由细胞质和合胞体膜包裹。

　　海胆幼虫的骨骼形貌多样，因种类而异，这种不同包括棒的数量、结构/形状及大小。因此，在描述骨骼时，人们必须标明物种种类。在这里，简要谈一下 *P. lividus* 胚胎的骨骼发育问题，并对能产生不同棒状骨针的 PMC 链进行确认。如图 8-3 所示，腹面的 PMC 链形成横向棒，纵向的 PMC 链形成前侧向棒，背面的 PMC 链则形成体棒和口后棒。幼虫骨骼形貌及其物种间的差别是进化研究的一个重要方面。从发育上讲，要弄清这种差别是怎样产生的；而从生态角度看，则需了解清楚这种差别由何而来（Zito and Marranga 2009；Ettensohn 2009）。

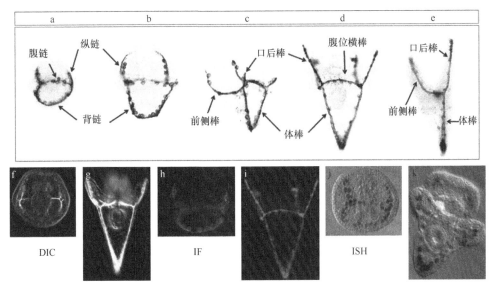

图 8-3　海胆 *Paracentrotus lividus* 的骨骼发育。（a）原肠胚晚期；（b）棱柱期；（c）长腕幼虫早期；（d）长腕幼虫腹面观；（e）长腕幼虫侧面观。腹链、纵链及背链分别指示未来形成腹位横棒、前侧棒及体棒和口后棒的 PMC 细胞；（f, h, j）示原肠胚晚期骨骼形成，（g, i, k）示长腕幼虫期胚胎骨骼形成；（f, g）示差别干扰对照；（h, i）示 msp130 抗体免疫荧光；（j, k）示 msp130 探针原位杂交。（彩图请扫封底二维码）

正如前面提到的那样，海胆胚胎中只有 PMC 决定骨骼的产生。PMC 细胞的形貌特征、行为及其一些主要活动最终导致了胚胎骨骼的形成，这方面已有很多阐述（参见本书第 7 章中的有关章节内容）。同时，这方面的研究也有了很大的进展，人们通过分析胚胎大裂球中起作用的基因调控网络也了解到 PMC 特化的一些分子基础（Ettensohn 2009）。基因调控网络的上游部分有几个卵子及受精卵转录因子，下游部分有直接控制 PMC 形貌行为，如内卷、迁移、融合及生物矿化骨骼沉积的基因表达产物。在接下来的内容中，将从影响骨骼发生的几个方面展开讨论，这些外部影响因素尤其是胞外基质（ECM）分子及生长因子刺激 PMC 形成正常花样的骨针。

8.4.1　胞外基质

大量的体外及体内研究表明，ECM 在形貌发生中起着非常重要的作用。事实上，ECM 的作用不仅如此，还有胞外空间架构的填充，它在细胞-基底间的相互反应中起着决定性的作用，为贴附细胞提供空间和模板，从而影响细胞的繁殖、生存、分化与基因表达。最近几年，人们对 ECM 成分认定、纯化及功能研究的兴趣日益增长，同时还包括 EMC 成分配体和其他参与细胞-EMC 间贴附作用的分子。

　　海胆胚胎 EMC 是一个极复杂的多层结构，由许多不同构件组成。不同发育阶段的 EMC 均以高度调节的组织化形式出现（McClay et al. 1990）。此外，需要指出的是，这或许还是区分两种主要 EMC 的最好方法，两种 EMC 分别为环绕胚胎受精卵顶端的 EMC 和囊胚腔内形成于卵裂后期阶段的基膜 ECM（图 8-4）。迄今为止，还无证据表明 ECM 分子对海胆胚胎的生物矿化有着直接的积极作用。然而，一些证据显示，在海胆骨骼形成过程中，ECM 还起着一些间接的作用。至今，在囊胚的众多 ECM 成分中，只有 ECM 分子有支持或指导 PMC 迁移的功能描述。例如，Pamlin，一种分离自 *Hemicentrous pulcherrimus* 海胆胚胎基膜的蛋白质被证明在体外有促进 PMC 结合和迁移的作用（Katow 1995）。人们在光学显微镜下观察看到，*Lytechinus variegatus* 中的 PMC 通过其丝状伪足直接与外胚层基底面的 ECM 纤维作用（Hodor et al. 2000）。这些纤维的一种组分是 ECM3，这是一种大分子量的蛋白质，其选择性地积累于除动物极以外的所有邻近外胚层的基膜中（Wessel and Berg 1995）。ECM3 被认为是一种强有力的 PMC 基底分子，它能引导 PMC 迁移。有趣的是，ECM3 分子的 N 端结构域与哺乳动物硫酸软骨素蛋白聚糖中的核心蛋白 NG2 的结构域非常类似，是一些对 PDGF（血小板衍生生长因子）有应答的细胞所必需的，这也说明，其只有在生长因子存在的情况下才会发挥作用（Hodor et al. 2000）。ECM3 分子中央含有一个与 Na^+-Ca^{2+} 交换蛋白中 Ca^{2+} 结合调节环内的结构域类似的 5 连串的重复模体，此蛋白质在有些方面上与 MAFp4 的功能相似，MAFp4 是聚集因子分子复合物中的一个成分，介导着海绵细胞的种间特异性分选（Hodor et al. 2000）。

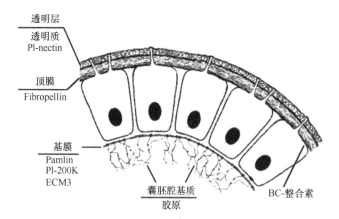

图 8-4　海胆囊胚单层细胞示意图，示胚胎外部分（透明层、顶膜）及囊胚腔细胞外基质（基膜、囊胚腔基质），人们有兴趣的 ECM 蛋白的位置也有所指示。

　　基膜上的其他 ECM 蛋白也被描述为对骨骼形成有作用。例如，当将某些特异性抗体注射至囊胚腔中时，有研究结果显示，*S. purpuratus* 中的胶原（Wessel et al.

1991）及 *P. lividus* 中的 Pl-200 K 蛋白（Tesoro et al. 1998）对骨针的延展及排布花样有着至关重要的作用。

海胆金属蛋白酶对胶原、其他 ECM 成分，以及 ECM 中与胶原和碳水化合物有关联的一些糖蛋白均有修饰作用。研究显示，几种金属蛋白酶抑制剂能抑制 *S. purpuratus*、*L. pictus* 的骨骼的连续发生（Ingersoll and Wilt 1998）。

人们常利用单克隆抗体（mAb）干扰方式来研究 ECM 分子的体内功能。在已知的 ECM 蛋白中，分离自 *P. lividus* 的 Pl-nectin（Matranga et al. 1992）是一种胶原结合分子，它是一个内-外胚层信号的"间接作用者"（Zito et al. 1998）。此蛋白质为 discoidin 家族中的一员，其全序列及结构域最近已被确认（图 8-5a），（Costa et al. 2010），分布于囊胚及原肠胚时期胚胎的外胚层和内胚层细胞的顶面，见图 8-5b。体外分析显示，其以剂量依赖方式对细胞的基底附着进行调节，见图 8-5c。人们普遍认为，其在胚胎发育过程中发挥着功能性的作用（Matranga et al. 1992）。人们已从 *Temnopleurus hardwickii* 中分离纯化得到一种名为 Th-nectin 的同源蛋白（Yokota et al. 1994）。在靠近外部的 ECM 中，另有 2 种被称为 fibropellin 的蛋白质在受精后出现，并于整个早期发育阶段一直存在。囊胚阶段，fibropellin 进入覆盖着胚胎表面的网样胶原纤维网络中（Bisgrove et al. 1991）。

人们已通过形貌发生以研究 Pl-nectin 的体内功能。在这样的研究中，胚胎被培养于抗 Pl-nectin mAb 的条件下，见图 8-5c。结果显示，大量胚胎出现严重的骨骼缺陷，但其内外胚层的结构发育却正常（Zito et al. 2003）。这表明，骨骼缺陷产生并非因卷入囊胚腔的 PMC 细胞数减少，对于 *P. lividus* 而言，正常情况下卷入的细胞数为 32，且卷入的 PMC 有规律地排列于副赤道环上（Zito et al. 2003）。另一方面，骨骼缺陷胚胎的 SM30 蛋白的表达量也有下降（Zito et al. 2003），而 SM50 及 MSP130 的表达却不受抗 Pl-nectin mAb 处理的影响（Zito，个人通信）。与此同时，univin（TGF-β家族成员）的表达水平强烈下降，然而，当其 mRNA 的注射异常表达（mis-expression）足够时，骨骼延展缺陷及 SM30 表达得以恢复（Zito et al. 2003）。基于这样的结果，人们首次提出这样的一个设想，即 univin 或其他生长因子的分泌、SM30 及棘刺生长所需的其他基质蛋白的合成均由外胚层细胞驱使着 PMC 合成并分泌至囊胚腔内。外胚层细胞产生信号的能力依赖于其与 Pl-nectin 的结合，见图 8-6。

研究人员的工作已部分证实了上述设想的正确。最近，体外免疫沉淀及亲和色谱实验显示，Pl-nectin 与一个 C 型整合素β亚基结合。人们认为，Pl-结合素与外胚层细胞间的相互作用受 C 型整合素的β受体的调节（Zito et al. 2010）。有趣的是，人们在 Pl-nectin 蛋白序列中发现了一个人整合素识别模体 LDT（Costa et al. 2010）。LDT 模体起初曾被认定为黏膜地址素细胞黏附分子（MAdCAM-1）的α4/β7 整合素的一个受体结合位点。因此，Pl-nectin 与外胚层细胞表面的结合或许因

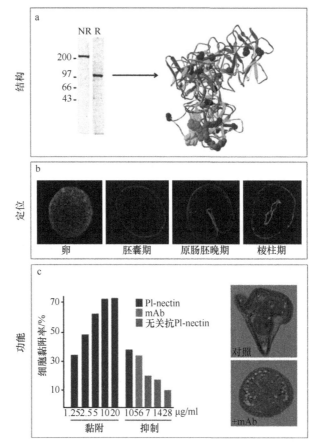

图 8-5　Pl-nectin 的结构、位置及功能。(a)结构：左，非还原条件下（NR）的纯化分子 SDS-PAGE
显示同源二聚体分子量为 210 kDa，还原条件下（R）两单体的分子量均为 105 kDa，单体通过
S-S 桥连接，修改自（Matranga et al. 1992）。右，105 kDa C 型单体的三维结构，基于硅同源建
模，修改自（Costa et al. 2010）；（b）位置：Pl-nectin 抗体免疫荧光间接显示。在未受精卵中，
蛋白质以颗粒形式均匀分布于胞质内。受精后，在所有的发育阶段，蛋白质极化式地分布于外
胚层、内胚层细胞的顶端表面直至棱柱期，修改自（Matranga et al. 1992）；（c）功能：左，细
胞贴附试验（柱状图）。蛋白质以剂量依赖方式促进囊胚细胞贴附于基底上，修改自（Matranga
et al. 1992）。抗 Pl-nectin mAb 体外功能测试中，抑制囊胚细胞贴附于有 Pl-nectin 涂层的基底上。
右，抗 Pl-nectin mAb 体内摄入实验，示胚胎骨骼在延展及排列花样（与未处理胚胎对照）上存
在着重大缺陷。原始间充质细胞——PMC msp130 抗体染色，显示 PMC 进入囊胚腔并准确定位
于其所在位置，修改自（Zito et al. 1998）。（彩图请扫封底二维码）

LDT 模体与整合素受体作用而成。实验室合成性竞争多肽（LDT 及其他）的黏附
实验研究进展也证实了这一假设。此外，由 6 个 discoidin 连串重复模体构成的 Pl-
nectin 的分子结构具有以下几个功能：①与一些带有半乳糖及 N-乙酰氨基葡萄糖
的碳水化合物的 ECM 分子（如胶原或细胞膜表面糖蛋白）结合；②与细胞表面

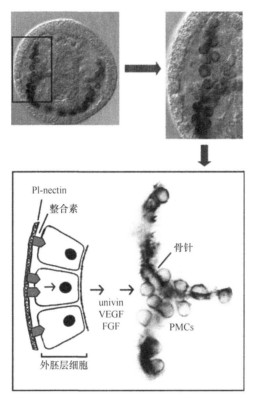

图 8-6 作用于外胚层的 Pl-nectin 对外胚层-中胚层的诱导及骨骼生长的影响。上图：原肠胚晚期低倍放大及高倍放大。msp130 探针原位杂交证实，此时胚胎中的 PMC 正处于骨骼生成基因表达状态。下图：示意图，示外胚层细胞分泌生长因子，如 univin、VEGF 和（或）FGF 与 Pl-nectin [包含在 ECM（透明层）中]完美结合后被转至囊胚腔内，指示 PMC 开始骨针合成。外胚层细胞与 Pl-nectin 间的作用由整合素受体介导，并由此激活一条目前未知的信号途径。（彩图请扫封底二维码）

上的蛋白质结合，如酪氨酸激酶受体和 G 蛋白偶联受体（GPCR）；③通过 discoidin 结构域的自结合形成多聚结构（Costa et al. 2010）。最后的这一性能则可用来解释 TEM 下 *T. hardwikii* 的泳体（nectosome）结构的形成（Kato et al. 2004）。

8.4.2 生长因子

除棘刺基质蛋白合成、分泌及基质-矿物作用的调节外，PMC 还需要从胚胎那里得到一些包括轴向、时间及标量等信号的提示，从而合成一个正常大小和花纹图案的骨骼。这样的一些信号提示源自上覆的外胚层及顶端的 ECM（Guss and Ettensohn 1997；Zito et al. 2003；Kiyomoto et al. 2004；Duloquin et al. 2007；Röttinger et al. 2008）。骨骼形成由外胚层调控的设想已于 70 多年前提出（von Ubish 1937），尽管涉及这类反应的一些分子信号最近几年才得以确认。迄今为止，由外胚层释放的一些基础性的生长因子，包括 univin、VEGF、FGF 在内已被确认（Zito et al. 2003；Duloquin et al. 2007；Röttinger et al. 2008）。每一种生长因子看似都是骨骼形貌发生控制所必需，或许这些因子通过互不干涉的方式发挥着各自的作用。

Univin 是第一个被发现的海胆胚胎基因编码生长因子，是 TGF-β 超家族中的一员（Stenzel et al. 1994）。其氨基酸序列与斑马鱼的 Zdvr-1、人的 BMP-2 和 BMP-4、果蝇的 dpp（decapentaplegic protein）、蟾蜍的 Vg-1 间有着密切关联（Stenzel et al. 1994；Lapraz et al. 2006）。在囊胚期阶段，univin 表达于赤道环周围的外胚层细胞中，原肠期阶段，其在原肠内表达。它的转录只限于长腕幼虫腕间外胚层的两侧（Stenzel et al. 1994；Range et al. 2007）。由 ECM-外胚层细胞结合抑制引发的胚胎骨骼缺陷（图 8-6）及 univin 和 SM30 的低水平表达可通过 univin mRNA 和 SM30 mRNA 注射加以纠正，但 SM30 只是得到部分纠正（Zito et al. 2003）。这也首次以证据证明外胚层细胞产生的生长因子是骨骼生长的诱导信号。后来，Duloquin 等（2007）证实，VEGF/VEGFR 信号在原肠胚时期有指导 PMC 定位和分化的作用。原肠胚阶段早期，VEGFR 只在 PMC 中表达，而 VEGF 的表达也只限于两个上覆于 PMC 之上的腹外侧外胚层区域。长腕幼虫期，VEGF 转录只在少数几个外胚层细胞中有检出，这些细胞位于腕芽顶部，其对面为 VEGFR 表达的 PMC。由 morpholino（吗啡啉）注射引发的 VEGF/VEGFR 表达损伤可引起 SM30、SM50 的表达抑制，并导致骨骼缺失胚胎的出现。而 MSP130 的表达却未受到明显的影响。人们认为，这可能是因为 MSP130 不在 VEGF/VEGFR 信号的控制范围内。同样地，Röttinger 等（2008）确认并定性了 *FGFA* 基因，以及其可能的受体基因 *FGFR1* 和 *FGFR2*。其发育中的转录共定位（原位杂交）及功能损失试验（吗啡啉注射）显示，这些基因及其产物调控着 PMC 的迁移并强烈影响着骨骼的延伸。下面就 PMC 中的 SM30、SM50 表达进行阐述。

8.5　骨骼发生研究的生态毒理学方法

毒理学是一门古老的学科。在 16 世纪，帕拉切尔苏斯就找到了一种方法，通过这种方法可以很容易地确定哪种物质有毒、哪种物质无毒，他的一句著名格言是"只有剂量才产生了不同"。现代生态毒理学是一门生态学与毒理学结合的学科，其目的是将生态系统组分的胁迫变化毒性效果量化（Truhaut 1977；Chapman 2002）。对所有生命，包括海洋生物而言，最直接相关的化学/物理胁迫有：①物理因素，如电离辐射（UV-B 和 X 射线）；②无机物，如重金属、硝酸盐及亚硝酸盐；③有机物，如杀虫剂、石油、卤化有机物（haloorganics）、烃、苯酚及一些合成物；④新兴胁迫，如金属和工程纳米颗粒、CO_2、pH、温度。在这里，重点介绍一下化学/物理胁迫对棘皮动物生物矿化的一些负影响。

8.5.1   金属对生物钙化的影响

尽管金属元素具有某些共性，但总的来说，每一种金属均有着不同于其他的理化特点，这些不同特点也决定了其各自不同的生物或毒理上的性能（Duffus 2002）。当细胞/生命体暴露于高水平的必需或非必需金属浓度下，金属就能引起细胞/生命体中毒，这也引起了很多研究小组的注意（ATSDR 2008；Gerber et al. 2002；CICAD 2004；Lima et al. 2008）。例如，锰在生理浓度时参与细胞的保护、复制及骨骼的矿化（ATSDR 2008；Santamaria 2008；Daly 2009），但高于此浓度时就有了细胞毒性（Satyanarayana and Saraf 2007）。

在海胆中，胚胎及幼虫的毒理实验被认为是定性各种不同有毒物质（包括必需重金属）毒性效果的最佳实验材料。传统上，金属常被用做海胆和海星胚胎骨骼畸形发育的诱导剂。这些金属有镉、锌、铜、铬、铅、镍、锂、锰、钆，当生命体暴露于这些金属之下时，其极易引起无骨或少骨、花样图案异常分叉及超常规的骨骼起源位点（Hardin et al. 1992；Radenac et al. 2001；Coteur et al. 2003；Russo et al. 2003；Roccheri et al. 2004；Kobayashi and Okamura 2004；Agca et al. 2009；Kiyomoto et al. 2010；Pinsino et al. 2010；Saitoh et al. 2010）。某些情况下，例如，当暴露于镉和锰中时，生物矿化缺陷及胁迫蛋白（如 hsp60、hsp70）的表达（Roccheri et al. 2004；Pinsino et al. 2010）、细胞的凋亡（Filosto et al. 2008）、金属硫蛋白 mRNA 的过表达（Russo et al. 2003）均与暴露行为有关联。生物矿化关联基因表达研究目前只在锂、锌处理的胚胎上进行过，研究中人们采用高通量基因筛选分析及整体原位杂交法对 250 个基因的 4000 多个差异性表达进行了分析（Poustka et al. 2007）。PMC 中的 4 个表达基因 *Pmar*、*SMAD2*、*P19* 和 *SM50* 在处理后均出现轻微的上调，但结果还有待于今后的进一步研究。

8.5.2   电离辐射

因臭氧层变薄而造成的大量 UV-B 辐射到包括海洋生态系统的地球上。尽管穿过天然水体的 UV-B 因水系中溶解的有机物、浮游生物或其他悬浮颗粒的浓度及光学品质而发生了变化（Dunne and Brown 1996），但其对生物仍可造成严重的不良后果。当许多物种的浮游胚胎、幼虫及成体居于水体上层时，其更容易受到 UV-B 的影响（Hader 2000）。UV-B 辐射的穿透效应可引起强烈的发育损伤，并使细胞的蛋白成分修饰发生改变，尤其是胁迫蛋白的修饰调节、基因表达的失调及DNA 损伤（Batel et al. 1998；Schröder et al. 2005；Bonaventura et al. 2006；Holzinger and Lütz 2006；Tedetti and Sempéré 2007；Banaszak and Lesser 2009）。接下来，将简单回顾一下电离辐射对骨骼形成的影响。

UV-B 辐射对棘皮动物骨骼的影响研究主要集中于 *P. lividus* 的早期及晚期发育。实验中暴露于 UV-B 下的胚胎出现了骨骼缺失或骨骼严重畸形，见图 8-7。此外，热激蛋白 70（hsp70）的水平增高，p38 MapK 被激活（Bonaventura et al. 2005；2006）。Russo 等（2010）的研究证实，海胆胚胎 UV-B 照射与 *pl*-14-3-3ε（一个涉及胁迫、生存与凋亡的基因）的 mRNA 水平之间存在着直接的剂量依赖关系。这说明，为应对 UV-B 辐射，生物体内的一系列调节被激活。最新证据显示，暴露于高剂量 X 射线下的胚胎出现棘刺缺失，且其囊胚腔内的 PMC 也不在原定的位置上。这些结果连同 SM30（RT-PCR 监测）及 msp130（ISH 法）表达的减低结果均充分表明，X 射线可强烈影响海胆胚胎的生物矿化（Matranga et al. 2010）。

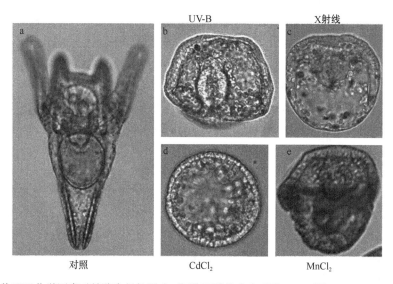

图 8-7　物理及化学因素对骨骼生长的影响。胚胎形貌均来自受精 48 h 后的 *Paracentrotus lividus*。（a）对照的长腕幼虫期胚胎；（b）UV-B 脉冲辐射的间充质囊胚期胚胎，修改自（Bonaventura et al. 2005）；（c）X 射线脉冲辐射的卵裂期胚胎，修改自（Matranga et al. 2010）；（d）受精后连续暴露于 CdCl₂ 下的胚胎，修改自（Russo et al. 2003）；（e）受精后连续暴露于 MnCl₂ 下的胚胎，修改自（Pinsino et al. 2010）。（彩图请扫封底二维码）

8.5.3　海洋酸化对生物钙化的影响

对众多的有关二氧化碳驱动海洋气候变化的影响研究而言，钙化是其一个主要的研究目标，这是因为许多生物的碳酸钙质壳或骨骼更易受到酸性水溶解的影响（Orr et al. 2005）。因 pH 改变导致的 CO_2 溶解度变化使海水中的碳酸盐与碳酸氢盐间的动态平衡也受到影响，由此造成有效的碳酸盐库不断被消耗（Gattuso et al. 2010）。事实已证明，CO_2 引发的海水酸化已使不同种类的海胆胚胎的骨骼发育发生了改变，如 *Hemicentrotus pulcherrimus*、*Echinometra mathaei*（Kurihara and

Shirayama 2004)、*L. pictus*（O'Donnell et al. 2010）、*P. lividus*（Dupon et al. 2010）、*Tripneusteus gratilla*（Sheppard-Brennand et al. 2010）。因海水的变暖和酸化，这些胚胎在大小、形状上的明显变化说明，之所以胚胎骨骼未能达到正常发育，不仅仅是海水酸化的问题，还有海水温度提高的影响（Sheppard-Brennand et al. 2010）。

当从基因组芯片分析上看 *L. pictus* 的基因表达时，O'Donnell 等（2010）发现，在众多涉及能量代谢及生物矿化的基因中，只有少数几个基因的表达产物下调，如 Suclg-1succinyl-CoA 合成酶、SM30 样蛋白、骨粘连蛋白，而参与离子调节及酸碱平衡途径的 Atp2a1-Ca^{2+} ATP 酶的表达则上调。所有的一切结果都说明，尽管幼虫仍能形成骨骼，但 CO$_2$ 水平的提升对幼虫转录组还是有影响的。与人们的期望相反，在 *S. purpuratus* 中，人们没看到经 CO$_2$ 处理后的动物在发育时间或骨骼畸形上与不处理组之间有明显不同。然而，转录组学方法已证实，有几个生物矿化基因的表达产物下调，这些产物分别是 cyclophylin、MSP130、MSP130 关联物、胶原（COLP3α、COLP4α）、P19、P16、P16 样蛋白、骨粘连蛋白（Todgham and Hofmann 2009）。

8.6 结 论

海胆骨骼形成是成体及胚胎活体钙化研究的模式动物，在众多的研究中人们均用到海胆胚胎。总的来说，镁方解石胚胎骨骼的建立需要细胞、微环境及生物分子间的协同作用。PMC 是胚胎中唯一的一类控制骨骼发生和生长的细胞，可提供一整套棘刺基质蛋白和大量过饱和碳酸盐。此过程由过渡态 ACC 纳米颗粒临时聚集启动，然后结晶成宏观可见的六方菱面体方解石单晶（Yang et al. 2011）。晶体的辐射生长与分叉可能由 200 多个 PMC 特异蛋白决定，其中最知名的蛋白质是 SM30、SM50，有关 SM30 可参见 Wilt 的综述（1999），两种蛋白质参与了上述的骨骼形成过程，且在其中扮演着不同的角色。在 PMC 基因库指令的大量生物矿化关联蛋白中，以至少具备几下几种特征中的一种为准，这些特征分别是：①凝集素结构域（或 C 型凝集素结构域）；②信号序列；③富 pro/gly 或富 asp 区（Livingston et al. 2006；Mann et al. 2010），将潜在的棘刺基质蛋白进行分类。

不管基因水平上的信息有多么多，在有关海胆胚胎生物矿化的细胞和（或）分子机制上，目前人们知道的还很少。人们还需要进行更多的针对以下几个主要方向的研究，以便能对过程有一个全面的、透彻的了解。其中的一个首要任务就是先对每个蛋白质于体外结晶实验中的作用进行定性分析，如提取自软体动物 *Pinna nobilis* 中的两种酸性蛋白质 calprismin 和 caspartin 对碳酸钙沉淀就有抑制作用（Marin et al. 2005）。

P. lividus 壳粉乙酸粗提物的初步实验结果（图 8-8）激励着人们利用纯化的重

组棘刺基质蛋白进行这样的实验测试。蛋白质-矿物间关系研究的另一挑战是作为模板分子的蛋白质对晶体排布花样的影响。

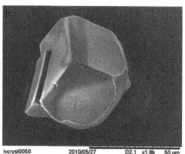

图 8-8　体外方解石结晶沉淀 SEM 图。（a）负对照；（b）添加提取自 *Paracentrotus lividus* 的壳乙酸可溶物。晶体形成的部分抑制作用来自制备液中的蛋白质。

　　总之，不管脊椎动物与棘皮动物在复合材料的"设计"上有多大的不同，但在与钙基骨骼组织矿化相关的蛋白质组成上两者还是有着明显的相似性。因此，同一组矿物性终端产物的差异研究将会从其他方面对这些矿化过程进行阐释。

参 考 文 献

Addadi L, Raz S, Weiner S (2003) Taking advantage of disorder: amorphous calcium carbonate and its roles in biomineralization. Adv Mat 15:959–970

Agca C, Klein WH, Venutia JM (2009) Respecification of ectoderm and altered Nodal expression in sea urchin embryos after cobalt and nickel treatment. Mech Dev 126:430–442

Aizenberg J, Lambert G, Addadi L, Weiner S (1996) Stabilization of amorphous calcium carbonate by specialized macromolecules in biological and synthetic precipitates. Adv Mat 8:222–226

Alvares K, Dixit SN, Lux E, Veis A (2009) Echinoderm Phosphorylated Matrix Proteins UTMP16 and UTMP19 Have Different Functions in Sea Urchin Tooth Mineralization. J Biol Chem 284:26149–26160

ATSDR (2008) Draft toxicological profile for manganese. Agency for toxic substances and disease registry. Division of toxicology and environmental medicine/applied toxicology branch, Atlanta, Georgia. Available via DIALOG. http://www.atsdr.cdc.gov/tox profiles/tp151-p.pdf

Banaszak AT, Lesser MP (2009) Effects of solar ultraviolet radiation on coral reef organisms. Photochem Photobiol Sci 8:1276–1294

Batel R, Fafandjel M, Blumbach B, Schröder HC, Hassanein HM, Müller IM, Müller WE (1998) Expression of the human XPB/ERCC-3 excision repair gene-homolog in the sponge Geodia cydonium after exposure to ultraviolet radiation. Mutat Res 409:123–133

Beniash E, Aizenberg J, Addadi L et al (1997) Amorphous calcium carbonate transforms into calcite durino sea urchin larval spicule growth. Proc R Soc Lond B 264:461–465

Berman A, Hanson J, Leiserowitz L, Koetzle TF, Weiner S, Addadi L (1993) Biological control of crystal texture: A widespread strategy for adapting crystal properties to function. Science 259:776–779

Bisgrove BW, Andrews ME, Raff RA (1991) Fibropellins, products of an EGF repeat-containing gene, form a unique extracellular matrix structure that surrounds the sea urchin embryo. Dev Biol 146:89–99

Bonaventura R, Poma V, Costa C, Matranga V (2005) UVB radiation prevents skeleton growth and stimulates the expression of stress markers in sea urchin embryos. Biochem Bioph Res Co 328:150–157

Bonaventura R, Poma V, Russo R, Zito F, Matranga V (2006) Effects of UV-B radiation on the development and hsp 70 expression in sea urchin cleavage embryos. Mar Biol 149:79–86

Candia Carnevali MD, Thorndyke MC, Matranga V (2009) Regenerating echinoderms: a promise to understand stem cells potential. In: Stem cells in marine organisms (eds: Rinkevich B, Matranga V) Springer, New York, pp 165–186

Chapman PM (2002) Integrating toxicology and ecology: putting the "eco" into ecotoxicology. Mar Poll Bull 44:7–15

CICAD (2004) Manganese and its compounds: environmental aspects. Concise international chemical assessment document63. WHO, Geneva, Switzerland Available via DIALOG. http://www.who.int/ipcs/publications/cicad/cicad63_rev_1.pdf

Costa C, Cavalcante C, Zito F, Yokota Y, Matranga V (2010) Phylogenetic analysis an homology modelling of Paracentrotus lividus nectin. Mol Divers 14:653–665

Coteur G, Gosselin P, Wantier P, Chambost-Manciet Y, Danis B, Pernet P, Warnau M, Dubois P (2003) Echinoderms as bioindicators, bioassays, and impact assessment tools of sediment-associated metals and PCBs in the North Sea. Arch Environ Contam Toxicol 45:190–202

Daly MJ (2009) A new perspective on radiation resistance based on Deinococcus radiodurans. Nat Rev Microbiol 7:237–244

Drager BJ, Harkey MA, Iwata M, Whitele AH (1989) The expression of embryonic primary mesenchyme genes of the sea urchin, Strongylocentrotus purpuratus, in the adult skeletogenic tissues of this and other species of echinoderms. Dev Biol 133:14–23

Duffus JH (2002) Effect of Cr(VI) exposure on sperm quality. Ann Occup HygMar 46:269–270

Dunne RP, Brown BE (1996) Penetration of solar UVB radiation in shallow tropical waters and its potential biological effects on coral reefs; results from the central Indian Ocean and Andaman Sea. Mar Ecol Prog Ser 144:109–118

Dupon S, Ortega-Martinez O, Thorndyke M (2010) Impact of near-future ocean acidification on echinoderms. Ecotoxicology 19:449–462

Ettensohn CA (2009) Lessons from a gene regulatory network: echinoderm skeletogenesis provides insights into evolution, plasticity and morphogenesis. Development 136:11–21

Falini G, Albeck S, Weiner S, Addadi L (1996) Control of aragonite or calcite polymorphism by mollusk shell macromolecules. Science 271:67–69

Filosto S, Roccheri MC, Bonaventura R, Matranga V (2008) Environmentally relevant cadmium concentrations affect development and induce apoptosis of Paracentrotus lividus larvae cultured in vitro. Cell Biol Toxicol 24:603–610

Frankel RB, Bazylinski DA (2003) Biologically induced mineralization by bacteria. Rev Mineral Geochem 54:95–114

Gattuso JP, Gao K, Lee K, Rost B, Schulz KG (2010) Approaches and tools to manipulate the carbonate chemistry. In: Riebesell U, Fabry VJ, Hansson L, Gattuso J-P (eds) Guide to best practices for ocean acidification research and data reporting. Publications Office of the European Union, Luxembourg, pp 41–52

Gerber GB, Leonard A, Hantson Ph (2002) Carcinogenicity, muta- genicity and teratogenicity of manganese compounds. Crit Rev Oncol Hematol 42:25–34

Guss KA, Ettensohn CA (1997) Skeletal morphogenesis in the sea urchin embryo: regulation of primary mesenchyme gene expression and skeletal rod growth by ectoderm-derived cues. Development 124:1899–1908

Hader DP (2000) Effects of solar UV-B radiation on aquatic ecosystems. Adv Space Res 26:2029–2040

Hardin J, Coffman JA, Black SD, McClay DR (1992) Commitment along the dorsoventral axis of the sea urchin embryo is altered in response to NiCl2. Development 116:671–685

Heatfield BM, Travis DF (1975) Ultrastructural studies of regenerating spines of the sea urchin Strongylocentrotus purpuratus. II. Cells with spherules. J Morphol 145:51–72

Hodor PG, Illies MR, Broadley S, Ettensohn CA (2000) Cell-substrate interactions during sea urchin gastrulation: migrating primary mesenchyme cells interact with and align extracellular matrix fibers that contain ECM3, a molecule with NG2-like and multiple calcium-binding domains. Dev Biol 222:181–194

Holzinger A, Lütz C (2006) Algae and UV irradiation: effects on ultrastructure and related metabolic functions. Micron 37(190–606):207

Hörstadius S (1939) The mechanics of sea urchin development, studied by operative methods. Biol Rev 14:132–179

Ingersoll EP, Wilt FH (1998) Matrix metalloproteinase inhibitors disrupt spicule formation by primary mesenchyme cells in the sea urchin embryo. Dev Biol 196:95–106

Kato T (2000) Polymer/calcium carbonate layered thin-film composites. Adv Mater 12:1543–1546

Kato KH, Abe T, Nakashima S, Matranga V, Zito F, Yokota Y (2004) 'Nectosome': a novel cytoplasmic vesicle containing nectin in the egg of the sea urchin, Temnopleurus hardwickii. Develop Growth Differ 46:239–247

Katow H (1995) Pamlin, a primary mesenchyme cell adhesion protein, in the basal lamina of the sea urchin embryo. Exp Cell Res 218:469–478

Killian CE, Croker L, Wilt FH (2010) SpSM30 gene family expression patterns in embryonic and adult biomineralized tissues of the sea urchin, Strongylocentrotus purpuratus. Gene Expr Patterns 10:135–139

Kiyomoto M, Zito F, Sciarrino S (2004) Commitment and response to inductive signals of primary mesenchyme cells of the sea urchin embryo. Dev Growth Differ 46:107–114

Kiyomoto M, Morinaga S, Ooi N (2010) Distinct embryotoxic effects of lithium appeared in a new assessment model of the sea urchin: the whole embryo assay and the blastomere culture assay. Ecotoxicology 19:563–770

Kniprath E (1974) Ultrastructure and growth of the sea urchin tooth. Calc Tiss Res 14:211–228

Kobayashi N, Okamura H (2004) Effects of heavy metals on sea urchin embryo development. Chemosphere 55:1403–1412

Kurihara H, Shirayama Y (2004) Effects of increased atmospheric CO2 on sea urchin early development. Mar Ecol Progr Series 274:161–196

Lapraz F, Röttinger E, Duboc V et al (2006) RTK and TGF-β signaling pathways genes in the sea urchin genome. Dev Biol 300:132–152

Lima PDL, Vasconcellos MC, Bahia MO, Montenegro RC, Pessoa CO, Costa-Lotufo LV, Moraes MO, Burbano RR (2008) Genotoxic and cytotoxic effects of manganese chloride in cultured human lymphocytes treated in different phases of cell cycle. Toxicol In Vitro 22:1032–1037

Livingston BT, Killian CE, Wilt F et al (2006) A genome-wide analysis of biomineralization-related proteins in the sea urchin Strongylocentrotus purpuratus. Dev Biol 300:335–348

Lowenstam HA (1981) Minerals formed by organisms. Science 211:1126–1131

Lowenstam HA, Weiner S (1989) On Biomineralization. Oxford University Press, New York

Mann S (1983) Mineralization in biological systems. Struct Bonding 54:125–174

Mann S (2001) Biomineralization: principles and concepts in bioinorganic materials chemistry. Oxford University Press, New York

Mann K, Poustka AJ, Mann M (2008a) In-depth, high-accuracy proteomics of sea urchin tooth organic matrix. Proteome Sci 6:33

Mann K, Poustka AJ, Mann M (2008b) The sea urchin (Strongylocentrotus purpuratus) test and spine proteomes. Proteome Sci 6:22

Mann K, Wilt FH, Poustka AJ (2010) Proteomic analysis of sea urchin (Strongylocentrotus purpuratus) spicule matrix. Proteome Science 8:33

Marin F, Amons R, Guichard N, Stigter M, Hecker A, Luquet G, Layrolle P, Alcaraz G, Riondet C, Westbroek P (2005) Caspartin and calprismin, two proteins of the shell calcitic prisms of the Mediterranean fan mussel Pinna nobilis. J Biol Chem 280:33895–33908

Märkel K, Röser U (1985) Comparative morphology of echinoderm calcified tissues: Histology and ultrastructure of ophiuroid scales (Echinodermata, Ophiuroida). Zoomorphology 105:197–207

Märkel K, Röser U, Mackenstedt K (1986) Ultrastructural investigations of matrix-mediated biomineralization in echinoids (Echinodermata, Echinoidea). Zoomorphology 106:232–243

Matranga V, Di Ferro D, Zito F, Cervello M, Nakano E (1992) A new extracellular matrix protein of the sea urchin embryo with properties of a substrate adhesion molecule. Roux's Arch Dev

Biol 201:173–178

Matranga V, Zito F, Costa C, Bonaventura R, Giarrusso S, Celi F (2010) Embryonic development and skeletogenic gene expression affected by X-rays in the Mediterranean sea urchin Paracentrotus lividus. Ecotoxicology 19:530–537

McClay DR, Alliegro MC, Black SD (1990) The ontogenetic appearance of extracellular matrix during sea urchin development. In Organization and assembly of plant and animal extracellular matrix (eds: Adair WS, Mecham R). pp 1–13 Academic Press, San Diego, CA

O'Donnell MJ, Todgham AE, Sewell MA, Hammond LM, Ruggiero K, Fangue NA, Zippay ML, Hofmann GE (2010) Ocean acidification alters skeletogenesis and gene expression in larval sea urchins. Mar Ecol Progr Series 398:157–171

Orr JC, Fabry VJ, Aumont O, Bopp L, Doney SC, Feely RA, Gnanadesikan A, Gruber N, Ishida A, Joos F, Key RM, Lindsay K, Maier-Reimer E, Matear R, Monfray P, Mouchet A, Najjar RG, Plattner GK, Rodgers KB, Sabine CL, Sarmiento JL, Schlitzer R, Slater RD, Totterdell IJ, Weirig MF, Yamanaka Y, Yool A (2005) Anthropogenic ocean acidification over the twenty-first century and its impact on calcifying organisms. Nature 437:681–686

Pinsino A, Thorndyke MC, Matranga V (2007) Coelomocytes and post-traumatic response in the common sea star Asterias rubens. Cell Stress Chap 12:332–342

Pinsino A, Matranga V, Trinchella F, Roccheri MC (2010) Sea urchin embryos as an in vivo model for the assessment of manganese toxicity: developmental and stress response effects. Ecotoxi-cology 19:555–562

Poustka AJ, Kühn A, Groth D, Weise V, Yaguchi S, Burke RD, Herwig R, Lehrach H, Panopoulou G (2007) A global view of gene expression in lithium and zinc treated sea urchin embryos: new components of gene regulatory networks. Genome Biol 8:R85

Radenac G, Fichet D, Miramand P (2001) Bioaccumulation and toxicity of four dissolved metals in Paracentrotus lividus sea-urchin embryo. Mar Environ Res 51:151–166

Range R, Lapraz F, Quirin M, Marro S, Besnardeau L, Lepage T (2007) Cis-regulatory analysis of nodal and maternal control of dorsal–ventral axis formation by Univin, a TGF-β related to Vg1. Development 134:3649–3664

Raz S, Weiner S, Addadi L (2000) The formation of high magnesium calcite via a transient amorphous colloid phase. Adv Mater 12:38–42

Raz S, Hamilton P, Wilt F, Weiner S, Addadi L (2003) The transient phase of amorphous calcium carbonate in sea urchin larval spicules: the involvement of proteins and magnesium ions in its formation and stabilization. Adv Funct Mater 13:480–486

Roccheri MC, Agnello M, Bonaventura R, Matranga V (2004) Cadmium induces the expression of specific stress proteins in sea urchin embryos. Biochem Biophys Res Commun 321:80–87

Röttinger E, Saudemont A, Duboc V et al (2008) FGF signals guide migration of mesenchymal cells, control skeletal morphogenesis and regulate gastrulation during sea urchin development. Development 135:354–365

Russo R, Bonaventura R, Zito F, Schroder HC, Muller I, Muller WEG, Matranga V (2003) Stress to cadmium monitored by metallothionein gene induction in Paracentrotus lividus embryos. Cell Stress Chaperones 8:232–241

Russo R, Zito F, Costa C, Bonaventura R, Matranga V (2010) Transcriptional increase and misexpression of 14-3-3 epsilon in sea urchin embryos exposed to UV-B. Cell Stress Chaperones 15:993–1001

Saitoh M, Kuroda R, Muranaka Y, Uto N, Murai J, Kuroda H (2010) Asymmetric inhibition of spicule formation in sea urchin embryos with low concentrations of gadolinium ion. Dev Growth Differ 52:735–746

Santamaria AB (2008) Manganese exposure, essentiality & toxicity. Indian J Med Res 128:484–500

Satyanarayana YV, Saraf R (2007) Iron and manganese contamination: sources, adverse effects and control methods. J Environ Sci Eng 49:333–336

Schröder HC, Di Bella G, Janipour N, Bonaventura R, Russo R, Müller WE, Matranga V (2005) DNA damage and developmental defects after exposure to UV and heavy metals in sea urchin cells and embryos compared to other invertebrates. Prog Mol Subcell Biol 39:111–137

Sheppard-Brennand H, Soars N, Dworjanyn SA, Davis AR, Byrne M (2010) Impact of ocean warming and ocean acidification on larval development and calcification in the sea urchin tripneustes gratilla. PLoS One 5:e11372

Simkiss K (1986) The processes of biomineralization in lower plants and animals-an overview. In: Leadbeater BSC, Riding R (eds) Biomineralization in lower plants and animals, vol 30. Oxford University Press, New York, pp 19–37

Simkiss K, Wilbur K (1989) Biomineralization. Cell Biology and Mineral Deposition. Academic Press, Inc., San Diego

Smith LC, Ghosh J, Buckley MK, Clow AL, Dheilly MN, Haug T et al (2010) Echinoderm immunity. In: Soderhall K (ed) Invertebrate immunology. Landes Bioscience, Inc

Stenzel P, Angerer LM, Smith BJ, Angerer RC, Vale WW (1994) The univin gene encodes a member of the transforming growth factor-beta superfamily with restricted expression in the sea urchin embryo. Dev Biol 166:149–158

Stricker SA (1985) The ultrastructure and formation of the calcareous ossicles in the body wall of the sea cucumber Leptosynapta clarki (Echinodermata, Holothuroida). Zoomorphology 105:209–222

Tedetti M, Sempéré R (2007) Penetration of ultraviolet radiation in the marine environment. A review Photochem Photobiol 82:389–397

Tesoro V, Zito F, Yokota Y, Nakano E, Sciarrino S, Matranga V (1998) A protein of the basal lamina of the sea urchin embryo. Dev Growth Differ 40:527–535

Todgham AE, Hofmann GE (2009) Transcriptomic response of sea urchin larvae Strongylocentrotus purpuratus to CO2-driven seawater acidification. J Exp Biol 212:2579–2594

Truhaut R (1977) Eco-toxicology – objectives, principles and perspectives. Ecotoxicology and Environm Safety 2:151–173

Weber JN, Raup DM (1966) Fractionation of the stable isotopes of carbon and oxygen in marine calcareous organisms—the Echinoidea. Part II. Environmental and genetic factors. Geochim Cosmochim Acta 30:705–736

Weiss IM, Tuross N, Addadi L, Weiner S (2002) Mollusk larval shell formation: amorphous calcium carbonate is a precursor for aragonite. J Exp Zool 293:478–491

Wessel G, Berg L (1995) A spatially restricted molecule of the extracellular matrix is contributed both maternally and zygotically in the sea urchin embryo. Dev Growth Diff 37:517–527

Wessel GM, Etkin M, Benson S (1991) Primary mesenchyme cells of the sea urchin embryo require an autonomously produced, nonfibrillar collagen for spiculogenesis. Dev Biol 148:261–272

Wilt F (1999) Matrix and mineral in the sea urchin larval skeleton. J Struct Biol 126:216–226

Wilt FH, Killian CE, Hamilton P, Croker L (2008) The dynamics of secretion during sea urchin embryonic skeleton formation. Exp Cell Res 314:1744–1752

Yang L, Killian CE, Kunz M, Tamura N, Gilbert PUPA (2011) Biomineral nanoparticles are space-filling. Nanoscale 3:603–609

Yokota Y, Matranga V, Zito F, Cervello M, Nakano E (1994) Nectins in sea urchin eggs and embryos. J Mar Biol Ass UK 74:27–34

Zito F, Matranga V (2009) Secondary mesenchyme cells as potential stem cells of the sea urchin embryo. In Stem cells in marine organisms (eds: Rinkevich B, Matranga V). Springer, New York, pp 187–213

Zito F, TesoroV McClay DR, Nakano E, Matranga V (1998) Ectoderm cell–ECM interaction is essential for sea urchin embryo skeletogenesis. Dev Biol 196:184–192

Zito F, Costa C, Sciarrino S, Poma V, Russo R, Angerer LM, Matranga V (2003) Expression of univin, a TGF-beta growth factor, requires ectoderm–ECM interaction and promotes skeletal growth in the sea urchin embryo. Dev Biol 264:217–227

Zito F, Burke RD, Matranga V (2010) Pl-nectin, a discoidin family member, is a ligand for betaC integrins in the sea urchin embryo. Matrix Biol 29:341–345

第 3 部分　生物氧化硅及其应用

9 硅质海绵的独特创造：酶法制备生物氧化硅骨骼

9.1 引 言

海绵动物是一类无柄固着的滤食性生物，它们有着复杂而强有效的、与鞭毛领细胞室连接的水管网络系统。海绵动物体壁结构分为三层，即外部的扁平细胞层（外皮层）、内部的领细胞层（内皮层）及两者间的"基底"材料——中胶层。直到不久前，人们才了解到中胶层结构由许多功能上独立的细胞组成。海绵动物内外皮层的细胞将动物与环境分隔开来。这种构造设计必然导致形成一个无组织、无形态的结构物（Pechenik 2000）。然而，随着最近几年细胞表面结合受体及其胞内外部分结构的发现，人们得出这样的一个观点，即海绵动物也有着明显的生命体分子建构计划。后生动物这一新奇之处的发现使海绵动物进化理论第一次有了新发展，即海绵动物也由细胞-细胞/基质组成，拥有信号转导、免疫、神经及形态发生的分子基础，这也有助于打破长期以来存在的海绵动物是特化的原生动物还是后生动物的争议（Hyman 1940）。海绵动物门（也称多孔动物门）通常分为3个纲，即六放海绵纲、寻常海绵纲和钙质海绵纲。但直至最近，这几个纲的系统发生位置仍未确定。像任何其他后生生物一样，海绵动物也有着明确的生命体建构方案，Haeckel（1872a）对此曾艺术性地阐明过，但又不像其他后生生物那样，成体海绵动物的身体没有明显的前-后极之分，当然也不存在真正的背-腹轴。在一些高等后生生物中，前-后轴方案是由"著名"的同源框家族基因调控。海绵动物中确认的同源框关联基因虽已有展示，然而，人们更多的是从总功能上如转录因子活性方面对其进行阐述（Seimiya et al. 1998）。

海绵动物的结构体及其方向性的规划均由无机的骨骼决定。对多数海绵动物而言，这种固体支持物——骨针在寻常海绵纲、六放海绵纲中由水合、无定形的非晶态硅化物（SiO_2/H_2O）构成，而在钙质海绵纲中，骨针的主要成分则为碳酸钙。骨针的分泌由一种特化细胞——造骨细胞（也称硬化细胞，sclerocyte）完成。对寻常海绵纲及六放海绵纲动物而言，体内的硅物质环绕着有机细丝沉积，而在钙质海绵动物的骨针中则不见这种有机性的轴结构。令人高兴的是，有关骨针形成及硅蛋白调节的生物氧化硅酶性合成的最新数据已于最近刊登出版（Müller et al. 2005；2006b）。就海绵动物而言，最主要的一点是，硅质骨骼使其能在不利的气候环境下生存下来，并成为第一个占据新水生环境的后生生物。

9.2 原生代时期的关键变革：后生动物的骨骼

9.2.1 原生代时期的富硅海洋

"前寒武纪-寒武纪"界线是后生动物演化的关键时期，时间可追溯至文德纪（6.1 亿～5.45 亿年前，Gaucher et al. 2004）/艾迪卡拉纪（5.8 亿～5.42 亿年前，Gradstein et al. 2005）期间。在这之前，则分别是 Marinoan 冰川期（6.5 亿～6.35 亿年前）和 Sturtian（7.5 亿～7.0 亿年前）冰川期，见图 9-1。在这一时期，地球于以下几个方面发生了剧烈变化：①生物事件；②地球化学进程；③环境条件。在两个冰川期之前，后生动物已开始了演化，东、西冈瓦纳小块陆地（东冈瓦纳小块陆地包括南北美洲、西伯利亚、中国北部、波罗的海，西冈瓦纳小块陆地则包括印度、澳大利亚、东南极洲、中国南部、非洲东部）的合并使文德纪时期形成了一些大块陆地（Shanker et al. 2001）。相较于现在的海洋环境，前寒武纪-寒武纪时期的海洋中的硅含量非常高（Simonson 1985；Siever 1992）。对于古时期的海洋的理解需从以下两个方面着手：①硅的风化；②硫酸盐还原。这两个因素控制着海水的酸碱度、CO_2 的总溶解度，以及矿物成分的饱和指数。

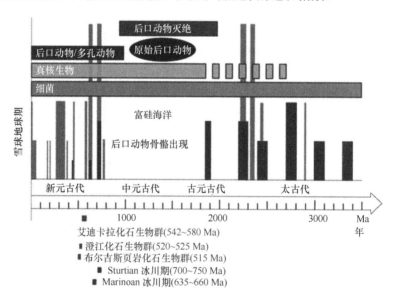

图 9-1　海绵动物的进化及后口动物的出现，原始后口动物作为后口动物的第一个假想祖先，出现于 Sturtian 冰川期（距今 700～750Ma）至 Marinoan/Varanger 冰川期（距今 635Ma）之前。历史上出现的一些大冰川期以蓝色标注于图中，浅蓝色代表大冰川期，深蓝色代表发生的条状铁建造事件，修改自（Hoffman and Schrag 2002）。"雪球地球"期之后不久，"寒武纪大爆炸"发生，这一生物大爆炸时期留下了大量的化石，例如，处于艾迪卡拉纪的澄江生物群和布尔吉斯页岩化石群。

　　前寒武纪时期，海洋中溶解硅的大部分来自硅的风化过程，且此过程对海水的酸碱度有着决定性的影响。陆地地壳上的硅分解基本上皆来自含钙、钠及钾的长石族铝硅酸盐类矿物（$NaAlSi_3O_8$-$CaAl_2Si_2O_8$）的分化。在这些矿物的风化与溶解过程中，形成了两种碱性环境，即钙结合碱性环境和钠结合碱性环境（Kazmierczak et al. 2004）。钙结合碱性环境可因碳酸钙的沉积而消除，钠结合碱性环境则需长时间的演变及深海底层水热反应的反向风化才可形成，在这个过程中，一些溶解 OH⁻被去除。值得一提的是，与碳酸盐岩石风化相对应，一些海洋生物则通过矿化又沉积下来等量的碳酸盐矿物。硅酸盐矿物（如长石等）的溶解使大气中的二氧化碳有了净消耗（Street-Perrott and Barker 2008）。在钙、镁硅酸盐风化过程中，大气中的二氧化碳吸附/下沉，一些风化矿物被冲刷进河流和地下水中。除大气中的二氧化碳外，有机酸对风化过程也起着决定性的作用（Berner and Berner 1996）。

　　在现今的海洋中，除黑海和深海的无氧海盆外，硫酸盐还原反应微不足道（Kazmierczak et al. 2004）。然而，在前寒武纪时期，海水中的硫酸根离子消耗对于海水碱性增加有着相当的贡献，硫酸根离子消耗的同时又产生了等量的碳酸氢根离子。值得注意的是，在前寒武纪（Sturtian 和 Marinoan 冰川期）至显生宙过渡阶段，硫酸根离子的水平从 1 mmol·L⁻¹ 猛增至 10 mmol·L⁻¹（Canfield and Farquhar 2009）。硅酸盐风化的同时和之后，钙得以释放。然而，相较于现今的海洋，那时的海洋中的自由钙离子水平一直很低，这或许归因于古时期"苏打水海洋"的 pH 及海水中的高水平磷酸根离子。磷酸根离子的存在导致低溶解度（<100 μmol·L⁻¹）磷酸钙盐的迅速形成（Einsele 2000）。

　　如同人们通常认为的那样，相较于现今的海洋而言，前寒武纪时期海洋中的溶解硅丰富得多（Simonson 1985；Siever 1992；Kazmierczak et al. 2004）。然而，为评价海水中的硅水平，人们需要对前寒武纪时期的海水 pH 进行估测。硅的溶解度强烈依赖于水的 pH，pH 8 时其溶解度最低，约为 2 mmol·L⁻¹；pH>9 时溶解度猛增至 10 mmol·L⁻¹ 以上（Iler 1979；Morey and Rowe 1964）。现今，海水的 pH 在 7.5～8.4 间波动，海水中的硅水平，深海中为 10～180 μmol·L⁻¹，沿岸区域则低于 3 μmol·L⁻¹（Maldonado et al. 1999）。前寒武纪时期，海水中硅的浓度之所以很高（1 mmol·L⁻¹），是因为海水的 pH 的提升（Kempe and Degens 1985；Siever 1992）。研究人员认为，原生代（元古代）期间，海水的 pH 从 10 变为 8.5，由此而出现了"苏打水海洋"。此时，海水中的主要矿物成分为碳酸钠、碳酸氢钠及二价铁离子，只有部分硅因固定及水隙扩散而从海水中消失，生物成因硅化物几乎忽略不计。因此，此时海水中的溶解硅浓度近乎达到过饱和（2 mmol·L⁻¹ 左右）。因硅在 pH 7～8 时可持续数月地存在（Morey and Rowe 1964），且能以非晶态无毒形式保持在这个水平上（Bramm et al. 1980），因此，它可以为多聚硅酸盐基的骨骼形成提供原料，并可能通过生物尤其是海绵成因过程而固定下来（Simonson 1985）。研究人员对现今生活在高 pH/碱性环境，如 Chagytai 湖（西伯利亚）中的海绵动物（Wiens et al. 2009）进行推理发现，这些生物或许能克服这一类的极端物理环境。无确切证据证明，现今海洋中硅消耗与沉积的主要生物——硅藻早在原生代时就已存在（Sims et al. 2006），更可能的情况是，中生代海洋时期（2.3 亿～0.7 亿年前）其才开始了演化。相较于硅，那时海洋中的钙离子水平远比现今的海水低。文德纪期间，大气中的 CO_2 水平一直在上升，而海水中的镁离子浓度在下降，钙离子浓度却也在不断上升（Tucker 1992）。

9.2.2　动物有机硬骨骼的出现

原生代时期的两个主要过程为骨骼演化提供了坚实基础。第一，大气中氧气含量的积累/上升；第二，海水中溶解硅的有效性提高。这两个因素为古时期后生动物的有机（氧）、无机（硅）骨骼的出现打下了基础。在 25 亿年前的原生代早期，相较于现今的大气水平（present atmospheric level，PAL），那时的大气中氧水平很低或几乎无氧。随着时间的推移（Walker 1978/79；Kasting et al. 1992），大约在 20 亿年前，大气中的氧水平升至 10^{-14} PAL；约在 20 亿～17 亿年前，大气中的氧水平升至 5×10^{-2} PAL；15 亿年前，大气中的氧水平继续攀升直至现今水平。随着无氧到有氧环境的变换，海洋中的铁开始逐步被耗尽，铁消耗开始时大气中的氧浓度为 2×10^{-3} PAL（Kasting 1984）。中元古代（10 亿年前），尤其是新元古代（10 亿～5.43 亿年前）时，海洋中的 $\delta^{13}C_{carb}$ 漂移可通过一些方法进行测算，从测算中人们了解到有机碳至无机碳比率的变化，有机碳因埋于淤泥而被大量去除（Anbar and Knoll 2002）。有趣的是，在 8.5 亿～6.3 亿年前的极冷气候期间，全球范围内出现了两次以上较大的冰川结冰。Sturtian 冰川期从 7.5 亿年前开始一直持续至 7 亿年前，Marinoan/Varanger 冰川期大约结束于 6.35 亿年前。因在一些低纬度地区也发现了有特色的冰川沉积物，人们由此推测，那时整个星球包括海洋均处于深冻状态，完全可以用"雪球地球"来形容（Hoffman and Schrag 2002；Müller et al. 2007b）。在这两个主要的冰川纪期间，多细胞动物（Knoll and Carroll 1999）开始了演化，其中只有海绵动物（多孔动物）得以发展，历经各种不利环境一直持续进化至今（Xiao et al. 2000）。因此，这类动物也被称为"活化石"（Müller 1998；Pilcher 2005）。

所有的多细胞动物均发展出一套无机和有机的固态骨骼。有机骨骼以胶原为基础，而无机骨骼则由硅化物或钙化物组成。胶原的形成需大气中的氧原子嵌入 Pro-Pro-Gly 及 Ile-Lys-Gly 三肽中，此反应由脯氨酰羟化酶催化完成（Towe 1970；Kikuchi et al. 1983）。海绵动物中有多种类型的胶原分子，从最基本的纤维胶原到脊椎动物型的基底胶原（Garrone 1998）。比较分析结果支持这样的一个假设，即中元古代海绵动物出现期间，大气中的氧压已达到了进化所需的要求。从当今的脊椎动物胶原形成研究上看，胶原形成所需氧压（pO_2）为 16.0 kPa（约 120 mmHg），在这一氧压下约有 60%的胶原性蛋白被合成。人的毛细血管中的氧压更低，只有 5 kPa。对于深海中层生活的尖牙鱼 *Anoplogaster cornuta* 而言，其临界平均氧压为 35 mmHg（Gordon et al. 1967），深海底层的氧压大致也是如此（Teal and Carey 1967）。人们由此判断，中元古代时期大气中的氧压可能也就这么大（Kasting et al. 1992）。

胶原在海绵体——中质（也称胶原性组织，Garrone 1978；Simpson 1984；Francesco et al. 2001）的胞外基质稳固方面发挥着重要的作用。少数几种海绵动物，如 *Chondrosia reniformis*（Francesco et al. 2001）还另有一层皮质结构，一种主要由纤维状胶原束组成的内部基质，而多数海绵动物则无皮质或皮质发育不良（Garrone 1978）。因胶原纤维的驱动与控制，海绵动物拥有了形态重塑能力。六放海绵纲动物普遍具有这一潜在能力，如在 *Rhabdocalyptus dawsoni*（Leys et al. 1999）的移植再生过程中就有形态重塑发生，当然，同样的情况也出现于寻常海绵纲 *C. reniformis* 中（Francesco et al. 2001）。这些涉及皮质临时增塑的重组织过程必包含有功能性纤维元件的高度动态化排布，尤其是胶原的排列（Hartman and Reiswig 1973；Gaino and Pronzato 1983）。本质上讲，星芒细胞（胶细胞）合成胶原纤维，这些纤维再构成有伸缩性的组织结构（Harrison and De Vos 1991）。甚至，这些伸缩性的星芒细胞还被认为与神经信号转导有着密切联系，是一些"最原始的神经细胞"（Lévi 1970；Garrone 1978）。此外，扁平细胞在与胶原连接过程中也能伸缩/变形，并调节水管系统的水流。胞内的结构性元件——"组织骨架"（由细胞骨架及胞外关联组分构成）使细胞移动时可以更协调和更有控制地收缩与舒张（Pavans and Ceccatty 1986）。在细胞各单元间，胶原纤维还可通过直接机械性联系将细胞连接起来。尽管海绵动物通常采用无柄行为/生长模式（Alexander 1979；Barnes 1987），但有些海绵动物还具主动移动能力（Bond and Harris 1988），这是因为其体内收缩性纤维与胶原性内部基质层间的弹性作用而造成（Garrone 1978）。现已确定，邻近胶原纤维间的连接实际上就是糖蛋白和葡萄糖胺聚糖的连接（Garrone 1978；Simpson 1984）。

9.3　艾迪卡拉纪/前寒武纪过渡期完好保存的动物体化石：来自中国澄江的硅质海绵

目前，世界上与布尔吉斯页岩海绵动物化石群同等重要的是发掘于中国南部地区（Rigby and Collins 2004；Zhang et al. 2008）尤其是云南省澄江县（图 9-2）的海洋动物化石群，这个化石群的生物生活于寒武纪/前寒武纪/新元古代时期。基于澳大利亚、中国及蒙古的化石记录，六放海绵纲动物是目前发现的最古老的一类生物，这些动物距今约有 5.4 亿年（Gehling and Rigby 1996；Brasier et al. 1997；Li et al. 1998）。在这些化石群动物中，保存得尤为突出的是位于中国湖南省三岔地区牛蹄塘组的六放海绵纲动物化石（Steiner et al. 1993；Steiner 1994），这些化石生物生活在寒武纪早期。在那里，人们发现了很多保存完好的海绵动物，如 *Solactiniella plumata*（Steiner et al. 1993），其大骨针长为 100 μm 至 15 mm。从这些保存下来的骨针看，骨针有着特征性的轴向通道（Xiao et al. 2005）以及现代六放海绵动物般的片层组织（Wang et al. 2009），见图 9-3f、g。Rigby 和 Hou（1995）曾绘制出云南澄江海洋生物化石群的地层等效图。从澄江化石群的研究上看，通过环绕硅质骨骼的 EDX 谱分析，研究人员可以断定有机物质的存在。

图 9-2　澄江地区。（a）由 Deprat 和 Mansuy（1912）编绘的首个澄江地区图。北起星云湖、抚仙湖，绕澄江县（中国，云南省），大量保存完好的化石发现于下寒武统地层；（b）抚仙湖西北岸方向北望的风貌[Deprat 和 Mansuy（1912）之后]；（c，d）帽天山附近动物化石采集区。中国学者侯先光于 1984 年首次发现这一化石集中地（Hou et al. 1999）。（彩图请扫封底二维码）

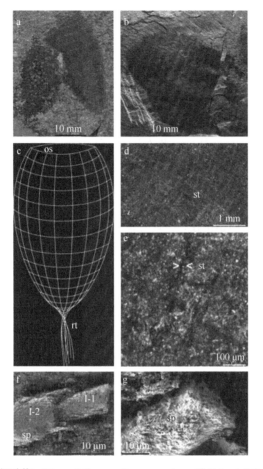

图 9-3 早期六放海绵纲动物：*Diagoniella* sp.、*Protospongia* sp.及 *Solactiniella plumata*。（a）*Diagoniella* sp.，来自 Utah Millard 县；（b）*Protospongia* sp. Malong，来自中国云南省澄江生物化石群；（c）*Diagoniella* 生物重构，示海绵动物的排水孔（os）及其根束骨针（rt）；（d）*Diagoniella* sp.的二轴四射骨针（st）；（e）*Protospongia* sp.的二轴四射骨针（st）；（f, g）*Solactiniella plumata* 的由黑色矿物材料包裹的无损骨针。一些骨针（sp）破裂并露出其内部的轴管。埋于黏土中的骨针经分析后发现，在一些骨针中，硅质骨针分为内层（l-1）和外层（l-2）两个部分。（彩图请扫封底二维码）

　　澄江化石群也被称为澄江生物群或帽天山页岩化石群（中国云南），因其保存完好的软体后生动物化石而闻名天下，见图 9-2。它是前寒武纪动物"大爆炸"初始时动物辐射演化的最好见证，尤为特殊的是，澄江帽天山页岩区生物群出现于前寒武纪黑林铺玉案山段低洼剖面，距今约 5.2 亿～5.3 亿年（Zhang and Hou 1985；Yang et al. 2007；Chang et al. 2007）。因此，这些化石相较于布尔吉斯页岩化石生物更加古老（位于加拿大不列颠哥伦比亚省，距今约 5.15 亿年）。在澄江前寒武纪生物化石群中，海绵动物是继节肢动物后的另一大类多样性的生物。1000 多个海绵动物化石样本中，化石生物分属 15 个属，有 30 个种。化石生物体内的多数骨针为二放骨针，这些骨针构成网格状骨骼框架，见图 9-3a～e。正是因为骨针的网格状结构，这些化石生物均由此被分属至寻常海绵纲。来自澄江化石生物群的数据表明，早期海绵动物的一个主支由当今的单轴海绵亚纲继承了下来。在澄江前寒武纪化石生物群中，人们首次发现了完全由海绵丝组成网状骨骼的角质海绵亚纲生物样本（Li et al. 1998）。澄江化石生物群中，六放海绵纲生物的种类远没有寻常海绵纲的丰富，且常常是一些个体较小的生物种类，其小型的三轴骨针（主要是十字骨针）多为三轴六辐型（Rigby and Hou 1999；Wu et al. 2005）。

有关寒武纪/艾迪卡拉纪六放海绵纲原始海绵科动物，如 *Protospongia tetranema*、*Triticispongia diagonata*（Hou et al. 1999；2004）、*Diagoniella* sp.（Rigby and Collins 2004）中的骨针的组织排列已有描述。*Protospongia* sp.和 *Triticispongia* sp.被认为是海绵动物的一些基础物种，其他海绵各纲物种均由其演变而来（Finks 2003a、b），见图 9-3b。带有远端排水孔和基部根盘的薄壁瓶形身体由简单二放骨针构成，组织则由十字骨针或五放骨针固定，见图 9-3d、e，近 50 mm 长的固着动物的基部由直径 0.3 mm、长 6 mm 的放射状骨针支持。类似的情况还出现于六放海绵纲动物 *Diagoniella* sp.中，见图 9-3a。古老固着动物（Xiao and Laflamme 2008）的复原见图 9-3c。与六放海绵纲相比，更为古老的寻常海绵纲动物中的斗篷海绵科动物则可自由移动，而不是附着于海床上（Rigby and Collins 2004），见图 9-4a～c。斗篷海绵科动物的躯体呈椭圆或圆形，见图 9-4b、c，参差不齐的边缘上布满着粗的冠状骨针，这些骨针被用做支柱/支撑以保持其能于海床上自由地移动。这些生物通过基部骨针与其生活的基底面接触而非扎入海床中。人们认为，这些古老的生物通过这种方式可自由地栖息于海床上。当然，这些化石海绵动物早已拥有了可自由漂浮生活的幼虫期（Steiner et al. 2005）。在那个时期，斗篷海绵科动物非固着于海床，但同时期的其他寻常海绵纲物种则以固着方式生活，如 *Paraleptomitella dicytodroma*（Wang et al. 2010a）。

偶尔，人们也能见到许多保存于石灰岩中的斗篷海绵科动物化石，见图 9-4a。这些生物以其基部附于海床，留下开放的排水孔于相反方向，见图 9-4b、c。EDX 分析显示，石灰岩中无化石部分的碳含量（图 9-4d、f1）相较于有化石部分（图 9-4e、f2）则低了许多。

9.4 寻常海绵纲动物中的骨针形态与合成

最近几年，受超结构分析的启发（Uriz 2006），寻常海绵纲动物 *Suberites domuncula* 的骨针形态及发育已得到彻底的研究（Müller et al. 2007c），见图 9-5a。此种海绵动物的骨骼仅由 2 种大型骨针组成，即单放圆头骨针（tylostyle）和二放

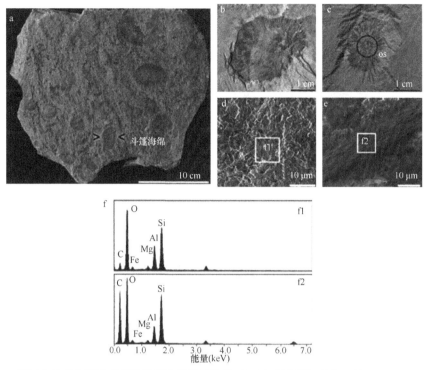

图 9-4　澄江生物化石群中的早期寻常海绵纲动物化石。（a）采自澄江县海口的 *Choia xiaolantian-*
-ensis；（b，c）*C. xiaolantianensis* 的放大，示带有主毛刺的身体中央区及中央排水孔（os）（圆
圈标记）；（d，e）*Choia* sp.外围区的 HR-SEM 图；（f）*Choia* sp.化石内的有机物保存区 f1、f2；
（f1）有机物保存区靠外部分的 EDX 谱；（f2）有机物保存区的 EDX 谱，示相对高的碳峰（C）。
（彩图请扫封底二维码）

尖头骨针（oxea）。二放尖头骨针两端尖，骨针长 450 μm、直径 5～7 μm，见
图 9-5c，骨针穿过硅片层（apposition）相向生长。单放圆头骨针一端为尖，另一
端膨大为把手状，见图 9-5b。显微分析显示，所有的骨针中央均有一宽 0.3～1.6 μm
的轴向通道，见图 9-6e～i。Primmorph 系统（海绵动物细胞团三维培养技术）的
应用使人们可清楚地看到骨针形成过程中的各个不同步骤（Müller et al. 2005）。
这些研究明确地告诉人们，骨针形成的初始步骤发生于骨针造骨细胞内（Müller
et al. 2005），见图 9-6a～d。15 μm 长的骨针造骨细胞可形成 1～3 个 6 μm 长的骨
针，见图 9-6c。

　　骨针形成过程中，造骨细胞内至少是先形成一绕轴丝的硅层。在初始阶段，
骨针先绕着轴丝生长（图 9-6a～d），高电子密度的块状硅质沉积物清晰可见。在
胞外空间生长过程中，骨针可长至直径 5 μm、长 450 μm。起初，1.6 μm 宽的轴
向通道内几乎由轴丝和膜结构充满，在最后阶段，随膜结构的消失只留下了轴丝，
这些轴丝同质（图 9-6e），且呈特征性的三角轴向结构（图 9-6h、i）。

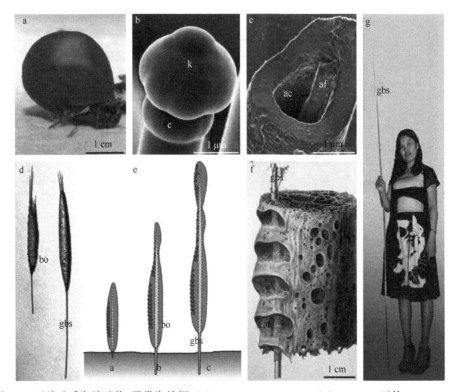

图 9-5　两种硅质海绵动物。寻常海绵纲：(a)*Suberites domuncula*；(b)HR-SEM 下的 *S. domuncula*
骨针，示骨针颈领（c）及其上方的大头针样圆形膨大把手（k）；（c）HR-SEM 下的断裂骨针，
示中央轴管（ac）及其内的蛋白质样轴丝（af）；六放海绵纲：(d) *Monorhaphis chuni* 幼体样本，
此海绵通过一巨大的基部骨针（gbs）锚于泥质基底中，动物体部（bo）圆筒式地连续绕骨针不
断向前（Schulze 1904）；（e）海绵动物生长期示意图，动物有着锚于基底并支撑着环绕的柔软
体部（bo）的巨大基部骨针（gbs），体表上直线排布着一些直径近 2 cm 的大型心房孔。随着不
断生长，基部的柔软体相继死去，裸露的基部骨针暴了出来（a～c）；（f）部分体部，示心房孔
（at），体表上还散布着一些摄食孔，水流经通道流入心房孔筛板下的排水孔的内部开口处，修改
自 Schulze （1904）；（g）*Monorhaphis chuni* 的巨大基部骨针，是世界上最大的生物氧化硅结构
物。这种海绵动物每一个体的体部均环绕着一巨大的基部骨针（gbs）。（彩图请扫封底二维码）

为进一步弄清骨针合成机制，人们研究中采用了硅蛋白抗体免疫金标记/TEM
技术（Müller et al. 2005）。免疫血清结果显示，造骨细胞及其胞外空间中有密集
的金颗粒存在。精细结构分析显示，距形成中的骨针 0.2～0.5 μm 处首先出现一
同心环，见图 9-6f、g，接着内环融合并出现有电子密度的块状物。随后，同心环
数量从 2 个增至 10 个，直径增至 4～6 μm。所有的这些资料均印证了这样的一个
观点，即骨针在宽度和长度方向上均采取了相向生长方式（Müller et al. 2006b；
2007c；2009）。骨针氢氟酸限度刻蚀显示，初始形成并分散存在的片层结构清楚
可见，见图 9-6i～k。最后，轴丝从骨针硅壳中脱离出来，见图 9-6l。

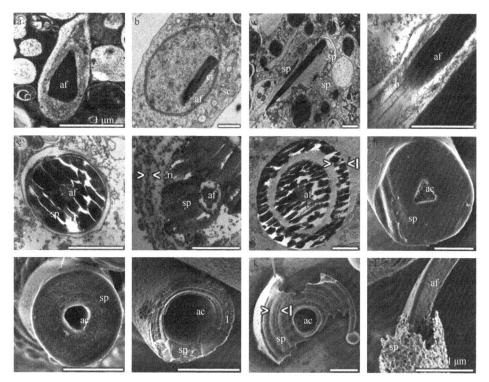

图 9-6　*Suberites domuncula* 骨针的大头针样圆头的超结构。（a～d）HR-TEM 图，示造骨细胞中的骨针形成。（a）在造骨细胞的囊泡中，由硅蛋白组成的轴丝（af）形成；（b）初始生长阶段，在造骨细胞（sc）中的囊泡内，纳米大小的晶体棒（cr）形成，其形成可能与轴丝生长有关联；（c, d）胞内三个未成熟的骨针（sp）；（d）生长过程中，轴丝（af）附着于性质未知的丝束（b）上；（e）轴管中充满了轴丝（af）的未成熟骨针（sp）；（f）硅蛋白抗体免疫金标记电子显微技术显示，生长中的骨针（sp）被同心的硅蛋白环（ri）环绕着，如同与硅蛋白作用一般，抗体还能与轴丝（af）反应，这一技术方法显示，硅蛋白分子还附着于线样和网状结构之上；（g）常见的生长中的骨针因环样圆筒——反光薄层（l）的形成而被打断；（h～k）*S. domuncula*大头针样圆头横断面 HR-SEM 图；（h）非蚀刻的带有中央轴管（ac）的骨针（sp）；（j～l）不同蚀刻程度的骨针，示薄层（l）、轴管（ac）、骨针（sp）；（l）蚀刻到最后阶段，所有环绕着骨针（sp）的物质只剩下轴丝（af）。标尺=1 μm。

　　基于以上这些显微影像资料，人们可大致概括出影响骨针形态发生的因素。很显然，骨针（大骨针）的大小/长度在 50 μm 以上，完全超出了常规细胞的大小。因此，可能通过胞内、胞外多种生长机制才最终形成一可见的复杂的骨针结构。Sollas（1888）推测，骨针生长时细胞可能沿骨针的生长方向移动，这一观点得到了 Maas（1901）的大力支持。在研究寻常海绵纲动物 *Tethya lyncurium* 时，Maas 观察发现，初始骨针的合成始于胞内，而完成于胞外空间。对于海绵动物而言，骨针的生长受细胞的有序排列控制，按照 Maas 的观点，骨针生长由绕骨针排布的细胞控制。细胞的有序排布甚至在氢氟酸溶解后也能看到（Müller et al. 2007c）。

为揭示骨针形成组织原则，一些特异性抗体被应于研究中。研究数据显示，*S. domuncula* 中除硅蛋白和半乳糖凝集素外，还有一些胶原纤维绕骨针有序排列（Schröder et al. 2006；Eckert et al. 2006）。NaDodSO$_4$-PAGE（即 SDS-PAGE）实验证实，骨针提取液中的确有胶原存在。氢氟酸溶解控制蛋白释放实验显示，在轴丝出现之前，绕轴丝的蛋白质性外层已经存在。HR-SEM 显示，胶原纤维网有序地缠绕着骨针。在单放圆头骨针的把手端形成处，网眼状胶原纤维清晰可见。人们推测，骨针生成过程中，先经半乳糖凝集素（Schröder et al. 2006）后由胶原（Eckert et al. 2006）引导，硅蛋白（一种调节生物氧化硅沉积的酶蛋白）才能发挥酶的作用。在未来的研究中，人们需着眼于以上三种分子间的相互作用及其机制，并从基因控制方面阐明骨针的形成机制。需要注意的是，骨针表面频繁出现一簇簇的细胞碎片，这些细胞碎片被胶原纤维缠绕，这不由地让人们想起 Maas（1901）曾提及过的细胞样结构。

9.5 六放海绵纲动物中的骨针形态与合成

六放海绵纲动物中的 *Monorhaphis chuni* 体形巨大，其骨针见图 9-5g。*M. chuni*（Schulze 1904）分布于印度-西太平洋水域，生活在水下 516～1920 m 深处。*Monorhaphis* 海绵动物多生长于泥质海床上，并以一根巨大的基部骨针固着于其上。年幼海绵动物个体的躯体会连成一片，如 Schulze（1904）绘制的那样，见图 9-5d、f。海绵动物圆筒状/卵圆形躯体上点缀着许多心房式的开孔，这些开孔均位于躯体一侧，见图 9-5f，大型海绵动物个体直径可达 12 cm。生长过程中，躯体随基部骨针的延长而不断延伸，见图 9-5e（a～c）和图 9-7a。这种生长方式可由 Valdivia 探险队（Schulze 1904）及中国科学院海洋研究所（青岛）组织的科考队采集到的 *Monorhaphis* 不同大小海绵动物样品推演出来。年久海绵体的基部明显地失去了一些躯体结构，只留下一根裸露的巨大基部骨针，见图 9-5g。

像其他的一些六放海绵纲动物一样，*Monorhaphis* 海绵动物也有小骨针（<0.1 mm）和大骨针（从 0.2～30 mm 到 3 m 不等）。在 *Monorhaphis* 海绵动物的长方形、侧扁躯体（领鞭毛虫式躯体）中，除巨大的基部骨针外，还有 14 根大小在几微米至 50 mm 长的硅质骨针（Schulze 1904；Müller et al. 2007a；Wang et al. 2009），见图 9-7a、b。同样，一些大的伴骨针（约 60 mm 长）则起稳定组织/躯体的作用以便食物微粒可经由水管系统过滤进入体内。领鞭毛虫式躯体内的骨针主要由以下三种骨针组成，其分别是三辐骨针、二辐骨针及双盘骨针（amphidics）。

巨大的基部骨针：由于收集到的巨大骨针数量相对较小，因此直到最近人们才有了一些有关巨大骨针的详细分析数据。到目前为止，最长的一根基部骨针近

3 m 长，直径达 12 mm，见图 9-5g 和图 9-7c。每个基部巨大骨针均由多个片层组成。奇怪的是，来自 *Monorhaphis* 海绵动物的骨针的硅片层中不仅含生物氧化硅基质，而且还含有蛋白质性框架结构。最初，Schulze（1904）认为，这一蛋白质性结构物以纤维形式环绕着片层。后来，研究人员（Müller et al. 2007a；2008d）在光学显微镜下观察发现，伴骨针周围松散附着的有机物质可由超声波清理除掉。轴向圆筒与其周围片层有着明显的区别，通过 Nomarsky DIC（differential inter-ference contrast，微分干涉相差）显微技术，即使是在光学显微镜下，样品的横切面结构也看得一清二楚，见图 9-7d、e。轴向圆筒占据了伴骨针直径的近一半，有150 μm 宽。当样品经氢氟酸处理，大约 1 min 后片层区开始慢慢溶解。这种溶解先从骨针的断裂处开始，然后是片层间空隙，并形成锯齿样边缘。始于外围的轴向圆筒溶解以不显现单片层的方式进行着，90 min 后硅质物完全被溶解掉。轴向通道内的轴丝在氢氟酸处理后显现了出来，见图 9-7g。在不同染料的作用下，环绕轴向通道的两区域内的蛋白质性成分清楚可见。如果氢氟酸液中再添加考马斯亮蓝，由片层区释放出来的蛋白质会被立刻染色。溶解初始，蛋白质性覆层（片样覆层）短暂地以原有形式暴露出来，随后这些有组织的片层崩裂成各种不规则的团块/簇。在崩裂之前，覆层先起泡膨胀。来自轴向圆筒的蛋白质形成一个管/

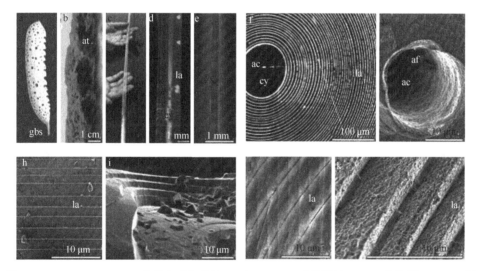

图 9-7 *Monorhaphis chuni* 的巨大基部骨针。（a）*M.chuni* 及其骨针（gbs）的绘图；（b）干样本，示其体表上的心房孔（at）；（c）迄今为止，采集到的直径达 12 mm 的最大巨大基部骨针的侧面观；（d，e）Nomarski 相差干涉显微镜下的巨大基部骨针，示其同心薄层（la）环绕的轴筒（cy）；（f）巨大基部骨针片层性成分构成的轴管（ac）、轴筒（cy）及片层状区域（la）；（g）带有中央轴管（ac）的轴筒放大图，轴管中驻有轴丝（af）；（h）骨针正视图，示同心排布的完美片层结构（la）；（i）横断裂的骨针的对角线视图，示片层（la）；（j，k）片层高倍放大图，未经处理的磨片（j）和 HF 蒸汽处理的磨片（k），la：片层。（彩图请扫封底二维码）

鞘样的结构，此结构被称为轴向桶。与片样覆层不同的是，轴向桶由一个个绳子样的细丝组成。它们既可用考马斯亮蓝染色，又能被天狼星红着色，但后一种染料对来自片层区或轴向管的蛋白质不着色。此外，轴向桶还可被荧光染料罗丹明123 染色（Müller et al. 2008d）。

断裂的伴骨针（绕心房式开孔的大骨针）SEM 分析显示，其也具有片层样的硅壳结构，见图 9-7i，以及组织完美的绕中央轴向圆筒的同心圆片层，见图 9-7f。当用氢氟酸处理时，中央圆筒仍几乎保持原样，而其外围的片层区则裂解为同心的条状薄片小块（Wang et al. 2008；Müller et al. 2007a）。骨针中央有一轴向通道，在六放海绵纲动物中，这一结构单位通常呈圆形（Pisera 2003；Sandford 2003；Uriz 2006）。然而，骨针两端的轴向通道则变为方形。轴向通道外是一直径为 100～150 μm、有电子密度的、由同质硅物质组成的轴向圆筒。骨针的第三个主要结构部分是 300～800个规则的同心排列的片层，每个片层厚 3～10 μm，见图 9-7f、h～k。奇怪的是，片层间平均 0.1～0.2 μm 宽的间隔并非为连续的开放性裂隙（Müller et al. 2008a），其中有许多开放性的孔洞和融合带。很显然，这些融合带的存在使硅片层形成连续，在骨针纵切中也能明显看到这种有组织的片层结构，见图 9-7d、e。骨针横裂近侧面观可显示片层实体的空间结构。轴向通道内的轴丝非常清楚，见图 9-7g。

为获得骨针纳米尺度上的组织结构信息，人们利用 HF 对氧化硅进行部分和有限溶解（Simpson et al. 1985）。快速溶解的结果使无机架构去除，当骨针低强度暴露于 HF 蒸汽中时，有机基质渐渐地从骨针内的薄层中显现出来，如将骨针横断面暴露于中强度 HF 蒸汽中，其结果是，硅物质完全溶解，薄层有机基质被释放了出来（Müller et al. 2008a,d）。此时，蛋白质性栅栏样的架构随之呈现于眼前，它们由纤维性结构组成，纤维相互交联形成网眼。如 HF 处理得当，人们会看到一层完整的蛋白质性的薄片，如果高倍率放大，还会看到每个网眼边缘密集排布着一些 10～15 nm 大的球形颗粒。与硅质架构相连的蛋白质纤维丝不带有任何条带图纹（而胶原有条纹图案）。

9.6 骨针形成时沿蛋白性纤维丝的硅沉积时期

如将以往获得的数据考虑进来（见 Müller et al. 2006b），骨针形成的过程大致分为以下几个时期：胞内沉积初期、胞外外加性生长期及最终成型期。

胞内沉积初期：硅通过 Na/HCO$_3^-$[Si(OH)$_4$]共转体主动吸收（Schröder et al. 2004）。在最初的几步中，硅蛋白（silicatein）以原酶形式被合成（信号肽-原肽-成熟酶：36.3 kDa），然后加工成 34.7 kDa 形式（原肽-成熟酶），最后再变为 23 kDa 的成熟酶。极其有可能的是，在从内质网到高尔基复合体的转运过程中，硅蛋白经磷酸化后被运至囊泡内，在那里形成杆状有轴向的细丝。细丝经组装先形成一层或多层的硅结构。硅从两个方向上沉积，先沿轴管至表面方向（离心排列），然后再沿中质至表面方向（向心排列）。最后骨针被释放至胞外空间中，在那里，其于长度和直径上通过外加生长而不断增大，见图9-8。

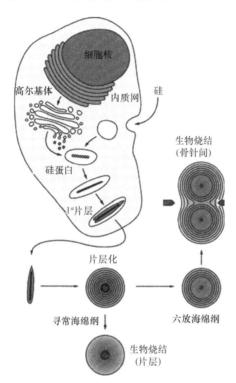

图9-8　硅质骨针合成示意图。第一片薄片在胞内经硅蛋白催化于专一性的细胞器中合成，然后排出至胞外空间。此时，一些外加层不断地添加上来。在寻常海绵纲动物骨针中，这些添加的片层会不断地通过生物烧结/融合而连在一起，而在六放海绵纲动物骨针中，片层始终保持着分离，然而，六放海绵纲动物中，各个单个骨针之间存在生物烧结过程，即骨针间有生物烧结现象发生。

　　胞外外加性生长期：胞外空间中也有硅蛋白，令人惊奇的是，这些硅蛋白分子会组织起来形成一些大的结构。免疫金电镜分析显示，硅蛋白分子沿平行于骨针表面方向的线形物有规则地排布（Schröder et al. 2006）。在钙离子存在情况下，硅蛋白与半乳糖凝集素联合作用使骨针得以外加性地生长。因新生硅质骨针表面也覆盖有硅蛋白，因此，研究者认为，骨针的外加性生长/增粗存在着两个方向（即离心方向和向心方向）。

　　最终成型期：在这一时期中，含半乳糖凝集素的线形物通过胶原纤维组织成网状的结构。很有可能的是，这些由特化细胞——星芒细胞释放的胶原为骨针的形态发生提供了组织平台。骨针之所以能纵向方向生长，是因为在骨针顶端处，硅蛋白/半乳糖凝集素复合物被嵌入至沉积的生物氧化硅中，以便形成轴管并不断地向前延伸。

但所有的这一切均依赖于硅蛋白指导下的生物氧化硅初合成。

9.7 硅蛋白：海绵组织体结构规划构建的基础蛋白

分子生物学研究证实，海绵动物是一类真正的后生动物，且从分类学上讲，其也是第一个由后生动物共有祖先——Urmetazoa 进化来的生物（Müller 2001；Müller et al. 2004）。

早在 1881 年，Duncan 就曾对骨针形成及骨针中的硅化物翻转的生物成因机制进行过描述。他在文中写到，"骨针存在、消失并可能重新又以另一种形成再现"。然而，直到 1999 年 Cha 等才发现，骨针轴管内蛋白质性纤丝的主要成分是一种酶，其可能参与了生物氧化硅的合成，并将其命名为硅蛋白，就在这种合成酶发现不久，人们又检测出另一种代谢酶——silicase（Schröder et al. 2003）。此生物氧化硅降解酶的确认进一步支持了这样的一个观点，即骨针中的硅质物质受代谢的控制（Eckert et al. 2006）。在多孔动物细胞培养系——组织小块（三维结构细胞团）引入之后，分子水平的骨针代谢研究也成为可能（Imsiecke et al. 1995；Custódio et al. 1998）。有关骨针形成的突破来自"J"造骨细胞的研究结果，研究中发现，细胞内首先形成有轴向的有机纤丝，然后无机硅物质绕其覆盖沉积。这一结果又由随后的免疫化学及电子显微技术印证（Müller et al. 2007a）。

自从寻常海绵动物 Tethya aurantium 骨针中发现与组织蛋白酶 L（半胱氨酸蛋白酶）关联的硅蛋白后（Shimizu et al. 1998；Cha et al. 1999），海洋及淡水寻常海绵动物中与骨针形成关联的几个基因也陆续被人们所注释（Müller et al. 2007a）。由基因推演来的硅蛋白的分子量约 35 kDa，由 325 个氨基酸残基组成。对寻常海绵动物 S. domuncula 而言，硅蛋白成熟过程中，原始翻译产物（原酶）的信号肽（1～17 氨基酸残基）及邻近的多肽（18～112 氨基酸残基）因加工而裂解掉，形成一分子量 24～25 kDa 的酶。与组织蛋白酶类似，硅蛋白的催化中心也含组氨酸和天冬氨酰。然而，在硅蛋白中，组织蛋白酶催化三体中的半胱氨酸变为丝氨酸。此外，分子中大约有 10 个推定的蛋白激酶磷酸化位点，催化三体的中央氨基酸残基附近有一丝氨酸残基簇，但组织蛋白酶却并非如此。系统进化分析显示，硅蛋白与组织蛋白酶不在同一进化枝上（Müller et al. 2007a），比对及其进化树见图 9-9。

因六放海绵纲动物多生活于水下 300 m 处，很难获得完好的样品，研究起来也更困难一些，因此，在最近人们才首次定性并确认了 Crateromorpha meyeri 中的硅蛋白分子结构（Müller et al. 2007c）。这个蛋白分子序列与寻常海绵纲动物高度相似，且含同样的催化氨基酸三体。然而，引人注目的是，C. meyeri 的硅蛋白

a

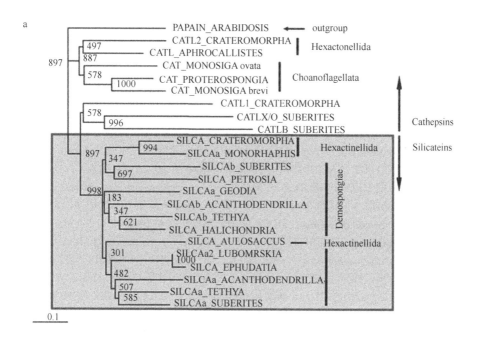

b

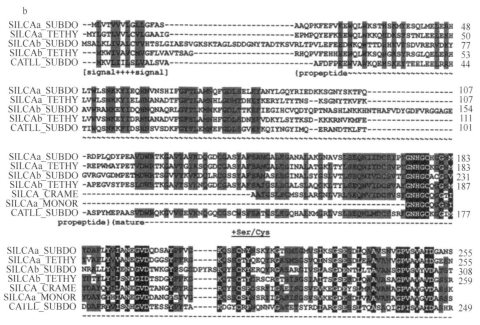

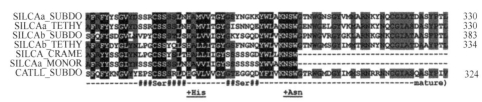

图 9-9　生物氧化硅骨骼的系统进化树。(a) 组织蛋白酶家族内的硅蛋白的系统进化分析，推定蛋白进行比对后构建系统进化树。其中有 3 个六放海绵纲动物序列，分别是来自 *Crateromorpha meyeri* 的 SILCA_CRATEROMORPHA（AM920776）、*Monorhaphis chuni* 的 SILCA_MONO RHAPHIS（FN394978）和 *Aulosaccus* sp.的硅蛋白样蛋白 SILCA_AULOSACCUS（ACU86976.1）。大量寻常海绵纲动物的硅蛋白序列已被确认，其中包括 α-硅蛋白序列[如 *Suberites domuncula* 的 SILCAa_SUBERITES（CAC03737.1）、*Tethya aurantium* 的 SILCA_TETHYA（AAC23951.1）、*Geoodia cydonium* 的 SILCAa_GEODIA（CAM57981.1）、*Acanthodendrilla* sp.Vietnam 的 SILCAa_ACANTHODENDRILLA（ACH92669.1）、*Lubomirskia baicalensis* 的 SILCAa2_LUBOMIRSKIA（AJ968945）、*Ephydatia fluviatilis* 的 SILCA_EPHYDATIA（BAE54434.1）]和 β-硅蛋白序列[如 *S. domuncula* 的 SILCAb_SUBERITES（CAH04635.1）、*Tethya aurantium* 的 SILCAb_TETHYA（AF098670_1）、*Acanthodendrilla* sp.Vietnam 的 SILCAb_ACANTHODENDRILLA（FJ013043.1）]，以及来自海生海绵动物的硅蛋白序列（这些硅蛋白只有一种类型），如 *Petrosia ficiformis* 的 SILCA_PETROSIA（AAO23671.1）、*Halichondria okadai* 的 SILCA_HALICHONDRIA（BAB 86343.1）。正如进化树根（rooted tree）反映出的那样，这些硅蛋白均衍生自组织蛋白酶，从系统进化树上看，以下序列，如 *Crateromorpha meyeri* 的组织蛋白酶样蛋白 2（CATL2_CRATEROM ARPHA；CAP17585.1）和组织蛋白酶样蛋白 1（CATL1_CRATEROMARPHA；CAP17584.1）、*Aphrocallistes vastus* 的组织蛋白酶 L mRNA（CATL_APHROCALLISTES；AJ968951）、*S. domuncula* 的组织蛋白酶 B（CATLB_SUBERITES；CAH04630.1）和组织蛋白酶 X/O（CATLX/O_SUBERITES；CAH04633.1）均来自同一个进化支。系统进化树以 *Arabidopsis thaliana* 的木瓜蛋白酶样半胱氨酸肽酶 XBCP3（PAPAIN_ARABIDOPSIS；AF388175_1）为根（rooted with）。另外，从系统进化上看，领鞭毛虫的组织蛋白酶，如 *Proterospongia* sp.的半胱氨酸蛋白酶（CAT_PROTEROSPONGIA）、*Monosiga brevicollis* 的组织蛋白酶（CAT_MONOSIGA brevi）、*Monosiga ovata* 的组织蛋白酶（CAT_MONOSIGA ovata）均派生自海绵动物组织蛋白酶；(b) 蛋白质的氨基酸序列比对，其中包括来自 *S. domuncula* 的 α-硅蛋白（SILICAa_SUBDO）和 β-硅蛋白（SILICAb_SUBDO），来自 *T. aurantium* 的 α-硅蛋白（SILICAa_TETHY）和 β-硅蛋白（SILICAb_TETHY）、来自 *S. domuncula* 的组织蛋白酶 L（CATLL_SUBDO）5 个蛋白序列。在所有序列中，保守性氨基酸残基（相似或与分子理化性能有关联的残基）以黑底白字标示，在至少 5 个序列中保守的氨基酸残基（相似或与分子理化性能有关联的残基）以灰底黑字标示。同时，还对序列中的一些特征性位点，如催化三氨基酸残基、硅蛋白中的丝氨酸、组织蛋白酶中的半胱氨酸及组氨酸和天冬氨酰进行了标记，此外，序列中的信号肽序列、前肽序列及成熟蛋白序列也均有标记。

中还有一个富丝氨酸的序列，其位于催化三体的第二及第三氨基酸残基之间，见图 9-9b。此序列的存在使蛋白质可强烈结合于骨针的硅表面上（Müller et al. 2008a）。硅蛋白的翻译后修饰对于酶活性而言至关重要，这可从以下两个方面说明：①与组织中的其他结构和功能性分子相联系；②自联/自组装。为了研究，人们采用甘油缓冲液在无 HF 情况下从骨针中分离获得了硅蛋白。按此理论可以得出，硅蛋白不仅存在于轴管中，而且骨针外及胞外空间内也有（Müller et al. 2005；Schröder et al. 2006）。Cha 等（1999）就硅蛋白的酶反应机制进行过推测，反应动力学上的一些具体特点人们也有研究（Müller et al. 2008b）。

9.8 催化酶：Silicase

为进一步阐明硅质骨针的代谢情况，人们在海生海绵动物 *S. domuncula* 体内又发现了另一种酶——silicase。此酶可解聚非晶态硅。目前，人们已获得其 cDNA，并从中推定出多肽的氨基酸序列，从这个序列上看，silicase 可能属于碳酸酐酶一类的蛋白酶。重组的 silicase 展示，其除有碳酸酐酶活性外，还具溶解非晶态硅的功能，形成自由的硅酸（Schröder et al. 2003）。

9.9 生 物 烧 结

如上所述，对寻常海绵纲及六放海绵纲动物而言，从骨针内硅化物绕着轴丝生长的基础模式上看，两者是一致的，但有一点不同，在寻常海绵纲动物中，所有硅化物薄层融结成一个"实心"结构，类似过程六放海绵纲动物中也有发生，但只出现于 Amphidiscosida（双盘海绵目）骨针的中央区，如 *M. chuni* 的巨大基部骨针（Wang et al. 2009），见图 9-8。在多数六放海绵纲动物中，硅化物薄层相互分隔。寻常海绵纲动物中，硅化物薄层中的 70～300 nm 大纳米球相互融合，最终形成一个"实心"的整体结构（Tahir et al. 2004）。这种石英玻璃的融合非生命条件下需 1800℃以上的熔化温度才可进行，然而，在生命体内，此过程于环境温度下即可进行。这个硅化物薄层的生物性融合非常类似术语上称为烧结的过程，即热激材料在粉末或多孔致密体中传输，通过颗粒的接触生长使某些特殊表面减少，孔体积降低，并使孔的几何形状发生改变（Thümmler and Oberacker 1993；Wakai and Aldinger 2004）。总的说来，通过生物矿化过程使得生物材料于熔点以下温度变得更加致密。烧结被广泛用于氧化物基陶瓷粉末包括氧化硅的致密化，一般来讲，烧结温度需高于 1000℃才能热激活。烧结的自由焓（ΔG，Gibb's 能）为负值，这暗示反应过程中有能量释放，同时使活化能 E_a（化学反应开始进行的最低能量需求）问题得以克服。这个过程有酶参与，酶不仅使得反应活化能降低，且大大地提高了反应速度。考虑到骨针有硅质壳的事实，硅蛋白必存在于硅化物薄层内（Müller et al. 2008a,d）或其间（Woesz et al. 2006），其或许是这一放能反应活化能降低的首要贡献者，见图 9-10a。由此看出，其基本上起着一种通常粉末加工技术中的烧结添加剂的作用。因此，人们推测，寻常海绵纲动物骨针中的硅化物薄层融合可能是按照生物催化介导过程"生物烧结"进行

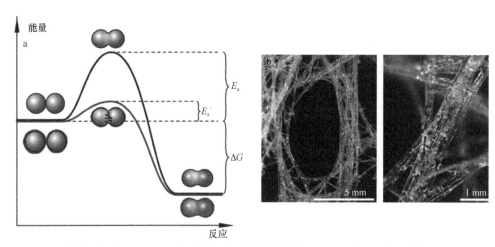

图 9-10　生物烧结过程。（a）硅质骨针间的、其内的硅化物纳米球生物烧结可能机制。常规烧结过程启动需要活化能（E_a），因为无机颗粒的融合是一个放能过程（ΔG 为负）。因为有硅蛋白的存在，生物烧结所需活化能（E_a'）相对降低了一些。因此，反应在环境温度下也很容易发生，且融合进程有所加快，并于烧结中释放出自由能（ΔG）。硅纳米粒周围包裹着硅蛋白（红色）；（b，c）这一生物烧结过程的结果是形成了如 *Euplectella aspergillum* 中所示的高融合骨针网络——合隔桁。（彩图请扫封底二维码）

的。沿此思路考虑下去，生物烧结必出现于多孔动物（海绵动物）硅质骨针的形成过程中。类似于寻常海绵纲动物，六放海绵纲动物骨针间的融合也频频出现于 Hexactinosida、Lyssacinosida 及 Lychniscosida（Uriz 2006）。在这些海绵动物中，六放骨针的最初骨骼构件经随后硅化物的不断添加而得以增强。来自 *Euplectella aspergillum* 的领体（choanosomal）大骨针经融合形成了复杂的硅化物网络结构，见图 9-10b、c。

9.10　轴形成中的 DUF 蛋白作用

要想进一步了解清楚高度复杂的骨针是如何形成的，就需先解答其蛋白质性框架如何组织而来，见图 9-11a、b。从高倍的放大图上看，很明显，骨针被有机基质胶结于其中，对于其他一些种类的海绵动物而言，这些有机基质为胶原或海绵硬蛋白——spongin（Garrone 1978）。目前，人们仍不清楚海绵硬蛋白的分子特点。为解决这一问题，人们从 *L. baicalensis* 的分离骨针上纯化获得了海绵硬蛋白（Wang et al. 2010b）。随后，又从 cDNA 文库中筛选比对出几个有高度关联的序列，由序列推定而来的蛋白多肽有 108～110 个氨基酸残基，并将其命名为 DUF 蛋白，即一种结构域功能未知的蛋白质（Novatchkova et al. 2006）。在 *L. baicalensis* 的三个 DUF 蛋白分子（LBDUF614a、LBDUF614b、LBDUF614c）的氨基酸序列中，部分带有电荷的氨基酸残基簇（图 9-12a）位于分子中央，其他残基基本上是一些

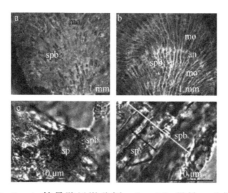

图 9-11 *Lubomirskia baicalensis* 的骨骼显微分析。(a，b) 骨针一分枝处纵切面的光学显微数码照片，示组织沿纵轴方向通过束化而形成稳定的有组织的分层。这一束的海绵束 (spb) 结构由绕中央位置的骨针的有机基质组成。此外，两个单元模块 (mo) 由一环面 (an) 分开；(c，d) 组织横切面，示抗 DUF 抗体强烈地与环绕骨针 (sp) 的海绵束结构 (spb) 有机包层反应。

（彩图请扫封底二维码）

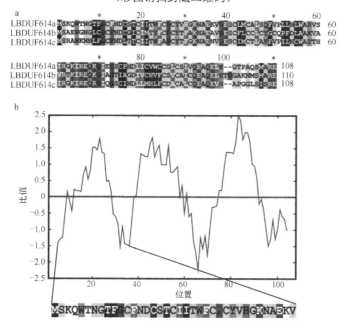

图 9-12 *Lubomirskia baicalensis* 的 DUF 蛋白。(a) 环绕骨针的海绵束结构有机基质被部分纯化分离，然后 MALDI-TOF-MS 分析。获得序列通过引物设计从动物 cDNA 文库中筛选出 cDNA。通过操作获得 3 个高度关联的蛋白序列，其分别被命名为 LBDUF614a、LBDUF614b 和 LBDUF614c。在三者的比对中，氨基酸按其组别被标以不同的颜色：脯氨酸、甘氨酸（红色），微/小氨基酸（黄色），带正电荷的氨基酸（蓝色），既带负电荷又带正电荷的两性/极性氨基酸（绿色）、脂肪族/芳香族氨基酸（灰色），疏水性氨基酸（黑色）；(b) Kyte-Doolittle 疏水曲线，此曲线揭示推定的 DUF 多肽中有 3 个明显的疏水片段，图中给出的是 DUF614a 中片段 1 的氨基酸序列。

（彩图请扫封底二维码）

中性疏水的氨基酸（图 9-12b），见 Kyte-Doolittle 疏水曲线（Kyte and Doolittle 1982）。分析计算显示，每个 DUF 蛋白均可组装成三个疏水结构域，每个结构域的跨度为 35 个氨基酸残基。这一发现与人们的设想有些冲突，人们原以为海绵硬蛋白可能与胶原间有一定的关联（Gross et al. 1956；Aouacheria et al. 2006）。海绵硬蛋白疏水序列的认定为人们对蛋白质-硅化物相互作用的理解打开了新思路，同时也为生物技术的进一步开发应用提供了理论保障。由 LBDUF614b 制备而来的抗体可与 L. baicalensis 组织切片反应，这一免疫组化方法则明确地表明，骨针外围的有机基质可特异性地与抗体作用[图 9-11c、d]。

9.11 结 论

硅生物技术是当今发展最快的领域之一，人们借此形成或获得了一些新兴的、富有革新性的生物材料。这一技术因生物而引发，也意味着人们可以自然为模式，充分利用地壳中含量第二多的元素——硅，以生产氧化硅和硅聚物。目前，海绵动物骨针生物氧化硅的生成机制人们已大致了解，这也极大地刺激了硅在生物医学[如骨置换或免疫遮蔽、电子学（半导体技术）、光学（光传导）、光刻等]方面的应用。随着硅蛋白及 silicase 的应用，从原则上讲，结合硅化物结构的三维构图，在未来，人们极有可能创造出具三维结构空间的电子生物氧化硅芯片。早在 19 世纪 70 年代（Haeckel 1872a,b）和 20 世纪 40 年代（Thompson 1942），Haeckel 和 Thompson 就曾说过，"海绵动物骨针是一种重要的且令人有兴趣的生物组织形式，其会在生物学上不时被人们提起并讨论，也是生物结晶理论的典型代表，通过无机晶体与有机分泌物的结合而形成生物晶"。当今，令人预料不及的是，生物氧化硅很有可能在 21 世纪成为一主要的工业原材料（Müller et al. 2006a），其全球每年市场估价约为 20 亿美元（Kendall 2000）。

参 考 文 献

Alexander RM (1979) The invertebrates. Cambridge University Press, Cambridge

Anbar AD, Knoll AH (2002) Proterozoic ocean chemistry and evolution: a bioinorganic bridge? Science 297:137–1142

Aouacheria A, Geourjon C, Aghajari N, Navratil V, Deleage G, Lethias C, Exposito JY (2006) Insights into early extracellular matrix evolution: spongin short chain collagen-related proteins are homologous to basement membrane type IV collagens and form a novel family widely distributed in invertebrates. Mol Biol Evol 23:2288–2302

Barnes RD (1987) Invertebrate zoology. Saunders, Philadelphia

Berner EK, Berner RA (1996) Global environment: water, air, and geochemical cycles. Prentice Hall, New York

Bond C, Harris AK (1988) Locomotion of sponges and its physical mechanism. J Exp Zool 246:271–284

Bramm E, Binderup L, Arrigoni-Martelli E (1980) Inhibition of adjuvant arthritis by intraperitoneal administration of low doses of silica. Agents Actions 10:435–438

Brasier M, Green O, Shields G (1997) Ediacarian sponge spicule clusters from southwest Mongolia and the origins of the Cambrian fauna. Geology 25:303–306

Canfield DE, Farquhar J (2009) Animal evolution, bioturbation, and the sulphate concentration of the oceans. Proc Natl Acad Sci USA 106:8123–8127

Cha JN, Shimizu K, Zhou Y, Christianssen SC, Chmelka BF, Stucky GD, Morse DE (1999) Silicatein filaments and subunits from a marine sponge direct the polymerization of silica and silicones in vitro. Proc Natl Acad Sci USA 96:361–365

Chang XY, Chen LZ, Hu SX, Wang JH, Zhu BQ (2007) Isotopic dating of the Chengjiang fauna-bearing horizon in central Yunnan province, China. Chin J Geochem 26:345–349

Custódio MR, Prokic I, Steffen R, Koziol C, Borojevic R, Brümmer F, Nickel M, Müller WEG (1998) Primmorphs generated from dissociated cells of the sponge *Suberites domuncula*: a model system for studies of cell proliferation and cell death. Mech Ageing Dev 105:45–59

Deprat J, Mansuy H (1912) Etude Géologique du Yun-nan oriental. Géologie générale. Mémoires du Service Géologique de l'Indochine, vol 1, Atlas of 45 geological profiles and maps. Extrème-Orient, Hanoi-Haiphong, 370 pp

Duncan PM (1881) On some remarkable enlargements of the axial canals of sponge spicules and their causes. J R Microsc Soc Ser 2 1:557–572

Eckert C, Schröder HC, Brandt D, Perović-Ottstadt S, Müller WEG (2006) A histochemical and electron microscopic analysis of the spiculogenesis in the demosponge *Suberites domuncula*. J Histochem Cytochem 54:1031–1040

Einsele G (2000) Sedimentary basins: evolution, facies and sediment budget. Springer, Berlin

Finks RM (2003a) Evolution and ecological history of sponges during Paleozoic times. In: Kaesler RL (ed) Treatise on invertebrate paleontology, part E, Porifera, revised, vol 2, Introduction to the Porifera. The Geological Society of America, Boulder, pp 261–274

Finks RM (2003b) Paleozoic Hexactinellida: morphology and phylogeny. In: Kaesler RL (ed) Treatise on invertebrate paleontology, part E, Porifera, revised, vol 2, Introduction to the Porifera. The Geological Society of America, Boulder, pp 135–154

Francesco B, Wilkie IC, Bavestrello G, Cerrano C, Carnevali CMD (2001) Dynamic structure of the mesohyl in the sponge *Chondrosia reniformis* (Porifera, Demospongiae). Zoomorphology 121:109–121

Gaino E, Pronzato R (1983) Étude en microscopie électronique du filament des formes étirées chez *Chondrilla nucula* Schmidt (Porifera, Demospongiae). Ann Sci Nat Zool Paris 5:221–234

Garrone R (1978) Phylogenesis of connective tissue. Morphological aspects and biosynthesis of sponge intercellular matrix. S. Karger, Basel

Garrone R (1998) Evolution of metazoan collagens. Prog Mol Subcell Biol 21:119–139

Gaucher C, Frimmel HE, Ferreira VP, Poire DG (2004) Vendian-Cambrian of western Gondwana: introduction. Gondwana Res 7:659–660

Gehling JG, Rigby JK (1996) Long expected sponges from the neoproterozoic ediacara fauna of South Australia. J Paleontol 2:185–195

Gordon MS, Belman BW, Chow PH (1976) Comparative studies on the metabolism of shallow-water and deep-sea marine fishes. IV. Patterns of aerobic metabolism in the mesopelagic deep-sea fangtooth fish Anoplogaster cornuta. Mar Biol 35:287–293

Gradstein FM, Ogg JG, Smith AG (2005) A geologic time scale. Cambridge University Press, Cambridge, 589 pp

Gross J, Sokal Z, Rougvie M (1956) Structural and chemical studies on the connective tissue of marine sponges. J Histochem Cytochem 4:227–246

Haeckel E (1872a) Atlas der Kalkschwämme. Verlag von Georg Reimer, Berlin

Haeckel E (1872b) Biologie der Kalkschwämme, vol I. Georg Reimer, Berlin

Harrison FW, De Vos L (1991) Porifera. In: Harrison FW, Ruppert EE (eds) Microscopic anatomy of invertebrates, vol 2. Wiley Liss, New York, pp 29–89

Hartman WD, Reiswig H (1973) The individuality of sponges. In: Boardman RS, Cheetham AH, Oliver WA (eds) Animal colonies. Dow, Hutch, Ross, Stroudsburg, pp 567–584

Hoffman PF, Schrag DP (2002) The snowball earth hypothesis: testing the limits of global change. Terra Nova 14:129–155

Hoffman PF, Schrag DP (2002) The snowball earth hypothesis: testing the limits of global change. Terra Nova 14:129–155

Hou X, Bergström J, Wang H, Feng X, Chen A (1999) The Chengjiang fauna. Exceptionally well-preserved animals from 530 million years ago. Yunnan Science and Technology Press, Yunnan, 170 pp

Hou XG, Aldridge RJ, Bergström J, Siveter DJ, Siveter DJ, Feng XH (2004) The Cambrian fossils of Chengjiang, China: the flowering of early animal life. Blackwell, Oxford

Hyman LH (1940) Metazoa of the cellular grade of construction phylum Porifera, the sponges; chapter 6. In: Hyman H (ed) Invertebrates: protozoa through Ctenophora. McGraw-Hill, New York, pp 284–364

Iler RK (1979) The chemistry of silica: solubility, polymerization, colloid and surface properties and biochemistry of silica. Wiley, New York

Imsiecke G, Steffen R, Custodio M, Borojevic R, Müller WEG (1995) Formation of spicules by sclerocytes from the freshwater sponge Ephydatia muelleri in short-term cultures in vitro. In Vitro Cell Dev Biol 31:528–535

Kasting JF (1984) The evolution of prebiotic atmosphere. Orig Life 14:75–82

Kasting JF, Holland HD, Kump LR (1992) Atmospheric evolution: the rise of oxygen. In: Schopf JW, Klein C (eds) All in the proterozoic biosphere: a multidisciplinary study. Cambridge University Press, New York, pp 159–164

Kazmierczak J, Kempe S, Altermann W (2004) Microbial origin of Precambrian carbonates: lessons from modern analogues. In: Eriksson PG (ed) The Precambrian earth: tempos and events. Elsevier, Amsterdam, pp 545–564

Kempe S, Degens ET (1985) An early soda ocean? Chem Geol 53(95–108):95

Kendall T (2000) Written in sand – the world of specialty silicas. Ind Miner 390:49–59

Kikuchi Y, Suzuki Y, Tamiya N (1983) The source of oxygen in the reaction catalysed by collagen lysyl hydroxylase. Biochem J 213:507–512

Knoll AH, Carroll SB (1999) Early animal evolution: emerging views from comparative biology and geology. Science 284:2129–2137

Kyte J, Doolittle RF (1982) A simple method for displaying the hydrophobic character of a protein. J Mol Biol 157:105–132

Lévi C (1970) Les cellules des éponges. In: Fry WG (ed) The biology of the Porifera. Symp Zool Soc Lond, vol 25. Academic, New York, pp 353–364

Leys SP, Mackie GO, Meech RW (1999) Impulse conduction in a sponge. J Exp Biol 202:1139–1150

Li CW, Chen JY, Hua TE (1998) Precambrian sponges with cellular structures. Science 279:879–882

Maas O (1901) Die Knospenentwicklung der Tethya und ihr Vergleich mit der geschlechtlichen Fortpflanzung der Schwämme. Z wiss Zool 70:263–288

Maldonado M, Carmona MC, Uriz MJ, Cruzado A (1999) Decline in Mesozoic reef-building sponges explained by silicon limitation. Nature 401:785–788

Morey RO, Rowe JJ (1964) The solubility of amorphous silica at 25°C. J Geophys Res 69:1995–2002

Müller WEG (1998) Origin of Metazoa: sponges as living fossils. Naturwiss 85:11–25

Müller WEG (2001) How was the metazoan threshold crossed? The hypothetical urmetazoa. Comp Biochem Physiol A 129:433–460

Müller WEG, Wiens M, Adell T, Gamulin V, Schröder HC, Müller IM (2004) Bauplan of urmetazoa: basis for genetic complexity of Metazoa. Intern Rev Cytol 235:53–92

Müller WEG, Rothenberger M, Boreiko A, Tremel W, Reiber A, Schröder HC (2005) Formation of siliceous spicules in the marine demosponge Suberites domuncula. Cell Tissue Res 321:285–297

Müller WEG, Belikov SI, Schröder HC (2006a) Biosilica – raw material of the new millennium. Sci First Hand 6:26–35

Müller WEG, Belikov SI, Tremel W, Perry CC, Gieskes WWC, Boreiko A, Schröder HC (2006b) Siliceous spicules in marine demosponges (example Suberites domuncula). Micron 37:107–120

Müller WEG, Eckert C, Kropf K, Wang XH, Schloßmacher U, Seckert C, Wolf SE, Tremel W, Schröder HC (2007a) Formation of the giant spicules of the deep sea hexactinellid *Monorhaphis chuni* (Schulze 1904): electron microscopical and biochemical studies. Cell Tissue Res 329:363–378

Müller WEG, Li J, Schröder HC, Qiao L, Wang XH (2007b) The unique skeleton of siliceous sponges (Porifera; Hexactinellida and Demospongiae) that evolved first from the urmetazoa during the proterozoic: a review. Biogeosciences 4:219–232

Müller WEG, Wang XH, Belikov SI, Tremel W, Schloßmacher U, Natoli A, Brandt D, Boreiko A, Tahir MN, Müller IM, Schröder HC (2007c) Formation of siliceous spicules in demosponges: example *Suberites domuncula*. In: Bäuerlein E (ed) Handbook of biomineralization, vol 1, The biology of biominerals structure formation. Wiley-VCH, Weinheim, pp 59–82

Müller WEG, Jochum K, Stoll B, Wang XH (2008a) Formation of giant spicule from quartz glass by the deep sea sponge *Monorhaphis*. Chem Mater 20:4703–4711

Müller WEG, Schloßmacher U, Wang XH, Boreiko A, Brandt D, Wolf SE, Tremel W, Schröder HC (2008b) Poly(silicate)-metabolizing silicatein in siliceous spicules and silicasomes of demosponges comprises dual enzymatic activities (silica-polymerase and silica-esterase). FEBS J 275:362–370

Müller WEG, Wang XH, Kropf K, Boreiko A, Schloßmacher U, Brandt D, Schröder HC, Wiens M (2008c) Silicatein expression in the hexactinellid *Crateromorpha meyeri*: the lead marker gene restricted to siliceous sponges. Cell Tissue Res 333:339–351

Müller WEG, Wang XH, Kropf K, Ushijima H, Geurtsen W, Eckert C, Tahir MN, Tremel W, Boreiko A, Schloßmacher U, Li J, Schröder HC (2008d) Bioorganic/inorganic hybrid composition of sponge spicules: matrix of the giant spicules and of the comitalia of the deep sea hexactinellid *Monorhaphis*. J Struct Biol 161:188–203

Müller WEG, Wang XH, Cui FZ, Jochum KP, Tremel W, Bill J, Schröder HC, Natalio F, Schloßmacher U, Wiens M (2009) Sponge spicules as blueprints for the biofabrication of inorganic–organic composites and biomaterials. Appl Microbiol Biotechnol 83:397–413

Novatchkova M, Schneider G, Fritz R, Eisenhaber F, Schleiffer A (2006) DOUT-finder-identification of distant domain outliers using subsignificant sequence similarity. Nucleic Acids Res 34:W214–W218

Pavans de Ceccatty (1986) Cytoskeletal organisation and tissue patterns of epithelia in the sponge *Ephydatia mülleri*. J Morphol 189:45–65

Pechenik JA (2000) Biology of the invertebrates. McGraw Hill, Boston

Pilcher H (2005) Back to our roots. Nature 435:1022–1023

Pisera A (2003) Some aspects of silica deposition in lithistid demosponge desmas. Microsc Res Tech 62:312–326

Rigby JK, Collins D (2004) Sponges of the Middle Cambrian Burgess Shale and Stephen formations, British Columbia. Royal Ontario Museum, Toronto

Rigby JK, Hou XG (1995) Lower Cambrian demosponges and hexactinellid sponges from Yunnan, China source. J Paleontol 69:1009–1019

Sandford F (2003) Physical and chemical analysis of the siliceous skeleton in six sponges of two groups (Demospongiae and Hexactinellida). Microsc Res Tech 62:336–355

Schröder HC, Krasko A, Le Pennec G, Adell T, Hassanein H, Müller IM, Müller WEG (2003) Silicase, an enzyme which degrades biogenous amorphous silica: contribution to the metabolism of silica deposition in the demosponge *Suberites domuncula*. Progr Molec Subcell Biol 33:249–268

Schröder HC, Perović-Ottstadt S, Rothenberger M, Wiens M, Schwertner H, Batel R, Korzhev M, Müller IM, Müller WEG (2004) Silica transport in the demosponge *Suberites domuncula*: fluorescence emission analysis using the PDMPO probe and cloning of a potential transporter. Biochem J 381:665–673

Schröder HC, Boreiko A, Korzhev M, Tahir MN, Tremel W, Eckert C, Ushijima H, Müller IM, Müller WEG (2006) Co-Expression and functional interaction of silicatein with galectin: matrix-guided formation of siliceous spicules in the marine demosponge *Suberites domuncula*. J Biol Chem 281:12001–12009

Schulze FE (1904) Hexactinellida. Wissenschaftliche Ergebnisse der Deutschen Tiefsee-Expedition auf dem Dampfer "Valdivia" 1898–1899. Fischer, Stuttgart

Seimiya M, Naito M, Watanabe Y, Kurosawa Y (1998) Homeobox genes in the freshwater sponge *Ephydatia fluviatilis*. Prog Mol Subcell Biol 19:133–155

Shanker R, Singh G, Kumar G, Maithy PK (2001) Assembly and break-up of Rodinia and Gondwana – evidence from India. Gondwana Res 4:783–784

Shimizu K, Cha J, Stucky GD, Morse DE (1998) Silicatein alpha: cathepsin L-like protein in sponge biosilica. Proc Natl Acad Sci USA 95:6234–6238

Siever R (1992) The silica cycle in the Precambrian. Geochim Cosmochim Acta 56:3265–3272

Simonson BM (1985) Sedimentology of cherts in the early proterozoic wishart formation, Quebec-newfoundland, Canada. Sedimentology 32:2340

Simpson TL (1984) The cell biology of sponges. Springer, New York

Simpson TL, Langenbruch PF, Scalera-Liaci L (1985) Silica spicules and axial filaments of the marine sponge *Stelletta grubii* (Porifera, Demospongiae). Zoomorphology 105:375–382

Sims PA, Mann DG, Medlin LK (2006) Evolution of the diatoms: insights from fossil, biological and molecular data. Phycologia 45:361–402

Sollas WJ (1888) Report on the Tetractinellida collected by H.M.S. "Challenger", during the years 1873–1876. H.M.S. Challenger Scient Results Zool 25:1–458

Steiner M (1994) Die neoproterozoischen Megaalgen Südchinas. Berl Geowiss Abh E 15:1–146

Steiner M, Mehl D, Reitner J, Erdtmann BD (1993) Oldest entirely preserved sponges and other fossils from the lowermost Cambrian and a new facies reconstruction of the Yangtze Platform (China). Berl Geowiss Abh E 9:293–329

Steiner M, Zhu M, Zhao Y, Erdtmann BD (2005) Lower Cambrian Burgess Shale-type fossil associations of South China. Palaeogeogr Palaeoclimatol Palaeoecol 220:129–152

Street-Perrott FA, Barker PA (2008) Biogenic silica: a neglected component of the coupled global continental biogeochemical cycles of carbon and silicon. Earth Surf Process Land 33:1436–1457

Tahir MN, Théato P, Müller WEG, Schröder HC, Janshoff A, Zhang J, Huth J, Tremel W (2004) Monitoring the formation of biosilica catalysed by histidin-tagged silicatein. ChemComm 24:2848–2849

Teal JM, Carey FG (1967) Respiration of a *Euphausiid* from the oxygen minimum layer. Limnol Oceanogr 12:548–550

Thompson D'Ary W (1942) On growth and form. University Press, Cambridge

Thümmler F, Oberacker R (1993) In: Jenkins IJ, Wood JV (eds) An introduction to powder metallurgy. The Institute of Materials, book 490, Cambridge University Press, Cambridge, pp. 181–188

Towe KM (1970) Oxygen-collagen priority and the early metazoan fossil record. Proc Natl Acad Sci USA 65:781–788

Tucker ME (1992) The Precambrian-Cambrian boundary: seawater chemistry, ocean circulation and nutrient supply in metazoan evolution, extinction and biomineralization. J Geol Soc Lond 149:655–688

Uriz MJ (2006) Mineral spiculogenesis in sponges. Can J Zool 84:322–356

Uriz MJ, Turon X, Becerro MA, Agell G (2003) Siliceous spicules and skeleton frameworks in sponges: origin, diversity, ultrastructural patterns, biological functions. Microsc Res Tech 62:279–299

Wakai F, Aldinger F (2004) Sintering forces in equilibrium and nonequilibrium states during sintering of two particles. Sci Technol Adv Mat 5:521–525

Walker JCG (1978/79) The early history of oxygen and ozone in the atmosphere. Pageoph 117:498–512

Wang XH, Boreiko A, Schloßmacher U, Brandt D, Schröder HC, Li J, Kaandorp JA, Götz H, Duschner H, Müller WEG (2008) Axial growth of hexactinellid spicules: formation of cone-like structural units in the giant basal spicules of the hexactinellid *Monorhaphis*. J Struct Biol 164:270–280

Wang XH, Schröder HC, Müller WEG (2009) Giant siliceous spicules from the deep-sea glass sponge *Monorhaphis chuni*: morphology, biochemistry, and molecular biology. Int Rev Cell Mol Biol 273:69–115

Wang XH, Hu S, Gan L, Wiens M, Müller WEG (2010) Sponges (Porifera) as living metazoan witnesses from the Neoproterozoic: biomineralization and the concept of their evolutionary success. Terra Nova 22:1–11

Wang X, Wiens M, Schröder HC, Hu S, Mugnaioli E, Kolb U, Tremel W, Pisignano D, Müller WEG (2010) Morphology of sponge spicules: silicatein a structural protein for bio-silica formation. Advanced Biomaterials/Advanced Engineering Mat 12:B422–B437

Wiens M, Wrede P, Grebenjuk VA, Kaluzhnaya OV, Belikov SI, Schröder HC, Müller WEG (2009) Towards a molecular systematics of the Lake Baikal/Lake Tuva sponges. In: Müller WEG, Grachev MA (eds) Biosilica in evolution, morphogenesis, and nanobiotechnology. progress in molecular and subcellular biology [marine molecular biotechnology]. Springer, Berlin, pp 111–144

Woesz A, Weaver JC, Kazanci M, Dauphin Y, Aizenberg J, Morse DE, Fratzl P (2006) Micromechanical properties of biological silica in skeletons of deep-sea sponges. J Mater Res 21:2068–2078

Wu W, Yang AH, Janussen D, Steiner M, Zhu MY (2005) Hexactinellid sponges from the Early Cambrian Black Shale of South Anhui, China. J Paleont 79:1043–1051

Xiao S, Laflamme M (2008) On the eve of animal radiation: phylogeny, ecology and evolution of the Ediacara biota. Trends Ecol Evol 24:31–40

Xiao S, Yuan X, Knoll AH (2000) Eumetazoan fossils in terminal proterozoic phosphorites? Proc Natl Acad Sci USA 97:13684–13689

Xiao S, Hu J, Yuan X, Parsley RL, Cao R (2005) Articulated sponges from the Early Cambrian Hetang formation in southern Anhui, South China: their age and implications for early evolution of sponges. Palaeogeogr Palaeoclimat Palaeoecol 220:89–117

Yang Q, Ma JY, Sun XY, Cong PY (2007) Phylochronology of early metazoans: combined evidence from molecular and fossil data. Geol J 42:281–295

Zhang WT, Hou XG (1985) Preliminary notes on the occurrence of the unusual trilobite Naraoia in Asia. Acta Palaeontol Sin 24:591–595 [In Chinese with English summary]

Zhang X, Liu W, Zhao Y (2008) Cambrian Burgess Shale-type Lagerstätten in South China: distribution and significance. Gondwana Res 14:255–262

10 骨质疏松及其他骨疾病的生物氧化硅基治疗策略

10.1 引 言

骨质疏松是一种极常见的代谢性骨疾病（Sambrook and Cooper 2006）。世界范围内有超过 2 亿人患有此病（Reginster and Burlet 2006）。在许多工业化国家中，骨质疏松症患者更加普遍。骨质疏松的结果是大大增加了骨折的风险（Cummings and Melton 2002）。骨中矿物密度减少及骨骼微结构退变可引起骨骼脆性增大（Faibish et al. 2006）。在妇女绝经后骨质疏松情况更为常见，且可能在男人中也有发展（Patlak 2001；Raisz 2005；Khosla et al. 2008a,b）。此病分为原发性和继发性两种，原发性骨质疏松常常因为妇女更年期雌激素缺乏而导致，称为绝经后骨质疏松症，但上年纪的男人中也有，称为老年性骨质疏松症。老年性骨质疏松症在男人和女人中均会出现。继发性骨质疏松症常出现于激素紊乱（如甲状旁腺机能亢进）或采用糖皮质激素治疗的患者中，后者也称类固醇诱导骨质疏松症（Adachi 1997）。此外，营养因素可能也会引起骨质疏松（Jugdaohsingh 2007）。

在骨质疏松症中，骨尤其是松质骨（小梁骨）的微结构发展性退变，结果造成骨的皮质宽度萎缩、骨小梁变薄，小梁间断概率增大，这归因于破骨细胞不断加大的吸收作用。因此，在骨质疏松症患者中，常见髋骨骨折（股骨近端骨折）及椎骨骨折（压迫性骨折）的发生（Gardner et al. 2006）。

病理性骨质疏松症的发病机制是骨吸收与骨生成间的平衡被打破（Teitelbaum 2000）。骨组织中负责矿化的细胞是成骨细胞，而破骨细胞则负责骨的吸收，破骨细胞居于骨骼表面。前破骨细胞（也称破骨细胞前体细胞）经分化成为成熟的破骨细胞，这些细胞的活化由肿瘤坏死因子（tumor necrosis factor，TNF）及其受体超家族的各种因子调节，其中包括 RANKL（receptor activator for nuclear factor κB ligand，核因子 κB 受体活化因子配体）及护骨素（osteoprotegerin，OPG）（Wada et al. 2006；Leibbrandt and Penninger 2008）。RANKL/RANK 间的相互作用对于破骨细胞的分化及其活性维持至关重要，并由此影响骨质疏松的发展。OPG 细胞因子的发现对于骨矿物密度控制机制的理解有着极大贡献（Simonet et al. 1997）。OPG 由成骨细胞表达，具有抑制破骨细胞发生的作用。因此，OPG 因子的高水平表达与骨硬化间有一定关联（Wang et al. 2004），同样，相对低水平的表达与骨质疏松间也存在关联（Lane and Yao 2009）。

骨质疏松治疗主要依靠骨吸收抑制剂的使用（Reid 2008；Canalis 2010）。当前，骨质疏松症治疗所用的药品有：双磷酸盐（一种焦磷酸盐合成类似物，分子内的 P-O-P 键中的氧由碳取代，Russell et al. 1999），选择性雌激素受体调节剂（selective estrogen-receptor modulator，SERM）如 raloxifene（雷洛昔芬，Taranta et al. 2002）、teriparatide（重组甲状旁腺素，Blick et al. 2009）、strontium ranalate（雷奈酸锶，Ammann et al. 2004），RANKL 抑制剂（denosumab，狄迪诺塞麦，一种仿 OPG 活性的单克隆抗体，Singer and Grauer 2010），钙和维生素 D（作为一种营养补充，Tang et al. 2007）。自 Carlisle（1972）、Schwarz 和 Milne（1972）的开创性研究报道以来，在众多矿物中，硅/硅酸盐作为补充剂正越来越引起人们的关注。

10.2　骨　生　成

基于无机及有机组分，人的骨骼可以说是一个复杂的分级式组织结构（Weiner and Traub 1992）。骨组织的无机基质的主要成分为碳酸羟基磷灰石[$Ca_{10}(PO_4)_6 OH_2$]，这种骨材料由分泌含碱性磷酸酶囊泡的成骨细胞形成，骨组织的有机基质主要由 I 型胶原纤维构成，这些纤维与骨矿物的沉积密切关联（见 10.11 节中的图 10-6）。此外，骨组织的有机成分中还有蛋白质和大分子物质（多糖），如骨钙蛋白、骨粘连蛋白、骨桥蛋白、骨涎蛋白及黏多糖。骨生成中的复杂生化过程由精密而奥妙的细胞因子/生长因子系统驱动，它为各种前期细胞（祖细胞）的分化、成熟提供信号，如前成骨细胞、前破骨细胞各自成熟为成骨细胞、破骨细胞。骨形态发生蛋白（bone morphogen protein，BMP）是一组重要的形态发生控制蛋白（Morgan et al. 2008）。自 Carlisle（1972）、Schwarz 和 Milne（1972）的研究以来，有关硅代谢及哺乳动物骨生成间的密切联系正受到人们越来越多的关注（Jugdaohsingh 2007）。

10.3　硅　化　学

在硅酸单体中，硅原子与羟基基团呈四面体配位（图 10-1a）。此分子的缩聚反应形成二聚体，二聚体极易与单体作用生成三聚体，进而再通过硅氧烷键（Si-O-Si）生成更大的寡聚体（Iler 1979；Mann 2001）。相较于单体，化学性更活泼的小寡聚体的链末端可相互反应，形成短暂的环形硅氧烷化合物，见图 10-1a，进一步缩聚（或许涉及 Ostwald 熟化过程，在这个过程中，一些小的可溶性颗粒被释放）最终形成和沉积为大的微溶性硅颗粒（Perry 2003；Perry and Keeling-Tucker 2000）。

图10-1 生物氧化硅。（a）硅酸经由环硅氧烷缩聚形成聚硅酸盐/二氧化硅；（b～d）硅质海绵中酶催化形成的生物氧化硅。（b）寻常海绵纲动物 *Geodia cydonium* 的断裂实星骨针，示轴管（ac）及邻近球样小骨片骨针间的融合区；（c）刺状实星骨针的不成熟尖顶；（d）六放海绵纲动物 *Monorhaphis chuni* 的巨大基部骨针横断面，示轴管及其周围环绕的硅片层。最内的片层已完全融合在一起。

中性 pH 下，离子化的硅酸分子的比率很低（Perry et al. 2003）。在这样的条件下，缩聚反应的基础为亲和取代（S_N2），这中间涉及五配位中间体、质子转移及水释放（Perry 2003），见图 10-2。

形成于硅缩聚作用早期的环形寡聚体中，有高比率的离子化带负电荷的硅羟基基团，基团的 pK_a 值随寡聚体分子量的增大而降低（Perry 2003），单体硅酸的 pK_a 值为 9.8，酸性很弱（Iler 1979）。因环形聚物占比在酶催化硅化物形成中的大大提升（Schröder et al. 2010），其也由此成为硅酸分子优先添加的部位。

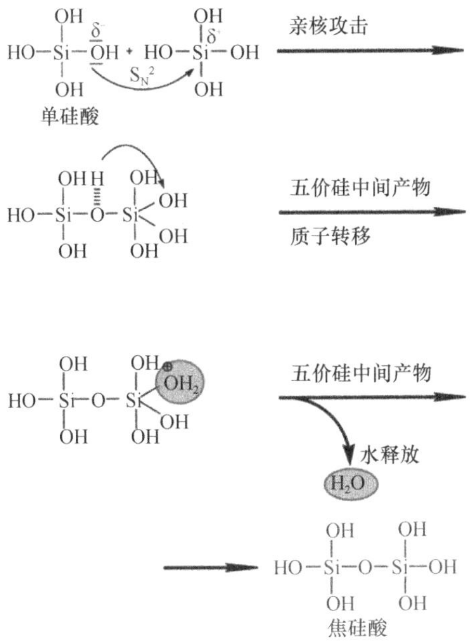

图 10-2 中性 pH 下两硅酸分子间的反应机制。第一个硅酸分子的羟基（OH—）中带部分负电荷的氧原子亲核攻击（S$_N$2 反应）第二个硅酸分子中带有部分正电荷的硅原子，结果形成一五价硅中间产物，随着氢质子转移，一分子的水从中间产物上被释放出来。

10.4 生物氧化硅

与骨/组织工程中所用的生物玻璃相比，生物氧化硅可以说是一种天然的生物成因材料。生物氧化硅玻璃的无机相由非晶态二氧化硅构成。早在 8 亿年前的元古代，这一无机材料就已被古动物用以构建生物体的骨骼系统（Wang et al. 2010）。今天，生物氧化硅可见于植物、藻及海绵动物中（Müller 2003；Schröder et al. 2008），见图 10-1b～d。硅质海绵动物是唯一一类具硅质骨骼（针样骨针）的生物，其结构是酶催化生物烧结而来的高度有序组织（Morse 1999；Müller et al. 2007b；2009b；Schröder et al. 2008），见图 10-1b、c。海绵动物中生物氧化硅的纯度为石英玻璃级（Müller et al. 2008a），这一级别的纯度（基于生物氧化硅质材料是一种含无机硅也含有机成分的复合物）再加上极端的稳定性，自然引起人们极大的兴趣，其在纳米生物技术及纳米医学上也有着各种各样的不同应用（Schröder et al. 2007a；Müller et al. 2009b）。

海绵动物的生物氧化硅质骨骼——骨针，有的甚至长达 3 m（例如，玻璃海绵 *Monorhaphis chuni* 的基部巨大骨针，骨针直径达 10 mm，见图 10-1d（Müller et al. 2008a）。为生成硅质骨骼，海绵动物需从环境中不断地汲取硅物质。海水中，硅相对贫乏，生物中以硅酸形式存在的硅的积累需要一个主动转运机制来完成。

对海洋寻常海绵纲动物 *Suberites domuncula* 而言，其体内的硅酸转运体已被确认，是一种硅酸[Si(OH)$_4$]及钠离子的共转运体（Schröder et al. 2004）。在硅藻中，硅酸盐的摄取也是一个耗能过程，但其转运体与上述的有所不同（Bhattacharyya and Vulcani 1980；Thamatrakoln et al. 2006；Gröger et al. 2007）。

不断增多的证据表明，哺乳动物骨骼形成控制中硅的作用也非常重要（Jugdaohsingh 2007），但可惜的是，人们目前仍不清楚哺乳动物细胞的硅摄取机制。很可能，只有单体硅（硅酸或硅酸盐）能被真核细胞摄取。迄今为止，仍无证据表明硅酸/硅酸盐由被动作用流入细胞。人们认为，像海绵动物一样，哺乳动物中必存在一类能量依赖的硅酸转运体。本文中需要提及的是，海绵动物硅酸转运体与哺乳动物中的 Na$^+$/HCO$_3^-$共转运体有着高度的关联性（Schröder et al. 2004）。另外，硅酸转运体系中可能还存有水通道蛋白作用（Sasaki 2008；Battacharjee et al. 2008）。因此，从目前已有的结果看，人细胞中的硅积累不会是通过纳米硅颗粒形式摄入的。由海绵动物硅蛋白作用生成的生物纳米硅颗粒直径可能为 50～70 nm（Tahir et al. 2004）。这般大小的颗粒完全可以通过内吞方式进入细胞（Jin et al. 2009）。海绵动物中，生物氧化硅可经 silicase 作用水解为硅酸盐，此过程或许与后生动物中的碳酸酐酶有关联（Schröder et al. 2003）。在胞外，碳酸酐酶也具有些许硅化物水解酶的活性（Wetzel et al. 2001；Gao et al. 2007），因此，多聚硅或许是在水解后经硅酸盐特异性转运体作用而被摄入至细胞中的。

海绵动物中的生物氧化硅既具骨针诱导性（spiculoinductive），又有骨针传导性（spiculoconductive）（Weins et al. 2010b）。此假设基于这样的一个事实基础，即硅化物可诱发前（祖）细胞分化为骨针造骨细胞，即骨针诱导性（Müller et al. 2006；Kaandrop et al. 2008；Le Pennec et al. 2003）。另一方面，释放至胞外空间的未成熟骨针通过吸引骨针造骨细胞和触发胶原合成而决定着骨针的形态发生，即骨针传导性（Schröder et al. 2006）。需注意的是，对骨组织工程而言，具骨诱导和骨传导潜能的生物仿生材料的发展是人们目前必须面对的巨大挑战（Albrektsson and Johansson 2001）。骨诱导过程涉及来自造血干细胞的前（祖）细胞分化为成骨细胞及破骨细胞，而骨传导过程则涉及由表面结构指导及骨生成剂（嵌入）调节的某一表面的骨生长（Albrektsson and Johansson 2001；Glantz 1987）。

10.5 硅 蛋 白

生物氧化硅的可溶性前体酶催化形成的主要催化酶是硅蛋白，见图 10-3，此酶只发现于海绵动物中（Shimizu et al. 1998；Cha et al. 1999；Krasko et al. 2000；Müller et al. 2008b）。硅蛋白是海绵动物骨针轴管中的轴丝的主要成分，见图 10-1b、d。硅蛋白是第一个被发现能将单体硅前体催化形成无机聚合硅的蛋白酶，硅酸或四乙氧基硅烷（TEOS，硅酸前体）常被用做反应的底物。这个独特酶的生物催化能力的开发利用将为硅化物在纳米技术、纳米医学及材料学上的应用打开新的天地（Schröder et al. 2007a；Müller et al. 2009b）。

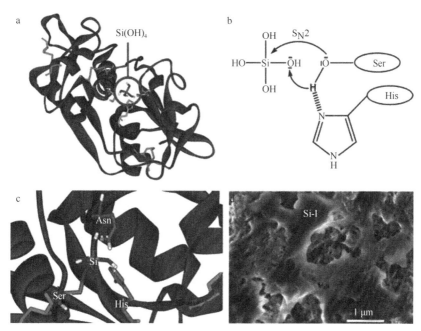

图 10-3　生物氧化硅形成中硅蛋白的作用方式。（a）与硅酸反应的 *Suberites domuncula* 的 α-硅蛋白的催化口袋推定结构（红色圆圈标示区），起催化作用的三氨基酸残基（Ser26、His165、Asn185）以蓝色标示，硅蛋白分子中参与二硫桥形成的 3 个半胱氨酸残基以绿色标示。（b）推测的催化循环起始，Ser26 羟基中带负电荷的氧原子亲核攻击硅酸中带正电荷的硅原子，同时，His165 咪唑基氮原子上的氢质子（因 Ser-His 氢键作用产生）转移至硅酸羟基上，反应结果是硅酸分子与酶中 Ser26 残基间形成共价键。（c）α-硅蛋白结构细节，示催化三氨基酸残基与硅酸间的相互作用。硅酸分子中共价结合的游离羟基与 His165 和 Asn185 侧链上的氮原子无限接近形成氢键（黄点），这不仅使各原子的空间位置固定下来，和（或）增强了硅酸分子中羟基配体上的氧原子在随后反应中的亲核性（亲核攻击第二个硅酸分子，未标示）；（d）牙表面由硅蛋白生物催化形成的硅层（si-l）SEM 图。（彩图请扫封底二维码）

硅蛋白与组织蛋白酶（一组蛋白酶）之间有关联，两者间的区别在于后者催化中心部位中的 Cys 残基由丝残基取代（Shimizu et al. 1998；Krasko et al. 2000）。此外，硅蛋白序列中还有组织蛋白酶中未曾发现过的丝氨酸延展。几个编码不同亚型硅蛋白的基因/cDNA 已从寻常海绵纲和六放海绵纲动物中分离获得，如海水寻常海绵纲动物 *S. domuncula*、淡水寻常海绵纲动物 *Lubomirskia baicalensis*、六放海绵纲动物 *Crateromorpha meyeri*（Müller et al. 2008c）和 *M. chuni*（Müller et al. 2009a），其中 *S. domuncula* 中有两种亚型的硅蛋白，分别是 α 型和 β 型硅蛋白

（Shimizu et al. 1998；Cha et al. 1999；Krasko et al. 2000；Schröder et al. 2005b），
而 *L. baicalensis* 中则有 6 种 α 型的硅蛋白（Kaluzhnaya et al. 2005；Weins et al.
2006）。人们可利用原核生物（如 *Escherichia coli*）和真核生物（如 *Pichia pastori*）
在生物反应器中大量制备重组的硅蛋白。这些纯化后的蛋白质可在温和条件下（室
温、近中性 pH、水性缓冲体系）由单体的前体生物催化生成非晶态的硅（生物氧
化硅）（Schröder et al. 2008）。

　　人们已通过同源建模得到了硅蛋白的 3D 结构图（Müller et al. 2007b；Schröder
et al. 2010），见图 10-3a。基于建模及仿真对接实验结果，人们已大致推测出硅蛋白
分子对生理性硅酸底物的催化反应机制（Schröder et al. 2010）。这一分子作用机制可
解释为何在有硅蛋白存在情况下硅的沉积速度加快。在环形硅酸类物质酶催化形成
反应中，硅酸上的硅原子受到共价亲和攻击，形成中间产物，见图 10-3b、c（Schröder
et al. 2010）。这些在无酶催化条件下形成速度较慢的中间反应产物（图 10-3a）的产
生大大提高了硅的缩聚化反应程度。最终由纳米球组成的反应产物可能通过生物烧
结机制（生物烧结，Müller et al. 2009a，b）融合形成层状（片状，Schröder et al. 2007b）
或其他形状的生物氧化硅结构，见图 10-3d。硅蛋白不仅有硅聚合酶的功能，同时还
具硅烷酶活性（Müller et al. 2008b）。除无机底物硅酸外，一些有机的氧基硅烷，如
双（4-氨基苯氧基）二甲基硅烷（Müller et al. 2008b）及 二甲氧基二甲基硅烷（Wolf
et al. 2010）均可作为反应底物，前者反应形成氧化硅，后者反应则形成硅酮。

　　硅蛋白催化形成的生物氧化硅材料的结构成分分析显示，氧化硅形成后硅蛋
白不仅存留于由骨针外延生长而成的硅片表面上（Müller et al. 2005；Woesz et al.
2006；Schröder et al. 2007b），甚至还可嵌入生物氧化硅颗粒中（Müller et al. 2010）。
最新研究表明，骨针样三维结构的产生与硅蛋白及架构蛋白 silintaphin-1 间的作用
有关（Müller et al. 2008b；Wiens et al. 2009）。

　　硅蛋白的表达由硅酸盐诱导（Krasko et al. 2000；Müller et al. 2006）。此外，
硅酸盐还能诱导 myotrophin 的表达，myotrophin 是一种胰岛素样生长因子，有激
发胶原合成的功能（Schröder et al. 2000a）。甚至在海绵动物组织细胞团的离体培
养中，硅酸盐还能刺激干细胞样细胞分化为骨针造骨细胞（Müller et al. 2006）。

10.6　硅　代　谢

　　人体内的硅含量很低，总量为 1～2 g（Jugdaohsingh 2007）。硅含量高的组织
有骨骼、结缔组织及血管（Carlisle 1972；Sripanyakorn et al. 2009）。软组织中，
硅可能络合于糖胺聚糖、多聚糖醛酸酯或硅酸结合的多聚糖及蛋白质中（Schwarz
1973）。基于一些研究数据，人们推测，骨生成及软骨发育与钙化过程中的糖胺聚
糖的生成均需有硅的参与（Carlisle 1976；1981）。在日常饮食中，硅经胃肠吸收

被摄入人体（Reffitt et al. 1999；Jugdaohsingh et al. 2002）。然后，经胃肠道和肾脏肾小球过滤至尿液而被排出体外（Berlyne et al. 1986；Adler and Berlyne 1986；Jugdaohsingh 2007）。注射大鼠的 ^{31}Si 示踪实验显示，硅积累于骨骼、肌肉及皮肤中，但脑中未有发现（Adler et al. 1986）。血液中，硅主要以无结合形式（D'Haese et al. 1995）的硅酸出现（Jugdaohsingh 2007），胞质中的硅水平为 $7\sim142$ μmol·L^{-1}（Adler and Berlyne 1986；D'Haese et al. 1995），远低于上述缩聚反应的发生浓度。为改善硅因吸收差而受限制的生理有效性，人们已开发出可在动物体内代谢的有机硅化物（Hott et al. 1993；见 10.15 节）。

10.7　硅及骨骼形成

越来越多的证据显示，硅有益于骨骼及结缔组织的健康（Jugdaosingh 2007）。早在 1972 年，人们就发现硅缺乏可引起骨骼及结缔组织缺陷（Carlise 1972；1986；Schwarz and Milne 1972）。骨骼形成过程中，钙化位点的硅水平有明显提高（Carlise 1972）。研究人员认为，硅在骨组织中可能有着结构性的作用（Schwarz 1973）。流行病学研究显示，在男人及停经前的妇女中，硅摄入与髋部位的骨矿物密度（bone mineral density，BMD）呈正相关关系，而停经后的妇女中则无此种关系（Jugdaohsingh et al. 2004）。同样，停经后激素治疗的妇女中也存在正相关关系（MacDonald et al. 2005）。在钙缺乏去卵巢大鼠实验中，骨矿物密度的提高可通过硅的饮食补充得以改善（Kim et al. 2009）。这些结果表明，硅水平的提高与骨矿物密度及骨强度的增加有关联。当然，硅水平与雌激素状态间的潜在影响也有讨论（Jugdaohsingh 2007）。

10.8　生物氧化硅对细胞繁殖的影响

SaOS-2 细胞是一类派生自人原发性骨肉瘤非转化细胞系的细胞，其可如成骨细胞一般分化（Kelly et al. 2010；Hausser and Brenner 2005），并能表达成骨细胞的一些特征性蛋白质，如碱性磷酸酶、I 型胶原及骨钙素（Hay et al. 2004）。此外，SaOS-2 细胞在细胞因子如粒细胞巨噬细胞集落刺激因子的诱导下，可分化为 HA 生成细胞（Postiglione et al. 2003）。人们曾利用成骨 SaOS-2 细胞体外测试了硅酸盐的潜在毒性（Wiens et al. 2010c）。为测定硅酸盐对 SaOS-2 细胞生长情况的影响，细胞暴露于 TEOX 预水解的硅酸盐环境中（Wiens et al. 2010c）。细胞密度由 XTT 细胞增殖比色试验确定。当硅酸盐添加浓度为 $10\sim1000$ μmol·L^{-1} 时，吸收值不断增大（孵育时间 72 h 内），这一结果表明，硅酸盐对细胞生长有刺激作用（Wiens et al. 2010c）。有报道称，硅替代 HA 对细胞的生长虽也有刺激，但刺激作用不强烈（López-Alvarez et al. 2009；Zou et al. 2009）。除细胞密度外，人们还利用台盼蓝染色定量测试细胞活力。测试结果显示，在高达 1000 μmol·L^{-1} 浓度、72 h 孵育期间，硅酸盐仍未表现出任何细胞诱导毒性（Wiens et al. 2010c）。

10.9 生物氧化硅对 HA 形成的影响

为测定生物氧化硅对 SaOS-2 细胞矿化活动的影响，盖玻片或多孔板底部涂抹一层由重组硅蛋白催化而成的生物氧化硅。这个重组蛋白是一个组氨酸标签的融合蛋白（Wiens et al. 2010c）。利用 SaOS-2 细胞系，人们发现，生长于生物氧化硅基质上的细胞的 HA 形成能力大大提高（Schröder et al. 2005a；Wiens et al. 2010c）。实验中，SaOS-2 细胞生长于硅蛋白/生物氧化硅涂层的盖片上，这些盖片置于 24 孔板中 7 天（Wiens et al. 2010c），见图 10-4。人们先在不同硅酸盐浓度下由固化硅蛋白孵育制备生物氧化硅涂层，然后，将盖片用茜素红 S（HA 染色）或阿利新蓝（软骨蛋白聚糖和硫酸糖胺聚糖染色）染色，或两种染料同时使用。生长于生物氧化硅涂层盖片上的细胞展现出相当的茜素红 S 着色，着色强度与硅酸盐浓度有关，浓度越高颜色越深，这一方法已被用于固化酶生物氧化硅催化形成反应上。与 HA 合成不同的是，软骨蛋白聚糖及硫酸糖胺聚糖的形成则下调，即浓度越高颜色越浅（Wiens et al. 2010c）。软骨损伤与骨矿物密度指数间的关系为负相关（Calvo et al. 2007）。双染的样本显暗红/蓝色（Wiens et al. 2010c），见图 10-4。

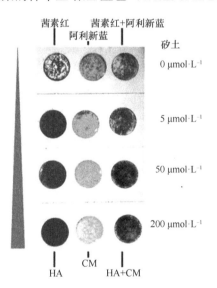

图 10-4　成骨细胞样 SaOS-2 细胞的生物氧化硅矿化。涂有重组硅蛋白的盖片孵育于不同浓度下[0 mol·L⁻¹（对照），5～200 μmol·L⁻¹，4h]的硅酸中，通过不同颜料着色以示生物氧化硅的形成。附有细胞的盖片再孵育于孔板中添加了抗坏血酸和 β-磷酸甘油酯的培养基中。孵育 7 天后，盖片分别以茜素红（染色 HA-羟基磷灰石）、阿利新蓝（染色 CM——软骨性材料）或联合染料着色，图采自 Wiens 等（2010）。（彩图请扫封底二维码）

　　生长于硅蛋白/生物氧化硅修饰骨片或 Ca-P 涂层盖片上的 SaOS-2 细胞也有着类似的结果（Wiens et al. 2010b）。人们利用谷氨酸标签硅蛋白-α 成功地将硅蛋白固化于骨 HA 或 Ca-P 涂层盖片上（Natalio et al. 2010），这是因为含 8 个 N 端谷氨酸残基的谷氨酸标签可与 HA 表面上的钙离子作用（谷氨酸残基上的羧基基团与钙离子配位形成络合物）。将固化酶孵育于 200 μmol·L^{-1} 的硅酸盐中，结果是 HA 上形成了一层 50~150 nm 厚的纳米生物氧化硅。EDX 分析确认其的确为生物氧化硅涂层（Wiens et al. 2010b）。生长于硅蛋白/生物氧化硅修饰的骨 HA 薄片上的 SaOS-2 细胞（培养基中含抗坏血酸及 β-甘油磷酸酯）显示，相较于未涂层的对照而言，前者表现出明显的矿化刺激（Wiens et al. 2010b）。5 天后，生长于硅蛋白/生物氧化硅修饰 HA 表面上的细胞上有纵向排列或呈球形斑点的 HA 增大结核，见图 10-5b，而对照中的细胞上只看到一些小的 HA 棒簇，见图 10-5a（Wiens et al.

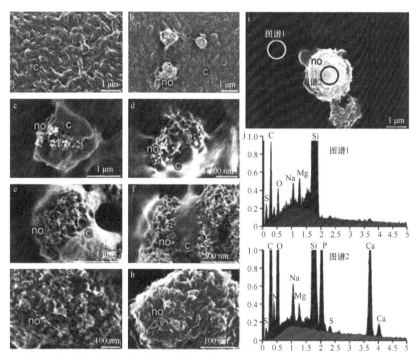

图 10-5　生长于硅蛋白/生物氧化硅涂层基底上的 SaOS-2 细胞在添加了抗坏血酸和 β-磷酸甘油酯的培养基中培养 5 天，形成 HA 结核。（a）对照，细胞（c）生长于未涂层的基底上，只见很少的 HA 结核形成。（b）细胞（c）生长于涂有硅蛋白/生物氧化硅的基底上，HA 结核（no）簇形成；（c~h）HA 结核形成的不同阶段。（c，d）HA 结核（no）形成的起始阶段，生长中的结核由细胞（c）突出包裹。（e，f）HA 结核（no）形成的后期阶段，细胞（c）突出缩回。（g，h）HA 结核（no）高倍放大，示棱柱状纳米棒组织。（i，j）细胞生长于涂有硅蛋白/生物氧化硅涂层 Ca-P 基底上，形成的 HA 结核（no）进行 SEM 观察及 EDX 分析；（i）SEM 图，示 EDX 分析区域（圆圈）；（j）EDX 分析图谱，图谱 1：细胞区域，图谱 2：结核区，图修改自 Wiens 等（2010b）。

2010b）。由多达 8 个单细胞构成的细胞簇上出现了大于 1 μm 的 HA 结核。生长中的 HA 结核的精细结构 HR-SEM 分析显示，初始时至少有部分的 HA 结核被细胞突出物覆盖，见图 10-5c、d，后来覆盖物缩回，见图 10-5e、f。HA 结核（Chen et al. 2005）的结构进一步放大，可见一些棱柱样纳米棒无规则地排布于其中，见图 10-5g、h（Wiens et al. 2010b）。由 SaOS-2 细胞生成的 HA 结核的元素成分 EDX 分析显示，HA 中的元素为钙、磷（其他元素来自周围细胞及涂层），见图 10-5j 中的图谱 2，而 HA 结核周围的细胞及生物氧化硅涂层中的元素只有 Si、O、C、Mg、Na，见 10-5j 中的图谱 1。用于 EDX 分析的区域见图 10-5i（Wiens et al. 2010b）。

10.10 骨诱导指数

生物材料的骨诱导活力以骨诱导指数表示，此指数的定义是体外[^{3}H]dT 嵌入骨（前体）细胞 DNA 的比率及体内骨 HA 的生成程度（Adkisson et al. 2000）。为测定 SaOS-2 细胞的骨诱导活力，一种体外生物测定法被引入，此方法基于体外两参数的比率计算。①以[^{3}H]dT 嵌入率计算细胞增殖活力；②以 HA 茜素红 S 染色程度测定生物的矿化活力（Wiens et al. 2010b）。生长于硅蛋白/生物氧化硅涂层或未涂层基底上的 SaOS-2 细胞先孵育于含抗坏血酸和 β-甘油磷酸酯的培养基中，然后再暴露在[^{3}H]dT 下，最后，[^{3}H]dT 嵌入 DNA 的量由闪烁计数器计数，然后与总 DNA 比较计算出嵌入率。运用此分析方法，人们发现，相较于生长未涂层的细胞，生长于硅蛋白/生物氧化硅涂层的 SaOS-2 细胞的 DNA[^{3}H]dT 嵌入率明显提高，这表明，细胞增殖力更强（Wiens et al. 2010b）。生长于涂有硅蛋白/生物氧化硅、涂 Ca-P 及未涂 Ca-P 的盖片上的三种 SaOS-2 细胞的细胞增殖力及生物矿化活力的比较发现，三者间有着明显的差别，生长于第一种盖片上的细胞的活力最高，而培养于第三种盖片上的细胞的活力则最低（Wiens et al. 2010b）。这些结果证实，由酶催化而成的生物氧化硅对 SaOS-2 细胞有促进有丝分裂的效应（Wiens et al. 2010b）。

10.11 生物氧化硅对基因表达的影响

从基因表达及酶学方面，人们对硅酸/生物氧化硅在骨代谢的影响上也进行过研究。在人的成骨细胞样细胞中，硅酸对涉及骨生成的几个关键蛋白的表达有增强效应，如骨形态发生蛋白-2（BMP-2）（Gao et al. 2001）及 I 型胶原（COL1）（Reffitt et al.2003）。对成骨细胞分化而言，BMP-2 的表达是必需的（Tanaka et al. 2001；Fromigue et al. 2006；Li et al. 2007）。除I型胶原外，硅酸对人骨派生的成骨细胞的碱性磷酸酶及骨钙素 mRNA 的表达也有调节作用（Arumugam et al. 2006）。在 SaOS-2 细胞中，生物氧化硅使参与牙本质形成的牙釉蛋白及釉蛋白的表达增强（Müller et al. 2007a）。对小鼠而言，可溶性硅酸盐也有作用，除 BMP-2、I 型胶原蛋白基因外，参与骨骼基因表达控制的 Runx-2 因子（Runt 关联的转录因子 2，Stein et al. 2004）、OPG 和 RANKL 蛋白基因的表达也均受到影响（Maehira et al. 2008；2009）。此外，硅酸对参与胶原合成的脯氨酰羟化酶有激励作用（Carlisle and Alpenfels 1980；1984；Carlisle and Garvey 1982；Carlisle and Suchil 1983；Carlisle et al. 1981）。因此，可溶性硅能引起小鼠的羟脯氨酸含量大幅提高（Maehira et al. 2009）。在硅缺乏大鼠的胫骨中，羟脯氨酸的总量明显低于那些有硅补充的个体。另外，硅缺失大鼠的骨胶原形成降低，肝中的鸟氨酸转氨酶（参与脯氨酸合成）活性也很低（Seaborn and Nielsen 2002）。甚至有报道称，沸石-A（一种含硅的化合物）对人的成骨细胞样细胞的增殖、分化及蛋白质合成也有激励作用，细胞的 TGF-β（β 转化生长因子）产量也有提高（Brady et al. 1991；Keeting et al. 1992）。

硅在胶原形成及矿化各阶段中的作用概况见图 10-6。此外，硅对基因表达及翻译后修饰也有影响（由脯氨酰羟化酶调节的羟脯氨酸形成），硅酸对胶原纤维的组装及矿化同样有作用。低浓度的硅酸可加速胶原自组装的进程，这很可能归因于纤维形成前的胶原螺旋修饰，然而，高浓度的溶液[出现聚硅酸和（或）二氧化硅纳米颗粒]对胶原纤维的发生反而起到阻碍的作用，这很可能缘于静电效应及氢键形成（Eglin et al. 2006）。

10.12　RANK/RANKL/OPG 体系

OPG（osteoprotegrin，护骨素）及 NF-κB 受体活化剂配体（RANKL）是一类由成骨细胞释放的可溶性因子，参与骨吸收调节（Wittrant et al. 2004；Collin-Osdoby 2004；Gallagher 2008；Lane and Yao 2009）。这些因子在前破骨细胞分化为成熟破骨细胞（骨吸收细胞）过程中发挥着关键性的作用（Rodan and Martin 1982；Suda et al. 1999；Kanamaru et al. 2004）。TNF（tumor necrosis factor，肿瘤坏死因子）及其受体超家族成员也参与了骨的吸收控制（Khosla 2001），见图 10-7。

（1）RANK，即 NF-κB 受体活化剂，在造血细胞中表达，控制破骨细胞的成熟（破骨细胞发生）。

（2）OPG，由成骨细胞分泌，阻止破骨细胞发生，因此，有抑制骨吸收的作用。

（3）RANKL，即 NF-κB 受体活化剂配体，一种由成骨细胞产生的蛋白质，通过与前破骨细胞上的 RANK 作用而激活破骨细胞。

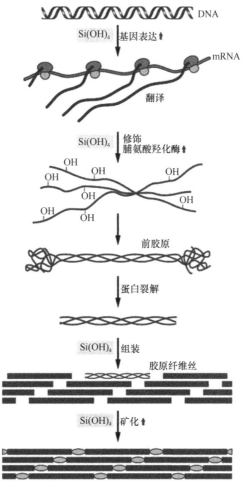

图 10-6 硅酸[Si(OH)₄]在胶原合成、成熟及矿化中的作用示意图。硅酸不仅影响基因的表达和翻译后修饰，同时还对胶原纤维丝的组装与矿化产生影响。

因 RANK/RANKL 在破骨细胞分化及其活力的维持上起着作用，因此，一些与骨吸收加大有关的疾病的发病基本上均涉及这一体系（Raisz 2005）。由于 RANKL 在破骨细胞发生及破骨细胞激活上的作用受 OPG 的调节，因此，OPG、RANKL 间的比率对于骨质疏松症的发展极为关键。OPG 过表达的转基因小鼠会发展成骨质疏松症样病症，而 OPG 缺乏的小鼠则显示早发性骨质疏松症症状（Bucay et al. 1998）。

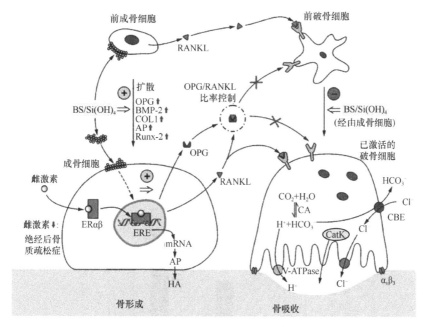

图 10-7　生物氧化硅（BS）和硅酸[Si(OH)₄]对成骨细胞、破骨细胞及其祖细胞的成熟和活力的影响示意图。无论是单体硅[Si(OH)₄]还是多聚硅（BS）均能增强成骨细胞的 OPG 表达，而对 RANKL 的表达无影响。OPG/RANKL 比率的增大，使前破骨细胞的成熟与活化受到损害。从另一方面看，无论是单体硅还是多聚硅，通过诱导编码 OPG、BMP-2 和 AP（碱性磷酸酶，参与 HA 的形成）的基因进行表达而促使前成骨细胞成熟为成骨细胞。

10.13　生物氧化硅对 *OPG*、*RANKL* 基因表达的影响

SaOS-2 细胞模型也可用于生物氧化硅在 *OPG* 及 *RANKL* 基因表达上的影响研究（Wiens et al. 2010c）。这些细胞在 *OPG*、*RANK* 及 *RANKL* 三基因上均有表达（Mori et al. 2007；Borsje et al. 2010）。培养于硅蛋白/生物氧化硅涂层或只有硅蛋白涂层（对照组）基底上的细胞（时间分别为 1 天、3 天或 7 天）的 RNA 被提取。定量 RT-PCR（qRT-PCR）分析显示，暴露于生物氧化硅中的 SaOS-2 细胞的 *OPG* 基因的表达表现出强烈的时间依赖关系，见图 10-8b，而 *RANKL* 基因的表达水平几乎保持不变（Wiens et al. 2010c）。对照中，*OPG*、*RANKL* 的表达水平 1～7 天内无明显变化，见图 10-8a。因此，生长于生物氧化硅中的细胞的 *OPG/RANKL* 表达量之比在 1～7 天内有明显增大趋势，见图 10-8b。实验中，*OPG*、*RANKL* 的表达水平以持家基因 *GAPDH*（glyceraldehyde 3-phosphate dehydrogenase，3-磷酸甘油醛脱氢酶）的表达水平为基准。

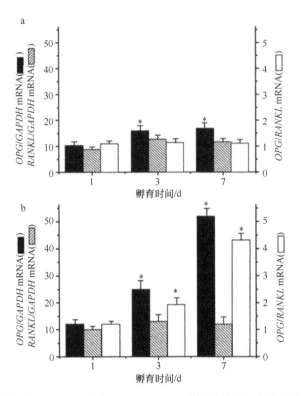

图 10-8　生物氧化硅对 SaOS-2 细胞中 *OPG*、*RANKL* 基因的差别化表达影响。RNA 提取自培养于涂有硅蛋白（a）或硅蛋白/生物氧化硅（b）孔板中 1 天、3 天或 7 天的细胞。*OPG*、*RANKL*、*GAPDH*（用于归一化参考）的表达水平通过 qRT-PCR 测定。实条柱：*OPG/GAPDH* 表达比，影线条柱：*RANKL/GAPDH* 表达比，空条柱：*OPG/RANKL*（归一化）表达比。平均标准误差（$n=5$）$P<0.05$（Wiens et al. 2010c）。

　　由生物氧化硅诱导的 *OPG*、*RANKL* 基因的区别表达在蛋白质水平上也有显现（Wiens et al. 2010c）。ELISA 检测显示，生物氧化硅存在情况下（每细胞 12 h 0.8 fg 至每细胞 7 d 3.1fg），由 SaOS-2 细胞释放的 OPG 蛋白水平显著增高（Wiens et al. 2010c）。相反，在这段时间内 RANKL 蛋白的水平却无明显变化。

　　这些结果说明，经由 OPG 合成刺激，生物氧化硅对 RANKL 的一些生物功能，如前破骨细胞的成熟及破骨细胞的激活方面的功能有损害。

　　图 10-7 大致描述了 RANK/RANKL/OPG 体系及生物氧化硅对体系的作用。生物氧化硅增大了 OPG 的表达，但对 RANKL 的表达却无影响。通过与 OPG 结合（生物氧化硅不断增多的情况下），RANKL 因化学屏蔽效应而不能有效地结合至受体 RANK 上。因此，生物氧化硅的作用是负向影响，凭借随后的二级作用而影响着前破骨细胞的成熟及破骨细胞的激活。基于这些体外研究数据，再结合未来的一些体内研究，人们有理由相信，生物氧化硅在骨质疏松症预防及治疗上会有美好的应用前景。

10.14 生物氧化硅对 *BMP-2*、*TRAP* 基因表达的影响

后续研究中，生长于生物氧化硅基底上的成骨细胞样细胞的两个标志性基因 *BMP-2* 及 *TRAP*（tartrate-resistant acid phosphatase，耐酒石酸盐酸性磷酸酶）的表达情况也被评估测定（Wiens et al. 2010b）。BMP-2 是骨生成的一个诱导物。这一细胞因子的表达上调标志着骨诱导活性被激发（Eliseev et al. 2006；Katz et al. 2008）。TRAP 是一个骨吸收调节物，破骨细胞中 *TRAP* 的水平很高，但令人惊奇的是，*TRAP* 在 SaOS-2 细胞中也有表达（Matsuzaki et al. 1999）。研究证实，骨质疏松症及其他骨疾病的发展均与 *TRAP* 的表达增加有关（Hollberg et al. 2005；Oddie et al. 2000）。从另一方面看，TRAP$^{-/-}$敲除小鼠的破骨细胞的活性减弱，并伴有骨石化症发生（Hayman et al. 1996）。

将 SaOS-2 细胞培养于含抗坏血酸及 β-甘油磷酸酯的矿化培养基中，一些生长于涂有硅蛋白/生物氧化硅 Ca-P 盖片上，一些生长于 Ca-P 盖片上，而另一些则生长于未涂有任何物质的盖片上（Wiens et al. 2010b）。培养的细胞经 qRT-PCR 分析证实，硅蛋白/生物氧化硅盖片上的细胞中 *BMP2* 在 3 天、5 天、7 天时表达均有增强，但 5 天时表达最为强烈，见图 10-9。7 天后，表达水平开始下降；生长于 Ca-P 盖片上的细胞中的 *BMP2* 有表达，但表达水平不高；而生长于未涂有任何物质的盖片上的细胞的 *BMP2* 表达水平则无明显变化（Wiens et al. 2010b）。

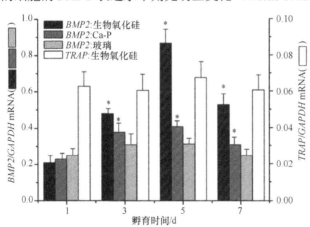

图 10-9 生物氧化硅对 SaOS-2 细胞中 *BMP2*、*TRAP* 基因的差别化表达影响。RNA 提取自培养于不同基质下 1 天、3 天、5 天或 7 天的细胞。*BMP2*、*TRAP* 及 *GAPDH*（用于归一化参考）的表达水平由 qRT-PCR 测定。黑色条柱：生长于涂有谷氨酸标记硅蛋白/生物氧化硅 Ca-P 盖片上的细胞 *BMP2* 的表达水平；深灰色条柱：生长于未涂层 Ca-P 基底盖片上的细胞 *BMP2* 的表达水平；浅灰色条柱：生长于玻璃盖片上的细胞 *BMP2* 的表达水平；空条柱：生长于涂有硅蛋白/生物氧化硅 Ca-P 基底盖片上的细胞 *TRAP* 的表达水平。平均标准误差（*n*=5）*P*<0.05（Wiens et al. 2010b）。

同样，qRT-PCR 分析测定（Wiens et al. 2010b）显示，*TRAP* 表达也无明显改变，不管细胞培养于何种条件下，见图 10-9。

10.15　硅补充及含硅植入材料

在骨疾病的预防与治疗上，硅[硅酸和（或）生物氧化硅]的应用策略可能主要基于硅酸/生物氧化硅的补充和硅/含生物氧化硅材料的植入。

生物有效性研究显示，50%的硅酸可经胃肠道吸收快捷进入体内（Reffitt et al. 1999；Jugdaohsingh et al. 2000；Sripanyakorn et al. 2004），而多聚硅酸的摄入则微乎其微（Jugdaohsingh et al. 2000）。因此，硅的生物有效性显著依赖于硅化物的化学形式。如此一来，各种不同的物质被用于硅酸的生物有效性增强上，其中包括用胆碱（Calomme and Van den Berghe 1997；Spector et al. 2008）和精氨酸盐肌醇（Nielsen 2008）将硅酸固定。去卵巢大鼠在补充胆碱固定硅酸后一些鼠龄长的大鼠的骨（股骨）流失得到了部分阻止（Calomme et al. 2006）。精氨酸盐肌醇固定硅酸的使用显示，鹌鹑骨组织的矿化有所改善（Sahin et al. 2006）。胆碱固定硅酸作为硅源已被添加至人的日常饮食中，以补充硅的不足（EFSA 2009）。超过 60 岁的停经后妇女的硅饮食摄入研究显示，从硅摄入方面讲，年龄上无大差别（McNaughton et al. 2005），这或许会影响到硅的补充效用。

作为骨替代品的含硅植入材料，如硅取代 HA 及生物玻璃引起人们的极大关注（Hench and Paschall 1973；Hench and Wilson 1984；Hench 1998；Hench and Polak 2002；López-Alvarez et al. 2009；Zou et al. 2009）。生物玻璃之所以被认为有"生物活性"，是因为其可紧密地与组织结合（Chen et al. 2006；Bretcanu et al. 2009）。报道称，这种植入材料具有骨诱导性和骨传导性（Hench 2006）。

第一个由硅蛋白及硅前体组成的生物活性植入材料原型已被人们制备出来，其临床前的实验结果令人振奋（Wiens et al. 2010a）。为便于硅蛋白在骨（牙）替代材料上的应用，人们已研发出一种生物工程重组硅蛋白——谷氨酸标签硅蛋白，其分子中含一个能将酶固定于 HA 表面的寡聚谷氨酸序列，在底物添加后可形成生物氧化硅涂层（Natalio et al. 2010；Wiens et al. 2010），见图 10-10c。

图 10-10 是骨质疏松症患者脊椎骨折（压迫性骨折）治疗应用材料的示意图，图中所示材料既可以是体外间接（*ex vivo*）形成的生物氧化硅，也可以是标签硅蛋白-生物氧化硅前体，这种材料单独或与其他椎体成形术材料一起被注射至骨折的脊椎中，见图 10-10a。脊椎后凸成形术（kyphoplasty）见图 10-10b 所示，骨球囊通过两支活检穿刺针被送入椎骨椎体中。当其胀开时，椎体会再次膨大。这个重建椎体会因注入的多聚物凝固变硬而被固定住。成骨细胞的再聚集及骨形成（成骨细胞）与骨吸收（破骨细胞）间的再平衡通过生物氧化硅于 RANK/RANKL/OPG

体系的作用而调节，骨诱导活性使注入材料最终被新生成的自体骨取代。在有基底存在的情况下，注射谷氨酸标签硅蛋白催化生成生物氧化硅的示意见图 10-10c。硅蛋白借由谷氨酸标签而结合至小梁骨上。随着在 Ca-P 基底（小梁骨 HA）上的固定，在适宜硅前体（硅酸或水玻璃与标签硅蛋白分子一起注入）存在情况下，硅蛋白使生物氧化硅的形成更加容易。小梁骨上的生物氧化硅涂层可引导成骨细胞聚集并使细胞发生矿化（形成 HA）。此外，它还诱导 OPG 表达，使吸收细胞（破骨）活性降低，这归因于成骨细胞释放的 OPG 对 RANKL 的捕获。

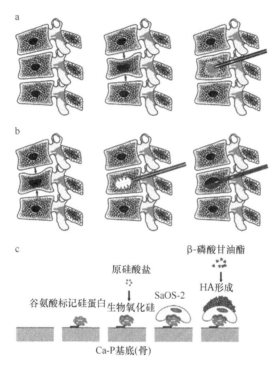

图 10-10　生物氧化硅基材料于骨质疏松患者椎骨骨折治疗上的潜在应用。（a）椎骨成形术应用；（b）球囊扩张椎体后凸成形术；（c）示意图，示谷氨酸标记硅蛋白条件下的生物氧化硅形成。标记硅蛋白经由其高亲和的标记谷氨酸结合至骨小梁上，经过一段时间的稳定，这个重组蛋白催化硅原物质（硅酸盐）形成生物氧化硅。生物氧化硅修饰的基质（骨小梁）则通过矿化中的造骨细胞（或体外，SaOS-2 在添加了 β-磷酸甘油酯的培养基中培养）增强 HA 的形成。（彩图请扫封底二维码）

10.16　结　　论

总的来讲，本章所列举的数据均显示，生物氧化硅能体外诱导 HA 形成。与此同时，人们发现，生物氧化硅还能刺激细胞增殖（Wiens et al. 2010b）。基于这些很有前景的体外研究结果，人们首先想到的是，研发出一种具有生物活性且能诱导骨形成的新兴复合材料。这种材料由一种含有酶活性的硅蛋白的可模压成形基质组成，酶分子被置入聚 D, L-乳酸/聚乙烯吡咯烷酮为基的微球囊中（Wiens et al. 2010a）。兔股骨人为缺陷的治疗应用结果显示，HA 完全得以恢复，骨出现了再生情况。人们由此认为，生物氧化硅或许在骨折/骨缺陷体内愈合上有一定的用途（Wiens et al. 2010b）。另外，这些研究显示，生物氧化硅虽是一种 OPG 的表达选择剂，却不是 RANKL 的表达选择剂（Wiens et al. 2010c），因此，成骨细胞释放的 OPG 量会不断地增大。在体外，OPG 因结合而化学屏蔽掉了 RANKL，使 RANKL 不再与其受体结合。RANKL 的功能消除导致破骨细胞分化及骨吸收作用被抑制。由此，生物氧化硅被视为在骨质疏松症的预防及治疗上具有相当的潜在应用前景（Wiens et al. 2010c）。目前，人们正在进行生物氧化硅的动物体内生物有效性测试研究。此外，多聚硅与其他无机聚合物尤其是无机多聚磷酸盐的联合应用未来将会有美好的前景（Leyhausen et al. 1998；Schröder et al. 2000b；Lorenz and Schröder 2001）。

参 考 文 献

Adachi JD (1997) Corticosteroid-induced osteoporosis. Am J Med Sci 313:41–49

Adler AJ, Berlyne GM (1986) Silicon metabolism II. Renal handling chronic renal failure patients. Nephron 44:36–39

Adler AJ, Etzion Z, Berlyne GM (1986) Uptake, distribution, and excretion of 31silicon in normal rats. Am J Physiol 251:E670–E673

Adkisson HD, Strauss-Schoenberger J, Gillis M, Wilkins R, Jackson M, Hruska KA (2000) Rapid quantitative bioassay of osteoinduction. J Orthop Res 18:503–511

Albrektsson T, Johansson C (2001) Osteoinduction, osteoconduction and osseointegration. Eur Spine J 10:S96–S101

Ammann P, Shen V, Robin B, Mauras Y, Bonjour JP, Rizzoli R (2004) Strontium ranelate improves bone resistance by increasing bone mass and improving architecture in intact female rats. J Bone Miner Res 19:2012–2020

Arumugam MQ, Ireland DC, Brooks RA, Rushton N, Bonfield W (2006) The effect of orthoşilicic acid on collagen type I, alkaline phosphatase and osteocalcin mRNA expression in human bone-derived osteoblasts in vitro. Key Eng Mater 32:309–311

Berlyne GM, Adler AJ, Ferran N, Bennett S, Holt J (1986) Silicon metabolism I: some aspects of renal silicon handling in normal man. Nephron 43:5–9

Bhattacharyya P, Vulcani BE (1980) Sodium-dependent silicate transport in the apochlorotic marine diatom. Proc Natl Acad Sci USA 77:6386–6390

Bhattacharjee H, Mukhopadhyay R, Thiyagarajan S, Rosen BP (2008) Aquaglyceroporins: ancient channels for metalloids. J Biol 7:33

Blick SK, Dhillon S, Keam SJ (2009) Spotlight on teriparatide in osteoporosis. BioDrugs 23:197–199

Borsje MA, Ren Y, de Haan-Visser HW, Kuijer R (2010) Comparison of low-intensity pulsed ultrasound and pulsed electromagnetic field treatments on OPG and RANKL expression in human osteoblast-like cells. Angle Orthod 80:498–503

Brady MC, Dobson PRM, Thavarajah M, Kanis JA (1991) Zeolite A stimulates proliferation and protein synthesis in human osteoblast-like cells and osteosarcoma cell line MG-63. J Bone Miner Res 6:S139

Bretcanu O, Misra S, Roy I, Renghini C, Fiori F, Boccaccini AR, Salih V (2009) In vitro biocompatibility of 45 S5 Bioglass®-derived glass–ceramic scaffolds coated with poly (3-hydroxybutyrate). J Tissue Eng Regen Med 3:139–148

Bucay N, Sarosi I, Dunstan CR, Morony S, Tarpley J, Capparelli C, Scully S, Tan HL, Xu W, Lacey DL, Boyle WJ, Simonet WS (1998) Osteoprotegerin-deficient mice develop early onset osteoporosis and arterial calcification. Genes Dev 12:1260–1268

Calomme MR, Van den Berghe DA (1997) Supplementation of calves with stabilized orthosilicic acid. Effect on the Si, Ca, Mg, and P concentrations in serum and the collagen concentration in skin and cartilage. Biol Trace Elem Res 56:153–165

Calomme M, Geusens P, Demeester N, Behets GJ, D'Haese P, Sindambiwe JB, Van Hoof V, Van den Berghe D (2006) Partial prevention of long-term femoral bone loss in aged ovariectomized rats supplemented with choline-stabilized orthosilicic acid. Calcif Tissue Int 78:227–232

Calvo E, Castañeda S, Largo R, Fernández-Valle ME, Rodríguez-Salvanés F, Herrero-Beaumont G (2007) Osteoporosis increases the severity of cartilage damage in an experimental model of osteoarthritis in rabbits. Osteoarthr Cartil 15:69–77

Canalis E (2010) New treatment modalities in osteoporosis. Endocr Pract 29:1–23

Carlisle EM (1972) Silicon: an essential element for the chick. Science 178:619–621

Carlisle EM (1976) *In vivo* requirement for silicon in articular cartilage and connective tissue formation in the chick. J Nutr 106:478–484

Carlisle EM (1981) Silicon in bone formation, vol 4. In: Simpson TL, Volcani BE (eds) Springer Verlag, New York, pp 69–94

Carlisle EM (1986) Silicon as an essential trace element in animal nutrition. In: Ciba Foundation symposium 121. Wiley, Chichester, UK, pp 123–139

Carlisle EM, Alpenfels WF (1980) A silicon requirement for normal growth for cartilage in culture. Fed Proc 39:787

Carlisle EM, Alpenfels WF (1984) The role of silicon in proline synthesis. Fed Proc 43:680

Carlisle EM, Garvey DL (1982) The effect of silicon on formation of extracellular matrix components by chondrocytes in culture. Fed Proc 41:461

Carlisle EM, Berger JW, Alpenfels WF (1981) A silicon requirement for prolyl hydroxylase activity. Fed Proc 40:886

Carlisle EM, Suchil C (1983) Silicon and ascorbate interaction in cartilage formation in culture. Fed Proc 42:398

Cha JN, Shimizu K, Zhou Y, Christianssen SC, Chmelka BF, Stucky GD, Morse DE (1999) Silicatein filaments and subunits from a marine sponge direct the polymerization of silica and silicones in vitro. Proc Natl Acad Sci USA 96:361–365

Chen H, Clarkson BH, Sun K, Mansfield JF (2005) Self-assembly of synthetic hydroxyapatite nanorods into an enamel prism-like structure. J Colloid Interface Sci 288:97–103

Chen QZ, Thompson ID, Boccaccini AR (2006) 45 S5 Bioglass®-derived glass-ceramic scaffolds for bone tissue engineering. Biomaterials 27:2414–2425

Collin-Osdoby P (2004) Regulation of vascular calcification by osteoclast regulatory factors RANKL and osteoprotegerin. Circ Res 95:1046–1057

Cummings SR, Melton LJ (2002) Epidemiology and outcomes of osteoporotic fractures. Lancet 359:1761–1767

D'Haese PC, Shaheen FA, Huraid SO, Djukanovic L, Polenakovic MH, Spasovski G, Shikole A, Schurgers ML, Daneels RF, Lamberts LV, Van Landeghem GF, De Broe ME (1995) Increased silicon levels in dialysis patients due to high silicon content in the drinking water, inadequate water treatment procedures, and concentrate contamination: a multicentre study. Nephrol Dial Transplant 10:1838–1844

EFSA (2009) Choline-stabilised orthosilicic acid added for nutritional purposes to food supplements scientific opinion of the panel on food additives and nutrient sources added to food. The EFSA J 948:1–23

Eglin D, Shafran KL, Livage J, Coradin T, Perry CC (2006) Comparative study of the influence of several silica precursors on collagen self-assembly and of collagen on 'Si' speciation and condensation. J Mater Chem 16:4220–4230

Eliseev RA, Schwarz EM, Zuscik MJ, O'Keefe Regis J, Drissi H, Rosier RN (2006) Smad7 mediates inhibition of Saos2 osteosarcoma cell differentiation by NFκnB. Exp Cell Res

312:40–50

Faibish D, Ott SM, Boskey AL (2006) Mineral changes in osteoporosis: a review. Clin Orthop Relat Res 443:28–38

Fromigue O, Hay E, Modrowski D, Bouvet S, Jacquel A, Auberge P, Marie PJ (2006) RhoA GTPase inactivation by statins induces osteosarcoma cell apoptosis by inhibiting p42/p44-MAPKs-Bcl-2 signaling independently of BMP-2 and cell differentiation. Cell Death Differ 13:1845–1856

Gallagher JC (2008) Advances in bone biology and new treatments for bone loss. Maturitas 60:65–69

Gao T, Aro HT, Ylänen H, Vuorio E (2001) Silica-based bioactive glasses modulate expression of bone morphogenetic protein-2 mRNA in Saos-2 osteoblasts in vitro. Biomaterials 22:1475–1483

Gao BB, Clermont A, Rook S, Fonda SJ, Srinivasan VJ, Wojtkowski M, Fujimoto JG, Avery RL, Arrigg PG, Bursell SE, Aiello LP, Feener E (2007) Extracellular carbonic anhydrase mediates hemorrhagic retinal and cerebral vascular permeability through prekallikrein activation. Nat Med 13:181–188

Gardner MJ, Demetrakopoulos D, Shindle MK, Griffith MH, Lane JM (2006) Osteoporosis and skeletal fractures. HSS J 2:62–69

Glantz PO (1987) Comment. In: Williams DF (ed) Progress in biomedical engineering, vol 4. definitions in biomaterials. Elsevier, Amsterdam, p 24

Gröger C, Sumper M, Brunner E (2007) Silicon uptake and metabolism of the marine diatom *Thalassiosira pseudonana*: solid-state ^{29}Si NMR and fluorescence microscopic studies. J Struct Biol 161:55–63

Hausser HJ, Brenner RE (2005) Phenotypic instability of SaOS-2 cells in long-term culture. Biochem Biophys Res Commun 333:216–222

Hay E, Lemonnier J, Fromigue O, Guenou H, Pierre JM (2004) Bone morphogenetic protein receptor IB signaling mediates apoptosis independently of differentiation in osteoblastic cells. J Biol Chem 279:1650–1658

Hayman AR, Jones SJ, Boyde A, Foster D, Colledge WH, Carlton MB, Evans MJ, Cox TM (1996) Mice lacking tartrate-resistant acid phosphatase (Acp 5) have disrupted endochondral ossification and mild osteopetrosis. Development 122:3151–3162

Hench LL (1998) Bioceramics. J Am Ceram Soc 81:1705–1728

Hench LL (2006) The story of bioglass. J Mater Sci Mater Med 17:967–978

Hench LL, Paschall HA (1973) Direct chemical bond of bioactive glass-ceramic materials to bone and muscle. J Biomed Mater Res 4:25–42

Hench LL, Wilson J (1984) Surface-active biomaterials. Science 226:630–636

Hench LL, Polak JM (2002) Third-generation biomedical materials. Science 295:1014–1017

Hollberg K, Nordahl J, Hultenby K, Mengarelli-Widholm S, Andersson G, Reinholt FP (2005) Polarization and secretion of cathepsin K precede tartarate-resistant acid phosphatase secretion to the ruffled border area during the activation of matrix-resorbing clasts. J Bone Miner Metab 23:441–449

Hott M, de Pollak C, Modrowski DMPJ (1993) Short-term effects of organic silicon on trabecular bone in mature ovariectomized rats. Calcif Tissue Int 53:174–179

Iler RK (1979) Solubility, polymerisation, colloid and surface properties, and biochemistry. Wiley, New York

Jin H, Heller DA, Sharma R, Strano MS (2009) Size-dependent cellular uptake and expulsion of single-walled carbon nanotubes: single particle tracking and a generic uptake model for nanoparticles. Nano 3:149–158

Jugdaohsingh R (2007) Silicon and bone health. J Nutr Health Aging 11:99–110

Jugdaohsingh R, Reffitt DM, Oldham C, Day JP, Fifield LK, Thompson RPH, Powell JJ (2000) Oligomeric but not monomeric silica prevents aluminum absorption in humans. Am J Clin Nutr 71:944–949

Jugdaohsingh R, Anderson SH, Tucker KL, Elliott H, Kiel DP, Thompson RPH, Powell JJ (2002) Dietary silicon intake and absorption. Am J Clin Nutr 75:887–893

Jugdaohsingh R, Tucker KL, Qiao N, Cupples LA, Kiel DP, Powell JJ (2004) Silicon intake is a major dietary determinant of bone mineral density in men and pre-menopausal women of the

Framingham offspring cohort. J Bone Miner Res 19:297–307

Kaandorp JA, Blom JG, Verhoef J, Filatov M, Postma M, Müller WEG (2008) Modelling genetic regulation of growth and form in a branching sponge. Proc Biol Sci 275:2569–2575

Kaluzhnaya OV, Belikov SI, Schröder HC, Wiens M, Giovine M, Krasko A, Müller IM, Müller WEG (2005) Dynamics of skeleton formation in the Lake Baikal sponge *Lubomirskia baicalensis* Part II. Molecular biological studies. Naturwissenschaften 92:134–138

Kanamaru F, Iwai H, Ikeda T, Nakajima A, Ishikawa I, Azuma M (2004) Expression of membrane-bound and soluble receptor activator of NF-kappa B ligand (RANKL) in human T cells. Immunol Lett 94:239–246

Katz JM, Nataraj C, Jaw R, Deigl E, Bursac P (2008) Demineralized bone matrix as an osteoinductive biomaterial and in vitro predictors of its biological potential. J Biomed Mater Res 89B:127–134

Kelly SE, Di Benedetto A, Greco A, Howard CM, Sollars VE, Primerano DA, Valluri JV, Claudio PP (2010) Rapid selection and proliferation of CD133(+) cells from cancer cell lines: chemotherapeutic implications. PLoS ONE 5:e10035. doi:10.1371/journal.pone.0010035

Keeting PE, Oursler MJ, Wiegand KE, Bonde SK, Spelsberg TC, Riggs BL (1992) Zeolite-A increases proliferation, differentiation, and transforming growth-factor-b production in normal adult human osteoblast-like cells-in vitro. J Bone Miner Res 7:1281–1289

Khosla S (2001) Minireview: the OPG/RANKL/RANK system. Endocrinology 142:5050–5055

Khosla S, Amin S, Orwoll E (2008a) Osteoporosis in men. Endocr Rev 29:441–464

Khosla S, Westendorf JJ, Oursler MJ (2008b) Building bone to reverse osteoporosis and repair fractures. J Clin Invest 118:421–428

Kim M-H, Bae Y-J, Choi M-K, Chung Y-S (2009) Silicon supplementation improves the bone mineral density of calcium-deficient ovariectomized rats by reducing bone resorption. Biol Trace Elem Res 128:239–247

Krasko A, Batel R, Schröder HC, Müller IM, Müller WEG (2000) Expression of silicatein and collagen genes in the marine sponge *Suberites domuncula* is controlled by silicate and myotrophin. Eur J Biochem 267:4878–4887

Lane NE, Yao W (2009) Developments in the scientific understanding of osteoporosis. Arthritis Res Ther 11:228

Leibbrandt A, Penninger JM (2008) RANK/RANKL: regulators of immune responses and bone physiology. Ann NY Acad Sci 1143:123–150

Le Pennec G, Perovic S, Ammar SMA, Grebenjuk VA, Steffen R, Brümmer F, Müller WEG (2003) Cultivation of primmorphs from the marine sponge *Suberites domuncula*: morphogenetic potential of silicon and iron. A review J Biotechnol 100:93–108

Leyhausen G, Lorenz B, Zhu H, Geurtsen W, Bohnensack R, Müller WEG, Schröder HC (1998) Inorganic polyphosphate in human osteoblast-like cells. J Bone Miner Res 13:803–812

Li Q, Kannan A, Wang W, Demayo FJ, Taylor RN, Bagchi MK, Bagchi IC (2007) Bone morphogenetic protein 2 functions via a conserved signaling pathway involving Wnt4 to regulate uterine decidualization in the mouse and the human. J Biol Chem 282:31725–31732

López-Alvarez M, Solla EL, González P, Serra J, León B, Marques AP, Reis RL (2009) Silicon-hydroxyapatite bioactive coatings (Si-HA) from diatomaceous earth and silica. Study of adhesion and proliferation of osteoblast-like cells. J Mater Sci Mater Med 20:1131–1136

Lorenz B, Schröder HC (2001) Mammalian intestinal alkaline phosphatase acts as highly active exopolyphosphatase. Biochim Biophys Acta 1547:254–261

MacDonald HM, Hardcastle AE, Jugdaohsingh R, Reid DM, Powell JJ (2005) Dietary silicon intake is associated with bone mineral density in premenopausal women and postmenopausal women taking HRT. J Bone Miner Res 20:S393

Maehira F, Iinuma Y, Eguchi Y, Miyagi I, Teruya S (2008) Effects of soluble silicon compound and deep-sea water on biochemical and mechanical properties of bone and the related gene expression in mice. J Bone Miner Metab 26:446–455

Maehira F, Miyagi I, Eguchi Y (2009) Effects of calcium sources and soluble silicate on bone metabolism and the related gene expression in mice. Nutrition 25:581–589

Mann S (2001) Biomineralization: principles and concepts in bioinorganic materials chemistry. Oxford University Press, Oxford

McNaughton SA, Bolton-Smith C, Mishra GD, Jugdaohsingh R, Powell JJ (2005) Dietary silicon intake in post-menopausal women. Br J Nutr 94:813–817

Matsuzaki K, Katayama K, Takahashi Y, Nakamura I, Udagawa N, Tsurukai T, Nishinakamura R, Toyama Y, Yabe Y, Hori M, Takahashi N, Suda T (1999) Human osteoclast-like cells are formed from peripheral blood mononuclear cells in a coculture with SaOS-2 cells transfected with the parathyroid hormone (PTH)/PTH-related protein receptor gene. Endocrinology 140:925–932

Morgan EF, Barnes GL, Einhorn TA (2008) The bone organ system: form and function. In: Marcus R, Feldman D, Nelson DA, Rosen CJ (eds) Osteoporosis., 3rd edn. Elsevier, San Diego, pp 3–25

Mori K, Berreur M, Blanchard F, Chevalier C, Guisle-Marsollier I, Masson M, Rédini F, Heymann D (2007) Receptor activator of nuclear factor-κB ligand (RANKL) directly modulates the gene expression profile of RANK-positive Saos-2 human osteosarcoma cells. Oncol Rep 18:1365–1371

Morse DE (1999) Silicon biotechnology: harnessing biological silica production to construct new materials. Trends Biotechnol 17:230–232

Müller WEG (2003) Silicon biomineralization: biology-biochemistry-molecular biology-biotechnology. Springer, Berlin

Müller WEG, Rothenberger M, Boreiko A, Tremel W, Reiber A, Schröder HC (2005) Formation of siliceous spicules in the marine demosponge Suberites domuncula. Cell Tissue Res 321:285–297

Müller WE, Belikov SI, Tremel W, Perry CC, Gieskes WW, Boreiko A, Schröder HC (2006) Siliceous spicules in marine demosponges (example Suberites domuncula). Micron 37:107–120

Müller WEG, Boreiko A, Wang XH, Krasko A, Geurtsen W, Custódio MR, Winkler T, Lukić-Bilela L, Link T, Schröder HC (2007a) Morphogenetic activity of silica and bio-silica on the expression of genes, controlling biomineralization using SaOS-2 cells. Calcif Tissue Int 81:382–393

Müller WEG, Wang XM, Belikov SI, Tremel W, Schloßmacher U, Natoli A, Brandt D, Boreiko A, Tahir MN, Müller IM, Schröder HC (2007b) Formation of siliceous spicules in demosponges: example Suberites domuncula. In: Bäuerlein E (ed) Handbook of biomineralization; Vol. 1: biological aspects and structure formation. Wiley-VCH, Weinheim, pp 59–82

Müller WEG, Jochum K, Stoll B, Wang XH (2008a) Formation of giant spicule from quartz glass by the deep sea sponge Monorhaphis. Chem Mater 20:4703–4711

Müller WEG, Schloßmacher U, Wang XH, Boreiko A, Brandt D, Wolf SE, Tremel W, Schröder HC (2008b) Poly(silicate)-metabolizing silicatein in siliceous spicules and silicasomes of demosponges comprises dual enzymatic activities (silica-polymerase and silica-esterase). FEBS J 275:362–370

Müller WEG, Wang X, Kropf K, Boreiko A, Schloßmacher U, Brandt D, Schröder HC, Wiens M (2008c) Silicatein expression in the hexactinellid Crateromorpha meyeri: the lead marker gene restricted to siliceous sponges. Cell Tissue Res 333:339–351

Müller WEG, Wang X, Burghard Z, Bill J, Krasko A, Boreiko A, Schloßmacher U, Schröder HC, Wiens M (2009a) Bio-sintering processes in hexactinellid sponges: fusion of biosilica in giant basal spicules from Monorhaphis chuni. J Struct Biol 168:548–561

Müller WE, Wang X, Cui FZ, Jochum KP, Tremel W, Bill J, Schröder HC, Natalio F, Schlossmacher U, Wiens M (2009b) Sponge spicules as blueprints for the Biofabrication of inorganic-organic composites and biomaterials. Appl Microbiol Biotechnol 83:397–413

Müller WEG, Wang X, Sinha B, Wiens M, Schröder HC, Jochum KP (2010) NanoSIMS: Insights into the organization of the proteinaceous scaffold within hexactinellid sponge spicules. Chembiochem 11:077–1082

Natalio F, Link T, Müller WEG, Schröder HC, Cui FZ, Wang XH, Wiens M (2010) Bioengineering of the silica-polymerizing enzyme silicatein-α for a targeted application to hydroxyapatite. Acta Biomater 6:3720–3728

Nielsen FH (2008) A novel silicon complex is as effective as sodium metasilicate in enhancing the collagen-induced inflammatory response of silicon-deprived rats. J Trace Elem Med Biol

22:39–49

Oddie GW, Schenk G, Angel NZ, Walsh N, Guddat LW, de Jersey J, Cassady AI, Hamilton SE, Hume DA (2000) Structure, function, and regulation of tartrate-resistant acid phosphatase. Bone 27:575–584

Patlak M (2001) Bone builders: the discoveries behind preventing and treating osteoporosis. FASEB J 15:1677E–E

Perry CC (2003) Silicification: the processes by which organisms capture and mineralize silica. Rev Mineral Geochem 54:291–327

Perry CC, Keeling-Tucker T (2000) Biosilification: the role of the organic matrix in structure control. J Biol Inorg Chem 5:537–550

Perry CC, Belton D, Shafran K (2003) Studies of biosilicas: structural aspects, chemical principles, model studies and the future. In: Müller WEG (ed) Silicon biomineralization: Biology – Biochemistry – Molecular biology – Biotechnology. Prog Mol Subcell Biol 33:269–299

Postiglione L, DiDomenico G, Montagnani S, Di Spigna G, Salzano S, Castaldo C, Ramaglia L, Sbordone L, Rossi G (2003) Granulocyte macrophage colony-stimulating factor (GM-CSF) induces the osteoblastic differentiation of the human osteosarcoma cell line SaOS-2. Calcif Tissue Int 72:85–97

Raisz LG (2005) Pathogenesis of osteoporosis: concepts, conflicts, and prospects. J Clin Invest 115:3318–3325

Reffitt DM, Jugdoahsingh R, Thompson RPH, Powell JJ (1999) Silicic acid: its gastrointestinal uptake and urinary excretion in man and effects on aluminium excretion. J Inorg Biochem 76:141–147

Reffitt DM, Ogston N, Jugdaohsingh R, Cheung HF, Evans BA, Thompson RP, Powell JJ, Hampson GN (2003) Orthosilicic acid stimulates collagen type I synthesis and osteoblastic differentiation in human osteoblast-like cells in vitro. Bone 32:127–135

Reginster JY, Burlet N (2006) Osteoporosis: a still increasing prevalence. Bone 38(2 Suppl 1): S4–S9

Reid IR (2008) Anti-resorptive therapies for osteoporosis. Stem Cell Dev Biol 19:473–478

Müller WEG, Jochum K, Stoll B, Wang XH (2008a) Formation of giant spicule from quartz glass by the deep sea sponge *Monorhaphis*. Chem Mater 20:4703–4711

Müller WEG, Schloßmacher U, Wang XH, Boreiko A, Brandt D, Wolf SE, Tremel W, Schröder HC (2008b) Poly(silicate)-metabolizing silicatein in siliceous spicules and silicasomes of demosponges comprises dual enzymatic activities (silica-polymerase and silica-esterase). FEBS J 275:362–370

Müller WEG, Wang X, Kropf K, Boreiko A, Schloßmacher U, Brandt D, Schröder HC, Wiens M (2008c) Silicatein expression in the hexactinellid *Crateromorpha meyeri*: the lead marker gene restricted to siliceous sponges. Cell Tissue Res 333:339–351

Müller WEG, Wang X, Burghard Z, Bill J, Krasko A, Boreiko A, Schloßmacher U, Schröder HC, Wiens M (2009a) Bio-sintering processes in hexactinellid sponges: fusion of biosilica in giant basal spicules from *Monorhaphis chuni*. J Struct Biol 168:548–561

Müller WE, Wang X, Cui FZ, Jochum KP, Tremel W, Bill J, Schröder HC, Natalio F, Schlossmacher U, Wiens M (2009b) Sponge spicules as blueprints for the Biofabrication of inorganic-organic composites and biomaterials. Appl Microbiol Biotechnol 83:397–413

Müller WEG, Wang X, Sinha B, Wiens M, Schröder HC, Jochum KP (2010) NanoSIMS: Insights into the organization of the proteinaceous scaffold within hexactinellid sponge spicules. Chembiochem 11:077–1082

Natalio F, Link T, Müller WEG, Schröder HC, Cui FZ, Wang XH, Wiens M (2010) Bioengineering of the silica-polymerizing enzyme silicatein-α for a targeted application to hydroxyapatite. Acta Biomater 6:3720–3728

Nielsen FH (2008) A novel silicon complex is as effective as sodium metasilicate in enhancing the collagen-induced inflammatory response of silicon-deprived rats. J Trace Elem Med Biol 22:39–49

Oddie GW, Schenk G, Angel NZ, Walsh N, Guddat LW, de Jersey J, Cassady AI, Hamilton SE, Hume DA (2000) Structure, function, and regulation of tartrate-resistant acid phosphatase.

Bone 27:575–584

Patlak M (2001) Bone builders: the discoveries behind preventing and treating osteoporosis. FASEB J 15:1677E–E

Perry CC (2003) Silicification: the processes by which organisms capture and mineralize silica. Rev Mineral Geochem 54:291–327

Perry CC, Keeling-Tucker T (2000) Biosilification: the role of the organic matrix in structure control. J Biol Inorg Chem 5:537–550

Perry CC, Belton D, Shafran K (2003) Studies of biosilicas: structural aspects, chemical principles, model studies and the future. In: Müller WEG (ed) Silicon biomineralization: Biology – Biochemistry – Molecular biology – Biotechnology. Prog Mol Subcell Biol 33:269–299

Postiglione L, DiDomenico G, Montagnani S, Di Spigna G, Salzano S, Castaldo C, Ramaglia L, Sbordone L, Rossi G (2003) Granulocyte macrophage colony-stimulating factor (GM-CSF) induces the osteoblastic differentiation of the human osteosarcoma cell line SaOS-2. Calcif Tissue Int 72:85–97

Raisz LG (2005) Pathogenesis of osteoporosis: concepts, conflicts, and prospects. J Clin Invest 115:3318–3325

Reffitt DM, Jugdoahsingh R, Thompson RPH, Powell JJ (1999) Silicic acid: its gastrointestinal uptake and urinary excretion in man and effects on aluminium excretion. J Inorg Biochem 76:141–147

Reffitt DM, Ogston N, Jugdaohsingh R, Cheung HF, Evans BA, Thompson RP, Powell JJ, Hampson GN (2003) Orthosilicic acid stimulates collagen type I synthesis and osteoblastic differentiation in human osteoblast-like cells in vitro. Bone 32:127–135

Reginster JY, Burlet N (2006) Osteoporosis: a still increasing prevalence. Bone 38(2 Suppl 1): S4–S9

Reid IR (2008) Anti-resorptive therapies for osteoporosis. Stem Cell Dev Biol 19:473–478

Rodan GA, Martin TJ (1982) Role of osteoblasts in hormonal control of bone resorption - hypothesis [letter]. Calcif Tissue Int 34:311

Russell RG, Croucher PI, Rogers MJ (1999) Bisphosphonates: pharmacology, mechanisms of action and clinical uses. Osteoporos Int 9(Suppl 2):S66–S80

Sahin K, Onderci M, Sahin N, Balci TA, Gursu MF, Juturu V, Kucuk O (2006) Dietary arginine silicate inositol complex improves bone mineralization in quail. Poult Sci 85:486–492

Sambrook P, Cooper C (2006) Osteoporosis. Lancet 367:2010–2018

Sasaki S (2008) Introduction for special issue for aquaporin expanding the world of aquaporins: new members and new functions. Pflügers Arch Eur J Physiol 456:647–649

Schröder HC, Krasko A, Batel R, Skorokhod A, Pahler S, Kruse M, Müller IM, Müller WEG (2000a) Stimulation of protein (collagen) synthesis in sponge cells by a cardiac myotrophin-related molecule from Suberites domuncula. FASEB J 14:2022–2031

Schröder HC, Kurz L, Müller WEG, Lorenz B (2000b) Polyphosphate in bone. Biochemistry (Moscow) 65:296–303

Schröder HC, Krasko A, Le Pennec G, Adell T, Hassanein H, Müller IM, Müller WEG (2003) Silicase, an enzyme which degrades biogenous amorphous silica: Contribution to the metabolism of silica deposition in the demosponge Suberites domuncula. In: Müller WEG (ed) Silicon biomineralization: biology-biochemistry-molecular biology-biotechnology. Springer, Berlin, Prog Mol Subcell Biol 33:249–268

Schröder HC, Perović-Ottstadt S, Rothenberger M, Wiens M, Schwertner H, Batel R, Korzhev M, Müller IM, Müller WEG (2004) Silica transport in the demosponge Suberites domuncula: Fluorescence emission analysis using the PDMPO probe and cloning of a potential transporter. Biochem J 381:665–673

Schröder HC, Borejko A, Krasko A, Reiber A, Schwertner H, Müller WEG (2005a) Mineralization of SaOS-2 cells on enzymatically (Silicatein) modified bioactive osteoblast-stimulating surfaces. J Biomed Mat Res B Appl Biomater 75B:387–392

Schröder HC, Perović-Ottstadt S, Grebenjuk VA, Engel S, Müller IM, Müller WEG (2005b) Biosilica formation in spicules of the sponge Suberites domuncula: Synchronous expression of a gene cluster. Genomics 85:666–678

Schröder HC, Boreiko A, Korzhev M, Tahir MN, Tremel W, Eckert C, Ushijima H, Müller IM, Müller WEG (2006) Co-Expression and functional interaction of silicatein with galectin: matrix-guided formation of siliceous spicules in the marine demosponge *Suberites domuncula*. J Biol Chem 281:12001–12009

Schröder HC, Brandt D, Schlossmacher U, Wang X, Tahir MN, Tremel W, Belikov SI, Müller WEG (2007a) Enzymatic production of biosilica glass using enzymes from sponges: basic aspects and application in nanobiotechnology (material sciences and medicine). Naturwissenschaften 94:339–359

Schröder HC, Natalio F, Shukoor I, Tremel W, Schloßmacher U, Wang XH, Müller WEG (2007b) Apposition of silica lamellae during growth of spicules in the demosponge *Suberites domuncula*: biological/biochemical studies and chemical/biomimetical confirmation. J Struct Biol 159:325–334

Schröder HC, Wang XH, Tremel W, Ushijima H, Müller WEG (2008) Biofabrication of biosilica-glass by living organisms. Nat Prod Rep 25:455–474

Schröder HC, Wiens M, Schloßmacher U, Brandt D, Müller WEG (2010) Silicatein-mediated polycondensation of orthosilicic acid: Modeling of catalytic mechanism involving ring formation. Silicon, in press (DOI: 10.1007/s12633-010-9057-4)

Schwarz K (1973) A bound form of silicon in glycosaminoglycans and polyuronides. Proc Natl Acad Sci USA 70:1608–1612

Schwarz K, Milne DB (1972) Growth promoting effects of silicon in rats. Nature 239:333–334

Seaborn CD, Nielsen FH (2002) Silicon deprivation decreases collagen formation in wounds and bone, and ornithine transaminase enzyme activity in liver. Biol Trace Elem Res 89:251–261

Shimizu K, Cha J, Stucky GD, Morse DE (1998) Silicatein alpha: cathepsin L-like protein in sponge biosilica. Proc Natl Acad Sci USA 95:6234–6238

Simonet WS, Lacey DL, Dunstan CR, Kelley M, Chang MS, Lüthy R, Nguyen HQ, Wooden S, Bennett L, Boone T, Shimamoto G, DeRose M, Elliott R, Colombero A, Tan HL, Trail G, Sullivan J, Davy E, Bucay N, Renshaw-Gegg L, Hughes TM, Hill D, Pattison W, Campbell P, Sander S, Van G, Tarpley J, Derby P, Lee R, Boyle WJ (1997) Osteoprotegerin: a novel secreted protein involved in the regulation of bone density. Cell 89:309–319

Singer A, Grauer A (2010) Denosumab for the management of postmenopausal osteoporosis. Postgrad Med 122:176–187

Spector TD, Calomme MR, Anderson SH, Clement G, Bevan L, Demeester N, Swaminathan R, Jugdaohsingh R, Berghe DA, Powell JJ (2008) Choline-stabilized orthosilicic acid supplementation as an adjunct to calcium/vitamin D3 stimulates markers of bone formation in osteopenic females: a randomized, placebo-controlled trial. BMC Musculoskelet Disord 9:85

Sripanyakorn S, Jugdaohsingh R, Elliott H, Walker C, Mehta P, Shoukru S, Thompson RPH, Powell JJ (2004) The silicon content of beer and its bioavailability in healthy volunteers. Brit J Nutr 91:403–409

Sripanyakorn S, Jugdaohsingh R, Dissayabutr W, Anderson SH, Thompson RP, Powell JJ (2009) The comparative absorption of silicon from different foods and food supplements. Br J Nutr 102:825–834

Stein GS, Lian JB, van Wijnen AJ, Stein JL, Montecino M, Javed A, Zaidi SK, Young DW, Choi J-Y, Pockwinse SM (2004) Runx2 control of organization, assembly and activity of the regulatory machinery for skeletal gene expression. Oncogene 23:4315–4329

Suda T, Takahashi N, Udagawa N, Jimi E, Gillespie MT, Martin TJ (1999) Modulation of osteoclast differentiation and function by the new members of the tumor necrosis factor receptor and ligand families. Endocr Rev 20:345–357

Tahir MN, Théato P, Müller WEG, Schröder HC, Janshoff A, Zhang J, Huth J, Tremel W (2004) Monitoring the formation of biosilica catalysed by histidin-tagged silicatein. Chem Commun 24:2848–2849

Tanaka H, Nagai E, Murata H, Tsubone T, Shirakura Y, Sugiyama T, Taguchi T, Kawai S (2001) Involvement of bone morphogenic protein-2 (BMP-2) in the pathological ossification process of the spinal ligament. Rheumatology 40:1163–1168

Tang BM, Eslick GD, Nowson C, Smith C, Bensoussan A (2007) Use of calcium or calcium in combination with vitamin D supplementation to prevent fractures and bone loss in people aged

50 years and older: a meta-analysis. Lancet 370:657–666

Taranta A, Brama M, Teti A, De luca V, Scandurra R, Spera G, Agnusdei D, Termine JD, Migliaccio S (2002) The selective estrogen receptor modulator raloxifene regulates osteoclast and osteoblast activity in vitro. Bone 30:368–376

Teitelbaum SL (2000) Bone resorption by osteoclasts. Science 289:1504–1508

Thamatrakoln K, Alverson AJ, Hildebrand M (2006) Comparative sequence analysis of diatom silicon transporters: towards a mechanistic model of silicon transport. J Phycol 42:822–834

Wada T, Nakashima T, Hiroshi N, Penninger JM (2006) RANKL-RANK signaling in osteoclastogenesis and bone disease. Trends Mol Med 12:17–25

Wang JC, Hemavathy K, Charles W, Zhang H, Dua PK, Novetsky AD, Chang T, Wong C, Jabara M (2004) Osteosclerosis in idiopathic myelofibrosis is related to the overproduction of osteoprotegerin (OPG). Exp Hematol 32:905–910

Wang XH, Hu S, Gan L, Wiens M, Müller WEG (2010) Sponges (Porifera) as living metazoan witnesses from the neoproterozoic: biomineralization and the concept of their evolutionary success. Terra Nova 22:1–11

Weiner S, Traub W (1992) Bone structure: from angstroms to microns. FASEB J 6:879–885

Wetzel P, Hasse A, Papadopoulos S, Voipio J, Kaila K, Gros G (2001) Extracellular carbonic anhydrase activity facilitates lactic acid transport in rat skeletal muscle fibres. J Physiol 531:743–756

Wiens M, Belikov SI, Kaluzhnaya OV, Krasko A, Schröder HC, Perovic-Ottstadt S, Müller WEG (2006) Molecular control of serial module formation along the apical-basal axis in the sponge *Lubomirskia baicalensis*: silicateins, mannose-binding lectin and Mago Nashi. Dev Genes Evol 216:229–242

Wiens M, Bausen M, Natalio F, Link T, Schlossmacher U, Müller WEG (2009) The role of the silicatein-α interactor silintaphin-1 in biomimetic biomineralization. Biomaterials 30:1648–1656

Wiens M, Wang X, Natalio F, Schröder HC, Schloßmacher U, Wang S, Korzhev M, Geurtsen W, Müller WEG (2010a) Bioinspired fabrication of bio-silica-based bone substitution materials. Adv Eng Mater 12:B438–B450

Wiens M, Wang X, Schloßmacher U, Lieberwirth I, Glasser G, Ushijima H, Schröder HC, Müller WEG (2010b) Osteogenic potential of biosilica on human osteoblast-like (SaOS-2) cells. Calcif Tissue Int 87:513–524

Wiens M, Wang X, Schröder HC, Kolb U, Schloßmacher U, Ushijima H, Müller WEG (2010c) The role of biosilica in the osteoprotegerin/RANKL ratio in human osteoblast-like cells. Biomaterials 31:7716–7725

Woesz A, Weaver JC, Kazanci M, Dauphin Y, Aizenberg J, Morse DE, Fratzl P (2006) Hierarchical assembly of the siliceous skeletal lattice of the hexactinellid sponge *Euplectella aspergillum*. J Mater Res 21:2068–2078

Wittrant Y, Theoleyre S, Chipoy C, Padrines M, Blanchard F, Heymann D, Redini F (2004) RANKL/RANK/OPG: new therapeutic targets in bone tumours and associated osteolysis. Biochim Biophys Acta 1704:49–57

Wolf SE, Schlossmacher U, Pietuch A, Mathiasch B, Schröder HC, Müller WEG, Tremel W (2010) Formation of silicones mediated by the sponge enzyme silicatein-α. Dalton Trans 39:9245–9249

Zou S, Ireland D, Brooks RA, Rushton N, Best S (2009) The effects of silicate ions on human osteoblast adhesion, proliferation, and differentiation. J Biomed Mater Res B Appl Biomater 90:123–130

第4部分　珍　珠　层

11 甲壳动物生物矿物形成中的基质蛋白及多肽的结构与功能

11.1 引　　言

对于甲壳动物而言，生长必蜕皮。其经由旧表皮脱落而不断长大，这层表皮包裹着身体的柔软部分。表皮是硬组织，机械上不易弯曲，也妨碍了甲壳动物的生长。表皮的硬度主要依赖其中的高含量矿物——碳酸钙来维持，这对于防御敌害及维持身体的结构非常有利，也是甲壳动物不同于昆虫、蜘蛛及其他节肢动物的一个明显特征，因为其他节肢动物的表皮几乎不含矿物。甲壳动物表皮的主要成分是几丁质、蛋白质及碳酸钙，其比例依物种、表皮所在位置及蜕皮时期而不同。表皮是一个多层的结构，由外至内分别为上表皮、外表皮及内表皮（Roer 1984；Simkiss and Wilbur 1989），见图 11-1。在这三个分层中，外表皮和内表皮被钙化，相对较薄。蜕皮之前，新的上表皮和外表皮形成于旧表皮之下，但此时的外表皮仍未钙化。蜕皮后，内表皮自外表皮靠内部分开始形成并逐步钙化。有些甲壳动物以其退掉的表皮为食，这或许是为节省营养和矿物。

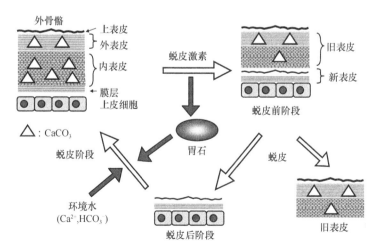

图 11-1　甲壳动物中的钙化和脱钙化作用示意图，示内分泌控制下蜕皮循环过程中甲壳动物的表皮结构及碳酸钙移动。

11.2　蜕皮与钙化

蜕皮前，甲壳动物必须建构出一个大一点的表皮以便其下阶段的生长。蜕皮过程受内分泌腺控制，见图 11-2，由蜕皮激素——蜕皮甾体触发，其他节肢动物也是如此（Hampshire and Horn 1966）。蜕皮激素由胸部腹面的一对 Y 器官分泌产生。Y 器官分泌产生 3-去氢蜕皮激素和（或）蜕皮激素，最后以最有活性的 20-羟基蜕皮激素形式存在于其他组织或血淋巴中。Y 器官受 X 器官/窦腺产生的蜕皮抑制激素（molt-inhibiting hormone，MIH）负调节，X 器官/窦腺复合结构位于眼柄处。100 多年前，人们通过一个简单实验对 MIH 的作用进行过评估，双侧眼柄摘除引起动物早熟蜕皮（Zeleny 1905）。人们认为，MIH 可能由 X 器官/窦腺复合结构分泌，以抑制 Y 器官在蜕皮间歇期间产生蜕皮激素，当 MIH 因一些不明原因而降低或停止分泌时，Y 器官则被激活并开始产生蜕皮激素，甲壳动物随之进入蜕皮前阶段。定性分析显示，MIH 是由 70 个氨基酸残基组成的多肽（Keller 1992；Nagasawa et al. 1996；Ohira et al. 1997；Yang et al. 1996），见图 11-3。

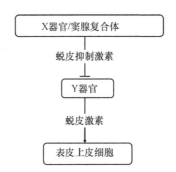

图 11-2　甲壳动物蜕皮的内分泌控制。当蜕皮抑制激素的抑制解除时，Y 器官产生蜕皮激素。

```
              1        10        20        30        40
Pej-SGP-IV    SFIDNTCRGVMGNRDIYKKVVRVCEDCTNIFRLPGLDGMC
Cam-MIH       RV-NDE-PNLI----L-----EWI----S----KT-MASL-
Prc-MIH       -YVFEE-P------AVHG--T------Y-V--DTDVLAG-

              41       50        60        70
              RNRCFYNEWFLICLKAANREDEIEKFRVWISILNAGQ(OH)
              -RN--F--D-VW-VH-TE-SE-LRDLEE-VG--G--RD(OH)
              -KG--SS-M-KL--L-ME-VE-FPD-KR--G----(NH₂)
```

图 11-3　蜕皮抑制激素的氨基酸序列。Pej-SGP-IV 为斑节虾 Penaeus japonicus（日本对虾）的MIH，Cam-MIH、Prc-MIH 则分别为螃蟹 Carcinus maenus 和龙虾 Procambarus clarkii 的 MIH。连线（-）表示 Cam-MIH、Prc-MIH 分子中有如 Pej-SGP-IV 的相同残基，3 分子中只有 Prc-MIH 的 C 端酰胺化。分子中的 6 个半胱氨酸残基形成 3 个分子内 S-S 桥，即 Cys7 与 CYys44、Cys24 与 Cys40、Cys27 与 Cys53 间形成 S-S 桥。

如上所述，蜕皮是甲壳动物生长的必经过程。在蜕皮时，它们退掉含有碳酸钙的表皮。然而，为使表皮变柔软以便于退掉，表皮中的碳酸钙被部分吸收，这些溶解了的碳酸钙被转移至其他组织，如肝胰脏、胃等，在那里，碳酸钙会重新沉积下来。重吸收的碳酸钙比率依物种而异，一般为 25%~75%（Simkiss and Wilbur 1989），此过程由蜕皮激素触发。蜕皮后，暂时沉积于肝胰脏、胃或其他组织中的碳酸钙会再次被吸收且重新移至新形成的表皮中并硬化（Luquet and Marin 2004）。与此同时，已完成蜕皮的动物还会从水环境中摄入钙及碳酸氢根离子以弥补因蜕皮造成的碳酸钙缺乏。例如，就龙虾而言，形成于胃中的一对胃石就是蜕皮前碳酸钙临时储物，见图 11-4。胃石的形成地点位于表皮与上皮细胞间的一个称为胃石盘的地方，这个位置处于胃的前半部分（Travis 1960），临蜕皮时其快速生长，蜕皮前最重可达 1 g（动物体长约 10 cm）。因此，碳酸钙可以钙及碳酸氢根离子形式随蜕皮而同步于体内转移，整个过程由蜕皮激素调控。钙化及脱钙化的内分泌间接调节很可能是通过蜕皮激素的直接作用靶组织——上皮细胞而产生作用，这是甲壳动物所特有的一种现象。令人极感兴趣的是，钙化及脱钙化两个相反过程可同时发生于同一个体的不同组织中。蜕皮前，脱钙化和钙化分别出现于表皮和胃中，蜕皮后，情况则完全反转过来（Shechter et al. 2008a）。前一过程由蜕皮激素触发，而对于后一个过程，人们目前还不清楚是否也由内分泌控制。

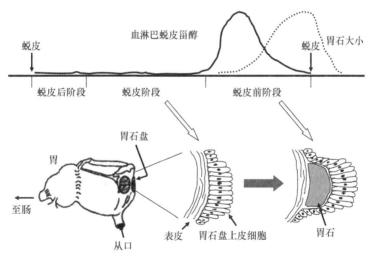

图 11-4　胃石形成的位置及蜕皮时期。胃石只形成于胃前方的胃石盘上。胃内壁覆有表皮，胃石形成于表皮与上皮细胞间。

11.3　碳酸钙临时储存时组织中的基质蛋白分化

胃石作为临时性碳酸钙储物仅形成于蜕皮前，其中不含任何细胞结构。龙虾

Procambarus clarkii 的胃石在用 1 mol·L⁻¹ 的乙酸脱钙处理后，不溶物几乎仍可保持胃石原有海绵胶样的形状。将不溶物再以含 1% SDS 的 10 mmol·L⁻¹ 二硫苏糖醇液沸水中处理 10 min，处理后的提取物进行反相 HPLC 分析，几乎只有一个峰显现，此物质是一种蛋白质，产率约 460 µg·g⁻¹ 胃石。这是一种新发现的蛋白质，被命名为胃石基质蛋白（gastrolith matrix protein，GAMP）。GAMP 飞行时间质谱分析显示，此蛋白质的分子量约 55 kDa，其 N 端序列分析未确认出任何序列，这表明，蛋白质的 N 端被封闭。因此，人们只能再采用一些蛋白水解酶将其消化。水解后的多肽片段进行反相 HPLC 分离，并测定其氨基酸序列组成（Ishii et al. 1998）。经序列分析，人们最终获得了 5 片段总计 225 个氨基酸残基的序列。

残留物 SDS 提取干燥后溶解于 ²H 甲酸中，然后 ¹H NMR 测试分析。分析结果显示，残留物的核磁共振谱与几丁质标准品几乎一致，这说明，残留物为几丁质（Ishii et al. 1996）。由此说明，GAMP 牢固结合于胃石中的几丁质上，稀乙酸无法将其水解释放，但却能被 SDS 溶液提取。遗憾的是，目前人们在 GAMP 中仍未找到能与几丁质结合的序列区。或许，GAMP 分子中有一新型的、还未曾为人所知的几丁质结合区。

基于已确认了的部分氨基酸序列，编码 GAMP 的 cDNA 经 RT-PCR 和 5′及 3′RACE 已被克隆（Tsutsui et al. 1999），并从中获得编码前体蛋白信号肽（由 18 个氨基酸残基组成）和 GAMP（由 487 个氨基酸残基组成）的 1515 bp 开放阅读框，见图 11-5。Asp-N 内切酶消解获得的 N 端 10 残基多肽 MS/MS 分析显示，分子的 N 端被焦谷氨酸封闭。GAMP 的推定氨基酸序列中含两种串联重复序列，分别是 N 端附近 17 个 10 氨基酸残基的重复和 C 端附近 15 个 5 氨基酸残基的重复。尽管已知道许多基质蛋白中含重复序列，但 GAMP 中的重复序列与其他任何一个分子中的都不同，目前，重复序列的作用仍不清楚。基因表达分析显示，GAMP mRNA 只出现于蜕皮前的胃石盘。体外研究中，在 20-羟基蜕皮素作用下，胃石盘中的 GAMP 的表达加强（Tsutsui et al. 1999）。抗 GAMP 血清免疫组化显示，GAMP 存在于胃石盘上皮细胞及胃石中。这表明，在胃石形成过程中，胃石盘细胞可连续分泌 GAMP（Takagi et al. 2000）。GAMP 能抑制碳酸钙自大于 5×10⁻⁸ mol·L⁻¹ 的过饱和溶液中沉淀。所有结果强有力地说明，GAMP 在胃石的形成中有着非常重要的作用。

有人曾研究过龙虾 *Cherax quadricarinatus* 胃石的 EDTA 溶解基质蛋白（Shechter et al. 2008b）。溶解液中主要成分的 SDS-PAGE（考马斯亮蓝染色）检测显示，条带分子量 65 kDa，并将其命名为 GAP65 蛋白。由编码 GAP65 cDNA 序列推定，GAP65 有 528 个氨基酸残基，分子中含 3 个已知结构域，分别是几丁质结合结构域、低密度脂蛋白受体组 A 结构域及多糖去乙酰酶结构域，但目前还不清楚后两个结构域是否与钙化有关。*GAP65* 基因在胃石盘及表皮下组织中表达，在胃壁中

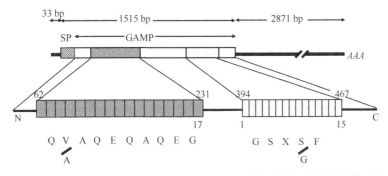

图 11-5　GAMP 蛋白及其 cDNA 结构示意图。GAMP 中存在着两种特征性的重复序列。

不表达。蜕皮前，胃石盘中的基因表达强烈增大，这说明，GAP65 与胃石的形成有关联，且 GAP65 的基因表达由蜕皮激素诱导。GAP65 RNAi 敲低实验显示，出现异常的胃石超结构。尽管利用化学方法人们已确认了许多基质蛋白，但这些基质蛋白的功能仍不明了。分子生物技术，如 RNAi 或反义 RNA 技术的应用（Söllner et al. 2003；Murayyama et al. 2005）将有助于人们对其功能的了解。

　　Orchestia cavimana 是一种陆生甲壳动物，蜕皮前，碳酸钙储存于中肠（即胃）的后盲囊以便于下次蜕皮时新表皮再钙化之用。盲囊 EDTA 溶解部分经 SDS-PAGE 凝胶电泳纯化得到一个分子量为 23 kDa 的磷蛋白，人们将其命为 Orchestin（Luquet et al. 1996；Testenière et al. 2002；Hecker et al. 2003；2004）。这个蛋白质与一些已知蛋白质在序列上无同源性。Orchestin 可结合钙离子，其结合钙离子的能力高度依赖于分子中的丝氨酸残基的磷酸化。由 cDNA 序列推定的蛋白质的分子量约 12.5 kDa。分子量之所以出现这么大的偏差，可能缘于蛋白质中高比例的酸性氨基酸残基（30%）含量及磷酸化丝氨酸残基的存在。原位杂交、Northern blot 分析及免疫组化研究显示，Orchestin 作为碳酸钙沉淀的主要有机基质成分，不仅专一性地合成于蜕皮前阶段，而且蜕皮后阶段也有合成。因此，对于 *Orchestia cavimana* 而言，Orchestin 或许是碳酸钙沉积过程中的一个关键性分子。

11.4　外骨骼基质多肽及蛋白质的确认

　　甲壳动物钙化的主要场所发生于外骨骼的表皮层。采用与胃石 GAMP 确认几乎一样的方法，人们于龙虾外骨骼提取物中探寻看似负责钙化的有机基质。与 GAMP 确认所用研究策略不同的是，人们此次所寻找的是与钙化抑制活动有关联的化合物。为了这个目的，人们对以往采用的钙化抑制活力评价方法进行了一些修改（Wheeler et al. 1981），将实验规模降低至以往研究采用的 1/10 左右，见图 11-6。在这种情况下，人们通过沉淀来增大溶液的浊度，代替以往降低 pH 的方法（Inoue et al. 2001）。

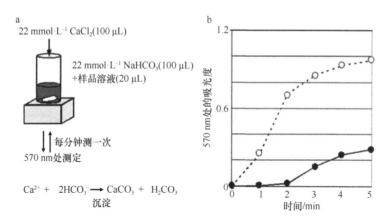

图 11-6 钙化抑制活力测试方法。（a）样品的钙化抑制活力可通过过饱和碳酸钙溶液浊度测定（570 nm 处吸收）来确定；（b）样品的测试结果，实心圆圈：外骨骼粗提物，圆圈：对照。

虾蟹壳脱钙（稀乙酸处理）后不溶物 SDS/二硫苏糖醇液提取物经三步 HPLC 纯化后得到两种钙化抑制多肽，分别命名为 CAP-1 和 CAP-2，即钙化关联多肽 1 和 2（Inoue et al. 2001；2004）。两者的产率分别为 7 μg·g^{-1} 和 12 μg·g^{-1}（干重），均低于 GAMP 的产率，且两者的氨基酸残基组成分别是 78 个和 65 个，见图 11-7。两种多肽均富含酸性氨基酸，两序列相似度为 60%。分子中有相同的称为 R-R（Rebers-Riddiford）几丁质结合序列（Rebers and Riddiford 1988；Rebers and Willis 2001），这个序列长约 30 个氨基酸残基，位于分子中央。R-R 序列发现于许多节肢动物，包括昆虫、甲壳动物表皮的蛋白质和多肽中（Andersen et al. 1995；Anderse 1996；Endo et al. 2000；Faircloth and Shafer 2007；Ikeya et al. 2001；Shafer et al. 2006；Wynn and Shafer 2005）。然而，这种相似性仅限于 R-R 序列，蛋白质及多肽分子的其他部位几乎无任何相似性。因此，蛋白质及多肽的 R-R 序列之外的部分或许与表皮钙化的关联性更强。在 CAP-1 中，6 个丝氨酸残基中只有第 70 位的丝氨酸磷酸化。如后所述，通过磷酸化，蛋白质及多肽的钙化抑制活性增强，这

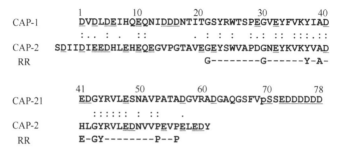

图 11-7 CAP-1 和 CAP-2 的氨基酸序列。有下划线标示的为酸性氨基酸残基，符号（:）和（.）分别代表序列中一致的和同类的残基。RR 表示用于几丁质结合的 Rebers-Riddiford 保守序列。

一点似乎对于表皮钙化非常重要。体外的碳酸钙沉淀反应显示，CAP-1 的磷酸化对晶体的形状有影响（Sugawara et al. 2006；Yamamoto et al. 2008）。

人们通过常规方法已获得编码 CAP-1 及 CAP-2 的 cDNA 克隆（Inoue et al. 2003；2004）。CAP-1 前体中有信号肽，分子 C 端是 CAP-1 及两个碱性氨基酸残基。因此，前体经信号肽翻译后加工及 C 端碱性残基和第 70 位磷酸化丝氨酸的去除变为成熟 CAP-1。CAP-2 前体多肽则相对简单些,分子中只有信号肽和 CAP-2 两部分。RT-PCR 分析显示，*CAP-1* 及 *CAP-2* 基因只在表皮中表达，表达时间为蜕皮前末期至蜕皮后早期，这表明，两者的产生先于且伴随着新表皮钙化。

利用 cDNA 及 *Escherichia coli* 表达体系，人们制备了重组 CAP-1 和 CAP-2 多肽，并对其功能进行了分析（Inoue et al. 2007）。人们将两者与几丁质标准品混合孵育以说明多肽的几丁质结合能力。这种结合力似乎与多肽不易于稀酸中提取但可以用含 SDS 的溶液提取（高温下）这一事实相一致。这也意味着多肽与几丁质可能是以一种复合物形式存在于表皮中。将重组 CAP-1（去磷酸化的 CAP-1 N 端添加 Ala 残基）与 $^{45}CaCl_2$ 一起孵育以检测其与钙的结合能力。进一步分析表明，钙的结合分两种情况，即高亲和结合及低亲和结合。考虑到 CAP-1 分子的钙化抑制活性及与几丁质和钙结合的能力，人们认为，这个多肽分子可能在体内有着双重的功能，既能与几丁质结合以形成钙化架构，也能与钙结合以便对钙化进行调节，包括碳酸钙沉积的启动。

11.5　表皮基质多肽的结构与活性间的关系

在生物矿化研究中，很少有人开展结构-功能间关系的探讨，或许，一方面因为有机基质的功能仍模糊不清，另一方面则因为化学家们对多肽及蛋白质在生物矿化中的重要性不是很了解。最近，有人对表皮基质多肽中的序列与钙化抑制活性间的关系进行了详细的研究与探讨。下面就以 CAP-1 为例，说明结构与功能的关系。

如前所述，CAP-1 是一个由 78 个氨基酸残基组成的多肽，其分子的中央含几丁质结合序列（R-R 序列），这一序列在节肢动物表皮蛋白中非常保守。分子 N 端和 C 端富含酸性氨基酸残基，尤其是天冬氨酸、谷氨酸及磷酸丝氨酸，这使得多肽分子具有很强的酸性。对研究人员而言，钙化抑制活性可以分子功能来评价。这种抑制试验可简单地理解为多肽分子有结合并固着碳酸钙的作用，或许也由此抑制了碳酸钙晶体的生长而对钙化有了调节。人们通过细菌表达体系制备得到一些重组多肽，见图 11-8。这些多肽包括：①与天然 CAP-1 序列相同，但第 70 位丝氨酸残基无磷酸化；②与天然 CAP-1 序列相同，但 C 端添加了 Lys-Arg 残基，这个多肽前体由编码 CAP-1 的 cDNA 核苷酸序列推定而来；③与天然 CAP-1 序

列相同,只是磷酸丝氨酸残基由天冬氨酸残基取代;④N端17个残基缺失的CAP-1;
⑤C端17个残基缺失的CAP-1。磷酸基团的缺失使其活性降低了22%,这意味,
磷酸基团或许对分子的高酸性极为重要。磷酸丝氨酸的天冬氨酸取代虽降低了分
子的活性,但其活性还略高于丝氨酸去磷酸化后的多肽,这也再次说明,酸性强
弱对于分子活性的影响:酸性强,分子的抑制活性就强。出乎意料的是,C端两
个碱性氨基酸残基的添加并未降低分子的活性,但其原因不清,因为人们目前还
不了解碱性氨基酸残基的作用。氨基酸序列C端缺失造成的影响远大于N端序列
缺失,这表明,对于分子活性而言,C端酸性部分的作用强于N端的酸性部分。

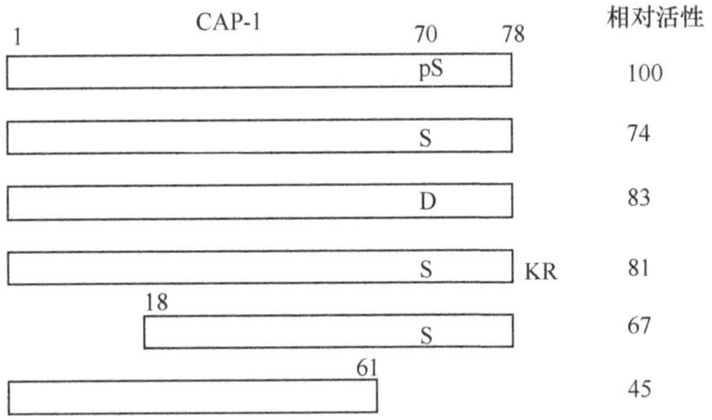

图 11-8 CAP-1 的结构与活性间的关系。各种与 CAP-1 有关联的不同重组多肽已被制备,并对
其 300 nmol·L^{-1} 时的钙化抑制活性分别进行了测试。每种多肽相较于天然 CAP-1(活性 100%)
的相对活性见图中右侧相对活性一列中的数值。

因 C 端部分的抑制效应更强,因此,下面将就这一部分展开重点讨论。许多
有着类似氨基酸序列的多肽已化学合成(Sugisaka et al. 2009),见表 11-1。为检
验天冬氨酸重复的重要性,人们对 1~6 号共 6 种多肽的抑制活性进行了比较,这
些多肽的天冬氨酸残基数量相同,但序列中的位置不同。所有多肽中均含有酪氨
酸残基(取代了天然分子中的苯丙氨酸)以便于人们通过 274 nm 处的吸收来计算
多肽的总量。结果显示,这些多肽的活性几无差别。这意味,对于活性而言,序
列的重要性不大。因此,人们又制备了 8~11 号共 4 种环肽以评估其活性,这些
环肽分子中均含有二硫键连接的大小不同的环。有趣的是,在比较这些环肽的抑
制活性时,几乎可以不考虑环的大小,而且,只需比较多肽中带有相同数量天冬
氨酸的直链部分即可。因结晶而使分子变得更加刚性,这些结果说明,多肽的构
象对于分子的抑制活性无重要影响。然而,目前人们还不确定,这一结论是否适
合于有着严格的三维空间结构的更大分子。如果将 1 号和 12 号分子的活性进行比
较,很显然,天冬氨酸较谷氨酸更为有效,这或许因为前者的酸性更强。

表 11-1　不同合成多肽的结构与活性间的关系

多肽	钙化抑制活性
1 YVSSEDDDDDD	100
2 YVSEDDDSDDD	97±3
3 YVEDDDSSDDD	94±1
4 YEDDDVSSDDD	84±2
5 EDDDYVSSDDD	90±7
6 EDDYVDDSSDD	78±1
7 DSDYDVDSDSD	44±2
8 YVCEDDDDDCD[a]	101±2
9 YVEDCDDDDCD[a]	99±2
10 YVEDDCDDDCD[a]	100±1
11 YVEDDDCDDCD[a]	101±2
12 YVSSEEEEEE	45±5

注：所有多肽测试浓度均为 2 μmol·L^{-1}，相对活性均以多肽 1 为标准（100%），酸性氨基酸残基以下划线标示，上标 a 表示因分子内二硫键形成环肽。

由以上结果，人们提出一个有关于生物矿化中基质多肽及蛋白质分子进化的重要问题。因为从物种系统发生上看，人们在基质蛋白中未找到任何同源性的序列。例如，物种间的壳基质蛋白序列的相似性极低，尽管系统发生上近缘物种间有那么几个蛋白质有些相似。分子演化速度、每种氨基酸残基的变异或许均远快于常规功能蛋白的演化速度，这也是为什么基质蛋白允许一些与碳酸钙作用非专一的部分可发生变异的原因（Sugisaka et al. 2009）。

11.6　非晶态碳酸钙的调节

碳酸钙有 3 种晶体形式，分别是热力学稳定依次降低的方解石、文石和球文石。钙化生命有机体无须采用热力学上最稳定的方解石，更多的时候是形成不稳定的文石或球文石。甲壳动物常以非晶态碳酸钙形式沉积钙盐（Lowenstam and Weiner 1989；Addadi et al. 2003）。非晶态碳酸钙（ACC）是一种最不稳定的碳酸钙盐，极易转变为更稳定的其他晶体形式。ACC 分为两种类型，一种可长时间保持，另一种则为过渡态，可变成晶体形式（Aizenberg et al. 2003）。甲壳动物中的 ACC 属于前一种。人们目前还不清楚甲壳动物 ACC 的诱导及维持机制。相较于碳酸钙的其他任何晶体形式，ACC 更容易溶解。甲壳动物采用 ACC 作为碳酸钙沉积形式似乎很合理，因为如前所述，表皮及胃石中的碳酸钙在蜕皮前和蜕皮后能很容易地溶解。

以往的研究报道，甲壳动物钙化的外骨骼（表皮）中还含有磷，这或许与 ACC

稳定有关（Simkiss and Wilbur 1989）。实际上，体外试验证实，高 pH 下磷酸盐有抑制 ACC 结晶并稳定 ACC 的作用（Hikida et al. 2003）。最近，人们已试图从外骨骼（表皮）及胃石中确认出一些含磷化合物。外骨骼（表皮）及胃石稀酸脱钙后的溶液经超滤得到两个部分，一部分为大分子量（大于 10 kDa）的溶液，另一部分则为小分子量（小于 10 kDa）的溶液。人们对两部分的体外 ACC 诱导能力进行了评估。结果显示，小分子量部分在低浓度时能诱导 ACC 形成。小分子量部分经阳离子交换柱分离后，人们获得一些含磷化物的部分。^{31}P NMR 谱显示，这些分离液中含有磷酸盐、磷酸烯醇丙酮酸酯（phosphoenolpyruvate，PEP）及 3-磷酸甘油酸酯（3-phosphoglycerate，3-PG），但各分离液中的磷化物比例有所不同。后两种磷化合物已经 ^{1}H、^{13}C NMR、二维 NMR 和质谱联合分析确认（数据未出版）。这两种含磷化合物在 1 mmol·L^{-1} 时有体外抑制碳酸钙结晶并稳定 ACC 的功能。

有趣的是，无论 PEP 还是 3-PG 均为细胞糖酵解的中间产物。考虑到表皮及胃石中大量 PEP 及 3-PG 的存在，人们认为，胃石盘中的代谢很可能因蜕皮激素作用而不断变化，同样，上皮细胞中的代谢在蜕皮后也有变化。这些胃石盘细胞及外骨骼（表皮）上皮细胞中的化合物似乎经某种未知机制被活跃地分泌到细胞外。这些化合物在 ACC 诱导及稳定上比磷酸盐的作用更强，这或许因为其分子中含有额外的羧基基团，可能在与磷酸根基团连接时起到了络合剂的功能。

11.7 结　　论

甲壳动物的钙化及脱钙化具有以下几个特征：①与蜕皮同步进行；②至少表皮的脱钙化及胃内的钙化是在内分泌控制下；③同时发生于个体的不同组织中；④钙化组织中含 ACC。一整套的钙化和脱钙化作用可被视为蜕皮过程中发生的不同事件之一。直至今日，许多有机基质包括大分子量和小分子量的化合物已被确认。甲壳动物钙化组织中的多数基质蛋白和多肽分子有负责几丁质结合的 R-R 序列。作为一种生物矿物，沉积于甲壳动物中的碳酸钙常出现在主要由几丁质和蛋白质构成的有机架构中。所以，具几丁质结合能力的基质蛋白和多肽于钙化前已产生，并等待与钙及碳酸氢根离子结合。许多基质蛋白为酸性，能集中钙离子以形成碳酸钙沉积。从另一方面看，最近已确认的小分子量含磷化合物可能负责 ACC 的形成。这种小分子量物质的作用虽还未曾开展研究，但未来其可能将成为一个重要的研究方向。尽管目前还几乎未曾有过研究，但需解决的另一重要问题是大量的钙及碳酸氢根离子如何越过外骨骼（表皮）及胃石盘的上皮细胞。

参 考 文 献

Addadi L, Raz S, Weiner S (2003) Taking advantage of disorder: amorphous calcium carbonate and its roles in biomineralization. Adv Mater 15:959–970

Aizenberg J, Weiner S, Addadi L (2003) Coexistence of amorphous and crystalline calcium carbonate in skeletal tissues. Connect Tissue Res 44(Suppl 1):20–25

Andersen SO (1999) Exoskeletal proteins from the crab, *Cancer pugrus*. Comp Biochem Physiol A 123:203–211

Andersen SO, Hojrup P, Roepstorff P (1995) Insect cuticular proteins. Insect Biochem Mol Biol 25:411–425

Endo H, Persson P, Watanabe T (2000) Molecular cloning of the crustacean DD4 cDNA encoding a Ca^{2+}-binding protein. Biochem Biophys Res Commun 276:286–291

Faircloth LN, Shafer TH (2007) Differential expression of eight transcripts and their roles in the cuticle of the blue crab, *Callinectes sapidus*. Comp Biochem Physiol B 146:370–383

Hampshire F, Horn DHS (1966) Structure of crustecdysone, a crustacean moulting hormone. Chem Commun (2), 37–38

Hecker A, Testenère O, Marin F, Luquet G (2003) Phosphorylation of serine residues is fundamental for the calcium binding ability of Orchestin, a soluble matrix protein from crustacean calcium storage structures. FEBS Letts 535:49–54

Hecker A, Quennedey B, Testenière O, Quennedey A, Graf F, Luquet G (2004) Orchestin, a calcium-binding phosphoprotein, is a matrix component of two successive transitory calcified biomineralizations cyclically elaborated by a terrestrial crustacean. J Struct Biol 146:310–324

Hikida T, Nagasawa H, Kogure T (2003) Characterization of amorphous calcium carbonate in the gastrolith of crayfish, *Procambarus clarkii*. In: Kobayashi, I. and Ozawa, H (ed) Biomineralization (BIOM 2001): formation, diversity, evolution and application, Proceedings of the 8th International Symposium on Biomineralization, Tokai University Press, Kanagawa, Japan, pp. 81–84

Ikeya T, Persson P, Kono M, Watanabe T (2001) The DD5 gene of the decapods crustacean Penaeus japonicas encodes a putative exoskeletal protein with a novel tandem repeat structure. Comp Biochem Physiol B 128:379–388

Inoue H, Ozaki N, Nagasawa H (2001) Purification and structural determination of a phosphorylated peptide with anti-calcification and chitin-binding activities in the exoskeleton of the crayfish, *Procambarus clarkii*. Biosci Biotechnol Biochem 65:1840–1848

Inoue H, Ohira T, Ozaki N, Nagasawa H (2003) Cloning and expression of a cDNA encoding a matrix peptide associated with calcification in the exoskeleton of the crayfish. Comp Biochem Physiol B 136:755–765

Inoue H, Ohira T, Ozaki N, Nagasawa H (2004) A novel calcium-binding peptide from the cuticle of the crayfish, *Procambarus clarkii*. Biochem Biophys Res Commun 318:649–654

Inoue H, Ohira T, Nagasawa H (2007) Significance of the C-terminal acidic region of CAP-1, a cuticle calcification-associated peptide from the crayfish, for calcification. Peptides 28:566–573

Ishii K, Yanagisawa T, Nagasawa H (1996) Characterization of a matrix protein in the gastroliths of the crayfish *Procambarus clarkii*. Biosci Biotechnol Biochem 60:1479–1482

Ishii K, Tsutsui N, Watanabe T, Yanagisawa T, Nagasawa H (1998) Solubilization and chemical characterization of an insoluble matrix protein in the gastroliths of a crayfish, *Procambarus clarkii*. Biosci Biotechnol Biochem 62:291–296

Keller R (1992) Crustacean neuropeptides: structures, functions and comparative aspects. Experientia 48:439–448

Lowenstam HA, Weiner S (1989) On biomineralization. Oxford University Press, New York

Luquet G, Marin F (2004) Biomineralisations in crustaceans: storage strategies. C R Palevol 3:515–534

Luquet G, Testenère O, Graf F (1996) Characterization and N-terminal sequencing of a calcium-binding protein from the calcareous concretion organic matrix of the terrestrial crustacean *Orchestia cavimana*. Biochim Biophys Acta 1293:272–276

Murayama E, Herbomel P, Kawakami A, Takeda H, Nagasawa H (2005) Otolith matrix proteins OMP-1 and Otolin-1 are necessary for normal otolith growth and their correct anchoring onto the sensory maculae. Mech Develop 122:791–803

Nagasawa H, Yang WJ, Shimizu H, Aida K, Tsutsumi H, Terauchi A, Sonobe H (1996) Isolation and amino acid sequence of a molt-inhibiting hormone from the American crayfish, *Procambarus clarkii*. Biosci Biotechnol Biochem 60:554–556

Ohira T, Watanabe T, Nagasawa H, Aida K (1997) Molecular cloning of a molt-inhibiting hormone cDNA from the kuruma prawn *Penaeus japonicus*. Zool Sci 14:785–789

Rebers JE, Riddiford L (1988) Structure and expression of a *Manduca sexta* larval cuticle gene homologous to *Drosophila* cuticle genes. J Mol Biol 203:411–423

Rebers JE, Willis JH (2001) A conserved domain in arthropod cuticular proteins binds chitin. Insect Biochem Mol Biol 31:1083–1093

Roer RD, Dillaman RM (1984) The structure and calcification of the crustacean cuticle. Amer Zool 24:893–909

Shafer TH, McCartney M, Faircloth LM (2006) Identifying exoskeleton proteinsin the blue crab from an expressed sequence tag (EST) library. Integr Comp Biol 46:978–990

Shechter A, Berman A, Singer A, Freiman A, Gristein M, Erez J, Aflalo ED, Sagi A (2008a) Reciprocal changes in calcification of the gastrolith and cuticle during the molt cycle of the red claw crayfish *Cherax quadricarinatus*. Biol Bull Woods Hole 214:122–134

Shechter A, Glazer L, Cheled S, Mor E, Weil S, Berman A, Bentov S, Aflado ED, Khalaila I, Sagi A (2008b) A gastrolith protein serving a dual role in the formation of an amorphous mineral containing extracellular matrix. Proc Natl Acad Sci USA 105:7129–7134

Simkiss K, Wilbur KM (1989) Biomineralization: cell biology and mineral deposition. Academic, San Diego

Söllner C, Burghammer M, Busch-Nentwich E, Berger J, Schwarz H, Riekel C, Nicolson T (2003) Control crystal size and lattice formation by starmaker in otolith biomineralization. Science 302:282–286

Sugawara A, Nishimura T, Yamamoto Y, Inoue H, Nagasawa H, Kato T (2006) Self-organization of oriented calcium carbonate/polymer composites: Effects of a matrix peptide isolated from the exoskeleton of a crayfish. Angew Chem Int Ed 45:2876–2879

Sugisaka A, Inoue H, Nagasawa H (2009) Structure-activity relationship of CAP-1, a cuticle peptide of the crayfish *Procambarus clarkii*, in terms of calcification inhibitory activity. Front Mater Sci China 3:183–186

Takagi Y, Ishii K, Ozaki N, Nagasawa H (2000) Immunolocalization of gastrolith matrix protein (GAMP) in the gastroliths and exoskeleton of crayfish, *Procambarus clarkii*. Zool Sci 17:179–184

Testenière O, Hecker A, Le Gurun S, Quennedey B, Graf F, Luquet G (2002) Characterization and spatiotemporal expression of orchestin, a gene encoding an ecdysone-inducible protein from a crustacean organic matrix. Biochem J 361:327–335

Travis DF (1960) The deposition of skeletal structures in the Crustacea. I. The histology of the gastrolith skeletal tissue complex and the gastrolith in the crayfish, *Orconectes* (*cambarus*) *vileris* Hagen-Decapoda. Biol Bull 118:137–149

Tsutsui N, Ishii K, Takagi Y, Watanabe T, Nagasawa H (1999) Cloning and expression of a cDNA encoding an insoluble matrix protein in the gastroliths of a crayfish, *Procambarus clarkii*. Zool Sci 16:619–628

Wheeler AP, George JW, Evans CA (1981) Control of carbonate nucleation and crystal growth by soluble matrix of oyster shell. Science 212:1397–1398

Wynn A, Shafer TH (2005) Four differentially expressed cDNAs in *Callinectes sapidus* containing Rebers-Riddiford consensus sequence. Comp Biochem Physiol B 141:294–306

Yamamoto Y, Nishimura T, Sugawara A, Inoue H, Nagasawa H, Kato T (2008) Effects of peptides on $CaCO_3$ crystallization: mineralization properties of an acidic peptide isolated from exoskeleton of a crayfish and its derivatives. Cryst Growth Des 8:4062–4065

Yang WJ, Aida K, Terauchi A, Sonobe H, Nagasawa H (1996) Amino acid sequence of a peptide with molt-inhibiting activity from the kuruma prawn *Penaeus japonicus*. Peptides 17:197–202

Zeleny C (1905) Compensatory regulation. J Exp Zool 2:1–102

12   壳珍珠层生物矿化的分子基础

12.1   引   言

软体动物壳珍珠层（珍珠母层）是高度有方向性的文石晶体与蛋白质的微片复合物，它有着不同寻常的高机械强度（Meyers et al. 2008）和极大的热稳定性（Balmain et al. 1999）。其结构与性能特点使其具备了骨缺陷治疗及材料合成方面的潜在用途（Westbroek and Marin 1998；Balmain et al. 1999；Lamghari et al. 1999）。生物矿化是一多学科交叉研究领域，尤其是珍珠层的生物矿化，吸引着各个不同领域（包括生物、生物技术、物理、化学、地质及材料学方面）的科学工作者开展相关的研究。珍珠层生物矿化研究不仅使人们对生物材料的性能及其价值有了更广阔的视野，同时还为人们在合成材料的设计改进上提供了新的思路（Mann 1993；Aksay et al. 1996；Weiner and Addadi 1997）。

最近，许多新技术，如场发射扫描电镜技术（field-emission scanning electron microscopy，FESEM）、场发射透射电镜技术（field-emission transmission electron microscopy，FETEM）（Oaki and Imai 2005）、共聚焦显微镜技术和红外分析技术（infrared radiation，IR）（Dauphin et al. 2008）、环境冷冻扫描电镜技术（Nudelman et al. 2008）及原子力显微镜技术（atomic force microscopy，AFM）（Bezares et al. 2008）被用于珍珠层的研究上。随着新技术及生物技术的发展与运用，人们对珍珠层结构纳米级别的阐释越来越向前一步，定性的基质蛋白数量也在不断增多（Marin et al. 2008）。以下四个方面的信息有助于人们对基质蛋白一级和二级结构及其功能的推测：①编码基质蛋白的基因序列；②由基因推定蛋白质的氨基酸序列；③基因于外套膜中的表达特点；④珍珠层薄片间的蛋白质分布。人们曾对贝壳的生物矿化及其基质蛋白的研究情况进行过论述（Marin and Luquet 2004；Samata 2004；Cusack and Freer 2008；Marin et al. 2008）。

下面简要介绍一下最近几年贝壳（主要是双壳纲和腹足纲）珍珠生物矿化分子水平上的研究进展，这些进展包括珍珠层微观结构和纳米结构、珍珠层组分分析，以及基质蛋白的功能与特征阐明。基质蛋白不仅参与珍珠层有机框架的构建，而且还控制着文石晶体的成核与生长，同时，对珍珠层内碳酸钙的多态特异性进行调控。此外，无机的文石相在珍珠层的结构组织上起着积极的作用。基于这些研究，人们提出了几个新的模型以期对双壳纲（瓣鳃纲）动物贝壳片样珍珠层及腹足纲棱柱样珍珠层的形成机制进行阐明。有关珍珠层生物矿化机制的解释或许将大大影响人们的策略，不仅有助于培养珍珠的质量改善及产量提高，而且还帮助人们设计出一些特殊的生物仿真材料。

12.2 珍珠层结构

软体动物珍珠层成分中 95%为碳酸钙，有机基质占量不足 5%，是人们最了解的文石结构，也是生物矿化研究的常用模型。SEM 显示，贝壳珍珠层由多边形文石片组成（Kobayashi and Samata 2006），片层间间隔由很薄的有机基质片穿插填充，所有片层均以平行于贝壳内表面的方向精致地叠落在一起。这些盘样片层厚约 0.25 μm，无机片层间的有机基质片厚度为 10～50 nm（Sarikaya and Aksay 1992），具体厚度取决于其所处的贝壳位置。最近，间歇式接触原子力显微技术研究揭示，内有有机基质泡沫样结构的每一个晶体均由扁平的纳米粒（平均大小为 45 nm）连贯组成，这些纳米粒有着同一的晶体学取向（Rousseau and Imai 2005），其三级水平结构模型见图 12-1。一级结构水平的珍珠层由有取向的文石盘组成，每一个文石盘（二级结构水平）又由纳米结构模块（三级结构水平）组装而来。这一模型将使人们从纳米级别到宏观规模上对珍珠层各层次上的架构关系有更深的了解，并由此进一步指导一些特殊仿生材料的生产制造。

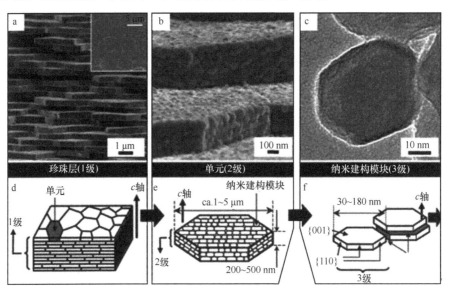

图 12-1　珠母贝 *Pinctada fucata* 的珍珠层的三级分级结构。（a，b）1～3 级结构的场发射扫描电镜（FESEM）图；（c）1～3 级结构的场发射透射电镜（FETEM）图；（d～f）1～3 级结构示意图。珍珠层片层[1 级，图（a，d）]由文石盘片[2 级，图（b，e）]组成。每一单个的盘片又由伪六边形文石纳米粒[3 级，图（c，f）]有向性组装而成。经作者和 Wiley-VCH Verlag GmbH & Co 许可，Oaki 和 Imai（2005）重新制图。

依其不同的形成方式，人们可清楚地区分出两种不同类型的珍珠层结构，见图 12-1。第一种是片样珍珠层结构，许多瓣鳃纲动物的壳就是由这样的片结构组成的。发育过程中，某一时间内形成一层或几层，从垂直断面上观察，其常以"砖墙"样结构形式排列，而水平方向上看则呈阶梯式排列结构，见图 12-2a 和图 12-2b。第二种类型的珍珠层则是棱柱样结构，为腹足纲动物所有，珍珠层中的晶体片层彼此纵向垂直"堆砌"在一起，每一垛晶片呈金字塔样的形状。然而，这些金字塔状的结构只发育于珍珠层表面上的几层，大多数的层与瓣鳃纲动物壳的层结构类似，见图 12-3，即"砖墙"式形貌。

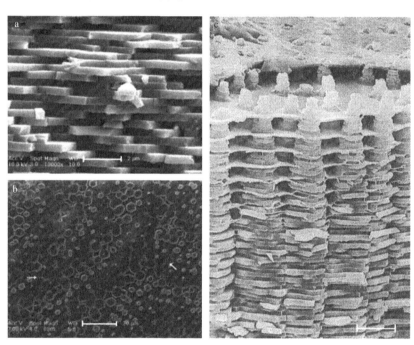

图 12-2 　两种类型的珍珠层结构。珠母贝 *Pinctada fucata* 的珍珠层垂直断裂(a)和生长表面(b)，示水平视图上的阶梯式珍珠片层结构，（a）中标尺为 2 μm，（b）中标尺为 20 μm。每一珍珠薄片均由多边形的文石片组成，文石片周围有片间基质包裹（白箭头）；（c）腹足纲动物 *Calliostoma unicum* 的珍珠层垂直断裂面，示晶体柱状堆砌。每一晶体堆砌从层表面角度看，与金字塔极其相似（标尺为 400 μm）。（a）和（b）复制自 Gong 等（2008c），经 Elsevier Inc.许可，（c）复制自 Nakahara（1981），经日本贝类学会许可。

碳酸钙片层间的有机基质主要由生物大分子组成，这些分子有着双重的作用。一方面，吸附于基质表面的富天冬氨酸蛋白能为下一晶层的形成提供成核位点；另一方面，一些基质上的蛋白质能抑制并终止晶体生长以确保珍珠层为同一厚度（Addadi and Weiner 1985；Mann 2001）。正因为片层间有机基质在珍珠层矿化中有着如此重要的作用，因此，研究人员将更多的精力投入到片层间有机基质片的研究上。

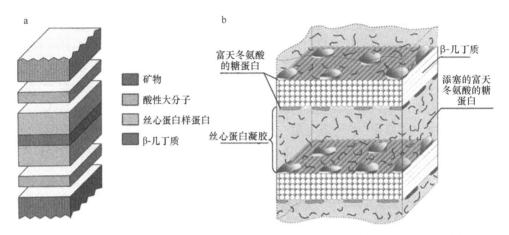

图 12-3 （a）腹足动物的珍珠层基质片组分示意图；（b）*Atrina* 动物的脱矿化珍珠层有机基质的结构示意图。（a）中 β-几丁质通过丝蛋白样蛋白和酸性大分子形成三明治式的结构薄层。（b）中层与层之间的有机片的主要成分为 β-几丁质，片上附着有不连续的富天冬氨酸的蛋白质。据推定，丝蛋白样蛋白矿化前以凝胶相的形式存在于有机片之间。一些酸性糖蛋白填塞于这个胶样结构中，并最终成为成熟珍珠层中晶体的晶内基质成分。（a）复制自 Weiner and Traub （1984），经皇家学会许可，（b）复制自 Levi-Kalisman 等（2001），经 Elsevier Inc.许可。

　　腹足纲动物珍珠层单个有机基质片染色切片显示，基质片分为 5 层（Weiner and Traub 1984），其核心是一层 β-几丁质，这个几丁质层被表面覆有富天冬氨酸蛋白的丝心蛋白样蛋白层以三明治方式夹于中间，见图 12-3a。这些有机层各自有着不同水平的机械弹性，或许，对于珍珠层的塑性与韧性而言，这是一个重要的影响因素（Yao et al. 2009）。然而，瓣鳃纲动物，如 *Atrina* 和 *Pinctada* 的珍珠层有机基质却有着另外的一种结构。在 cryo-TEM（cryo-transmission electron microscopy，冷冻透射电镜技术）下观察发现，*Atrina* 珍珠层薄片间的有机基质片只有 3 层（Levi-Kalisman et al. 2001），见图 12-3b，高度有序且排列整齐的 β-几丁质纤丝被富天冬氨酸蛋白三明治式夹裹于其中。丝心蛋白样蛋白至少在矿化前是以水合胶形式存在于 3 层结构的中央部位，并最终嵌入成熟珍珠层间的基质折片中。类似基质结构还见于珠母贝 *Pinctada maxima*（Persira-Mouries et al. 2002）和 *P. margaritifera*（Nudelman et al. 2008）中。

12.3　珍珠层有机基质

12.3.1　几丁质

　　几丁质是软体动物壳的不溶性成分，其由复杂的跨膜几丁质酶和细胞内的肌球蛋白马达结构域联合作用合成（Schonitzer and Weiss 2007）。几丁质存在于

Pinctada（Suzuki et al. 2007）、*Atrina*（Levis-Kalisman et al. 2001）、*Haliotis*（Furuhashi et al. 2009）珍珠层和棱柱层的有机框架中，在壳的生物矿化中起着重要的作用。作为珍珠层有机片层的主要成分，高度有序且排列整齐的 β-几丁质可构建成一定架构以便碳酸钙文石晶体成核、生长（Levis-Kalisman et al. 2001）。体外试验证实，丝心蛋白样蛋白（框架蛋白）与几丁质间的作用主要通过几丁质乙酰基团发挥功能，两者间存在一个平面界面，这个界面通过酰胺键相互作用（Falini et al. 2003）。

几丁质在瓣鳃纲动物幼虫壳的发育中起着重要的作用。编码几丁质合成酶（负责几丁质合成）的 cDNA 已从 *Pinctada fucata*（Suzuki et al. 2007）、*Atrina rigida*、*Mytilus galloprovincialis*（Weiss et al. 2006）中被克隆出来。贻贝幼虫壳的几丁质性物质随着幼虫的发育而变化（Weiss and Schonitzer 2006）。在幼虫发育过程中，几丁质合成酶的活性可部分地被日光霉素 Z 抑制，幼虫壳不同生长前沿上的结构有剧烈的改变（Schonitzer and Weiss 2007）。人们从 *P. fucata* 的发育早期幼虫中筛选并获得了编码几丁质酶的部分基因片段（未公布数据）。观察结果表明，几丁质在瓣鳃纲动物壳的形成及功能上发挥至关重要的作用。

此外，几丁质合成关联基因的表达水平在珠母贝和鲍鱼中有着很明显的差别。在 *P. maxina*（一种珠母贝）中，一个几丁质合成酶和几个几丁质脱乙酰化的基因高水平表达，然而，在 *H. asinina*（一种鲍鱼）中，只有一种蛋白质涉及几丁质。人们认为，从根本上讲，不同物种间的珍珠层生物矿化所涉及的有机基质或许有所不同（Jackson et al. 2010）。

12.3.2　基质蛋白

12.3.2.1　一般特征

1）主要氨基酸

基质蛋白的氨基酸组分分析显示，一些氨基酸，如天冬氨酸、甘氨酸及丝氨酸的占比非常大。这些氨基酸在蛋白质中组织形成一些重复区或模块结构以执行生物矿化中的某种特殊功能。不同蛋白质其主要氨基酸成分或许也有所不同，这些差异决定了其功能上的不同。酸性蛋白 N16（pearlin）中，甘氨酸、酪氨酸、天冬氨酰及半胱氨酸的含量很高，而碱性蛋白 Lustrin A 中，丝氨酸、脯氨酸、甘氨酸及半胱氨酸的含量则较高。丝样蛋白中丙氨酸较为丰富，而框架蛋白中则含富甘氨酸重复序列。富天冬氨酸的酸性蛋白被认为是晶体的成核位点（Weiner and Traub 1984），天冬氨酸可能通过羧基基团与钙离子结合并相互作用，而由此启动晶体的成核（Addadi and Weiner 1985），这也是壳可溶性基质中天冬氨酸含量高的原因（Simkiss and Wilbur 1989）。有着高比例天冬氨酸含量的极酸性蛋白（pI<4.5）

会优先与钙质棱柱层作用，而不是与文石珍珠层发生联系（Marin et al. 2008）。在一些已被确认的珍珠层蛋白中，只发现一种富天冬氨酸的蛋白质——Pif，其能特异性与文石晶体结合并诱导文石形成（Suzuki et al. 2009）。

2）重复序列与模块结构

基质蛋白最明显的结构特点是模块单元的存在，这也意味着其一级结构中含一个或多个功能结构域。目前，已知有几个蛋白分子含有结构模块，例如，Nacrein（Miyamoto et al. 1996）和 N66（Kono et al. 2000）中含碳酸酐酶结构域，Perlucin（Mann et al. 2000）中含 C 型凝集素功能结构域，Perlustrin（Weiss et al. 2001）中有类似于胰岛素样生长因子的结构域，Lustrin A（Shen et al. 1997）中则含一个与蛋白酶抑制剂类似的结构域和一个与胞外基质蛋白相似的结构域。这些模块式多域的蛋白质很可能因外显子重排（exon shuffling）而获得（Patthy 1999），这或许是进化的一种"快速工具"。同时，这也是为什么类似结构域被广泛发现于一些貌似毫无关联的胞外蛋白中的原因（Bork 1991）。

基质蛋白的另一常见结构特点是重复序列的存在，这些蛋白质也有着特殊的作用，如 MSI60 中含 11 个聚丙氨酸模块和 39 个聚甘氨酸模块。因聚丙氨酸为丝心蛋白的一个特点（Guerette et al. 1996），因此，MSI60 被视为典型的丝样框架蛋白。然而，人们认为，聚甘氨酸不仅参与基质 β 折片结晶的形成，而且还能与钙离子结合（Sudo et al. 1997）。Nacrein 的甘氨酸-X-天冬氨酰重复区与碳酸钙的沉积抑制有关（Miyamoto et al. 1996）。

3）以蛋白复合物形式发挥作用

对于文石结晶而言，其结晶的前提条件是需要有一个蛋白复合物存在（Matsushiro et al. 2003）。Pearlin 和 Keratin 的复合物在含镁离子碳酸钙饱和溶液中可体外诱导文石结晶，而单独添加至溶液时均无作用。另两个已知蛋白复合物为 *Pinctada* 珠母贝珍珠层中的 P60（Nacrein 与其衍生物 N28、N35 的复合物，通过二硫键桥联）（Lao et al. 2007）和 Pif。Pif 是 Pif97 与 Pif80 的复合物，人们认为，这一复合物与 N16 及其他蛋白质组合起来共同控制珍珠层的形成（Suzuki et al. 2009）。因为这些蛋白质常以复合物形式存在，因此，人们很难从珍珠层中将其纯化分离出来。蛋白复合物的定性分析将有助于人们对其功能的了解。

4）翻译后修饰

基质蛋白一般有以下几种翻译后修饰方式，如磷酸化、糖基化和硫酸化等（Marin et al. 2008）。Nacrein 和 Pearlin 均为糖蛋白，前者的末端含一 *N*-连接的唾液酸（Takaskura et al. 2008），后者分子中含黏多糖（Miyashita et al. 2000）。ACCBP

（amorphous calcium carbonate binding protein，非晶态碳酸钙结合蛋白）纯化自
Pindata fucata 外套膜外液，这个蛋白分子中有 2 个潜在的糖基化位点，分别在 Asn29
和 Asn184 处（Ma et al. 2007），与一些特殊聚糖重度连接（数据未列出）。对于珍
珠层生物矿化来说，这些翻译后修饰或许非常重要。据推测，糖蛋白中的结构
性多糖部分对动物体内晶体的生长有着重要的控制作用（Albeck et al. 1996），而
连至 Pearlin 分子中的黏多糖上的带有负电荷的硫酸基被认为用于钙离子结合
（Miyashita et al. 2000）。分子中共价结合的硫酸多糖可能有着一种"天线"般的作
用，有助于基质反向平行 β 折片上的富天冬氨酸结合/成核位点周围钙离子的积累
（Mann 2001）。ACCBP 的糖基化也是珍珠层形貌控制的前提条件（数据未列出）。

基质蛋白 Pif 通过翻译后修饰产物 Pif97 和 Pif80 来调节珍珠层的形成（Suzuki
et al. 2009）。这些类型的蛋白质翻译后修饰方式或许在其他珍珠层基质蛋白中也
有。对于珍珠层矿化而言，其功能的研究非常必要。

5）差异化分布

编码珍珠层和棱柱层基质蛋白的不同基因在外套膜的不同区域上表达
（Takeuchi and Endo 2006），甚至幼虫壳不同发育阶段表达（Miyazaki et al. 2010）
的基质蛋白分布于壳的不同层或同一层的不同区域，这与其功能有关。例如，参
与文石形成的蛋白质出现于壳的珍珠层中，而参与方解石形成的蛋白质则出现于
棱柱层（Falini et al. 1996）。在珍珠层的每一个间层折片中，出现于不同区域的蛋
白质之下均有一单个文石晶体。这意味，这些蛋白质有着不同的功能。免疫荧光
染色显示，文石成核位置主要分布于晶体印记中央及间层折片网格基质中（Addadi
et al. 2006；Nudelman et al. 2006）。

12.3.2.2 框架蛋白

珍珠层中，框架蛋白内富含丙氨酸和甘氨酸。这些蛋白质以水合凝胶样物质
填充着两间层折片的空间（Nudelman et al. 2008）。迄今为止，只有丝样框架基质
蛋白 MSI60 被人们从珠母贝 *P. fucata* 珍珠层中确认。此蛋白质参与碳酸钙晶体的
形成，通过与可溶性富天冬氨酸的基质糖蛋白及碳酸酐酶结合而起作用（Sudo et al.
1997）。其 mRNA 优先表达于外套膜背部最外层的上皮细胞中（Takeuchi and Endo
2006），且高表达于珍珠囊细胞（Wang et al. 2009），其表达水平与珍珠的质量有
关联（Inoue et al. 2010）。

12.3.2.3 调节蛋白

1）来自珠母贝珍珠层的蛋白质

Nacrein 是第一个被确认的软体动物基质蛋白，其氨基酸全序列人们已获知。

研究人员认为，Nacrein 在 *P. fucata*（Miyamoto et al. 1996）和 *P. maxima*（Kono et al. 2000）的珍珠层形成中发挥着特殊的作用。此蛋白质由外套膜上皮细胞分泌（Gong et al. 2008a，b），是一种可溶性的含亚硫酸基和 *N*-连接唾液酸的基质糖蛋白（Takakura et al. 2008），其转录表达于外套膜背腹部一带（Takeuchi and Endo 2006），尤其是上皮细胞中（Miyamoto et al. 2005）。因分子内含有碳酸酐酶结构域，因此，Nacrein 可作为酶以催化形成碳酸氢根，并由此参与珍珠层碳酸钙晶体的形成（Miyamoto et al. 1996）。分子中还有一酸性 Gly-Xaa-Asn（Xaa=Asp，Asn 或 Glu）重复结构区，这个结构区可能负责与钙离子结合，在壳抑制形成上发挥着作用（Miyamoto et al. 2005）。体外，Nacrein 以钙化负调节剂角色抑制碳酸钙沉淀（Miyamoto et al. 2005）；体内，其能抑制文石片的生长（Gong et al. 2008c）。免疫标记研究显示，Nacrein 分布于文石片内及基质网格间（Gong et al. 2008c）。其可能以珍珠层中的 P60 复合物形式存在且发挥着作用（Lao et al. 2007）。

N16 是一个发现于 *P. fucata* 中 EDTA 不溶的珍珠层基质酸性蛋白（Samata et al. 1999），其同源类似物 Pearlin 及 N14 也分别于 *P. fucata*（Miyashita et al. 2000）和 *P. maxima*（Kono et al. 2000）中确认。此蛋白质含硫酸化黏多糖，分子中甘氨酸、酪氨酸及天冬氨酸含量较高，且有 NG 重复序列。Northern blot 分析显示，其 mRNA 表达于外套膜背部区域（Miyashita et al. 2000）。体外结晶实验显示，N16 诱导的文石晶体吸附于水不溶性基质膜上（Samata et al. 1999），类似条件下，N66 和 N14 的混合物能诱导形成极类似于珍珠层的平滑文石层（Kono et al. 2000）。N16 的 N 端及 C 端序列很可能在珍珠层碳酸钙晶体生长上起着关键性的作用（Kim et al. 2004）。N16 也被视为连接剂，将丝心样蛋白和高酸性蛋白连接起来，参与文石的形成（Mann 2001）。

最近，一个酸性的珍珠层基质蛋白复合物 Pif 从 *P. fucata* 中被确认。这一复合物由 Pif97 和 Pif80 组成，能特异性地结合文石晶体。免疫定位、RNA 干扰及体内碳酸钙结晶实验结果强烈表明，其可与 N16 及其他蛋白质聚集起来以调节珍珠层的形成（Suzuki et al. 2009）。

其他一些已知珍珠层蛋白还有正调节剂 P10（Zhang and Zhang 2006）、N40 及负调节剂碱性 N19（Yano et al. 2007）。尤其是 N40 非常独特，其自身就能使文石成核，无需吸附至基底上。因此，人们推测，一些非酸性壳蛋白或许还直接参与了文石的成核，甚至作为成核的位点，这完全不同于以往的理论（Yan et al. 2007）。另一酸性糖蛋白——ACCBP，纯化自外套膜外液而非珍珠层的蛋白质，通过一些非需要的文石晶相的生长抑制从而对珍珠层片层形貌进行修饰，与此同时，还通过阻止方解石的成核与生长以维持碳酸钙过饱和体液的稳定（Ma et al. 2007）。

2）来自鲍鱼的基质蛋白

鲍鱼 *Haliotis laevigata* 的珍珠层基质蛋白明显与珠母贝的不同。这些来自鲍鱼的蛋白质多数显碱性，且拥有独一无二的特点，如胰岛素样生长因子结合蛋白 Perlustrin（Weiss et al. 2001）、含有酸性结构域的 Perlwapin（Treccani et al. 2006）及含功能性 C 型凝集素结构域的 Perlucin（Weiss et al. 2000）。Perlucin 能使碳酸钙在方解石上成核，且能以晶内蛋白质形式嵌入碳酸钙晶体内（Blank et al. 2003）。Perlinhibin 通过方解石晶体生长抑制以诱导文石形成于方解石之上（Mann et al. 2007），而 Perlwapin 则有抑制珍珠层矿物相的某些晶面生长的作用（Treccani et al. 2006）。

Lustrin A 是发现于鲍鱼壳文石层的一个分子量最大的蛋白质，其经 *Haliotis rufescens* 外套膜 cDNA 文库筛选后确认（Shen et al. 1997）。分子中丝氨酸、脯氨酸、甘氨酸及半胱氨酸的含量较高。分子内有一蛋白酶抑制剂样的结构域和一类似于胞外基质的结构域，被人们视为一个有着多种功能的蛋白质。分子中由 24 个氨基酸残基组成的富天冬氨酸（D4）序列在体外矿化实验中能以浓度依赖方式影响晶体的生长（Wustman et al. 2003）。

12.4 基质蛋白的功能

一般来讲，在基质蛋白功能的研究上，人们至少有 5 种策略可采用：①原位杂交分析，展示外套膜不同区域的基因表达特点以了解壳组分的形成（Lowenstam and Weiner 1989），编码珍珠层基质蛋白的基因优先表达于外套膜背部外层，这里的上皮细胞增殖很快（Fang et al. 2008），编码棱柱层基质蛋白的基因则常表达于外套膜边缘位置（Takeuchi and Endo 2006）；②克隆编码基质蛋白的基因，推定蛋白质的氨基酸序列和二级结构。基于以上信息，推测其在珍珠层生物矿化中的蛋白功能；③利用体外碳酸钙结晶实验，研究天然珍珠层基质蛋白（Yan et al. 2007）、重组蛋白、合成功能性多肽（Michenfelder et al. 2003；Kim et al. 2006；Evans 2008）对文石晶体形成与生长的影响；④通过免疫组化或免疫荧光技术，绘制有机基质蛋白或其成分在珍珠层间基质片表面上的分布图（Addadi et al. 2006；Nudelman et al. 2006；Bezares et al. 2008），蛋白质所在位置常常与其在珍珠层形成中的作用相一致；⑤通过 RNA 干扰敲除编码基质蛋白的基因（Suzuki et al. 2009）或注射抗体至外套膜间隙中阻止其生理功能的发挥（Ma et al. 2007；Gong et al. 2008c；Kong et al. 2009），然后，在 SEM 下活体检查珍珠层的形成情况。因此，珍珠层生物矿化中基质蛋白的主要功能为构建有机框架，并控制晶体的成核与生长。

12.4.1 有机框架的构建

壳珍珠层的基质蛋白是有机框架的最重要成分之一，按照酸或 EDTA 脱钙后水溶液中的溶解度可分为水溶性或水不溶性两个部分（Pereira-Mouries et al. 2002）。一般来说，不溶性蛋白，如来自 *Atrina* 珍珠层的丝心蛋白样蛋白及来自 *Pinctada* 的 MSI60，这些蛋白质参与有机框架的构建（与几丁质一起），然后，在可溶性基质蛋白的调节下，文石晶体成核和生长（Addadi et al. 2006；Nudelman et al. 2006）。此外，晶内的有机基质在文石晶体中形成网格（Rousseau et al. 2005b），这或许与珍珠层的机械应答有关。除作为框架成分外，蛋白质可能还有着其他的功能，这有待于未来的进一步研究。

12.4.2 晶体成核与生长的控制

珍珠层有机折片上的酸性富天冬氨酸蛋白可诱导文石晶体成核（Weiner and Traub 1984；Addadi et al. 2006；Nudelman et al. 2006）。晶体成核调控的基本原则是有机基质表面的界面分子识别。因为基质 β-折叠界面处 Asp-X-Asp 重复区中的天冬氨酸残基与文石 ab 晶面内的钙原子之间的分子互补，因此，天冬氨酸残基在珍珠层的钙离子结合及定向成核上发挥着重要作用（Mann 2001）。作为矿物成核位点的组分，相较于来自同一生物矿化材料的其他蛋白质，酸性蛋白则是更有效的晶体调节剂（Fu et al. 2005）。然而，可溶性蛋白的酸性与壳结构之间却没有直接的相关性（Furuhashi et al. 2010）。

来自 *P. fucata* 的一些蛋白质，如 N16（Samata et al. 1999）、P10（Zhang et al. 2006）、N40（Yan et al. 2007）及 Pif80（Suzuki et al. 2009）均能诱导文石晶体沉积。N16 还能与 N66（来自 *P. maxima* 的 Nacrein 同源物）作用或与 Pif97 聚集以促进文石晶体的成核（Kono et al. 2000；Suzuki et al. 2009）。相反，在体外，其他的一些珍珠层基质蛋白则以负调节剂形式抑制碳酸钙的结晶，例如，来自 *P. fucata* 的 Nacrein 和 N19（Yao et al. 2007）及来自鲍鱼的 Perlwapin。也许，珍珠层精美的结构正是正负调节剂平衡作用的结果。

12.4.3 碳酸钙多形态形式的特异性

方解石与文石是碳酸钙热力学上最稳定的两种晶体形式。尽管两者有着极相似的结构，然而，腹足纲和瓣鳃纲动物选择了将前者沉积于外层，后者沉积于内层。是何种因素决定着它们的这种多态特异性？

事实证明，来自不同层的可溶性蛋白在适宜微环境下可特异性地控制沉积碳酸钙晶体的形貌。提取自软体动物文石层和方解石层的大分子可分别诱导文石和方解石的形成（Falini et al. 1996）。有机基质的氨基酸组成、所在位置及其作用于晶体成核的方式可显著地导致壳微结构上的不同，尤其是珍珠层和棱柱层中的基质（Samata 1990；Nudelman et al. 2007）。此外，来自鲍鱼壳的聚阴离子蛋白甚至在体外还能控制文石与方解石间的转换（Belcher et al. 1996）。然而，来自鲍鱼珍珠层的蛋白质在体外先诱导形成非晶态碳酸钙，然后再转变为文石晶体形式（Gotliv et al. 2003）。进一步的研究显示，有些蛋白质通过选择性吸附及生长晶体的空间约束（Giles et al. 1995），或通过抑制文石某些晶面的生长（Ma et al. 2007）来控制珍珠层的形貌，而有些蛋白质则通过方解石生长抑制以诱导文石形成于方解石之上（Treccani et al. 2006；Mann et al. 2007）。

像溶性基质一样，不溶性基质对碳酸钙的生长也有影响。珍珠层 EDTA 不溶性基质能诱导扁平多边形碳酸钙晶体及三维密集的盘状平行折片生长。XRD 分析显示，这些密集堆砌的盘状物由有向性的文石组成（Heinemann et al. 2006）。

深入研究的结果表明，碳酸钙多形态的特异性依赖于软体动物壳中基质蛋白的氨基酸序列、蛋白质的特异性空间构象及晶体成核与生长的微环境。合成多肽（polyAsp-Leu）已被证实具体外特异性诱导文石形成的能力（Levi et al. 1998）。体内碳酸钙由文石至方解石形态上的改变必伴随有文石层中蛋白构象的重大变化（Chio and Kim 2000）。

12.4.4 珍珠质量

尽管几个编码珠母贝珍珠层基质蛋白的基因及其外套膜不同区域（Takeuchi and Endo 2006）和珍珠囊中（Wang et al. 2009）的表达特点已由 RT-PCR 分析测得，但基质蛋白的功能研究仍主要集中于其体外对碳酸钙结晶的影响上。在基质蛋白的功能研究中很少涉及珍珠质量。最近，Inoue 等（2010）利用 RT-PCR 分析研究了珍珠囊中参与珍珠层和棱柱层形成的 6 个基质蛋白基因的表达与珍珠质量间的关系。研究发现，*MSI31*（编码棱柱层一框架蛋白）在低质量珍珠珍珠囊中的表达水平高于高质量珍珠珍珠囊（Inoue et al. 2010）。研究人员的这一发现可能会为人们提供一新的途径，即通过抑制珍珠形成早期参与棱柱层发育的一些特殊基因的表达，以此提高珍珠的质量。

12.5 珍珠层生物矿化的分子机制

珍珠层生物矿化机制研究主要集中于以下两个方面：①文石晶体的成核与生长；②晶体生长的有向性。

12.5.1 文石晶体的成核与生长

目前，人们提出了几种珍珠层生物矿化模型。按照早期的隔室模型理论，隔室先形成于与上皮细胞表面平行的片层上，在那里，因与邻近层的晶体接触从而启动了晶体的成核活动（Bevelander and Nakahara 1969）。成熟珍珠层呈现出的同一厚度、取向及其他特征均由隔室决定，这一模型已得到 Voronoi 模型的部分支持与修正。在 Voronoi 模型中，成熟珍珠层先以膜的形式存在（开放的隔室），膜上晶体的成核在时间与空间上或许由来自下层的信号激发，并由此引发侧（横）向上的不断结晶，最终形成多边形生物文石片。片状文石的生长由一个"小晶体聚集样"过程控制（Rousseau et al. 2005a）。

"人们已基本接受"的模板理论表明，有机基质构建成一框架，并作为模板以便碳酸钙通过异质外延成核生长方式形成晶体（Weiner and Traub 1984）。壳珍珠层的形成可能分为 4 个阶段，即基质组装、第一矿物相形成、单个文石片成核、成熟珍珠层形成（Addadi et al. 2006）。珍珠层的形成首先始于有机基质组装。两个几丁质 β-折片构建成框架，一些酸性蛋白吸附于这个框架上，并成为文石成核的位点。一些抑制非特异性结晶的丝样蛋白以水合凝胶形式先于矿物形成之前填充于两个几丁质 β-折片间，并最终嵌入文石片间和成熟珍珠层的基质片间（Nudelman et al. 2008）。因此，两个几丁质折片间的距离控制着晶体的厚度，并使晶体的厚度高度统一（Nudelman et al. 2008）。*Pinctada* 和 *Atrina* 珍珠层矿化前后的结构见图 12-4。

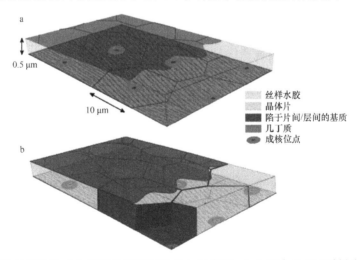

丝样水胶
晶体片
陷于片间/层间的基质
几丁质
成核位点

图 12-4　矿化前珍珠层（a）和矿化后珍珠层（b）示意图。（a）两个 β-几丁质折片由水合凝胶状丝样蛋白间隔开来。这个酸性蛋白吸附于 β-几丁质框架上，并成为晶体的成核位点，同时，这个丝样蛋白又能抑制非特异性结晶。（b）酸性蛋白在成核位点上诱导文石成核，随着矿物晶体的生长，丝样蛋白被推向一边，并整合至片间和层间的基质中。图复制自 Addadi 等（2006），经 Wilet-VCH Verlag GmbH & Co 许可。（彩图请扫封底二维码）

人们推测，腹足纲动物（鲍鱼）珍珠层也形成于有机的片间折片上，此折片建立于丝状几丁质核之上。文石晶体生长贯穿于整个片间成核位点，并通过文石片的连续生长形成多个矿物桥（Bezares et al. 2008），而非经异质外延生长成核（Schaffer et al. 1997）。在不影响"砖浆"基本结构的情况下，矿物桥的生长可确保晶轴沿砌垛完美地排成一线，这样一来使得材料的弹性及抗断裂能力大大加强（Addadi and Weiner 1997）。人们推测，或许任何一基质片上的多个晶体成核位点的不连续随机分布为单层纳米多晶结构的形成提供了条件（Bezares et al. 2008）。尽管矿物桥多见于腹足纲动物壳的珍珠层（Song et al. 2002；Lin et al. 2008），而不见于瓣鳃纲动物壳的成熟珍珠层（Rousseau et al. 2005），但矿物桥模型仍非常适合于珠母贝壳初生珍珠层微结构的解释（Saruwatari et al. 2009）。

腹足纲及瓣鳃纲动物壳的不同生长机制可能也与其珍珠层的微结构差异有关。

12.5.2 晶体生长的取向

按照模板理论，碳酸钙晶体是由有机基质上的异质外延成核而来。X 射线及电子衍射显示，几丁质纤维丝及蛋白多肽链（彼此垂直取向）分别与文石的 a、b 晶轴排成一线，这也意味有机基质决定着文石晶体的生长取向（Weiner and Traub 1984）。文石晶体一般会优先沿 c 轴方向生长直至达几丁质上层，然后再于折片面内侧向延展，在那里，晶体的生长几乎无约束，除非其与同一层的文石片相互接触（Mann 2001；Nudelman et al. 2007）。然而，初生珍珠层中的文石晶体之所以 a-b 面取向，是因生长片内的邻近晶体间存在竞争，使得那些以 b 轴（生长速度最快的轴向）平行于片层延伸方向为取向的晶体成为更好的选择（Checa and Roddriguez-Navarro 2005；Checa et al. 2006）。异质外延生长和竞争选择可能在瓣鳃纲动物壳珍珠层中同时出现，只是后一种方式或许占有主导地位（Checa et al. 2006；Saruwatari et al. 2009）。

腹足纲动物壳珍珠层的形成可能会更多地涉及螺旋生长模型，而非上述的竞争模式。在腹足纲动物壳中，文石盘状片绕着无数的螺旋位错核心螺旋式垂直生长，且同时于水平方向延伸（Yao et al. 2009）。这些新发现可能有助于人们通过合成或生物矿化途径创造出一些新奇的有机-无机微/纳米复合物（Yao et al. 2009）。

横断面纳米层次上的进一步研究显示，初生珍珠层中的文石晶体生长既是生物的过程，也是无机的过程，如几何学选择和矿物桥（Saruwatari et al. 2009）。总的说来，无论是有机基质成分还是无机的矿物相，在壳层的最终微结构的组织上均发挥着主动性的作用（Checa and Rodriguez-Navarro 2005）。

尽管来自珍珠层的基质蛋白在碳酸钙沉积及结晶上有着潜在的调节能力，甚至决定着晶体多态特异性，但有关于这一点还需进一步地确认。基质蛋白如何识别碳酸钙并与之作用对于分子机制的阐明至关重要。晶体生长控制似乎依赖于外套膜中基质蛋白的分泌或激活控制（Jolly et al. 2004）。然而，有关此方面的研究报道却极少。当珍珠层发育时，编码基质蛋白的基因如何从时间和空间上适度调节基因表达的问题仍未解决。珍珠层不断发展形成的分泌机制的更多了解或许会有助于培养珍珠的质量提高。

12.6　结　　论

　　因生物矿化而来、由碳酸钙文石晶体和基质组成的珍珠层有着特殊的结构与性能。尽管有机基质（几丁质和基质蛋白）占量不足壳质量的 5%，但其在珍珠层生物矿化中的作用却很关键。除参与有机框架的构建外，基质蛋白还支配着珍珠层中文石晶体的成核与生长，且控制着微环境中结晶晶体的形貌。软体动物壳中碳酸钙的多态性可能与氨基酸序列、特殊蛋白的空间构象及晶体成核与生长的微环境有关。此外，珍珠囊中编码壳基质蛋白的基因的表达水平，尤其是编码棱柱层基质蛋白的基因的表达与培养珍珠的质量有关联。

　　珍珠层有两种基本结构类型，即片状和柱状。前者存在于瓣鳃纲动物壳中，而后者则出现于腹足纲动物壳中。两种不同微结构的珍珠层起因于其不同的形成机制。瓣鳃纲动物壳珍珠层的形成始于 β-几丁质有机折片的构建，这种有机折片可作为晶体的成核模板。晶体生长的取向由邻近晶体的竞争性选择和有机基质的控制决定。腹足纲动物壳珍珠层的晶体生长或许兼有螺旋生长及随后经矿物桥连接的层片结构连续形成两种情况。不仅是有机基质，碳酸钙矿物相在珍珠层生物矿化中也起着很重要的作用。有关壳生物矿化的详细分子机制还有待于未来研究进一步确立。

参 考 文 献

Addadi L, Weiner S (1985) Interactions between acidic proteins and crystals: stereochemical requirements in biomineralization. Proc Natl Acad Sci USA 82:4110–4114

Addadi L, Weiner S (1997) Biomineralization: a pavement of pearl. Nature 389:912–915

Addadi L, Joester D, Nudelman F, Weiner S (2006) Mollusk shell formation: a source of new concepts for understanding biomineralization processes. Chem Eur J 12:981–987

Aksay IA, Trau M, Manne S, Honma I, Yao N, Zhou L, Fenter P, Eisenberger PM, Gruner SM (1996) Biomimetic pathways for assembling inorganic thin films. Science 273:892–898

Albeck S, Addadi L, Weiner S (1996) Regulation of calcite crystal morphology by intracrystalline acidic proteins and glycoproteins. Connect Tissue Res 35:365–370

Balmain J, Hannoyer B, Lopez E (1999) Fourier transform infrared spectroscopy (FTIR) and X-ray diffraction analyses of mineral and organic matrix during heating of mother of pearl (nacre) from the shell of the mollusc Pinctada maxima. J Biomed Mater Res 48:749–754

Belcher AM, Wu XH, Christensen RJ, Hansma PK, Stucky GD, Morse DE (1996) Control of crystal phase switching and orientation by soluble mollusc-shell proteins. Nature 381:56–58

Bevelander G, Nakahara H (1969) An electron microscope study of the formation of the nacreous layer in the shell of certain bivalve molluscs. Calcif Tissue Int 3:84–92

Bezares J, Asaro RJ, Hawley M (2008) Macromolecular structure of the organic framework of nacre in Haliotis rufescens: implications for growth and mechanical behavior. J Struct Biol 163:61–75

Blank S, Arnoldi M, Khoshnavaz S, Treccani L, Kuntz M, Mann K, Grathwohl G, Fritz M (2003) The nacre protein perlucin nucleates growth of calcium carbonate crystals. J Microsc Oxf 212:280–291

Bork P (1991) Shuffled domains in extracellular proteins. FEBS Lett 286:47–54

Checa AG, Rodriguez-Navarro AB (2005) Self-organisation of nacre in the shells of Pterioida (Bivalvia: Mollusca). Biomaterials 26:1071–1079

Checa AG, Okamoto T, Ramirez J (2006) Organization pattern of nacre in Pteriidae (Bivalvia: Mollusca) explained by crystal competition. Proc R Soc Lond B Biol Sci 273:1329–1337

Choi CS, Kim YW (2000) A study of the correlation between organic matrices and nanocomposite materials in oyster shell formation. Biomaterials 21:213–222

Cusack M, Freer A (2008) Biomineralization: elemental and organic influence in carbonate systems. Chem Rev Wash DC 108:4433–4454

Dauphin Y, Ball AD, Cotte M, Cuif JP, Meibom A, Salomé M, Susini J, Williams CT (2008) Structure and composition of the nacre-prisms transition in the shell of Pinctada margaritifera (Mollusca, Bivalvia). Anal Bioanal Chem 390(6):1659–1669

Erben HK (1972) Über die bildung und das wachstum von perlmutt. Biomineralization 4:16–46

Evans JS (2008) "Tuning in" to mollusk shell nacre- and prismatic-associated protein terminal sequences: implications for biomineralization and the construction of high performance inorganic-organic composites. Chem Rev (Washington DC) 108:4455–4462

Falini G, Albeck S, Weiner S, Addadi L (1996) Control of aragonite or calcite polymorphism by mollusk shell macromolecules. Science 271:67–69

Falini G, Weiner S, Addadi L (2003) Chitin-silk fibroin interactions: relevance to calcium carbonate formation in invertebrates. Calcif Tissue Int 72:548–554

Fang Z, Feng Q, Chi Y, Xie L, Zhang R (2008) Investigation of cell proliferation and differentiation in the mantle of *Pinctada fucata* (Bivalve, Mollusca). Mar Biol 153:745–754

Fu G, Valiyaveettil S, Wopenka B, Morse DE (2005) CaCO$_3$ Biomineralization: acidic 8-kDa proteins isolated from aragonitic abalone shell nacre can specifically modify calcite crystal morphology. Biomacromolecules 6:1289–1298

Furuhashi T, Beran A, Blazso M, Czegeny Z, Schwarzinger C, Steiner G (2009) Pyrolysis GC/MS and IR spectroscopy in chitin analysis of molluscan shells. Biosci Biotechnol Biochem 73:93–103

Furuhashi T, Miksik I, Smrz M, Germann B, Nebija D, Lachmann B, Noe C (2010) Comparison of aragonitic molluscan shell proteins. Comp Biochem Phys B 155:195–200

Giles R, Manne S, Mann S, Morse DE, Stucky GD, Hansma PK (1995) Inorganic overgrowth of aragonite on molluscan nacre examined by atomic-force microscopy. Biol Bull US 188:8–15

Gong N, Li Q, Huang J, Fang Z, Zhang G, Xie L, Zhang R (2008a) Culture of outer epithelial cells from mantle tissue to study shell matrix protein secretion for biomineralization. Cell Tissue Res 333:493–501

Gong N, Ma Z, Li Q, Yan Z, Xie L, Zhang R (2008b) Characterization of calcium deposition and shell matrix protein secretion in primary mantle tissue culture from the marine pearl oyster *Pinctada fucata*. Mar Biotechnol 10:457–465

Gong N, Shangguan J, Liu X, Yan Z, Ma Z, Xie L, Zhang R (2008c) Immunolocalization of matrix proteins in nacre lamellae and their in vivo effects on aragonitic tablet growth. J Struct Biol 164:33–40

Gotliv BA, Addadi L, Weiner S (2003) Mollusk shell acidic proteins: in search of individual functions. Chembiochem 4:522–529

Guerette PA, Ginzinger DG, Weber BHF, Gosline JM (1996) Silk properties determined by gland-specific expression of a spider fibroin gene family. Science 272:112–115

Heinemann F, Treccani L, Fritz M (2006) Abalone nacre insoluble matrix induces growth of flat and oriented aragonite crystals. Biochem Bioph Res Co 344:45–49

Inoue N, Ishibashi R, Ishikawa T, Atsumi T, Aoki H, Komaru A (2011) Can the quality of pearls from the Japanese pearl oyster (*Pinctada fucata*) be explained by the gene expression patterns of the major shell matrix proteins in the pearl sac? Mar Biotechnol (NY) 13(1):48–55

Jackson DJ, McDougall C, Woodcroft B, Moase P, Rose RA, Kube M, Reinhardt R, Rokhsar DS, Montagnani C, Joubert C, Piquemal D, Degnan BM (2010) Parallel evolution of nacre building gene sets in molluscs. Mol Biol Evol 27:591–608

Jolly C, Berland S, Milet C, Borzeix S, Lopez E, Doumenc D (2004) Zonal localization of shell matrix proteins in mantle of Haliotis tuberculata (Mollusca, Gastropoda). Mar Biotechnol 6:541–551

Kim IW, DiMasi E, Evans JS (2004) Identification of mineral modulation sequences within the nacre-associated oyster shell protein, n16. Cryst Growth Des 4:1113–1118

Kim IW, Darragh MR, Orme C, Evans JS (2006) Molecular "tuning" of crystal growth by nacre-associated polypeptides. Cryst Growth Des 6:5–10

Kobayashi I, Samata T (2006) Bivalve shell structure and organic matrix. Mat Sci Eng C Bio S 26:692–698

Kong Y, Jing G, Yan Z, Li C, Gong N, Zhu F, Li D, Zhang Y, Zheng G, Wang H, Xie L, Zhang R (2009) Cloning and characterization of Prisilkin-39, a novel matrix protein serving a dual role in the prismatic layer formation from the oyster *Pinctada fucata*. J Biol Chem 284:10841–10854

Kono M, Hayashi N, Samata T (2000) Molecular mechanism of the nacreous layer formation in *Pinctada maxima*. Biochem Bioph Res Co 269:213–218

Lamghari M, Almeida M, Berland S, Huet H, Laurent A, Milet C, Lopez E (1999) Stimulation of bone marrow cells and bone formation by nacre: in vivo and in vitro studies. Bone 25:91S–94S

Lao YX, Zhang XQ, Zhou J, Su WW, Chen RJ, Wang YG, Zhou WH, Xu ZF (2007) Characterization and in vitro mineralization function of a soluble protein complex P60 from the nacre of *Pinctada fucata*. Comp Biochem Phys B 148:201–208

Levi Y, Albeck S, Brack A, Weiner S, Addadi L (1998) Control over aragonite crystal nucleation and growth: an in vitro study of biomineralization. Chem Eur J 4:389–396

Levi-Kalisman Y, Falini G, Addadi L, Weiner S (2001) Structure of the nacreous organic matrix of a bivalve mollusk shell examined in the hydrated state using Cryo-TEM. J Struct Biol 135:8–17

Lin AYM, Chen PY, Meyers MA (2008) The growth of nacre in the abalone shell. Acta Biomater 4:131–138

Lowenstam HA, Weiner S (1989) On biomineralization. Oxford University Press, New York/Oxford, pp 99–110

Ma ZJ, Huang J, Sun J, Wang GN, Li CZ, Xie LP, Zhang RQ (2007) A novel extrapallial fluid protein controls the morphology of nacre lamellae in the pearl oyster, *Pinctada fucata*. J Biol Chem 282:23253–23263

Mann S (1993) Molecular tectonics in biomineralization and biomimetic materials chemistry. Nature 365:499–505

Mann S (2001) Biomineralization: principles and concepts in bioinorganic materials chemistry. Oxford University Press, Oxford, pp 8, 78, 103–106

Mann K, Weiss IM, Andre S, Gabius HJ, Fritz M (2000) The amino-acid sequence of the abalone (Haliotis laevigata) nacre protein perlucin – Detection of a functional C-type lectin domain with galactose/mannose specificity. Eur J Biochem 267:5257–5264

Mann K, Siedler F, Treccani L, Heinemann F, Fritz M (2007) Perlinhibin, a cysteine-, histidine-, and arginine-rich miniprotein from abalone (Haliotis laevigata) nacre, inhibits in vitro calcium carbonate crystallization. Biophys J 93:1246–1254

Marin F, Luquet G (2004) Molluscan shell proteins. CR Palevol 3:469–492

Marin F, Luquet G, Marie B, Medakovic D (2008) Molluscan shell proteins: primary structure, origin, and evolution. Curr Top Dev Biol 80:209–276

Matsushiro A, Miyashita T, Miyamoto H, Morimoto K, Tonomura B, Tanaka A, Sato K (2003) Presence of protein complex is prerequisite for aragonite crystallization in the nacreous layer. Mar Biotechnol 5:37–44

Meyers MA, Lin AYM, Chen PY, Muyco J (2008) Mechanical strength of abalone nacre: role of the soft organic layer. J Mech Behav Biomed 1:76–85

Michenfelder M, Fu G, Lawrence C, Weaver JC, Wustman BA, Taranto L, Evans JS, Morse DE (2003) Characterization of two molluscan crystal-modulating biomineralization proteins and identification of putative mineral binding domains. Biopolymers 70:522–533

Miyamoto H, Miyashita T, Okushima M, Nakano S, Morita T, Matsushiro A (1996) A carbonic anhydrase from the nacreous layer in oyster pearls. Proc Natl Acad Sci USA 93:9657–9660

Miyamoto H, Miyoshi F, Kohno J (2005) The carbonic anhydrase domain protein nacrein is expressed in the epithelial cells of the mantle and acts as a negative regulator in calcification in the mollusc *Pinctada fucata*. Zool Sci 22:311–315

Miyashita T, Takagi R, Okushima M, Nakano S, Miyamoto H, Nishikawa E, Matsushiro A (2000) Complementary DNA cloning and characterization of pearlin, a new class of matrix protein in the nacreous layer of oyster pearls. Mar Biotechnol 2:409–418

Miyazaki Y, Nishida T, Aoki H, Samata T (2010) Expression of genes responsible for biomineralization of *Pinctada fucata* during development. Comp Biochem Phys B 155:241–248

Nakahara H (1981) The Formation and Fine Structure of the Organic Phase of the Nacreous Layer in Mollusc Shell. In: Mollusk Research (Collection of Assays Contributed in Celebration of Professor Masae Omori's 60th Birthday), pp 21–27

Nudelman F, Gotliv BA, Addadi L, Weiner S (2006) Mollusk shell formation: mapping the distribution of organic matrix components underlying a single aragonitic tablet in nacre. J Struct Biol 153:176–187

Nudelman F, Chen HH, Goldberg HA, Weiner S, Addadi L (2007) Spiers memorial lecture: lessons from biomineralization: comparing the growth strategies of mollusc shell prismatic and nacreous layers in Atrina rigida. Faraday Discuss 136:9–25

Nudelman F, Shimoni E, Klein E, Rousseau M, Bourrat X, Lopez E, Addadi L, Weiner S (2008) Forming nacreous layer of the shells of the bivalves Atrina rigida and *Pinctada margaritifera*: an environmental- and cryo-scanning electron microscopy study. J Struct Biol 162:290–300

Oaki Y, Imai H (2005) The hierarchical architecture of nacre and its mimetic material. Angew Chem Int Ed Engl 44:6571–6575

Patthy L (1999) Genome evolution and the evolution of exon-shuffling – a review. Gene 238:103–114

Pereira-Mouries L, Almeida MJ, Ribeiro C, Peduzzi J, Barthelemy M, Milet C, Lopez E (2002) Soluble silk-like organic matrix in the nacreous layer of the bivalve *Pinctada maxima*. Eur J Biochem 269:4994–5003

Rousseau M, Lopez E, Coute A, Mascarel G, Smith DC, Naslain R, Bourrat X (2005a) Sheet nacre growth mechanism: a Voronoi model. J Struct Biol 149:149–157

Rousseau M, Lopez E, Stempfle P, Brendle M, Franke L, Guette A, Naslain R, Bourrat X (2005b) Multiscale structure of sheet nacre. Biomaterials 26:6254–6262

Samata T (1990) Ca-binding glycoproteins in molluscan shells with different types of ultrastructure. Veliger 33:190–201

Samata T (2004) Recent advances in studies on nacreous layer biomineralization: molecular and cellular aspects. Thalassas 20:25–44

Samata T, Hayashi N, Kono M, Hasegawa K, Horita C, Akera S (1999) A new matrix protein family related to the nacreous layer formation of *Pinctada fucata*. FEBS Lett 462:225–229

Sarikaya M, Aksay I (1992) Nacre of abalone shell: a natural multifunctional nanolaminated ceramic-polymer composite material. In: Case ST (ed) Results and problems in cell differentiation, vol 19. Springer, Berlin/London, pp 1–25

Saruwatari K, Matsui T, Mukai H, Nagasawa H, Kogure T (2009) Nucleation and growth of aragonite crystals at the growth front of nacres in pearl oyster, *Pinctada fucata*. Biomaterials 30:3028–3034

Schaffer TE, IonescuZanetti C, Proksch R, Fritz M, Walters DA, Almqvist N, Zaremba CM, Belcher AM, Smith BL, Stucky GD, Morse DE, Hansma PK (1997) Does abalone nacre form by heteroepitaxial nucleation or by growth through mineral bridges? Chem Mater 9:1731–1740

Schonitzer V, Weiss IM (2007) The structure of mollusc larval shells formed in the presence of the chitin synthase inhibitor Nikkomycin Z. BMC Struct Biol 7:71

Shen XY, Belcher AM, Hansma PK, Stucky GD, Morse DE (1997) Molecular cloning and characterization of lustrin A, a matrix protein from shell and pearl nacre of Haliotis rufescens. J Biol Chem 272:32472–32481

Simkiss K, Wilbur KM (1989) Biomineralization: cell biology and mineral deposition. Academic, San Diego, pp 230–250

Song F, Zhang XH, Bai YL (2002) Microstructure and characteristics in the organic matrix layers of nacre. J Mater Res 17:1567–1570

Sudo S, Fujikawa T, Nagakura T, Ohkubo T, Sakaguchi K, Tanaka M, Nakashima K, Takahashi T (1997) Structures of mollusc shell framework proteins. Nature 387:563–564

Suzuki M, Sakuda S, Nagasawa H (2007) Identification of chitin in the prismatic layer of the shell and a chitin synthase gene from the Japanese pearl oyster, *Pinctada fucata*. Biosci Biotech Biochem 71:1735–1744

Suzuki M, Saruwatari K, Kogure T, Yamamoto Y, Nishimura T, Kato T, Nagasawa H (2009) An acidic matrix protein, Pif, is a key macromolecule for nacre formation. Science 325:1388–1390

Takakura D, Norizuki M, Ishikawa F, Samata T (2008) Isolation and characterization of the N-linked oligosaccharides in nacrein from *Pinctada fucata*. Mar Biotechnol 10:290–296

Takeuchi T, Endo K (2006) Biphasic and dually coordinated expression of the genes encoding major shell matrix proteins in the pearl oyster *Pinctada fucata*. Mar Biotechnol 8:52–61

Treccani L, Mann K, Heinemann F, Fritz M (2006) Perlwapin, an abalone nacre protein with three four-disulfide core (whey acidic protein) domains, inhibits the growth of calcium carbonate crystals. Biophys J 91(7):2601–2608

Wang N, Kinoshita S, Riho C, Maeyama K, Nagai K, Watabe S (2009) Quantitative expression analysis of nacreous shell matrix protein genes in the process of pearl biogenesis. Comp Biochem Phys B 154:346–350

Watabe N (1981) Crystal-growth of calcium-carbonate in the invertebrates. Prog Cryst Growth Charact Mater 4:99–147

Weiner S, Addadi L (1997) Design strategies in mineralized biological materials. J Mater Chem 7:689–702

Weiner S, Traub W (1984) Macromolecules in mollusk shells and their functions in biomineralization. Philos Tr Soc B 304:425–433

Weiss IM, Schonitzer V (2006) The distribution of chitin in larval shells of the bivalve mollusk Mytilus galloprovincialis. J Struct Biol 153:264–277

Weiss IM, Kaufmann S, Mann K, Fritz M (2000) Purification and characterization of perlucin and perlustrin, two new proteins from the shell of the mollusc Haliotis laevigata. Biochem Biophys Res Commun 267:17–21

Weiss IM, Gohring W, Fritz M, Mann K (2001) Perlustrin, a Haliotis laevigata (abalone) nacre protein, is homologous to the insulin-like growth factor binding protein N-terminal module of vertebrates. Biochem Biophys Res Commun 285:244–249

Weiss IM, Schonitzer V, Eichner N, Sumper M (2006) The chitin synthase involved in marine bivalve mollusk shell formation contains a myosin domain. FEBS Lett 580:1846–1852

Westbroek P, Marin F (1998) A marriage of bone and nacre. Nature 392:861–862

Wustman BA, Weaver JC, Morse DE, Evans JS (2003) Structure-function studies of the lustrin A polyelectrolyte domains, RKSY and D4. Connect Tissue Res 44:10–15

Yan ZG, Jing G, Gong NP, Li CZ, Zhou YJ, Xie LP, Zhang RQ (2007) N40, a novel nonacidic matrix protein from pearl oyster nacre, facilitates nucleation of aragonite in vitro. Biomacromolecules 8:3597–3601

Yano M, Nagai K, Morimoto K, Miyamoto H (2007) A novel nacre protein N19 in the pearl oyster *Pinctada fucata*. Biochem Biophys Res Commun 362:158–163

Yao N, Epstein AK, Liu WW, Sauer F, Yang N (2009) Organic-inorganic interfaces and spiral growth in nacre. J R Soc Interface 6:367–376

Zhang C, Zhang RQ (2006) Matrix proteins in the outer shells of molluscs. Mar Biotechnol 8:572–586

Zhang C, Li S, Ma ZJ, Xie LP, Zhang RQ (2006) A novel matrix protein p10 from the nacre of pearl oyster (*Pinctada fucata*) and its effects on both $CaCO_3$ crystal formation and mineralogenic cells. Mar Biotechnol 8:624–633

13　地中海大贻贝 *Pinna nobilis* 壳中的酸性蛋白质

13.1　软体动物壳生物矿化机制的简要回顾

在后生生物（多细胞生物）中，软体动物常被视为生物矿化过程的"控制大师"，其壳也是最有特点的生物性控制矿化的代表，这一体外矿化结构由一些正在钙化的上皮细胞产生（Simkiss and Wilbur 1989）。

负责矿物沉积和壳形成的器官为外套膜，一层薄薄的上皮组织，包裹着软体动物的柔软身体，与生长的壳紧密地联系着。更确切地说，依照传统观点，钙化发生于密闭的空间内，即外套腔中，此腔位于外套膜组织间的界面上，即革质角质层和正在生长的壳之间的界面。壳来自前体矿物离子（如钙离子、碳酸氢根离子）、痕量元素（如镁、锶）及无数大分子胞外化合物（如蛋白质及多糖）间的微妙化学反应，这些物质由外套膜上皮细胞分泌产生并排入外套腔中。所有的这些化学物质以一种极协调的方式相互作用着，经自组装过程产生坚固而致密的壳微结构，如珍珠层、棱柱层、交错片样、叶状或同质的结构（Carter 1990）。

最近几年，大量新的数据在不断地完善着传统的观点。最新的研究进展多出自壳生物矿物纳米结构方面的研究及数量不断增加的基质蛋白确认（Marin et al. 2008）。尽管有机基质占量不足壳质量的 5%，但其却是壳形成过程中不同方面的主控者（Addadi et al. 2006）。直到最近，在壳合成控制机制方面还是经典理论占据着主导地位，即从生物晶的尺度上讲，壳的合成基本上受两种主要机制控制。这两种机制分别为晶体成核机制（包括随后的延展）及晶体生长抑制（Wheeler et al. 1988）。但现在，人们正试图利用一些新的概念和新的模型以解开生物矿化这一复杂而充满变化的过程的真实面纱，在最近的几年里，大量各种不同的基质蛋白被定性确认且进行了功能分析（Marin et al. 2008）。这些蛋白质的 pI 跨度很大，从极酸性到极碱性。很多蛋白质的基本结构由不同模块组成，人们由此认为，这些蛋白质可能有着多重的功能，其中的一些蛋白质呈现酶催化活性，有些可能参与细胞信号转导，而另外一些则有着明显的晶体结合性能。到目前为止，壳胞外钙化基质似乎以一集合体系调节着蛋白质-矿物和蛋白质-蛋白间的相互作用，以及生物矿物与合成矿物的钙化上皮细胞间的反馈作用。

本章中，将以一种地中海海域较为特殊的生物物种——扇贝 *Pinna nobilis* 为例展开探讨。从几个方面看，似乎选择这一物种进行研究有些奇怪。因为作为研究对象，此物种有以下几个不利条件：①其为一大力保护的物种，野外取样非常不便；②有关 *P. nobilis* 的生理及繁殖方面的研究很少，且少量野外及室内实验数据也均来自这两个方面；③无遗传方面的有用资料借鉴，无原创性的基因组序列测定或至少未见到转录组数据（EST）；④从目前的形势上看，全世界范围内无论是临时还是专职从事 *P. nobilis* 研究的科学团体也很有限，大致估计，全世界范围内的研究人员总计不过二三十人。这些不利因素似乎难以逾越，从历史的角度上看，如果不将 *P. nobilis* 视为生物矿化研究的模式生物，似乎对不起这些研究人员的辛苦付出。"简单规则的方解石棱柱"构成的壳外层矿化产物的结构及分子学特点是本次探讨的主要内容。因 *P. nobilis* 的方解石棱柱大且有着引人注目的光学性能，因此成为了令人着迷的研究对象，人们正试图通过它弄清软体动物是如何从分子水平到毫米尺度上控制体内生物晶的合成。人们相信，这种生物或许会成为生物矿化结构层次分析及仿生合成的灵感来源。

13.2 软体动物壳形成研究的模式生物——*P. nobilis*

13.2.1 *P. nobilis*

P. nobilis 也称大笔蛤蜊、粗笔壳、扇贝、扇壳、刮刀鱼、海翅膀、翅壳，它是地中海最大的瓣鳃纲动物，与大蛤蜊 *Tridacna gigas* 一起被称为世界上最大的软体动物。其大小通常在 80 cm 以上，大的甚至可达 1 m，据估测，其生命周期可长达 30 年。

此生物为地中海特有物种，在不同的海岸上都能见到，尤其是法国的 côte d'Azur 海岸和 Corsica 岛周围（Moreteau and Vicente 1982；Medioni and Vicente 2003）、西班牙海岸及 Balearic 群岛一带（Garcia-March 2003；Garcia-March et al. 2007）、突尼斯（Rabaoui et al. 2008）、意大利（Gentoducati et al. 2007）、希腊（Katsanevakis 2007）海岸及 Crete 岛沿岸（Katsanevakis and Thessalou-Legaki 2009）。此外，亚得里亚海的克罗地亚海岸也有（Zavodnik 1967；Siletic and Peharda 2003）。*P. nobilis* 几乎全生活于水下 0.5～30 m 的潮下带有 *Posidonia oceanica* 海草的环境中。自然环境下，其壳尖即壳长的 1/3 左右深插于软泥，扇形部分矗立于海水中，由足丝将其锚于石头或其他物体上。*P. nobilis* 属于小群体生活，经常是几个零星地散布着（Katsanevakis 2007）。

尽管其大小引人注目，但历史上其很少被作为海洋生物资源利用。在腓尼基时期及后来的罗马时代，一直到第一次世界大战时的意大利和马耳他，其长而硬的足丝（长达 20 cm）——"海丝"被人们砍下收集起来做成价格昂贵的手套或帽子（Brisou 1985；Maeder and Halbeisen 2001）。尽管其味道一般，但在马耳他、科西嘉岛及前南斯拉夫等地还是有人食用。成熟个体的厚厚珍珠层常被用来制成衣服纽扣，尤其是在西西里岛、马耳他及意大利南部。在一些成熟个体中，常能见到被称为笔壳珍珠的棕红色大小适宜的天然珍珠，可惜的是，其无任何商业价值（Gauthier et al. 1994）。这些被称为柱珠的珍珠（Schmidt 1932）可用天然的类胡萝卜素染色（Karampelas et al. 2009）。直到最近几年，稚贝或成熟个体的壳才被收集起来用作旅游纪念品。当前，*P. nobilis* 已被定为濒危物种，自 1992 年以来，其被列入了由欧盟天然栖息地及野生动植物保护组织设立的官方名录中（Off.J.E.C.L206，22.7.1992）。在一些地方，例如，Port-Cros 公园一带，在过去的 30 年间，其种群数量还是有据可查的（Vicente 2003），但最近几年，形势尤为不容乐观。在一些保护区内，当前的种群数量有恢复的趋向（Medioni and Vicente 2003；Foulquié and Dupuy de la Grandrive 2003）。然而，其生长非常脆弱，种群数量极易受到一些灾难性气候的影响（May 2010），例如，最近发生于 côte d'Azur 一带的风暴天气（S.Motreuil，2010，个人通讯）。采用人工设施，捕获和收集幼苗，将其饲养于人工控制条件下，再将长大一些的幼苗重新投放到天然环境中，这或许是天然种群数量恢复的最佳选择（De Gaulejac and Vicente 1990；Vicente 2003；Cabanellas-Reboredo et al. 2009）。

13.2.2 *P. nobilis* 的生理、发育及繁殖

迄今为止，有关 *P. nobilis* 的生理及繁育方面的研究资料仍有限（De Gaulejac 1993；Riva 2003），且大部分资料来自 CERAM（Centre d'Etude des Ressources Animals Marines）和 Paul Ricard 海洋研究所（Vicente，De Gaulejac，Riva 及其同事）。同其他的一些瓣鳃纲动物，如贻贝、食用牡蛎或蛤蜊相比，*P. nobilis* 的总代谢尤其是呼吸和过滤效率看似相当低（Vicente et al. 1992）。据知，与壳钙化关联的生理学方面的研究至今未曾开展，尽管在细胞学方面有过描述（Henry et al. 1992），但存在于外套膜组织间的这些细胞与壳钙化中的钙或碳酸钙颗粒运输间的关系目前仍不明了。

P. nobilis 雌雄同体，因其配子成熟时间上不同步（De Gaulrjac et al. 1995a, b；Vicente 2003），因此避免了自体受精。其性周期分为两个阶段：第一阶段，性休眠，10 月至翌年的 3 月，其他时间则为性活跃期，每年的 6～8 月是其产卵和配子发生的最活跃阶段，卵子完全水中受精。受精后的 *P. nobilis* 按瓣鳃纲动物典型发育途径发育生长，即经历担轮幼虫（纤毛幼虫期）和面盘幼体（游泳幼虫期）两个阶段。当面盘幼虫固着于一基底时，变态开始，此时面盘消失，内部器官重新组织，幼虫也由此变为稚贝。担轮幼虫发育阶段时壳已开始分泌，然而，不像贻贝或牡蛎，到目前为止，未曾有人对 *P. nobilis* 的壳的发生进行过详细研究。

13.2.3 *P. nobilis* 的系统位置及 **Pinnidae** 的祖先

基于形态和分子学特点，以及 Steiner 和 Hammer 创立的瓣鳃纲动物翼形亚纲的分子系统进化树，研究人员参照 Giribet（2008）分类方法，对 *P. nobilis* 在软体动物门中的位置进行了分类定位。*P. nobilis* 隶属于瓣鳃纲动物中的翼形亚纲。当今，人们认为，这一进化分支是不等壳分支的姐妹组，不等壳分支又分为古异齿亚纲（淡水贻贝）和异齿亚纲（蛤蜊）。翼形亚纲由 9 个总科组成，分别为 Mytiloidea、Pterioidea、Pinnoidea、Arcoidea、Limoidea、Ostreoidea、Plicautuloidea、Pectinoidea、Anomioidea（Steiner and Hammer 2000）。前 3 个总科的壳为典型的珍珠层-棱柱层结构。*P. nobilis* 隶属于 Pinnoidea 总科 Pinnidae，Pinnidae 由 3 个属（*Atrina*、*Pinna*、*Streptopinna*）和 7 个化石属组成。Pinnidae 有 123 个现存及化石种和亚种，而 *Pinna* 中又有 75 个现存和消失种及亚种。现存种在全世界有广泛分布，温水域中则更多一些。要想详细了解，请参阅 http://zipcodezoo.com/Key/Animalia/Pinna_Genus.asp.

按 Taylor（1969）和 Carter（1990）的说法，Pinnidae 起源于古生代，出现于基底石炭期。一些属（如 *Aviculopinna*、*Meekopinna* 或 *Pteronites*）及种（如 *Pinna peracuta* 或 *pinna flexistria*）均已被证实属于石炭纪时期的物种。Pinnidae 可能衍生自泥盆纪的 pterineid，如 Leptodesma（Carter 1990）。此科在化石记录中有中断，最著名的是 *Trichites*，其壳的特点是有着极厚的方解石棱柱层，常出现于上侏罗纪（Tithonian 期）的钙质沉积中。

13.3 壳形成过程

13.3.1 壳的生长

如图 13-1 所示，*P. nobilis* 的壳是典型的带尖顶的长三角形壳，两壳等大，稚贝壳浅棕色，当壳长厚时颜色变为棕红色。因胡萝卜素混合物的存在使壳外层呈现出现在的这种颜色（Gauthier et al. 1994），其分子定性仍处于研究之中。稚贝的壳半透明，见图 13-1b，随着贝龄增大，壳也变得晦暗无光泽起来。

如地中海或气候温和地区的其他几种瓣鳃纲动物一样，*P. nobilis* 的壳生长也呈现季节性特点：在较冷的几个月中，壳生长较慢，而在春天和早夏的时间里，壳的生长速度较快（Katsanevakis 2007）。这缘于温度和食物的联合作用，温度适宜、食物充沛。在 8 月，当水温超过阈值（29℃）时，壳的生长则慢了下来甚至停止。从几个被监测物种的整个生活史上看，壳的生长遵循着经典的 Von Bertalanffy 模型，即在最初的 3 年里，壳快速直线性生长，然后生长速度逐步下

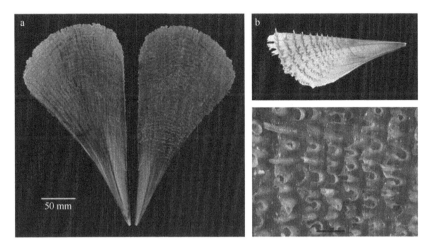

图 13-1 *Pinna nobilis* 的壳。（a）幼贝的壳，贝龄 3 年、大小近 300 mm，注意观察壳前半部分闪光的白色珍珠层部分，壳外部（壳的后半部分）是覆有棘刺的方解石棱柱层部分。（b）贝龄近 5～6 月的幼贝的壳，大小 60 mm，几乎透明。（c）幼贝的外壳层上的纤细中空棘刺，随着贝龄增长，棘刺逐步被损毁。（彩图请扫封底二维码）

降直至一平稳期（Moreteau and Vicente 1982）。壳的平均生长速度可用下列公式表示：$H_t=86.3[1-e^{-0.053\,(t+0.22)}]$，其中，$H_t$ 为壳长，t 为月龄。

按照这一公式，贝龄 1 年的壳长为 12 cm，贝龄 2 年的壳长为 22 cm，3 年的则达 30 cm。对于早期生长阶段的 *P. nobilis* 而言，其壳仍然很薄，脆且半透明；20 年贝龄的壳约 80 cm 长，尖端处的壳厚约 1 cm。最新研究显示，*P. nobilis* 不同种群的壳的生长动力学也略有差异（Garcia-March et al. 2002；Rabaoui et al. 2007），这依赖于环境因素，如水温、水浊度、水深及营养。

因最初几年里壳的生长速度极快，贝龄 1 年的壳每天的生长速度超过 0.33 mm，其代谢能量的很大一部分可能被用于壳的钙化生长，也就是说，动物的其他代谢活动已降至很低的地步。然而，从人们已知的情况看，在有关 *P. nobilis* 生理学的文献资料中，未曾有过这方面的详细报道。

稚贝壳的特点可以形成自外套膜褶缘处薄薄的方解石中空的棘来代表，见图 13-1a～c。这些尖而脆且易碎的棘有规则地沿生长线分布（Cosentino and Giacobbe 2006）。从新形成棘的壳尖至壳边缘，人们可以看到，3 年贝龄的壳上的棘的损毁程度呈现一个梯度，壳尖处的棘几乎全被磨掉，见图 13-1a，超过 4～5 年贝龄的壳上的棘则全部损毁。对壳而言，棘无任何生物力学上的作用，其功能是动物的防御工具，以免被其他动物捕食和被鱼类撕咬，同时也是表面附着的藻类的固着点，对于瓣鳃纲动物来说，还是一种伪装掩饰。当然，大量表面寄生性（epizo-obiontic）软体动物会因壳棘的庇护而存活了下来（Giacobbe 2002；Cosentino and

Giacobbe 2007a，b；Rabaoui et al. 2007；2009）。因此，尽管壳很脆，但稚贝却因拥有长有壳棘的贝壳而能有效地应对一些动物的捕食。

13.3.2　壳的微结构

P. nobilis 的壳呈典型的翼形亚纲瓣鳃动物的双层钙化结构（除外围的有机角质层外）。这个有机角质层在稚贝中尤为清楚，老样本中被损毁磨掉。壳的外层是垂直于壳表面发育良好的由"简单"方解石棱柱构成的矿化层。这里的"简单"一词有着双重误导：首先，"简单棱柱"让人联想到的是棱柱结构较为初级，然而，在后面（13.4 节）所展示的 *P. nobilis* 的棱柱却有着不简单的复杂的分级结构；其次，"棱柱"在不同软体动物壳的微结构中有着不同的含义，如食用贻贝中的倾斜棱柱、淡水河蚌中的棱柱、蛤蜊中的复合棱柱及珠母贝中的棱柱（Carter 1990）。这些不同类型的棱柱统一地用同一个词来表示显然有些不妥，这是因为其并非由同一途径合成而来。

浅灰色的内层为文石层，它有着彩虹般的珍珠层结构纹理。因整个壳外层由棱柱层覆盖，因此，珍珠层仅限于两闭壳肌印痕间的区间内，区域所在高度为壳高的 1/2 左右。与更多研究的瓣鳃纲珍珠-棱柱层模型动物（如 *Pinctada*）相比（Sudo et al. 1997），壳双层也就意味着产生壳的外套膜的上皮细胞不同质，外套膜边缘处的上皮细胞合成棱柱层碳酸钙，而近壳尖的上皮细胞则分泌珍珠层碳酸钙，但这还有待于组织学的研究证实。

从历史角度看，早在 19 世纪人们就注意到 *Pinna* sp.的壳的微结构很有特点，非同一般，人们由此不断地对其开展研究，如 De Bournon（1808）、Gray（1835）、Bowerbank（1844）、Carpenter（1844）、Leydolt（1856）和 Rose（1858）。在 20 世纪初期，一些微结构方面的研究也随之而来，如 Biedemann（1901）、Römer（1903）、Karny（1913）、Cayeux（1916）、Schmilt（1923；1924）及 Boggild（1930）。

随着 20 世纪 30 年代电子显微技术的发展及第二次世界大战后扫描电镜的出现，*Pinna* sp.也成为了不同研究及专著的关注对象，如 Grégoire（1967）、Wise（1970）、Mvtvei（1970）及 Wada（1972；1980）。在 1979 年，Taylor 及其同事曾对瓣鳃纲动物进行过广泛的研究。20 世纪 80 年代，Cuif 及其同事对 *Pinna* sp.的壳微结构有过连续报道（1980；1983a，b；1985；1987a，b），除此之外，还有 Cuif 和 Raguideau（1982）、Nakahara 等（1980）、Carter 和 Clark（1985）及 Carter（1990）。最近，有关壳微结构、矿物学及物理学方面的研究也有报道，如 Dauphin 等（2003）、 Checa 等（2005）及 Esteban-Delgado 等（2008）。

13.3.3 *P. nobilis* 的方解石棱柱

有关 *P. nobilis* 壳的个体发生情况人们还未曾了解。目前，有关此方面的知识均来自于壳结构与其类似的其他瓣鳃纲动物，如 *Mytilus*（Medakovic 2000）。按通常发育情况看，*P. nobilis* 壳最早出现于担轮幼虫阶段，由临时壳腺细胞分泌，这些细胞源自外胚层内卷（Kniprath 1981）。在壳腺分泌产生的有机片层——未来的角质层形成之后，在片层和腺体间的空间中，第一次矿化沉积发生了。从一些研究较深入的瓣鳃纲动物的壳发育情况看，出现的第一个矿很可能是无晶态的（Mao et al. 2001；Weiss et al. 2002），接着棱柱层出现，由有机片层处向内生长。在后期阶段（面盘或变态后），壳铰链区开始沉积珍珠层，此时棱柱层则继续其于壳上的侧向延伸。

与个体发育的研究不足所不同，稚贝或成体样本的棱柱层研究还是开展得很好，如 Boggild（1930）所述，当从横断面上看时，棱柱"非常规则，且棱柱间明显存在有其他物质，其光轴取向非同一般得有规律，平行于棱柱方向"。Taylor 及其同事（1969）发现，棱柱分为两种，即简单棱柱与复合棱柱。*P. nobilis* 的棱柱属于第一种情况。经过研究，人们对简单棱柱给出了更为详细的定义，"简单方解石棱柱是指晶体 *c* 轴方向垂直于层表面的有组织排布的方解石棱柱，就单个棱柱而言，*P. nobilis* 的棱柱比其他任何一科的都大……整个棱柱层厚达几毫米"。在软体动物壳微结构归类的工作中，Carter 和 Clark（1985）对多种类型的棱柱结构进行了辨别，并将"沿其边界非强烈交互穿插的相互平行、相互邻近的结构单位"定义为一级棱柱。一般来讲，这个一级棱柱的长比宽大。*P. nobilis* 的棱柱既然被定义为简单棱柱结构，那么其"一级结构棱柱必无球形棱柱和复合棱柱结构。邻近的一级结构棱柱边界清晰明确且一般无交错……"，再进一步说"它们通常是以其长轴垂直于壳层平面为取向"。此外，Carter 和 Clark（1985）又引入亚类型概念，即规则的简单棱柱结构。在这个结构中，"每一个一级棱柱均为柱状，且具几乎等轴（无延伸）的多边截面形状，从垂直于棱柱长轴的截面上看，这些棱柱的形状及其直径非常一致，尽管棱柱直径经几何性选择（geometric selection）由壳外至壳内一般会有所增大"。*P. nobilis* 的方解石棱柱就属于这一亚类型。

当从横截面上看时，*P. nobilis* 的棱柱为一多边的截面，一般是五边或七边形，见图 13-2。因此，从表面观，该棱柱层呈现出典型的蜂窝状结构图案（Taylor et al. 1969），棱柱由柱间不溶性有机鞘维持在一起，并最终一同化为壳结构（Grégoire 1967）。有机鞘厚度小于 1 μm（估计为 0.8～1 μm，除壳三联点处厚些）。有机鞘在结构上连贯而有弹性，当棱柱用 EDTA 或弱酸处理时，其部分或全部溶解，而鞘却仍保持原样。因壳中有机鞘占比较高（质量的 4%）和蜂窝状的结构特点，壳具有了惊人的弯曲性能，尤其是稚贝。从另一方面讲，通过有机鞘的选择性降解，

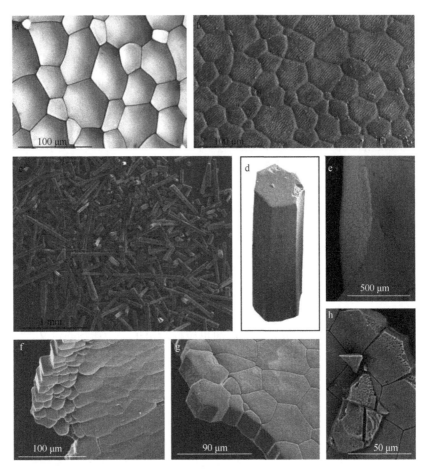

图 13-2 *Pinna nobilis* 的方解石棱柱层。（a）光镜下的棱柱层切片（厚 30 μm），棱柱上的脊状突起清晰可见。（b）SEM 下的棱柱层切片，棱柱脊状突起更加清晰可见，注意其同一的取向。（c）次氯酸钠提取的方解石棱柱。（d）单个方解石棱柱。（e）贝龄只有几个月的壳的中空棘刺形貌，整个棘刺由扁平棱柱组成。（f~h）6 月龄贝壳边缘处新生棱柱，这些新生棱柱看起来就像瓦片。（h）1% EDTA（*m/V*）蚀刻 5 min 的新生棱柱。

P. nobilis 的棱柱层可整个被解离成一个个的单个棱柱。用于解离的经典试剂是稀的次氯酸钠溶液。实验中，人们通常采用 0.26%活性氯溶液（商业溶液稀释 10 倍）来处理棱柱层断片，处理时间需要几天。已分离的单个棱柱收集起来并于 5 μm 滤膜上用水充分清洗。当然，有机鞘还可采用酶解，所用的酶为链丝菌蛋白酶 B，此酶有着广谱的水解活性（Keller 1981；Keller and Dauphin 1983）。

13.3.4 *P. nobilis* 棱柱的超结构及有机-矿物作用的复杂性

从多个方面看，*P. nobilis* 方解石棱柱似乎是一个矛盾的矿化物质，因为其晶体学非常简单，而超结构上却又非常复杂。方解石棱柱的特性可通过单个棱柱晶体学性能研究或制备棱柱的截面观察及亚结构分析而获得。正如 Carter（1990）所说，"Pinnidae 动物壳中规则的简单方解石棱柱通常在交叉偏振光下呈完美的光学同质单晶，且无颗粒消光（non-grainy extinction）"。这意味着每一棱柱均表现得像单晶一样，有着单一的消光性（Wada 1961；Cuif and Raguideau 1982）。这一特点已由单棱柱的 X 射线衍射结果证实（F.Marin，2003，数据未公开），这一技术再次证明，单个棱柱可像单晶一样衍射。

尽管 *P. nobilis* 的棱柱光学上同质，但其实际上既不是"单个"的，也不是"简单"的晶体。人们将众多研究目光放在了其不同尺度上的复杂亚结构方面。什么原因使其形成了这般特殊的超结构复杂性？答案是棱柱内的有机基质，其特点在13.4 节中有详细介绍。

溶解棱柱并保持有机鞘结构的脱钙实验显示，这些有机鞘呈现出一种横纹式的结构（Grégoire 1967）。这些垂直于棱柱长轴的横纹与棱柱本身的横纹相对应，见图 13-2，纵向看清晰可见。这种横纹标志着棱柱采用的是连续生长模式，尽管鞘的存在使每个棱柱彼此分隔，但从壳切片的长度上看，生长线蔓延几毫米远，见图 13-2。

单棱柱热解实验显示，这些棱柱可全部解离为小的扁平晶体（Frérotte 1987）。简单地说，这些单个棱柱由无数的扁平晶体堆积而成，有机质层穿插于其中，有机质层与晶体层层叠加。然而，正如 Cuif 及其同事（1983a，b）所注意到的那样，这种观察有相当的欺骗性，因为至少以下几个方面的原因：①相较于有机质层和无机矿物层间的简单交替，有机质和无机矿物相间的关系更为复杂；②这些热解而来的所谓的"基础"晶体并非均一，有着微粒样的纹理，这让人们不禁想到，其本身可能也由纳米晶组成，呈现着同样的晶学取向。这般"单晶"式基础纳米块的组织结构在珍珠层盘片中也有看到（Oaki and Imai 2005），或许，这是生物矿化中的一个普遍现象。

不管棱柱内基质的组织如何，也不管构成每一棱柱的基础单位的大小与形状如何，这些基础单位在其三个轴向上均展现出同样的光学取向，这也就是说，其本身已绝非一般。这也从而解释了为何每一单棱柱是以"单晶"形貌显现的。

Cuif 及其同事采用不同的表面处理方法（蛋白水解消化、细菌处理、轻微脱钙及固定）所做的一系列实验显示，从晶内基质分布超结构上看，基质的分布是有区别的（Cuif et al. 1981；Cuif and Raguideau 1982；Cuif et al. 1983a，b；1985；1987a）。与每一棱柱表面上的横纹相一致，晶内有机基质网络同样也呈现一个周期性，且与棱柱轴方向垂直。从横断面上看，尽管有机鞘将邻近的棱柱隔离开来，但从柱与柱之间还是能看到与矿物沉积对应着的有机基质的周期性分布情况。令人惊奇的是，Cuif 及其同事向人们形象地展示了棱柱的纵向组织性。经戊二醛/

乙酸/阿辛蓝处理，人们清楚看到了有机网络的周期性分布规律。这种周期性并非严格地平行于棱柱轴方向，而是有轻微的倾斜。基质的这种纵向组织性与垂直于柱轴断面的柱内脊纹（似"波纹"，图 13-2b）有关联。很显然，在单个棱柱中，这些脊纹彼此平行，且棱柱间也是彼此平行。Cuif 认为，这些脊纹是晶内有机基质网络周期性排布及与棱柱轴垂直排布的结果。迄今，这种晶内基质的纵向组织化的意义仍不明了。

13.3.5 棱柱/珍珠层过渡及珍珠层

从壳的结构上看，棱柱层与珍珠层间的过渡相当突然（Cuif et al. 1985）。这个过渡性的中间层厚约 50 μm，见图 13-3a、b，有时，此层的厚度减至 10~20 μm。这个褐色的中间层基本上全由有机物组成，且不溶。尽管被邻近珍珠层封裹，但这层物质均来自合成时的同质多边形有机构件合并（Cuif et al. 1985）。从多个方面（不溶性、颜色）来看，这个中间层与角质层有些相似，或许与醌鞣过程的几丁质-蛋白复合物相当。这层结构封裹着棱柱层并作为珍珠层晶体沉积的模板。正如后面部分中将看到的那样，这个过渡层的存在标志着参与棱柱形成的外套膜细胞和参与珍珠层沉积的外套膜细胞间在分泌上有着巨大的差异。

如前所述，对 *P. nobilis* 而言，珍珠层仅限于两肌柱痕迹间的区域，约占壳的 1/2。贝龄不大（2~3 年）的样本，珍珠层厚度很薄，一般不超过 2~3 mm，半透明。贝龄大（20 年以上）的样本，珍珠层晦暗，在壳的前端处其厚度可达 10 mm。Taylor 等（1969）认为，在 Pinnidae 中，从进化上看，珍珠层有趋于减少的趋势，对于一些古老物种，如当今的 *Atrina* 的物种，其珍珠层所占区域较大，而在 *Streptopinna* 的一些物种中，其珍珠层只剩下一点点残留，*Pinna* 的物种更甚，其珍珠层只存在于发育过程中的某一阶段。珍珠层减少的这一趋势如得以证实，则与 Paler（1992）等的发现相一致，从进化角度上看，像珍珠层这样需高能消耗才会形成的微结构对于生物来说是一极不利的结果。或者换一种说法，这可能还对应于不同的生命模式，模式不同，其壳的机械需求也不同。

事实上，只占壳 1/2 左右的珍珠层钙化中的几何学意义很重要。这意味着珍珠层及棱柱层的矿化前沿彼此分离，有距离间隔。换句话说，负责珍珠层沉积的分泌离子和大分子化合物的外套膜上皮细胞与壳缘处负责棱柱层初始形成的上皮细胞之间存在着物理学距离，对于 2 年生样本而言，两种细胞间相距几厘米远。同时，这意味着参与棱柱延伸（即棱柱层厚度增大）的细胞在外套膜组织中占有相当大的一个区域。正因为这些几何学上的限制与约束，*P. nobilis* 与 *Mytilus*、*Pinctada* 或 *Unio* 在壳模型上存在着很大的差别。

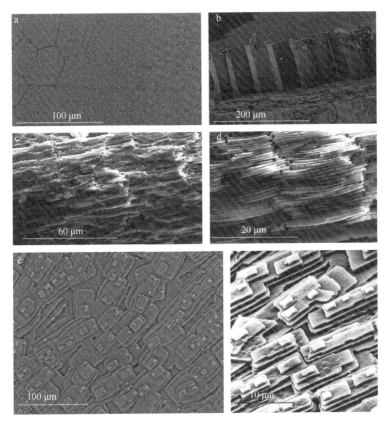

图 13-3 棱柱-珍珠层过渡及珍珠层。（a）由壳内表面方向观察所看到的棱柱-珍珠层过渡，棱柱层在左，珍珠层在右。棱柱层逐渐被珍珠层覆盖。（b）6 月龄贝壳的横断面，示上方的棱柱层和下方的珍珠层。（c，d）珍珠层横断面，示 Pinnid 的典型"珍珠层垛排"微结构；（e，f）由壳内表面方向观察所看到的 *Pinna nobilis* 的珍珠层片，这些珍珠层片呈长方形结构，无珠母贝珍珠层中的砖墙结构。图（f）由 Caseiro J.和 Gauthier JP 提供。

　　P. nobilis 的珍珠层极不典型，与大多数 Pterioida、Mytiloida、Unionoida 的瓣鳃纲动物壳中发现的经典"砖墙结构"珍珠层（片样珍珠层）一点也不相符，在经典"砖墙结构"珍珠层的壳中，珍珠层的连续片状文石成排堆砌（Wise 1970）。而 *P. nobilis* 的珍珠层实际上应定义为"垛排珍珠层"（Wise 1970；Carter and Clark 1985）。在这个珍珠层结构中，交互平行的延展盘片以垂直于其长轴方向纵向地堆垛在一起，砖墙和（或）阶梯则平行于其长轴方向纵向堆垛。垛排珍珠层结构在瓣鳃纲 *Pinna* 的壳中发育得更好一些，其结果是增强了壳的方向柔韧性。从横向上看，珍珠层构件呈弯曲扁平的片状，片厚 0.5～0.8 μm、长 15～20 μm，呈现出一种假柱状的排布。这种垂直方向上的排列早在 1858 年 Rose 就曾有过明确的描述，后来 Schmidt（1924）也有说明。此种安排与 Haliotida 腹足纲动物中发现的

情况有所不同，前者大且结构上规则性差，换句话说，即与 *Nucula* 的情况有些类似。纵向上看，连续的珍珠层薄片或多或少地显示出一种柱状直线排布趋势，见图 13-3c、d。当从矿化前沿的上方看时（图 13-3d），新形成的小的珍珠层晶体显现典型的四方形形状，且空间取向一致。蛋白水解处理后（Cuif et al. 1983a,b; 1985），珍珠层晶体的超结构组织性显现出来，其复合天然结构特性更加突出，尤其是显示出每一个珍珠层晶体均由小的颗粒样物质组成（大小约 100 nm），这或许是其基本的矿物结构单位。对每一珍珠层片而言，也显现出一种典型的图案特征，即形成对三角矿物溶解区的图样。

13.3.6　棱柱及珍珠层中的微量元素

除晶体形状及其矿物学特点外，棱柱层及珍珠层间在其他方面上也存在着差别，这种差别表现在元素组成上（Masuda and Hirano 1980；Cuif et al. 1985）。棱柱中含较高的镁和硫，其含量分别为 6000 ppm 和 4000～4500 ppm，而珍珠层中两元素的含量约为 500 ppm。相反，珍珠层中钠和锶的含量却很高，分别大于 6000 ppm 和 1500 ppm，而棱柱中两者的含量分别是 4500 ppm 和小于 1000 ppm。硫元素的分布情况非常有趣，沿棱柱长度方向其含量几乎无变化，而在棱柱/珍珠层过渡区其含量却迅速下降（Cuif et al. 1985；1986；1988a）。几年前，FTIR、WDX 及 XANES 测试显示，棱柱中，硫以硫酸盐形式存在，棱柱晶体内，硫主要以有机的硫酸多糖形式存在（Dauphin 2002；2003；Dauphin et al. 2003），这进一步印证了 Wada（1980）的发现，也充分证明了硫（多糖形式的硫）的重要性，在一次研究中，其曾将一玻璃盖片放入 *Pinna attenuata* 中获得了沉积的硫物质。

13.4　*Pinna* sp.及 *P. nobilis* 的壳基质

13.4.1　早期生物化学研究

"Conchiolin"，又名贝壳硬蛋白，一种提取自珍珠层的极不溶的有机成分，其发现及随后的命名（Frémy 1855）开启了与多样化的软体动物壳微结构关联的几种不溶性有机成分的分析历程。近一个世纪以来，由于技术限制，来自壳蛋白的生物化学信息始终局限于氨基酸组成这样的基本架构，因此，20 世纪早期至 60 年代，许多有关壳基质的研究仍集中于氨基酸的组成上，通常采用的方法是用盐酸将基质水解（Grégoire 1972）。

Pinna sp.壳基质的首次生物化学定性由 Wetzel（1900）完成。研究中，其通

过珍珠层和棱柱层水解来的 conchiolin 中甘氨酸、亮氨酸、酪氨酸及精氨酸残基检测明确地确立了 conchiolin 的蛋白质性质。有趣的是,研究显示,棱柱中的 conchiolin,换言之,构成棱柱间间隔的物质在氨基酸组成上与珍珠层中的 conchiolin 是完全不同的。

半个世纪后,Roche(1951)和 Ranson(1952;1966)在研究中观察到,*Pinna* sp.方解石棱柱中的 conchiolin 的酪氨酸、甘氨酸含量高于珍珠层中的 conchiolin,而精氨酸、丝氨酸及谷氨酸含量则低于珍珠层中的 conchiolin。Akiyama(1966)发现,*P. attenuata* 的棱柱基质中存在着大量的甘氨酸。

Bricteux-Grégoire 等(1968)对 *P. nobilis* 及 *Atrina nigra* 的棱柱层和珍珠层中的 conchiolin 的氨基酸成分进行了分析。就 *P. nobilis* 而言,其珍珠层中 conchiolin 的氨基酸含量高的有丙氨酸(29%)、甘氨酸(21%)、天冬氨酸(13%)及丝氨酸(9%),而棱柱中 conchiolin 的氨基酸占主导的是甘氨酸(37%)和天冬氨酸(23%);对于 *A. nigra* 来说,无论是棱柱层还是珍珠层中的 conchiolin,其氨基酸组成比例均不同于 *P. nobilis*。目前,人们已经知道,从术语上讲,conchiolin 应是一种不溶性成分的混合物,其中包括疏水性蛋白和几丁质。

包括晶内可溶性成分在内(Crenshaw 1972)的软体动物壳基质的发现及其钙化中的作用(Weiner and Hood 1975)促使生物矿化领域的研究者们将目光聚焦于这个以前未曾探究过的有机成分上,这部分不仅仅限于易于氨基酸分析的可溶性的有机组分,还有那些易于水相分离提取的有机物,如可通过色谱或电泳技术分离的有机物。在那个年代,一般的做法是将单个蛋白质纯化并获取其氨基酸序列。

Nakahara 等(1980)对 *Pinna carnea*、*Atrina pectinata* 及珠母贝的棱柱基质进行了一系列的氨基酸分析,同时还对棱柱间间层不溶性物质及棱柱内的有机成分进行了区分。对 *P. carnea* 来说,人们部分证实了以前的发现,即成分中富含甘氨酸和天冬氨酸。与此同时,还发现这一基质中富含酪氨酸和半胱氨酸。高含量的酪氨酸使人们不禁推测,棱柱间间层可能是经由醌鞣过程而变得不溶。对于棱柱内基质而言,其天冬氨酸的摩尔含量竟高达 72%(*A. pectinata* 的情况略低些,但也有 62% 之多),这一事实则进一步证实 Weiner 和 Hood(1975)的发现。

几年后,Cuif(1987b;1988b;1991)、Frérotte(1987)、Kervadec(1990)和 Marin(1992)又通过凝胶渗透或离子交换色谱技术,结合分级分离及氨基酸分析技术(6 mol·L⁻¹ HCl 水解后再用 PITC 柱前衍生),对棱柱层及珍珠层的可溶性基质进行了分析。事实已清楚地证明,两种可溶性基质的色谱行为及氨基酸组成完全不同(Marin 1992)。此外,Marin(1992)的研究显示,棱柱层基质的酸性远高于珍珠层的基质。然而遗憾的是,无论是采用哪种分级分离技术,均不能获得可继续测序的单一生物大分子。其原因是，这些与棱柱层和珍珠层关联的大分子，或更通俗地说，与所有钙化组织关联的大分子并非球形，且其多数带有负电荷。另外，这些大分子趋向于多分散，且常常有翻译后修饰行为，如糖基化或磷酸化。因此，在色谱分离时其表现上常常不是那么规则（有关酸性蛋白的技术性问题，请参见 Marin Luquet 2007）。这些技术上的困难多年来一直阻碍着单一蛋白成分的分离纯化及部分或全部氨基酸序列的获得。

13.4.2 *P. nobilis* 壳基质的电泳及血清学

变性条件下的聚丙烯酰胺凝胶电泳的运用使生物矿化研究者的分析手段有了根本性的改变。通过 *P. nobilis* 棱柱层和珍珠层酸溶基质的提取，Marin 等（1994）的研究显示，两种基质既有相似之处也存在着不同，两者均不被传统的考马斯亮蓝精准染色，原因如前。当硝酸银染色时，两者的电泳行为虽有不同，但均可显现出几个不连续的大分子成分（分子量从 10 kDa 到 50 kDa 以上不等），且这些分子埋没于弥散拖尾的大分子染色带中。对棱柱层基质而言，其一条主条带的分子量约为 15 kDa，另一条带分子量则更高。两者（棱柱层与珍珠层基质）最大的不同是，当用专一显示多聚阴离子物如硫酸糖的阿辛蓝染色时，珍珠层基质不染色，然而，棱柱层的基质则强烈着色。这清晰地表明，棱柱层基质为强酸性（多聚阴离子）。这一发现既可以与棱柱层硫的高含量联系起来，也能与棱柱内高含量的可溶性硫酸多糖关联起来。

另一方法也非常有效，且为 *P. nobilis* 壳的基质分析带来了重大影响，这个方法就是血清学，也称为血清分类学。如同任何文献资料所说那样（Muyzer et al. 1984；Collins et al. 1991；Marin et al. 1999），这一方法就是利用哺乳动物免疫系统生产抗体，换言之，将提取自壳的大分子注射至动物体内以获取抗体。通常，抗体与称为表位（也称抗原决定簇）的短结构区相互识别，对蛋白质抗原而言，这个识别区长度一般不超过 5～8 个氨基酸残基。收集来的抗体可用于各种不同壳基质的测试，测试方法有多种，如 ELISA、Dot blot、Western blot、原位杂交等。其目的就是对基质进行一些比较。尽管此法不能为人们提供任何壳基质结构信息，但却可间接地给出大分子间的结构相似度有多大。

目前情况下，多克隆抗 *P. nobilis* 棱柱层和珍珠层基质大分子的抗体已在兔子身上制备出来，这些基质是一些乙酸溶解后未分级分离的大分子。制备后的抗体又被用于棱柱层和珍珠层基质的测试，图 13-4a 所示的是棱柱层基质抗体的 Western blot 测试结果。这些抗体可以一种对称方式或多或少地发生着交叉反应，换言之，即珍珠层基质抗体在一较小的程度上可与棱柱基质的抗原决定簇识别，来自棱柱层基质的抗体可与珍珠层基质交叉反应。这说明，两种基质可能享有相同的几个抗原决定簇。这一发现不仅于过去甚至在现在也非常令人心动，这表明，壳的棱柱层和珍珠层在微结构上的不同也许缘自不同的蛋白质分泌系统，但有幸的是，这些系统有一些相同的抗原决定簇（短结构区）。有趣的是，在这项研究之前，Weiner（1983）曾利用离子交换和 HPLC 色谱技术对贻贝 *Mytilus californianus* 的棱柱层和珍珠层可溶性基质进行了分离。研究中发现，在大量的分离峰中，有些峰两种基质均有（棱柱层及珍珠层基质），因此，得出一结论，即两种基质有部分相似。

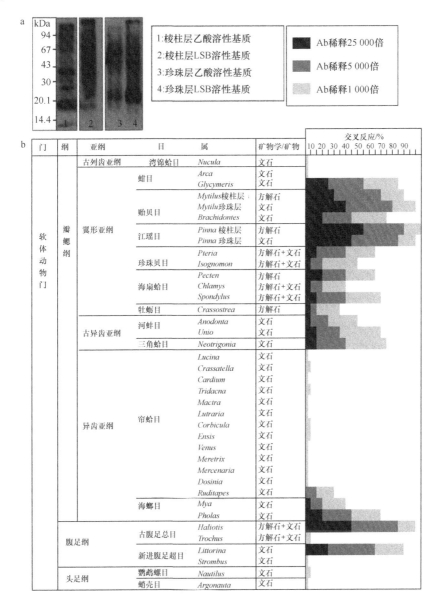

腕足动物门	穿孔贝目	*Coptothyris*	方解石	
		Laqueus	方解石	
		Terebratella	方解石	
刺胞动物	石珊瑚目	*Acropora*	文石	
		Galaxea	文石	
		Merulina	文石	

图 13-4　几种无脊椎动物可溶性骨骼基质与 *Pinna nobilis* 的棱柱层乙酸溶性基质多克隆抗体间的交叉反应。（a）*P. nobilis* 的不同壳基质与抗体的 Western blot 反应，泳道 1 和 2：棱柱层基质，泳道 3 和 4：珍珠层基质；（b）ELISA 交叉反应。尽管最强的交叉反应发生于 Pteriomorphid 瓣鳃纲动物的棱柱-珍珠层，但这些反应迹象并不代表其具有"分类学"上的意义，分类上距离较近的种属（*Haliotis* 和 *Littorina*），物种间的交叉反应强烈。同时，一些壳微结构不同于 *P. nobilis* 的种属（*Glycymeris* 和 *Pecten*），物种间也出现了强交叉反应。除 *Ruditapes* 外，瓣鳃纲 Veneroida 中的任何一个物种均无交叉反应，类似地，任何一个测试外组（Cnidarian，Brachiopod）的物种也无交叉反应。

　　因 *P. nobilis* 抗棱柱层/珍珠层基质抗体的良好滴度及令人满意的结果，研究人员又采用 ELISA 技术在更大范围上（从大量的软体动物包括瓣鳃纲、腹足纲及头足纲中提取壳基质）展开壳基质免疫测试。抗体还被用于实验组之外的生物（腕足类动物、珊瑚虫）骨骼基质测试（Marin 1992；Marin et al. 1999；2007a）。测试结果令人吃惊，见图 13-4b。首先，两种抗体中的任何一种均未显现免疫图案，这或许可简单归因于软体动物的系统进化。因此，其不能用于血清学分类研究。例如，两抗体强烈地与腹足纲动物的 *Haliotis* 和 *Littorina* 的壳基质发生交叉反应，却不与瓣鳃纲动物翼形亚纲的 *Arca* 反应，见图 13-4。抗珍珠层抗体甚至还与头足纲动物 *Nautilus* 的壳基质强烈反应。其次，从已获讯息看，这并非严格地与壳微结构甚至矿物（方解石对文石）有关联。对抗棱柱层抗体而言，其与翼形亚纲的 *Mytilus*、*Pteria*、*Isognomon* 及 *Brachidontes* 的珍珠层-棱柱层基质强烈反应，也与翼形亚纲的 *Pecten*、*Crassostrea* 的基质作用，除此之外，还与古异齿亚纲的 *Unio*、*Anodonta*、*Neotrigonia* 的珍珠层-棱柱基质反应，不与有着交错片样文石的 Venerioda（帘蛤目）动物（*Venus*、*Mercenaria*、*Tridacna*、*Ensis*）的壳基质反应，奇怪的是，却能与同样也有着交错片样文石的 Myoida（海螂目）动物（*Mya*、*Pholas*）的壳基质反应，而抗珍珠层抗体则无上述情况。当然，研究人员很清楚，血清学方法本身就有缺陷：①不能给出目的抗原的化学特性；②对于给定抗体而言，可能不同抗原决定簇有着相似水平的识别；③因抗体由蛋白混合物引导而生，所以，它们中的一些有免疫效果，而有些则无免疫效果，可能最终导致结果有些偏颇扭曲。尽管有上述这样和那样的限制，但从已获得的免疫情况上看，一方面，有着不同分类距离的软体动物采用的蛋白分泌体系间可能存在相似性；另一方面，各类不同动物间的蛋白分泌体系或许有着很大的差异，翼形亚纲和异齿亚纲的瓣鳃动物间的差别就很明显。

13.4.3　有关 *P. nobilis* 的壳分子方面的资料

通过血清学方法，尽管人们从与 *P. nobilis* 比较中得到了一些壳基质同源性的指示，但目前有关棱柱层和珍珠层基质大分子的序列讯息仍极度缺乏。这种认知上的缺失因壳蛋白的精准分离纯化而逐渐有所改变，与此同时，作为一种备选方法，分子生物学技术的运用使人们可随机地从转录组中筛选出编码壳蛋白的基因。通过第一种方法人们得到了两种蛋白质 caspartin 和 calprismin，通过第二种方法人们又获得了另外一种蛋白质 mucoperlin（Marin et al. 2003b；Marin and Luquet 2005）。前两种蛋白质为酸性很高的壳蛋白，见图 13-5，而第三种蛋白质的酸性中度，见图 13-6，两种类型的蛋白质分属于不同的组别。此外，在 *P. nobilis* 的壳中，人们又逐步发现了一些新的蛋白质（P. Narayanappa，未公开）。

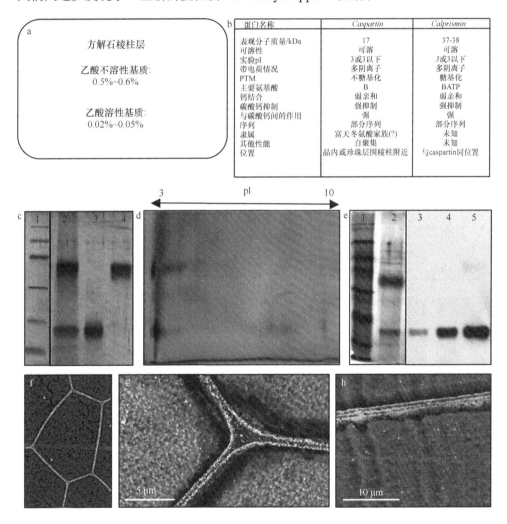

蛋白名称	*Caspartin*	*Calprismin*
表观分子质量/kDa	17	37-38
可溶性	可溶	可溶
实验pI	3或3以下	3或3以下
带电荷情况	多阴离子	多阴离子
PTM	不糖基化	糖基化
主要氨基酸	B	BATP
钙结合	弱亲和	弱亲和
碳酸钙抑制	强抑制	强抑制
与碳酸钙间的作用	强	强
序列	部分序列	部分序列
隶属	富天冬氨酸家族(?)	未知
其他性能	自聚集	未知
位置	晶内或珍珠层围棱柱附近	与caspartin同位置

方解石棱柱层

乙酸不溶性基质：
0.5%~0.6%

乙酸溶性基质：
0.02%~0.05%

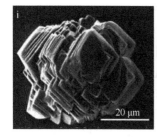
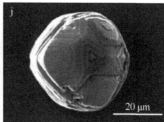
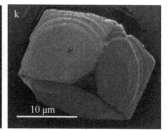

图 13-5　*Pinna nobilis* 的壳棱柱层钙化基质。（a）乙酸溶性及不溶性基质间的比例；（b）Caspartin 和 Calprismin 的生物化学性能概括，B 为天冬氨酰缩写，依此类推；（c）棱柱晶内基质及其分离提取物的 SDS-PAGE，泳道 1：分子量标记，从上到下分别是 94 kDa、67 kDa、43 kDa、30 kDa、20 kDa、14.4 kDa，泳道 2：棱柱层乙酸溶性基质，泳道 3：纯化的 Caspartin，泳道 4：纯化的 Calprismin；（d）棱柱层乙酸溶性基质的 2D-凝胶电泳；（e）棱柱层乙酸溶性基质的 Western blot，斑点提取物孵育于 Caspartin 多克隆抗体液中（1∶3000），泳道 1：分子量标记，从上至下分别是 116 kDa、97 kDa、66 kDa、45 kDa、31 kDa、21.5 kDa、14.4 kDa、6.5 kDa，泳道 2：银染的棱柱层乙酸溶性基质，泳道 3～5：棱柱层乙酸溶性基质的 Western blot，泳道 3 5 μg，泳道 4 10 μg，泳道 5 20 μg；（f～h）Caspartin 免疫金定位；（f）横断面低倍放大；（g）横断面高倍放大，示三角连接处；（h）棱柱纵断面；（i～k）体外有纯化 Caspartin 存在时的碳酸钙结晶；（i, j）2 μg·mL⁻¹ Caspartin 下形成的多晶聚集体；（k）2 μg·mL⁻¹ Caspartin 下形成的碳酸钙"单"晶。
（彩图请扫封底二维码）

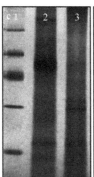

珍珠层的文石层

乙酸不溶性基质：
0.5%~0.6%

乙酸溶性基质：
0.02%~0.05%

蛋白名称	Mucoperlin
表观分子量/kDa	67
可溶性	可溶
理论pI	4.9
PTM	糖基化(O-型)
主要氨基酸	丝氨酸和脯氨酸
钙结合	弱亲和
其他性能	可能存在聚合
基本结构	a)短N端：11氨基酸残基 b)403氨基酸残基，富丝氨酸和脯氨酸，有13个由31氨基酸残基组成的串联重复单位 c)C端：酸性且疏水性，C端的后41氨基酸残基中有3个半胱氨酸残基
蛋白家族	Mucin型
位置	珍珠层片间，珍珠层特异性物

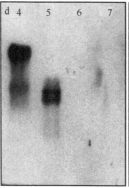

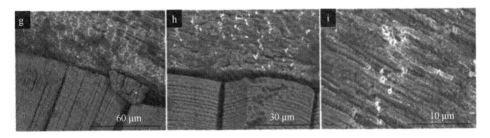

图 13-6 *Pinna nobilis* 的壳珍珠层钙化基质。(a) 乙酸溶性及不溶性基质间的比例;(b) 酸性珍珠层特异性蛋白——Mucoperlin 的生物化学性能概括;(c) 珍珠层乙酸溶性提取物(泳道 2)和乙酸不溶性提取物(泳道 3,Laemmli 溶性)的 SDS-PAGE。泳道 2 中的 Mucoperlin 浓度很高;(d) *P. nobilis* 的不同壳基质的 Western blot,斑点孵育于双纯化重组 Mucoperlin 多克隆抗体液中,泳道 4:珍珠层乙酸溶性提取物,泳道 5:珍珠层乙酸不溶性/Laemmli 溶性提取物,泳道 6:棱柱层乙酸溶性提取物,泳道 7:棱柱层乙酸不溶性/Laemmli 溶性提取物。种种迹象表明,Mucoperlin 为珍珠层的特异性基质,非棱柱层基质;(e, f) 光学显微镜下的棱柱-珍珠层横断面上的 Mucoperlin 免疫定位;(e) 下部为棱柱层,上部为珍珠层;(f) 高倍放大的珍珠层;(g~i) 横断面(新断裂)免疫金染色 SEM 图,(i) 定位 Mucoperlin 的白色斑点位于珍珠层片间(片间位置);从(e, f)和(g~i)中的排布图案上看,Mucoperlin 的分布位置是一致的。

(彩图请扫封底二维码)

13.4.3.1 有关棱柱的分子资料

两种类型的棱柱层基质蛋白的获取得益于以下观察:首先,多数的壳基质蛋白中芳香族氨基酸残基(酪氨酸、色氨酸、苯丙氨酸)的含量均很低,这意味传统光谱法(波长 280 nm 下)很难检测到它们;其次,在蛋白单向凝胶电泳后,先将蛋白斑点孵育于基质的抗体液中一段时间,然后再用硝酸银或考马斯亮蓝染色,这样一来 Western blot 上就能看到非常清晰的图案。因某些未知原因使基质中不连续成分的免疫效应远强于弥散大分子,因此,导致信号/背景比增大(如果将弥散物质看成背景的话)。研究人员就利用这一特点,从棱柱中分离获得了两种主要基质蛋白,方法是先用稀的次氯酸钠液将单个棱柱分离出来,然后按标准程序用冷的稀乙酸液提取棱柱内基质(Marin et al. 2001),再电泳分级分离提取液,分离后的各部分"盲"收集起来。盲收集的各个部分通过斑点印迹仪转印至 PVDF 膜上,然后,按传统 Western blot 流程将转印后的膜以抗棱柱层或抗珍珠层基质抗体处理并检测。这种方法可使人们检测出感兴趣的洗脱蛋白到底存在于哪个分离部分中。然后,将这部分的蛋白质收集起来,并在冻干前进一步透析处理。这些技术在 Marin 等(2001)和 Marin(2003)中均有描述。

利用此方法,人们确认出两种新的蛋白质,并将其分别命名为 Caspartin 和 Calprismin(Marin and Luquet 2005;Marin et al. 2005)。Calprismin 是分子量为 38 kDa 的晶内酸性可溶蛋白,其分子中富含丙氨酸、天冬氨酰、苏氨酸和脯氨酸残基，4 种氨基酸残基占量达 55%。Calprismin N 端的 61 个氨基酸残基序列（占总序列的 18%）已测序。此序列中谷氨酸含量丰富，且有不同胞外基质（ECM）蛋白中常见的含四半胱氨酸残基的结构。Blast 查找比对，Calprismin 与任何其他壳蛋白及胞外基质蛋白无联系。Calprismin 虽是钙结合力极弱的蛋白质，但这一特点却极易发生改变。在 2D 凝胶中，Calprismin 以一个浓密斑点迁移，位置在 pI 3 以下。此外，还另有两个扩散性斑点，不过酸性稍弱。人们认为，Calprismin 可能有同分异构或糖化形式。其可以通过糖苷内切酶混合处理以去掉糖基，从凝胶电泳结果上看，分子的质量明显有降低，降低了几个 kDa。这可从去糖基化后的阿新蓝染色消失看出。Calprismin 经 TFMS 化学去糖基后的产物极不稳定。N 端序列分析及与其他棱柱蛋白的 N/C 端序列比较后人们总结出这样的一个特点（Evans 2008），即分子中阴离子残基丰富，阳离子残基含量较低，氢键供体/受体（hydrogen-bonding donor/acceptor，HBDA）数量变化不定。与其他棱柱层蛋白一样，Calprismin 或许本质也无序，需与外部作用以稳定分子的二级结构（Evans 2008）。研究人员目前正致力于 Calprismin 的全序列获取以证实预测的正确性。其他一些正在进行的定性分析还有 Calprismin 的体外效果、壳中免疫金定位及其于外套膜组织中的表达。

　　第二个蛋白质——Caspartin 的体外研究则较为详细，见图 13-5，尽管其序列也远未完全了解（Marin et al. 2005；2007a，b）。与 Calprismin 类似，Caspartin 也是晶内酸性蛋白，棱柱酸性可溶提取物中的含量很高。Caspartin 的分子量大约是 17 kDa，分子中富含天冬氨酸残基（超过 60%）。Caspartin 的钙结合能力比 Calprismin 好，但其钙的亲和力也很低，换言之，即其钙的固定作用可逆，钙离子能轻易地被去除，只需将 Caspartin 涂印的膜一般性冲洗即可。Caspartin 看似并未糖基化，但不排除磷酸化的可能。有趣的是，Caspartin 能于溶液中自聚集，在非变性凝胶电泳中，人们发现其有多种聚集形式，包括二聚体、三聚体、四聚体、五聚体、六聚体和七聚体。2D 凝胶中，Caspartin 以一个大的斑点形式迁移，位置在 pI 3 以下。然而，三个同样分子质量的稀小斑点清晰可见，其中一个为酸性，另两个为碱性，这或许表明，Caspartin 也绝非纯质或其可能有同分异构形式。在体外，Caspartin 是强力的碳酸钙沉淀抑制剂，其低于 1 μg·mL^{-1} 时就展现出抑制效应。在体外，碳酸钙晶体的形貌受 Caspartin 强烈影响，大概 0.2 μg·mL^{-1} 时就产生效果，随着其溶液中的浓度增加影响也更大。在 1~3 μg·mL^{-1} 时，Caspartin 能诱导产生多晶聚体，同时也有叶状"单晶"形成。当其浓度增大时，晶体大小变小，如果超过某个阈值，Caspartin 则变为钙化抑制剂，再无晶体产生。Caspartin 多克隆抗体实验表明，*P. nobilis* 的珍珠层中也有 Caspartin 或类似的 17 kDa 蛋白存在，但其含量则比棱柱中少得多（6~8 倍以下）。这一抗体常被用于 Caspartin 在 *P. nobilis* 壳中的定位（Marin et al. 2007b）。在垂直于棱柱轴的横断面上，人们看到

Caspartin 有两个分布位点，一是棱柱表面（棱柱内），这是人们预想到的位置，在这里，Caspartin 均一分布于棱柱表面；二是晶体间，这一位置令人惊奇，在棱柱与棱柱间不溶性间层的界面上形成一连续薄膜。换言之，这个不溶性疏水棱柱间间层是一个夹在两个含 Caspartin 的结构层之间的三明治式结构。从纵切面上看，Caspartin 沿棱柱非连续分布。其在这一空间上的分布并非严格遵循每一棱柱的生长线，尽管人们看到 Caspartin 可能更集中于一些生长线上（Martin et al. 2007b）。

在 Caspartin 首次化学定性（Martin et al. 2005）后，人们又重新对其进行了测序，经胰蛋白酶、胃蛋白酶或 AspN 降解处理后人们获得了各种不同长度的短肽（Martin et al. 2007b）。然而，到目前为止，尽管使用了各种不同寡聚核苷酸引物，人们仍未获得到 Caspartin 的全序列，更多的工作还在继续，直到人们能完整诠释其一级结构。

13.4.3.2 有关珍珠层的分子方面的资料

人们采用的第二策略是构建主动钙化的 *P. nobilis* 稚贝外套膜组织非胁迫性（no-stressed）cDNA 文库。简单地说，就是从组织中提取全部 RNA，通过 oligo-dT 纯化获得 mRNA，反转录成 cDNA。将衔接子（接头）克隆至 cDNA 两端，通过分子排阻色谱筛选出最长的 cDNA，然后克隆 cDNA 至噬菌体中，并组装进噬菌体质粒。至此，人们得到一含 3.5×10^5 个克隆的初级文库。

因目前人们对 *P. nobilis* 的壳蛋白序列信息还不了解，为此，有必要重新回顾一下珠母贝 *Pinctada* 第一个壳蛋白全序列的发现（1996 年末）。在那个时候，人们还未发展出简并探针（生物素或地高辛标记）以用于构建文库的筛选。因 cDNA 文库是表达文库，在研究中人们选择了以前采用过的同源性抗体以筛选目的基因，这些抗体均为 *P. nobilis* 壳酸溶性棱柱层和珍珠层基质抗体。

人们按一任何文献中均有描述的操作流程（Marin et al. 2000；2003a）生产得到一系列的克隆，这些克隆再经两次筛选以进一步纯化。这些纯化后的克隆有长约 2 kb 以上的插入框，这些插入框可编码 636 个氨基酸的推定蛋白。这个 ORF（开放阅读框）分析显示，其对应的酸性蛋白（理论 pI=4.9）拥有 3 个结构域，分别为一短的 N 端、13 个串联重复组成的长中央区（总计 403 个氨基酸残基）及 222 个氨基酸残基组成的 C 端，中央区长度占到蛋白质总长度的 2/3 左右。13 个串联重复中的每一个由 31 个氨基酸残基组成，富含脯氨酸和丝氨酸，其中的多数丝氨酸可能被糖基化。尽管相似性比对发现其与任何已知蛋白的同源性都很低，但其与 PGM（pig gastric mucin）这种猪黏蛋白间却有着很大的相似性。与黏蛋白相似绝非偶然，事实上，这个壳蛋白至少拥有黏蛋白的两个特点：①分子中均有串联重复单位，且重复中富含脯氨酸和丝氨酸残基；②像许多黏蛋白一样，壳蛋白分子的 C 端也有几个半胱氨酸残基。在黏蛋白中，这些半胱氨酸残基可能会使分子先形成二聚体，然后再形成不溶性多聚体凝胶物。正因为这些特点，因此，研究人员将此壳蛋白命名为 Mucoperlin，见图 13-6。

　　Mucoperlin 能于一细菌菌株中过表达，经双纯化后可得到与多克隆抗体特异作用的单条带（Marin et al. 2000；2003a），并用于体外各种不同的实验研究。这个过表达的 Mucoperlin 无翻译后修饰，因此，其在"抑制试验"中表现得并不活跃，即钙结合测试中不活泼。由重组 Mucoperlin 而来的抗体只与珍珠层提取物反应，与棱柱提取物间无作用，无论是 Western blot 还是 Dot blot 或 ELISA，见图 13-6d。这清楚地表明，Mucoperlin 可能只对 P. nobilis 的珍珠层有免疫效果。从已有的知识看，这是人们首次明确证实软体动物壳珍珠层特有蛋白的存在。这一发现由抗棱柱层基质抗体和抗珍珠层基质抗体的 Mucoperlin 克隆筛选结果（Marin et al. 2003a）及壳横切片组织常规染色证实。组织染色显示，Mucoperlin 专一性存在于珍珠层中，且更多地集中于珍珠层片结构的短侧面上，即邻近片间的空间区域，见图 13-6e、f。此外，片间基质中也有染色，但着色很弱。随后，人们又通过更加精准的免疫金技术予以证实（Marin et al. 2007b）。实验中，人们看到完全叠加的染色效果，在 Mucoperlin 所在的片结构间的区域上有非常集中的白色斑点存在（Marin 2006，未公开，Marin 2009），见图 13-6g～i。

　　经确认和分子定性后人们认为，Mucoperlin 是酸性的黏蛋白样蛋白质，在壳中起着"主角"作用，并由其将分子生理学与生物矿化学，尤其是脊椎动物的分子生理学与矿化联系了起来。实际上，黏蛋白类分子在生物中有着多重的功能，如润滑、保护上皮组织免于化学或微生物侵袭。它们还参与细胞信号转导（Bafna et al. 2008）。有趣的是，在脊椎动物中，黏蛋白类分子还与钙化或阻止钙化的体液有关联。在口腔中，唾液就是一种过饱和液体，有幸的是，其从不钙化。主要原因是唾液中含有一些可阻止钙盐沉积的蛋白质。当溶液中无唾液黏蛋白时，钙盐晶体可继续生长（Tabak et al. 1985；Nieuw-Amerongen et al. 1989；Tabak 1995）。此外，这些黏蛋白分子能以极强的亲和力黏附于牙齿的羟基磷灰石上，并阻止其脱矿化（Meyer-Lueckel et al. 2006）。类似地，膀胱中的尿液里也含有一系列的蛋白质，其中就包括 THP（Tamm-Horsfall protein）和尿黏蛋白，其功能就是阻止草酸钙或尿酸沉积（Grases and Llobera 1998）。最后再来看看胆囊，胆囊也是与过饱和液体有密切关联的组织器官（Afdhal et al. 1995）。从胆结石的病理角度上看，胆囊黏蛋白常常参与矿化凝集物的沉积（Lechene de laPorte et al. 1996），观察后人们认为，这些蛋白质可能还参与了晶体成核过程。很清楚，总体上讲，黏蛋白似乎在钙化中起着重要的作用，尽管其在钙化中的功能可能被低估。

13.4.3.3　P. nobilis 的其他壳蛋白

　　尽管 P. nobilis 棱柱中分离获得的两个主要晶内蛋白是 Caspartin 和 Calprismin，

但棱柱乙酸可溶提取物的 1D 电泳中人们检测到 8 个蛋白条带，其分子量分别在 10 kDa 以下和 60 kDa 以上（Marin et al. 2007b）。然而，这些条带的分子序列至今仍不明了。当整个棱柱层包括用次氯酸钠分离得来的单棱柱的基质被提取分离时（P.Narayanappa，未公开发表，2010），从电泳凝胶上人们看到，除上述蛋白条带外，还有很多蛋白条带，这些蛋白质可能与矿物相间有着微弱的联系。类似地，在珍珠层乙酸或 Laemmli 可溶提取物中，人们也看到了几个蛋白条带（Marin et al. 2000）。可惜的是，这些蛋白质的序列信息人们还一概不知。

通过 *P. nobilis* 外套膜抗 Caspartin 和抗 Calprismin 多克隆抗体的 cDNA 文库筛选，研究人员还推定得到了一些其他蛋白（P. Narayanappa，未公开发表，2010）。按照这一方法，人们又得到另外一些编码推定"壳"蛋白的克隆，这些"壳"蛋白应含有短的疏水或酸性模体，几种氨基酸，如谷氨酸、丝氨酸或亮氨酸在分子中占有主导地位。在这些推定"壳"蛋白中，克隆 CLP2T7 的翻译产物中谷氨酸、亮氨酸及丝氨酸含量丰富，分别达 18%、10% 和 10.3%，而克隆 CSP3 的翻译产物则有极酸性的 C 端（有一多聚天冬氨酸结构域）。有趣的是，与免疫筛选平行进行的 *P. nobiliis* 的棱柱层乙酸溶性基质蛋白组分析却得到了不同的多肽成分。其中的一个为 CSP3 翻译序列（P. Narayanappa et al.未公开发表），这说明此推定蛋白确实为棱柱层的一个壳基质蛋白。

13.4.4　*P. nobilis* 酸性蛋白广义上的钙化作用

13.4.4.1　"传统"上的生物化学作用

如 13.4.3 节所讲的那样，已确认下来的 *P. nobilis* 的壳蛋白钙化中有着不同的生物化学作用。这些作用，例如，钙结合效应、抑制效应或碳酸钙结晶干扰效应均可于"试管"内定量确定。尽管从中得到了一些测试蛋白推定功能上的宝贵信息，但人们知道，它们的"功能"绝不会被替代。在接下来的章节中，将这些功能进行细分，从而明确哪些功能是真实的，而哪些功能又是虚无的。

P. nobilis 的壳蛋白的钙结合特性是极有趣的特征，常被人们所讨论。从研究人员角度看，总的说来，Caspartin、Calprismin 及珍珠层和棱柱层基质的钙结合力非常易变。从观察结果来看，当以等量的物质进行测试时，整体基质的钙结合水平好于单个组分。研究人员认为，Caspartin 或 Calprismin，也许还有更多的棱柱和珍珠层蛋白属于低亲和-高容量钙结合蛋白（Maurer et al. 1996；Marin and Luquet 2007）。这种钙离子的结合可能由带有负电荷侧链的天冬氨酸和谷氨酸残基实施，或许其中的一些经由翻译后修饰才可结合钙，它们中的许多展现出阴离子特性，被糖基化，特别是涉及硫酸糖的残基；被磷酸化，如丝氨酸和苏氨酸残基。尽管 Caspartin 和 Calprismin 的氨基酸全序列仍未知，但这些蛋白分子中很可能并

非一定有典型的钙结合结构域，如 EF-hand 结构区（Kretsinger 1976）——一种低容量-高亲和钙结合蛋白家族中的钙结合典型结构域。对壳蛋白而言，人们认为，无数可逆结合的钙离子相较于牢牢被结合的少数几个钙离子来说可能与晶体的合成过程更相符。但不排除有这种可能，即结合了的钙离子在体内对壳蛋白也有稳定作用，并帮助蛋白分子始终维持在一个明确构象上。

当然，体外抑制特性是分子的另一个方面。从人们已掌握的资料看，P. nobilis 的棱柱及珍珠层乙酸溶性基质有着很好的抑制效应。然而，研究人员观察发现，在同等测试浓度下，棱柱基质的抑制效果比珍珠层基质好得多（Marin 1992）。这种效应似乎与基质的"酸性"程度有关联，棱柱基质的"酸性"远强于珍珠层基质。方解石棱柱蛋白的高酸性从以下两方面的观察中就见端倪。首先，从以往的文献（Marin et al. 2008）中人们就知道，无论是与方解石（叶片或棱柱状）还是与文石（主要指珍珠层）关联的软体动物的壳蛋白，其分布是不同的。从其理论 pI 对分子量的绘图上可以看到，第一组（棱柱基质）的分布属于两极型，不是极酸就是极碱，而第二组（珍珠层基质）的 pI 则从弱酸到弱碱。因棱柱中极碱性的蛋白质可能与不溶性框架有关，因此，可溶性棱柱基质蛋白必定为极酸性。其次，阴离子的翻译后修饰，如硫酸糖在 P. nobilis 的棱柱中含量很高，但珍珠层基质蛋白中却无。就 P. nobilis 而言，两因素结合起来就能解释为何棱柱和珍珠层基质有着不同的抑制作用。

最后，再来谈谈 P. nobilis 的壳基质蛋白体外碳酸钙沉淀干扰问题。这种干扰效果是剂量依赖性的，只有达到某一极限值以上时，晶体的形成才会因抑制而停止（Marin et al. 2005）。在一些常见的晶体晶形中，人们会见到方解石以多晶聚集体及貌似"单"晶的形式出现，这些晶体均展现分层和截角结构。尽管总体上讲，这些效应只在几种壳蛋白上看到，但研究人员注意到，一些酸性蛋白如 Caspartin、Calprismin 的效果尤为强烈。

13.4.4.2　P. nobilis 酸性蛋白在晶格水平上的"非经典性作用"

除微米尺度（干扰测试）或宏观凝胶水平（钙结合）或电极精度（抑制效应）上的测定外，几年前很少有人开展非经典性作用的研究，但来自以色列 Haïfa 工学院的 Pokroy 和 Zolotoyabko 却在这个方面取得了引人注目的研究成果。这些研究需要高精度的衍射设备，如位于法国 Grenoble 的 ESRF（European Synchrotron Radiation Facility，欧洲同步辐射光源）装置。其研究的目的就是用证据证明晶内蛋白是否对生物成因方解石的晶学性能产生影响。

在首个系列研究中，Pokroy 和 Zolotoyabko 对 P. nobilis（棱柱方解石）、Atrina rigida（棱柱方解石）、Ostrea edulis（叶片方解石）、Crassostrea gigas（叶片方解石）、Haliotis rufescens（棱柱方解石）5 种软体动物壳微结构中的方解石晶格进行

了参数测试。经过晶格内镁及硫的嵌入修正，研究人员对生物成因方解石晶体 *a*、*b*、*c* 参数的理论值进行了计算。毫无意外，这些生物成因方解石的晶格参数值高于化学方解石。这清楚地表明，晶格有轻微变形，最大的扭曲变形出现在 *c* 轴上，达 0.2%。

在第二个系列研究中，研究人员对生物成因方解石结构进行加热处理，以便将晶内有机基质烧掉。实验中发现，晶格松弛，换言之，即晶格参数有所降低。这间接证明晶内分子诱发了晶格变形。

为清楚无误地说明晶内蛋白对方解石的影响，Pokroy 采用碳酸氢铵扩散技术在有/无 Caspartin 存在情况下于体外进行了方解石纯结晶。两种方解石晶格参数比较显示，生长于 caspartin 下的方解石的晶格有轻微变形。这些研究结果发表于2006 年（Pokroy et al. 2006）。最近，Zolotoyabko 等（2010）通过高分辨中子粉末衍射证明，生物成因方解石的原子键长度与地质性方解石相比有着很大的不同。当然，研究测试中人们也考虑到方解石晶格中镁离子嵌入的影响。

Pokroy 和 Zolotoyabko 接下来的发现也引人注目。这次人们将研究重点放到了孪晶现象上。在晶体学中，孪晶现象人所共知，它指的是两个或多个化学性能相同的晶体有向性地连接。这些晶体通过对称方式连接在一起，这种对称方式既可以是影像成对也可以是旋转成对或者是倒转成对。经长达 150 多年的晶体学研究，方解石不同的孪晶形式才最终得以确认。它们有 4 种孪晶形式，分别对应以下 4 种成对方案，即在（001）、（012）、（104）和（018）晶面上分别形成孪晶。在 caspartin 存在情况下，体外结晶的方解石经 X 射线衍射测试显示，晶体中的 1/5 为孪晶，方式是（108）晶面上成孪晶，在这之前从未见过此种情况。这一结果一年后公开发表（Pokroy et al. 2007），可惜的是，未引起人们的广泛关注。

迄今为止，人们还很难判断这些发现的影响及其未来于纳米技术和纳米材料上的潜在应用。然而，从以上描述情况看，人们很清楚，生物晶体，如 *P. nobilis* 的棱柱方解石不能被简单地想象成"有着少量有机物环绕的标准化学晶体"。

13.5　从壳的动态形成上推定 *P. nobilis* 壳蛋白的功能

要清楚地解释 *P. nobilis* 的棱柱及珍珠层是如何形成的看似很简单，但人们仅凭那一点点超结构方面的后验知识以及数量有限的几个确认蛋白就设想着揭示其形成机制，是很不现实的。事实上，因一些技术原因及不同生长阶段壳样品的取材及其检查区分上的限制，无论是 *P. nobilis* 还是其他任何类型的软体动物，人们还未曾连续记录过动物壳的钙化过程。此外，人们需时刻牢记，迄今为止，研究得最为透彻的模式动物——*Pinctada* 珠母贝虽有超过 24 种的壳蛋白被确认（Marin et al. 2008），但这对于 *Pinctada* 动物壳方解石棱柱及珍珠层砖墙现象的理解还远远不够。目前，人们仍有一些关键性问题未解决，即从超分子水平上理解生物体内到底发生了什么以及这些壳基质又是如何相互作用的。可惜的是，由 Jackson 及其同事进行的鲍鱼 *Haliotis asinina* 转录组分析清楚表明，软体动物壳精致结构的形成还需一些其他的壳生长过程中未并入壳的蛋白成分参与（Jackson et al. 2006），它们不属于壳基质。这些"沉默"的蛋白质或许对壳的形成还极为重要，但因其最终不在壳中出现而被忽略掉。就 *P. nobilis* 而言，这些蛋白质是什么人们没有丝毫的概念，即使有，也只是一些外套膜组织钙化转录组信息（ESTS），从这些信息中人们将获得更多有关壳形成的全套蛋白。

在软体动物壳矿化理论不完善的情况下，人们只能提出一些假设，在这些假设中人们需要从分泌基质的几何学、晶体学、生理学及生物化学等方面加以充分考虑。

13.5.1 棱柱层

正如 13.4 节中看到的那样，*P. nobilis* 的棱柱似乎处于一种自相矛盾的状态：一方面，它们行为上像单晶，如偏振光下的单消散现象及单晶衍射图案；另一方面，这些复合性的生物矿物均为结构分级材料，其基础构件是矿物纳米颗粒，这些颗粒空间取向良好，且与晶内蛋白共同形成紧密无间的有机-矿物联合体。如果将 *P. nobilis* 的方解石棱柱形成中的"介晶"途径考虑进来，人们发现，以上两个自相矛盾的观点的大部分也随之不复存在。

"介晶"概念由 Cölfen 和 Antonietti 于 2005 年及 Cölfen 于 2007 年提出。介晶的形成遵循的是一种"非经典"结晶途径，简言之，即其起始与传统化学结晶途径一样，由离子浓缩聚集形成成核簇。在自然环境下，这些成核簇或生长或再次崩解。生长时其可逐步长到一晶核临界尺寸。在非经典结晶途径情况下，这个初步形成的纳米颗粒可通过有机聚合物的表面吸附而暂时稳定。在随后的阶段中，这些颗粒经由有机聚合物的吸附、组装而有取向性地组成超级结构物——介晶，这些介晶再通过有向性纳米颗粒的融合而变为"单"晶。有机聚合物在融合后陷于"晶"体内。如这一情况施加于 *P. nobilis* 的方解石棱柱，介晶概念将使每一棱柱的超结构复杂性与结构单位的简单性统一起来。

P. nobilis 的方解石棱柱是如何形成的？自然环境下，棱柱形结构晶体可完全由非生命途径形成，这在很长时间以前就有描述。Grigorév（1965）曾解释，棱柱结构的生长需经由一个空间竞争过程。在一粗糙表面上，球形晶粒可或多或少地有规则地种晶于其上，当其以一种离心方式生长时，邻近的球粒间发生了联系，并形成空间竞争。它们会趋向于一个方向上的生长，生长快的颗粒"吸收"生长慢的颗粒。经过一段时间后，这种延展结构的生长就成为单方向性的，且与球晶

种子时的初始晶面相垂直。

　　从某一点上讲，这样的描述或许适合于 *P. nobilis* 的棱柱，如果再进一步讲，可能也适宜于瓣鳃纲动物壳的棱柱微结构的形成（Ubukata 1994）。两种过程（生命和非生命合成矿物）间或许还存有一些相似之处。首先，与非生命竞争过程相似的是，*P. nobilis* 的棱柱的生长是向着垂直于粗糙表面即角质层的方向（向内）生长。其次，Cuif 及其同事（1983a,b）观察发现，壳缘早期棱柱形成阶段的特点是形成同心圆结节（球晶），这些结节从中心发起，最终由围棱柱鞘围成的多边形空间（先于矿物沉积前形成）被完全填满。在 *P. nobilis* 稚贝中，就每一个新形成的"棱柱"（在此阶段，棱柱看起来更像瓦片）而言，当从壳的外表面向壳缘方向看时，人们会看到一同心圆形的结构图案"穿过"薄薄的角质层（Marin 未发表）。这清楚地表明，结节（或球晶）是第一个矿化的结构，这有些类似于非生命竞争过程中的情况。再次，Checa 及其同事在观察 *P. nobilis* 壳横断面时发现，空间上的竞争只存在于一个非常狭窄的空间内，这个空间区域位于角质层以下 50～100 μm（Checa et al. 2005）。然而，人们却不认同非生命竞争过程与 *P. nobilis* 的棱柱生长之间有相似性，原因如下：如前所述，这初始的"棱柱"或是瓦片更确切地说是在一预形成的蜂窝状框架内发育，换言之，其先于早期矿化就已存在。在这一时期，无空间竞争发生，多边形空间的大小早已由围棱柱框架所定。正如Checa 及其同事（2005）认为的那样，参照 Cuif 等（1983a,b）说法，"未矿化区域至少应由壳缘向后（向内）推移 100 μm，空的有机多边形网眼在高度上由矿化起点处再提高 5 μm"。显然，以前观察看到的空间竞争似乎发生于后一阶段，即未矿化区域距离早期延展棱柱 50～100 μm 远。这种竞争如何发生以及为何发生于这一时期，虽然人们一直不太了解，但有一点则清楚表明，矿物相（棱柱）的生长是与有机围棱柱膜的生长步调相一致。

　　与这些观察相平行的是，Checa 及其同事针对棱柱多边形形状的形成又提出了一个非常著名的观点。研究人员在观察时发现，蜂窝状的有机框架是一泡沫性结构，这种气-液扩散的泡沫体系主要通过界面张力而维持，其中的液相薄膜将气泡分隔开来。对于理想泡沫而言，这薄薄的液相膜约以 120° 的角度联合起来形成三联体的结构。目前情况下，Checa 等认为，与其说是泡沫，倒不如说是乳胶液体，矿化初始阶段的前体包括棱柱基质及外套膜外液可能均为液-液乳胶，即两种非互溶的液体混合物。与泡沫类似，这种乳胶液体因界面张力而形成了一定的图案。在此情况下，疏水的、有黏弹性的基质使其在与角质层内表面接触过程中形成一个连续的、网眼结构。外套膜外液（一种不连续水溶液）将陷入这些多边形网眼中。

　　研究人员试图按照 Caspartin 和 Calprismin 的生物化学特点及其于棱柱层中的位置将其推定功能与上述描述联系起来。以往的研究显示，Caspartin 存在于晶内和晶间（Marin et al. 2007）。Calprismin 出现的位置似乎与此类似（Narayanappa，未公开）。因 Caspartin 和 Calprismin 的酸性极强，二者可能扮演着纳米晶成核剂的角色。可以想象，Caspartin-Calprismin 复合物簇或许可局部催化形成介晶中有自我取向的纳米晶。晶间的 Caspartin（也包括 Calprismin）可能对外套膜外液液滴表面上的乳胶液体的稳定起着积极作用，而更为疏水的有机框架在一牢固又柔韧的蜂窝样结构中聚合。总之，人们试着将 *P. nobilis* 的棱柱的整个形成过程从时序上分解成一些短的步骤，见图 13-7。

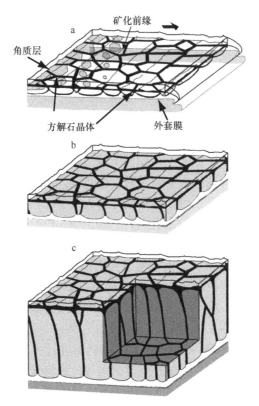

图 13-7　*Pinna nobilis* 不同时期方解石棱柱的形成模式示意图。图采自 Checa 等（2005，图 9，6423 页）。（a）合成早期，多边形围棱柱鞘膜借乳液界面张力形成一定的排列图案，如果是这样，那么围棱柱鞘膜或许产生于一个由水性不连续相和疏水连续相组成的液-液乳液连续相的聚合。需要注意的是，围棱柱鞘形成于矿化之前。对每一个多边形鞘膜而言，方解石晶体从中央处生长并侧向扩展直至抵达围棱柱鞘膜；（b）合成后期，棱柱向内垂直于角质层表面（往外套膜上皮细胞方向）方向生长，厚度不断增大；（c）发展阶段，棱柱不断地在垂直方向上生长，局部上或许会出现晶体竞争现象。

第一步，角质层沟分泌角质层并在与海水接触后变硬。这种变硬由醌鞣过程而成。遗憾的是，目前还不清楚角质层内表面是否为矿化已预先定好了图案。或许，在某些点上已提前设计以便能与后来的成核中心对应，在那里结节/球晶开始生长。

第二步，有机成分的异质混合物——棱柱基质与含矿物离子的前体液一起被分泌至新形成的角质层和外套膜之间。因分泌物中的一部分物质为疏水性，另一部分为亲水性，因此，在与角质层内表面密切接触时形成液-液乳胶的结构物。这个由界面张力控制的易变结构可在多边形蜂窝的黏弹性网眼中自组织，其或许可在短时间内通过两相间界面处的酸性蛋白而稳定。

第三步，有机网眼聚合形成类似于角质层样的不溶而有柔性的结构。

第四步，晶体成核于每一个多边形中，新形成的晶体聚集并同化为结节/球晶，同心圆式地向外扩展（半圆式）直达多边形边界。随后形成扁平的"瓦片"。虽然人们还不清楚了解石结晶是否需要经历非晶态矿物形成这一步，但可能性还是存在的。成核大分子或许是一些酸性蛋白，如 Caspartin 或 Calprismin 或硫酸多糖。

第五步，在多边形边界高度不断增加时，新形成的瓦片也于角质层表面垂直方向上不断延展。这种围棱柱边界扩展可能通过有机结构元件边缘的不断吸收积累而完成。这个过程或许还涉及接触识别。棱柱延展方式为"一层层"叠加。对每一棱柱而言，按 Cölfen 的说法，纳米粒间融合形成一"层"晶学上有取向的晶体，其周围环绕着酸性蛋白（Caspartin 和 Calprismin）。这每一层晶体均可被视为一扁平介晶，这个介晶本身可与其下方的矿物容纳结构融合。至于纳米粒是否与其周围的酸性大分子一起通过胞吐方式由外套膜细胞中的囊泡进入沉积地点或是直接形成于生长结构中以及外套膜细胞与角质层间的界面处还有待于研究。

第六步，当棱柱连续生长时，空间竞争等似乎均发生于 50～100 μm 的区域内，一些生长慢的棱柱被其邻近生长快的棱柱所吸收。因围棱柱边界有弹性且易变形，因此，其因生长快的棱柱的扩展而不断改变大小与形状。

第七步，按前面提到的过程，棱柱一层层地连续生长扩展。因边际化生长竞争极其严重，因此，多数棱柱的生长是平行进行的。当棱柱层与珍珠层间的有机界面被棱柱向内的表面覆盖时，棱柱层的生长即刻停止。

在上述的大致论述中，人们可以看到，极酸性蛋白，如 Caspartin 和 Calprismin 的功能可能是不同的，其作用与围棱柱壁中的疏水性组分的作用相协调。人们也清醒地认识到，上述的各个步骤均带有猜测性，或许实际情况与此完全不同。

13.5.2 珍珠层

与棱柱形成类似，*P. nobilis* 的珍珠层的合成则给人以更广阔的猜想，因为其更难证实。事实上，有关 *P. nobilis* 的珍珠层组成方面的知识很有限。人们只知道珍珠层特有蛋白 Mucoperlin，而更多的知识则来自于其他模型动物的珍珠层，

如 *Nautilus*、*Pinctada*、*Haliotis* 动物。因此，人们不能保证下面所提到的有关珍珠层形成方面的知识能否严格适合 *P. nobilis*，正如 13.5 节中描述的那样，*P. nobilis* 的珍珠层在瓣鳃纲动物中相当地不典型，这是因为其珍珠层为垛排型，而非砖墙型。

Addadi 及其同事（2006）在发表的文章里对珍珠层形成中的关键要素给出了最好的评述。这些要素大致概括如下。几丁质是矿化前已预组织于矿化前沿与外套膜细胞间界面处的结构性聚合物。在珍珠层中，几丁质应当是珍珠层盘片在其上生长的片间模板。在几丁质连续薄片间存在着由疏水性蛋白组成的丝样凝胶，这种凝胶物中还含有一些酸溶性蛋白，这些蛋白质可能作为矿物成核剂发挥着作用。

就珍珠层生长过程而言，Addadi 及其同事（2006）曾强调如下：珍珠层盘片的生长始于其中央，那里有丰富的聚阴离子聚合物（如羧基、硫酸基丰富的多聚物）。羧基基团可能本身就参与了矿物成核，硫酸基或许有集中钙离子至羧基基团附近的功能（Addadi et al. 1987；Nudelman et al. 2006）。初始形成的矿物为非晶态的，随后转变为文石结构。珍珠层盘片先是纵向生长，然后再侧向生长。通过这种方式，盘片将酸性蛋白陷于其中，并将疏水性凝胶侧向推移。当邻近珍珠层盘片联成一体时，被挤压的凝胶聚合并形成片间不溶性基质。珍珠层盘片是否以异质外延或矿物桥方式生长目前还不明了，这可能有赖于研究动物的模型。

对于 *P. nobilis* 的珍珠层合成而言，如从一宽泛愿景上看，一些要素还存在着严重缺失，人们不知道几丁质是否有，即使有，其位置在哪里；不知道第一个形成的矿物是否为非晶态的；也不知道垛排式珍珠层盘片的生长是以异质外延方式还是以矿物桥方式。人们现在能确切知道的是，如 Cuif 及其同事（1985）所展示的那样，*P. nobilis* 的珍珠层盘片是由纳米粒组成的。类似于棱柱层情况，珍珠层盘片也可被视为介晶，由晶体学上有取向的纳米粒融合而成。此外，由 Cölfen 提出的概念看似更合理，可能整体上与生物矿化规律更符合。

部分与上述 Addadi 模型一致的另一重要特点是 Mucoperlin 的位置问题。如13.4.3.2 节解释的那样，Mucoperlin 位于珍珠层盘片外缘、片间基质内，而不是薄片间。因此，研究人员认为，Mucoperlin 或许是凝胶样聚合混合物中的一种大分子组分，珍珠层盘片在这种聚合混合物中生长。当盘片侧向扩展时，其将Mucoperlin 推向一边，结果是片间基质遭到挤压。模型与研究人员的发现所不同的是，Mucoperlin 相当亲水且基本上可溶。也由此可以说，Mucoperlin 明显不同于那些构成疏水性凝胶的丝样蛋白。因为有酸性，人们猜测，Mucoperlin 可能参与了珍珠层盘片的成核。然而遗憾的是，研究人员未曾于珍珠层盘片染色中看到 Mucoperlin 的存在。尽管如此，人们似乎还一致认为，Mucoperlin 是珍珠层的一特异蛋白。因此，人们相信，除其他推定功能外，Mucoperlin 与其他成分一起对文石多态的选择有贡献。当然，还有很多工作需要继续做下去，以体外检验这些假想是否正确。

13.6 结   论

本章中，研究人员尽其所能试图获取有关 *P. nobilis* 壳的各种各样的数据，从微结构到纳米结构，再到壳中酸性大分子成分的生物化学特点。尽管研究上取得了一些明显进展，但人们的研究还只是沧海中的一点水，还有大量工作亟待于人们进行下去。例如，需要有致力于 *P. nobilis* 的棱柱及珍珠层塑造的全部蛋白组合的基础研究。这或许需结合着分泌棱柱及珍珠层的外套膜组织转录组学及壳层中基质蛋白组学方面的研究实施。此外，或许还需重点关注造成 *P. nobilis* 的壳精美微结构的糖组学方面及超分子化学方面的研究。

参 考 文 献

Addadi L, Moradian J, Shay E, Maroudas NG, Weiner S (1987) A chemical model for the cooperation of sulfates and carboxylates in calcite crystal nucleation: relevance to biomineralization. Proc Natl Acad Sci USA 84:2732–2736

Addadi L, Joester D, Nudelman F, Weiner S (2006) Mollusk shell formation: a source of new concepts for understanding biomineralization processes. Chem Eur J 12:980–987

Afdhal NH, Ostrow JD, Koehler R, Niu N, Groen AK, Veis A, Nunes DP, Offner GD (1995) Interaction of bovine gallbladder mucin and calcium-binding protein: effect on calcium phosphate precipitation. Gastroenterology 109:1661–1672

Akiyama M (1966) Conchiolin-constituent amino acids and shell structures of bivalved shells. Proc Jpn Acad 2:800–805

Bafna S, Singh AP, Moniaux N, Eudy JD, Meza JL, Batra SK (2008) MUC4, a multifunctional transmembrane glycoprotein, induces oncogenic transformation of NIH3T3 mouse fibroblast cells. Cancer Res 68:9231–9238

Biedermann W (1901) Untersuchungen über Bau und Entstehung der Molluskenschalen. Jena Z Naturwiss 36:1–164

Boggild OB (1930) The shell structure of the mollusks. D Kgl Danske Vidensk Selsk Skrifter, Naturvidensk Og Mathem Afd, 9. Raekke, II.2:231–326

Bowerbank JS (1844) On the structure of the shell of molluscous and conchiferous animals. Trans Microsc Soc Lond 1:123–154

Bricteux-Grégoire S, Florkin M, Grégoire C (1968) Prism conchiolin of modern or fossil molluscan shells. An example of protein paleization. Comp Biochem Physiol 24:567–572

Brisou J (1985) Les coquillages dans l'histoire des hommes. Ed. Ouest France, p 140

Cabanellas-Reboredo M, Deudero S, Alos J, Valencia JM, March D, Hendriks IE, Alvarez E (2009) Recruitment of *Pinna nobilis* (Mollusca: Bivalvia) on artificial structures. Mar Biodiv Rec 2:1–5

Carpenter WB (1844) Report on the microscopic structure of shells. Rep Brit Assoc Adv Sci 14th meeting, pp 1–24

Carter JG (1990) Skeletal Biomineralization: Patterns, Processes and Evolutionary Trends, vol I and II "Atlas and index". Van Nostrand Reinhold, New York

Carter JG, Clark GR II (1985) Classification and phylogenetic significance of molluscan shell microstructure. In: Broadhead TW (ed) Mollusks – Notes for a short course, University of Tennessee, Dept of Geological Sciences, Studies in Geology 13, pp 50–71

Cayeux L (1916) Introduction à l'étude pétrographique des roches sédimentaires: mémoire pour servir à l'explication de la carte géologique détaillée de la France, vol 1&2. Ministère des

Travaux Publics/Imprimerie Nationale, Paris

Centoducati G, Tarsitano E, Bottalico A, Marvulli M, Lai OR, Crescenzo G (2007) Monitoring of the endangered *Pinna nobilis* Linné 1758 in the Mar Grande of Taranto (Ionian sea, Italy). Environ Monit Assess 131:339–347

Checa AG, Rodriguez-Navarro AB, Esteban-Delgado FJ (2005) The nature and formation of calcitic columnar prismatic shell layers in pteriomorphian bivalves. Biomater 26:6404–6414

Cölfen H (2007) Non classical crystallization. In: Arias JL, Fernandez MS (eds) Biomineralization, from paleontology to materials science. Editorial Universitaria, Santiago de Chile, pp 515–526

Cölfen H, Antonietti M (2005) Mesocrystals: inorganic superstructures made by highly parallel crystallization and controlled alignment. Angew Chem Int Ed 44:5576–5591

Collins MJ, Muyzer G, Curry GB, Sandberg P, Westbroek P (1991) Macromolecules in brachiopod shells: characterization and diagenesis. Lethaia 24:387–397

Cosentino A, Giacobbe S (2006) Shell ornament in *Pinna nobilis* and *Pinna rudis* (Bivalvia: Pteriomorpha). J Conchiol 39:135–140

Cosentino A, Giacobbe S (2007a) Aspects of epizoobiontic mollusk assemblages on *Pinna* shells. Composition and structure. Cah Biol Mar 48:187–197

Cosentino A, Giacobbe S (2007b) Aspects of epizoobiontic mollusk assemblages on *Pinna* shells. II. Does the Mediterranean *P. nobilis* represent an isle of biodiversity? Cah Biol Mar 49:161–173

Crenshaw MA (1972) The soluble matrix from *Mercenaria mercenaria* shell. Biomineralization 6:6–11

Cuif JP, Raguideau A (1982) Observation sur l'individualité cristallographique des prismes de *Pinna nobilis* L. C R Acad Sci Paris, sér II, 295:415–418

Cuif JP, Dauphin Y, Denis A, Gaspard D, Keller JP (1980) Continuité et périodicité du réseau organique intraprismatique dans le test de *Pinna muricata* Linné (Lamellibranche). C R Séanc Acad Sci Paris, sér D, 290:759–762

Cuif JP, Denis A, Gaspard D (1981) Recherche d'une méthode d'analyse ultrastructurale des tests carbonatés d'invertébrés. Bull Soc Geol Fr 9, XXIII, 5:525–534

Cuif JP, Dauphin Y, Denis A, Gaspard D, Keller JP (1983a) Etude des caractéristiques de la phase minérale dans les structures prismatiques du test de quelques mollusques. Bull Mus Natn Hist Nat Paris 4e sér. 5, section A, 3:679–717

Cuif JP, Denis A, Raguideau A (1983b) Observations sur les modalités de mise en place de la couche prismatique du test de *Pinna nobilis* L. par l'étude des caractéristiques de la phase minérale. Haliotis 13:131–141

Cuif JP, Denis A, Flamand D, Frérotte B (1985) Etude ultrastructurale de la transition prismes/nacre dans le test de *Pinna nobilis* L (mollusque, lamellibranche). Sci Rep Port Cros natl Park Fr 11:95–107

Cuif JP, Dauphin Y, Flamand D, Frérotte B, Gautret P (1986) La mesure localisée du taux de soufre comme indicateur de l'origine et de l'état diagénétique des biocristaux carbonatés. C R Acad Sci Paris, sér II, 303(3):251–256

Cuif JP, Dauphin Y, Denis A, Gautret P, Lawniczak A, Raguideau A (1987a) Résultats récents concernant l'analyse des biocristaux carbonatés; implications biologiques et sédimentologiques. Bull Soc Geol Fr 8, t III, 2:269–288

Cuif JP, Flamand D, Frérotte B, Chabin A, Raguideau A (1987b) Fractionnement de la matrice protéique intraprismatique chez *Pinna nobilis* L et composition en acides aminés des différentes phases. C R Acad Sci Paris, sér II, 304(9):475–478

Cuif JP, Denis A, Frérotte B, Rekkab D (1988a) Gradient de concentration d'élements mineurs et séquence microstructurale dans le test de mollusques. C R Acad Sci Paris, sér II, 307:837–842

Cuif JP, Dauphin Y, Gautret P (1988b) Corrélation entre l'organisation cristallographique des unités microstructurales formant le test des Mollusques et la masse moléculaire moyenne de leur phase organique soluble. C R Acad Sci Paris, sér II, 307:1943–1948

Cuif JP, Gautret P, Marin F (1991) Correlation between the size of crystals and the molecular weight of organic fractions in the soluble matrices of mollusc, coral and sponge carbonate skeletons. In: Suga S, Nakahara H (eds) Mechanisms and Phylogeny of Mineralization in Biological Systems. Springer, Tokyo, pp 391–395

Dauphin Y (2002) Comparison of the soluble matrices of the calcitic prismatic layer of *Pinna nobilis* (Mollusca, Bivalvia, Pteriomorpha). Comp Biochem Physiol A 132:577–590

Dauphin Y (2003) Soluble organic matrices of the calcitic prismatic shell layers of two pteriomorphid bivalves: *Pinna nobilis* and *Pinctada margaritifera*. J Biol Chem 278:15168–15177

Dauphin Y, Cuif JP, Doucet J, Salomé M, Susini J, Williams CT (2003) In situ chemical speciation of sulfur in calcitic biominerals and the simple prism concept. J Struct Biol 142:272–280

De Bournon E (1808) Traité complet de la chaux carbonatée et de l'aragonite, William Phillips (ed.) vol I. London

De Gaulejac B (1993) Etude écophysiologique du mollusque bivalve méditerranéen *Pinna nobilis* L. Reproduction, croissance, respiration. Thèse 3ème cycle, Université d'Aix-Marseille III, p 220

De Gaulejac B, Vicente N (1990) Ecologie de *Pinna nobilis* (L.) mollusque bivalve sur les côtes de Corse. Essais de transplantation et expériences en milieu contrôlé. Haliotis 10:83–100

De Gaulejac B, Henry M, Vicente N (1995a) An ultrastructural study of gametogenesis of the marine bivalve *Pinna nobilis* (Linnaeus 1758) I. Oogenesis. J Mollus Stud 61:375–392

De Gaulejac B, Henry M, Vicente N (1995b) An ultrastructural study of gametogenesis of the marine bivalve *Pinna nobilis* (Linnaeus 1758) II. Spermatogenesis. J Mollus Stud 61:393–403

Esteban-Delgado FJ, Harper EM, Checa AG, Rodriguez-Navarro AB (2008) Origin and expansion of foliated microstructures in pteriomorph bivalves. Biol Bull 214:153–165

Evans JS (2008) "Tuning in" to mollusk shell nacre- and prismatic-associated protein terminal sequences. Implications for biomineralization and the construction of high performance inorganic-organic composites. Chem Rev 108:4455–4462

Foulquié M, Dupuy de la Grandrive R (2003) Mise en place d'un suivi des grandes nacres (*Pinna nobilis*) dans la zone Natura 2000 des "Posidonies du Cap d'Agde", Hérault, France. In: Vicente N (ed) Mémoires de l'Institut Océanographique Paul Ricard, 1er Séminaire International sur la grande Nacre de Méditerranée : Pinna nobilis, 10–12 Octobre 2002, Institut Océanographique Paul Ricard, pp 49–55

Frémy ME (1855) Recherches chimiques sur les os. Annales Chim Phys, 3ème sér. 43:47–107

Frérotte B (1987) Etude de l'organisation et de la composition des biocristaux du test des lamellibranches. Thèse de 3ème Cycle, Laboratoire de Paléontologie, Université Paris XI, Orsay

Garcia-March JR (2003) Contribution to the knowledge of the status of *Pinna nobilis* (L.) 1758 in Spanish Coasts. In: Vicente N (ed) Mémoires de l'Institut Océanographique Paul Ricard, 1er Séminaire International sur la grande Nacre de Méditerranée : Pinna nobilis, 10–12 Octobre 2002, Institut Océanographique Paul Ricard, pp 29–41

Garcia-March JR, Carrascosa AMG, Pena AL (2002) *In situ* measurement of *Pinna nobilis* shells for age and growth studies: a new device. Mar Ecol 23:207–217

Garcia-March JR, Garcia-Carrascosa AM, Pena Cantero AL, Wang YG (2007) Population structure, mortality and growth of *Pinna nobilis* Linnaeus, 1758 (Mollusca, Bivalvia) at different depths in Moraira bay (Alicante, Western Mediterranean). Mar Biol 150:861–871

Gauthier JP, Caseiro J, Lasnier B (1994) Les perles rouges de *Pinna nobilis*. Revue de Gemmologie, A.F.G., 118:2–4; 119:2–4

Giacobbe S (2002) Epibiontic mollusc communities on *Pinna nobilis* L. (Bivalvia, Mollusca). J Nat Hist 36:1385–1396

Giribet G (2008) Bivalvia. In: Ponder WF, Lindberg DR (eds) Phylogeny and Evolution of the Mollusca. University of California Press, Berkeley, pp 105–141

Grases F, Llobera A (1998) Experimental model to study sedimentary kidney stones. Micron 29:105–111

Gray JE (1835) Remarks on the difficulty of distinguishing certain genera of testaceous mollusca by their shell alone, and on the anomalies in regard to habitation observed in certain species. Phil Trans R Soc Lond 125:301–310

Grégoire C (1967) Sur la structure des matrices organiques des coquilles de mollusques. Biol Rev 42:653–688

Grégoire C (1972) Structure of the molluscan shell. In: Florkin M, Scheer BT (eds) Chemical Zoology, vol VII, mollusca. Academic, New York, pp 45–102

Grigor'ev DP (1965) Ontogeny of Minerals. Israel Program for Scientific Translation, Jerusalem, 250 pp

Henry M, Vicente N, Houache N (1992) Caractérisation des hémocytes d'un mollusque bivalve marin, la nacre, *Pinna nobilis* L. 1758. In: Aspects Récents de la Biologie des Mollusques, Ifremer, Actes de Colloques 13, pp 97–106

Jackson DJ, McDougall C, Green K, Simpson F, Wörheide G, Degnan BM (2006) A rapidly evolving secretome builds and patterns a sea shell. BMC Biol 4:40–49

Karampelas S, Gauthier JP, Fritsch E, Notari F (2009) Characterization of some pearls of the Pinnidae family. Gems Gemol 45:221–223

Karny H (1913) Optische Untersuchungen zur Aufklärung der Struktur der Muschenschalen. I. Aviculidae, II. Unionidae. Sitzungsberichte der Akademie der Wissenschaften, Mathematisch-Naturwissenschaftliche Klasse. Wien 122:207–259

Katsanevakis S (2007) Growth and mortality rates of the fan mussel *Pinna nobilis* in Lake Vouliagmeni (Korinthiakos Gulf, Greece): a generalized additive modelling approach. Mar Biol 152:1319–1331

Katsanevakis S, Thessalou-Legaki M (2009) Spatial distribution, abundance and habitat use of the protected fan mussel *Pinna nobilis* in Souda Bay, Crete. Aquat Biol 8:45–54

Keller JP (1981) Le dégagement du matériel minéral des tests d'invertébrés (Bivalves) par protéolyse enzymatique de la trame organique. Geobios 14:269–273

Keller JP, Dauphin Y (1983) Methodological aspects of the ultrastructural analysis of the organic and mineral components in mollusc shells. In: Westbroek P, De Jong EW (eds) Biomineralization and biological metal accumulation. D Reidel Publishing, Dordrecht, pp 255–260

Kervadec G (1990) Estimation de la validité taxonomique du critère minéralogique par l'analyse des phases organiques solubles des biocristaux carbonatés des mollusques. Thèse de 3ème Cycle, Laboratoire de Paléontologie, Université Paris XI, Orsay

Kniprath E (1981) Ontogeny of the molluscan shell field. Zool Scr 10:61–79

Kretsinger RH (1976) Calcium-binding proteins. Annu Rev Biochem 45:239–266

Lechene de la Porte P, Domingo N, van Wijland M, Groen AK, Ostrow JD, Lafont H (1996) Distinct immuno-localization of mucin and other biliary proteins in human cholesterol gallstones. J Hepatol 25:339–348

Leydolt F (1856) Über die Struktur und Zusammensetzung der Krystalle des prismatischen Kalkhaloides nebst einem Anhang über die Struktur der kalkigen Teile einiger wirbellosen Tiere. Sitzungsberichte Mathematisch Naturwiss Klasse Kaiserlichen Akad Wiss Wien 19:10–32

Maeder F, Halbeisen M (2001) Muschelseide: Auf der Suche nach einel vergessenen Material. Waffen Kostumkunde 43:33–41

Mao Che L, Golubic S, Le Campion-Alsumard T, Payri CE (2001) Developmental aspects of biomineralization in the polynesian pearl oyster *Pinctada margaritifera* var. *cumingii*. Oceanol Acta 24:S37–S49

Marin F (1992). Essai de caractérisation chromatographique et immunologique des constituants organiques associés aux biocristaux carbonatés des squelettes de mollusques, cnidaires et spongiaires. Thèse de 3ème Cycle, Laboratoire de Paléontologie, Université Paris XI, Orsay

Marin F (2003) Molluscan shell matrix characterization by preparative SDS-PAGE. Sci World J 3:342–347

Marin F (2009) Biominéralisation de la coquille des mollusques : origine, évolution, formation. Mémoire d'Habilitation à Diriger des Recherches. Université de Bourgogne, Dijon, p 243

Marin F, Luquet G (2005) Molluscan biomineralization: the proteinaceous shell constituents of *Pinna nobilis* L. Mater Sci Eng C 25:105–111

Marin F, Luquet G (2007) Unusually acidic proteins in biomineralization. In: Baeuerlein E (ed) Handbook of Biomineralization, vol 1, The Biology of Biominerals Structure Formation. Wiley-VCH, Weinheim, pp 273–290, Chapter 16

Marin F, Muyzer G, Dauphin Y (1994) Caractérisation électrophorétique et immunologique des matrices organiques solubles de deux Bivalves Ptériomorphes actuels, *Pinna nobilis* L. et *Pinctada margaritifera* (L.). C R Acad Sci Paris II 318:1653–1659

Marin F, Gillibert M, Wesbroek P, Muyzer G, Dauphin Y (1999) Evolution: disjunct degeneration of immunological determinants. Geol Mijnbouw 78:135–139

Marin F, Corstjens P, de Gaulejac B, de Vrind-De JE, Westbroek P (2000) Mucins and molluscan calcification: molecular characterization of mucoperlin, a novel mucin-like protein of the nacreous shell-layer of the fan mussel *Pinna nobilis* (Bivalvia, Pteriomorphia). J Biol Chem 275:20667–20675

Marin F, Pereira L, Westbroek P (2001) Large-scale purification of molluscan shell matrix. Prot Expres Purif 23:175–179

Marin F, de Groot K, Westbroek P (2003a) Screening molluscan cDNA expression libraries with anti-shell matrix antibodies. Prot Expres Purif 30:246–252

Marin F, Westbroek P, de Groot K (2003b) The proteinaceous constituents of the shell of *Pinna nobilis* L. In: Vicente N (ed) Mémoires de l'Institut Océanographique Paul Ricard, 1er Séminaire International sur la grande Nacre de Méditerranée: *Pinna nobilis*, 10–12 Octobre 2002, Institut Océanographique Paul Ricard, pp 77–90

Marin F, Amons R, Guichard N, Stigter M, Hecker A, Luquet G, Layrolle P, Alcaraz G, Riondet C, Westbroek P (2005) Caspartin and calprismin, two proteins of the shell calcitic prisms of the Mediterranean fan mussel *Pinna nobilis*. J Biol Chem 280:33895–33908

Marin F, Morin V, Knap F, Guichard N, Marie B, Luquet G, Westbroek P, Medakovic D (2007a) Caspartin: thermal stability and occurrence in mollusk calcified tissues. In: Arias JL, Fernandez MS (eds) Biomineralization, from paleontology to materials science. Editorial Universitaria, Santiago de Chile, pp 281–288

Marin F, Pokroy B, Luquet G, Layrolle P, de Groot K (2007b) Protein mapping of calcium carbonate biominerals by immunogold. Biomater 28:2368–2377

Marin F, Luquet G, Marie B, Medakovic D (2008) Molluscan shell proteins: primary structure, origin and evolution. Curr Top Dev Biol 80:209–276

Masuda F, Hirano M (1980) Chemical composition of some modern marine pelecypod shells. Sci Rep Inst Geosci Univ Tsukuba section B1:163–177

Maurer P, Hohenester E, Engel J (1996) Extracellular calcium-binding proteins. Curr Opin Cell Biol 8:609–617

Medakovic D (2000) Carbonic anhydrase activity and biomineralization in embryos, larvae and adult blue mussels *Mytilus edulis* L. Helgol Mar Res 54:1–6

Medioni E, Vicente N (2003) Etude de la cinétique des populations de Pinna nobilis L. 1758 sur le littoral méditerranéen français. In: Vicente N (ed) Mémoires de l'Institut Océanographique Paul Ricard, 1er Séminaire International sur la grande Nacre de Méditerranée: *Pinna nobilis*, 10–12 Octobre 2002, Institut Océanographique Paul Ricard, pp 43–48

Meyer-Lüeckel H, Tschoppe P, Hopfenmüller W, Stenzel WR, Kielbassa AM (2006) Effect of polymers used in saliva substitutes on demineralized bovine enamel and dentin. Am J Dent 19:308–312

Moreteau JC, Vicente N (1982) Evolution d'une population de *Pinna nobilis* L. (Mollusca, Bivalvia). Malacologia 22:341–345

Mutvei H (1970) Ultrastructure of the mineral and organic components of molluscan nacreous layers. Biomineral Res Rep 2:48–72

Muyzer G, Westbroek P, De Vrind JPM, Tanke J, Vrijheid T, De Jong EW, Bruning JW, Wehmiller JF (1984) Immunology and organic geochemistry. Org Geochem 6:847–855

Nakahara H, Kakei M, Bevelander G (1980) Fine structure and amino acid composition of the organic "envelope" in the prismatic layer of some bivalve shells. Venus 39:167–177

Nieuw-Amerongen AV, Oderkerk CH, Veerman ECI (1989) Interaction of human salivary mucins with hydroxyapatite. J Biol Buccale 17:85–92

Nudelman F, Gotliv BA, Addadi L, Weiner S (2006) Mollusk shell formation: mapping the distribution of organic matrix components underlying a single aragonite tablet in nacre. J Struct Biol 153:176–187

Oaki Y, Imai H (2005) The hierarchical architecture of nacre and its mimetic material. Angew

Chem Int Ed Engl 44:6571–6575

Palmer AR (1992) Calcification in marine molluscs: how costly is it? Proc Natl Acad Sci USA 89:1379–1382

Pokroy B, Fitch AN, Marin F, Kapon M, Adir N, Zolotoyabko E (2006) Anisotropic lattice distorsions in biogenic calcite induced by intra-crystalline organic molecules. J Struct Biol 155:96–103

Pokroy B, Kapon M, Marin F, Adir N, Zolotoyabko E (2007) Protein-induced, previously unidentified twin form of calcite. Proc Natl Acad Sci USA 104:7337–7341

Rabaoui L, Tlig-Zouari S, Ben Hassine OK (2007) Description de la faune épibionte de *Pinna nobilis* sur les côtes nord et est de la Tunisie. Rapp Comm Int Mer Medit 38:578

Rabaoui L, Tlig-Zouari S, Ben Hassine OK (2008) Distribution and habitat of the fan mussel *Pinna nobilis* Linnaeus, 1758 (Mollusca: Bivalvia) along the northern and eastern Tunisian coasts. Cah Biol Mar 49:67–78

Rabaoui L, Tlig-Zouari S, Cosentino A, Ben Hassine OK (2009) Associated fauna of the fan shell *Pinna nobilis* (Mollusca: Bivalvia) in the northern and eastern Tunisian coasts. Sci Mar 73:129–141

Ranson G (1952) Les huîtres et le calcaire. Calcaire et substratum organique chez les mollusques et quelques autres invertébrés marins. C R Acad Sci Paris 234:1485–1487

Ranson G (1966) Substratum organique et matrice organique des prismes de la couche prismatique de la coquille de certains mollusques lamellibranches. C R Acad Sci Paris 262:1280–1282

Riva A (2003) Approche méthodologique de quelques paramètres bioénergétiques chez *Pinna nobilis*. In: Vicente N (ed) Mémoires de l'Institut Océanographique Paul Ricard, 1er Séminaire International sur la grande Nacre de Méditerranée : *Pinna nobilis*, 10–12 Octobre 2002, Institut Océanographique Paul Ricard, pp 91–101

Roche J, Ranson G, Eysseric-Lafon M (1951) Sur la composition des scléroprotéines des coquilles des mollusques (conchiolines). C R Séanc Soc Biol 145:1474–1477

Römer O (1903) Untersuchungen über den feineren Bau einiger Muschelschalen. Z Wiss Zool 75:437–472

Rose G (1858) Über die heteromorphen Zustände der Kohlensauren Kalkerde. II. Vorkommen des Aragonits und Kalkspaths in der organischen Natur: Physikalische Abhandlungen der Königlichen Akademie der Wissenschaften zu Berlin aus dem Jahre 1858:63–111

Schmidt WJ (1923) Bau und Bildung der Perlmuttermasse. Zoologische Jahrbücher Abteilung Anat Ontogenie Tiere 45:1–148

Schmidt WJ (1924) Die Bausteine des Tierkörpers in polarisiertem Lichte. F. Cohen, Bonn

Schmidt WJ (1932) Studien über Pinnaperlen. I. Über Prismenperlen von Pinna nobilis. Z Morph Ökol Tiere Abt A 25:235–277

Siletic T, Peharda M (2003) Population study of the fan shell *Pinna nobilis* L. in Malo and Veliko Jezero of the Mljet National Park (Adriatic Sea). Sci Mar 67:91–98

Simkiss K, Wilbur KM (1989) Biomineralization. Cell biology and mineral deposition. Academic, New York

Steiner G, Hammer S (2000) Molecular phylogeny of the Bivalvia inferred from 18 S rDNA sequences with particular reference to the Pteriomorphia. In: Harper EM, Taylor JD, Crame JA (eds) Evolutionary biology of the Bivalvia. Geological Society, London, pp 11–29, Geological Society Special Publication, 177

Sudo S, Fujikawa T, Nagakura T, Ohkubo T, Sakaguchi K, Tanaka M, Nakashima K (1997) Structures of mollusc shell framework proteins. Nature 387:563–564

Tabak LA (1995) In defense of the oral cavity: structure, biosynthesis, and function of salivary mucins. Annu Rev Physiol 57:547–564

Tabak LA, Levine MJ, Jain NK, Bryan AR, Cohen RE, Monte LD, Zawacki S, Nancollas GH, Slomiany A, Slomiany BL (1985) Adsorption of human salivary mucins to hydroxyapatite. Arch Oral Biol 30:423–427

Taylor JD, Kennedy WJ, Hall A (1969) The shell structure and mineralogy of the Bivalvia. Introduction. Nuculacea-Trigonacea. Bull Brit Mus Nat Hist Zool Lond supplem 3:1–125

Ubukata T (1994) Architectural constraints on the morphogenesis of prismatic structure in Bivalvia. Palaeontology 37:241–261

Vicente N (2003) La grande nacre de Méditerranée *Pinna nobilis*. Présentation générale. In: Vicente N (ed) Mémoires de l'Institut Océanographique Paul Ricard, 1er Séminaire International sur la grande Nacre de Méditerranée : Pinna nobilis, 10–12 Octobre 2002, Institut Océanographique Paul Ricard, pp 7–16

Vicente N, Riva A, Butler A (1992) Etude expérimentale préliminaire sur les échanges gazeux chez *Pinna nobilis*. In : Aspects Récents de la Biologie des Mollusques, Ifremer Brest, Actes de Colloques 13, pp 187

Wada K (1961) Crystal growth of molluscan shells. Bull Natl Pearl Res Lab 7:703–828

Wada K (1972) Nucleation and growth of aragonite crystals in the nacre of some bivalve molluscs. Biominer Res Rep 6:141–159

Wada K (1980) Initiation of mineralization in bivalve mollusc. In: Omori M, Watabe N (eds) The mechanism of biomineralization in animals and plants. Tokay University Press, Tokyo, pp 79–92

Weiner S (1983) Mollusk shell formation – Isolation of two organic matrix proteins associated with calcite deposition in the bivalve *Mytilus californianus*. Biochemistry 22:4139–4145

Weiner S, Hood L (1975) Soluble proteins of the organic matrix of mollusc shells: a potential template for shell formation. Science 190:987–989

Weiss IM, Tuross N, Addadi L, Weiner S (2002) Mollusc larval shell formation: amorphous calcium carbonate is a precursor phase for aragonite. J Exp Zool 293:478–491

Wetzel G (1900) Die organischen Substanzen der Schaalen von *Mytilus* und *Pinna*. Z. Phys Chem 29:386–410

Wheeler AP, Rusenko KW, Sikes CS (1988) Organic matrix from carbonate biomineral as a regulator of mineralization. In: Sikes CS, Wheeler AP (eds) Chemical aspects of regulation of mineralization. University of South Alabama Publication Service, Mobile, Alabama, pp 9–13

Wise SW (1970) Microarchitecture and mode of formation of nacre (mother-of-pearl) in pelecypods, gastropods, and cephalopods. Eclog Geol Helvet 63:775–797

Zavodnik D (1967) Contribution to the ecology of *Pinna nobilis* L. (Moll. Bivalvia) in the Northern Adriatic Sea. Thalass Yugol 3:93–102

Zolotoyabko E, Caspi EN, Fieramosca JS, Von Dreele RB, Marin F, Mor G, Addadi L, Weiner S, Politi Y (2010) Differences between bond lengths in biogenic and geological calcite. Cryst Growth Des 10:1207–1214